高等学校机电工程类系列教材

电气控制与 PLC 技术及应用

主编　张兴国

副主编　史素敏　刘国凯　邢　强　陆金霞

西安电子科技大学出版社

内 容 简 介

本书从便于教学组织、利于学生学习角度出发，立足于工程实际应用，介绍了电气控制技术及系统设计、三菱 FX 系列可编程序控制器(PLC)的原理及应用。全书包括绪论、常用低压电器、基本电气控制线路、典型生产机械设备的电气控制线路、电气控制系统设计、可编程序控制器概述、可编程序控制器结构组成与工作原理、可编程序控制器编程基本指令及编程、步进梯形图指令和 SFC 功能图编程、可编程序控制器编程应用指令、可编程序控制器系统设计和 FX$_{3U}$ 系列可编程序控制器等内容。每章章末附有适量的习题，供学生学习训练。通过扫描书中的二维码，可查看相关的视频或文档。

本书可作为高等工科院校电气类、机械类、自动化类等专业的教材，也可供相关领域的工程技术人员参考。

图书在版编目(CIP)数据

电气控制与 PLC 技术及应用/张兴国主编. —西安：西安电子科技大学出版社，2021.3
ISBN 978 - 7 - 5606 - 5977 - 0

Ⅰ. ①电… Ⅱ. ①张… Ⅲ. ①电气控制—高等学校—教材 ②PLC 技术—高等学校—教材 Ⅳ. ①TM571.2 ②TM571.61

中国版本图书馆 CIP 数据核字(2021)第 028268 号

策划编辑 高 樱
责任编辑 王 静 阎 彬
出版发行 西安电子科技大学出版社(西安市太白南路 2 号)
电 话 (029)88201467 邮 编 710071
网 址 www.xduph.com 电子邮箱 xdupfxb001@163.com
经 销 新华书店
印刷单位 陕西天意印务有限责任公司
版 次 2021 年 3 月第 1 版 2021 年 3 月第 1 次印刷
开 本 787 毫米×1092 毫米 1/16 印 张 26
字 数 614 千字
印 数 1~3000 册
定 价 69.00 元
ISBN 978 - 7 - 5606 - 5977 - 0/TM

XDUP 6279001 - 1

* * * 如有印装问题可调换 * * *

前　言

　　本书是根据高等工科院校自动化、机械电子工程、机械工程及其自动化、电气技术等专业的"电气控制与可编程序控制器技术及应用"课程的教学大纲，在充分考虑实际应用状况和发展趋势的基础上编写的。本书强调理论结合实际，注重对学生分析问题和决问题能力的培养，增加了学生工程设计能力训练的内容，以利于提高学生的工程设计素养。

　　全书分为三部分。第一部分为"绪论"，主要介绍了电气控制技术的发展概况，并说明了该课程的性质、任务及要求。第二部分为"电气控制技术及应用"，共 4 章（第 1 章～第 4 章），主要介绍常用低压电器的结构、原理及用途，电气控制线路基本环节，典型生产设备的电气控制线路分析及电气控制系统设计的方法。第三部分为"可编程序控制器技术及应用"，共 7 章（第 5 章～第 11 章），包括可编程序控制器概述、可编程序控制器结构组成与工作原理、可编程序控制器编程基本指令及编程、步进梯形图指令和 SFC 功能图编程、可编程序控制器编程应用指令、可编程序控制器系统设计及 FX$_{3U}$ 系列可编程序控制器等内容。另外，可编程序控制器特殊功能模块、可编程序控制器应用实例等内容，读者可通过扫描书中的二维码获取。各章结合工程案例，具有很强的实用性，内容深入浅出，便于学习理解。所附的适量习题，可供课后训练。另外，读者通过扫描书中的二维码，还可查看相关的视频或文档，拓宽视野和知识面，加强学习效果。

　　本书在教学使用过程中，可根据专业特点和课时选取教学内容，安排教学计划。另外，本书的内容还可供课程设计、毕业设计及工程实际设计时参考。

　　本书由南通大学张兴国担任主编，商丘学院史素敏、河南轻工职业学院刘国凯、南通大学邢强、南通市计量检定测试所陆金霞担任副主编。其中，第 2 章、第 3 章、第 7～10 章由张兴国编写；第 1 章和第 11 章由史素敏编写；第 4 章由刘国凯编写；绪论、第 5 章由邢强编写；第 6 章由陆金霞编写。

　　本书在编写过程中，得到了南通大学院系领导和教务处领导的大力支持，三菱电机自动化（上海）有限公司提供了 PLC 产品资料及部分应用资料，同时我们还参考了同行们珍贵的文献资料，在此一并表示衷心的感谢！

　　由于编者水平有限，书中难免有疏漏和不妥之处，恳请读者批评指正，提出宝贵意见。

编　者

2020 年 12 月

目　　录

绪　　论

1. 电气控制技术的发展概况

电气控制技术是以各类电动机动力传动装置与系统为研究对象，以实现生产自动化为目标的控制技术。电气控制系统是电气控制技术的主干部分，在国民经济各行业中得到广泛应用，是实现工业生产自动化的重要技术手段。

随着科学技术的不断发展及生产工艺的不断改进，新的电器元件的出现、新型控制策略的发展以及计算机技术的应用，不断改变着电气控制技术的面貌，使得电气控制技术持续飞速发展。在控制方法上，电气控制技术从手动控制发展到自动控制；在控制功能上，从简单控制发展到智能化控制；在操作上，从笨重的人工操作发展到信息化处理；在控制原理上，从有触点的接线继电器逻辑控制系统发展到以微处理器或微计算机为中心的网络化自动控制系统。

20 世纪初，电动机取代蒸汽机作为生产机械动力源。用一台电动机通过中间机构（天轴）进行能量分配与传递，来拖动多台生产设备，即成组拖动，这种拖动方式的电气控制系统线路简单，但机构复杂，当只有部分设备工作时能量耗费大，生产灵活性差。为了满足生产需求，20 世纪 20 年代，出现了由一台电动机拖动一台生产机械的系统，即单电动机拖动。相对成组拖动，这种方式的机械设备结构简化，传动效率提高，特别是灵活性大大增强。基于这些特点，至今单电动机拖动方式在一些机床中仍在使用。但随着生产的快速发展及自动化程度的提高，单电动机拖动方式满足不了生产需求，又出现了由多台电动机来拖动一台生产机械的方式，即多电动机拖动。此方式下，各台电动机分别拖动相应的各运动机构，相互之间协调配合，这样进一步简化了机械结构，提高了效率，而且根据需要便于选择合理的运动速度，提高了整体的性能，缩短了工时，灵活性更强。20 世纪 70 年代以前，电气自动控制的任务基本上都是由"继电器—接触器控制系统"完成的，该系统主要由继电器、接触器、行程开关和按钮等器件组成。由于"继电器—接触器控制系统"控制具有简单、方便实用、价格低廉、易于维护、抗干扰能力强、便于理解及掌握等优点，所以至今仍是许多生产机械设备广泛采用的基本电气控制形式，其相关技术也是学习其他先进电气控制技术的基础。但这种控制系统的缺点也非常明显，其采用固定的硬接线方式来完成各种控制逻辑，实现系统的各种控制功能，所以灵活性差，难以适应复杂和程序可变的控制对象的需要，另外机械式触点工作频率低，易损坏，可靠性也差。

社会的发展和进步对各行各业提出了越来越高的要求。产品的不断更新换代，也同时要求相应的控制系统随之改变。因为"继电器—接触器控制系统"成本高，设计、施工周期长，不能满足控制系统需要经常更新的要求，以软件手段实现各种控制功能、以微处理器为核心的可编程序逻辑控制器（Programmable Logic Controller，PLC）新技术应运而生。PLC 是 20 世纪 60 年代诞生并开始发展起来的一种新型工业控制装置，它具有通用性强，可靠性高，能适应恶劣的工业环境，指令系统简单，编程简便易学、易于掌握，体积小，维修工作少,现场连接安装方便等一系列优点,正逐步取代传统的"继电器—接触器控制系统",广泛应用于冶金、机械制造、汽车、电力、化工、石油、建材、采矿、造纸、纺织、装卸、环保等各个行业的控制中。随着技术的进步,可编程序逻辑控制器也随之不断发展,增加和完善了数据转换、过程控制、数据通信等功能,可以完成非常复杂的控制任务,其名称也就变更为可编程序控制器(Programmable Controller),但为了与个人计算机(Personal Computer)区别,其英文缩写名仍然保留为 PLC。可编程序控制器是以硬接线的继电器—接触器控制为基础,逐步发展为既有逻辑控制、计时、计数,又有运算、数据处理、模拟量调节、联网通信等功能的控制装置。它可通过数字量或者模拟量的输入、输出满足各种类型机械控制的需要。可编程序控制器及有关外部设备,均按既易于与工业控制系统联成一个整体,又易于扩充其功能的原则设计。可编程序控制器已成为生产机械设备中开关量控制的主要电气控制装置。在自动化领域,可编程序控制器与 CAD/CAM、工业机器人并称为加工业自动化的三大支柱。

现代电气控制系统中越来越多地融入了过程控制的内容,压力、流量、温度、物位等模拟量参数以及 PID 控制等也经常出现。自动控制技术的最新发展,必须说到现场总线控制系统(Fieldbus Control System,FCS),它是在计算机网络技术、通信技术和微电子技术飞速发展的基础上,与自动控制技术相结合的产物。它适应了工业自动控制系统向分散化、智能化和网络化发展的方向,它的出现导致了传统自动化仪表和控制系统在结构和功能上的重大变革。

总之,现代电气控制技术综合应用了计算机技术、微电子技术、检测技术、自动控制技术、智能技术、通信技术、网络技术等先进的科学技术成果,不断为人类的进步提供服务。

2. 课程的性质、任务及要求

"电气控制与 PLC 技术及应用"是电气工程、自动化、机械电子工程、机电一体化、机械工程等专业的一门实用性很强的重要的专业课程。

本课程主要介绍生产设备的电气控制原理、线路、设计方法和可编程序控制器(PLC)的工作原理、指令系统、编程方法、系统设计,以及在生产机械中的工程应用等有关知识。

通过本课程的学习,学生应达到如下学习要求:

(1)具有电气设备安装、调试、维修和管理等知识。

(2)熟悉常用电器的结构、原理、用途,了解其型号并具备合理选择、正确使用常用电器的能力。

(3)熟练掌握继电器—接触器控制线路的基本环节,具有阅读和分析电气控制线路的能力。

(4)掌握典型设备的电气控制系统分析方法,具备对不太复杂的电气控制系统进行改造和设计的能力。

(5)掌握 PLC 的基本结构组成和工作原理,能根据要求正确选型。

(6)能够根据工艺过程和控制要求进行 PLC 控制系统的硬件设计和安装调试。

(7)熟悉 PLC 的内部元器件的结构与功能,掌握 PLC 的指令系统与编程应用。

(8)了解 PLC 的网络和通信原理。

(9)掌握 PLC 实际应用程序的设计方法与步骤,初步具备实际工程应用设计与调试能力。

第1章　常用低压电器

随着科学技术的发展，在工业、农业、交通、国防以及人们的生活中，电能的应用越来越广泛，对电能的产生、输送、分配及使用起控制、调节、检测、转换和保护作用的电器也越来越多，性能也越来越好。

电能应用中，低压供电应用最为广泛。低压供电系统利用刀开关、断路器和熔断器等电气元件可以实现输送、分配和保护等环节，电气元件的质量好坏直接影响到系统的可靠性。同时，在生产过程中的电气自动化控制则依靠各类继电器和接触器等电气元件来完成控制、调节和保护等功能。可见，不论是低压供电系统，还是生产过程自动控制系统，都离不开各种用途不同的电气元件，这些电气元件即为低压电器。

低压电器是设备电力拖动自动控制系统的基本组成元件，控制系统的优劣与所用器件的性能直接相关。另外，可编程序控制器在电气控制系统中需要大量的低压控制电器才能组成一个完整的控制系统。作为电气工程技术人员，要想能够分析各种电气控制系统的工作原理、处理一般故障及设备维修维护，就必须掌握低压电器的基本知识，熟悉常用低压电器的结构、工作原理，并能对常用低压电器进行选择、使用和调整。

为了表达各种电器元件，需要采用统一的工程语言即以工程图的形式来表示，这就是电器的图形符号和文字符号，通常称为电气符号。

本章主要介绍常用低压电器的结构、原理、符号、规格、选择和使用等方面的知识，为后续内容的学习奠定基础。

1.1　低压电器基本知识

电器是能根据外界的信号（机械力、电动力或其他物理量），自动或手动接通和断开电路，从而断续或连续地改变电路参数或状态，实现对电路或非电对象的切换、控制、保护、检测和调节用的电气元件或设备（电工器械）。电器是所有电工器械的简称。

低压电器通常指工作在交流 1200 V 以下，直流 1500 V 以下电路中的电器。常用的低压电器主要有接触器、继电器、断路器、熔断器、刀开关、转换开关、按钮、行程开关等。在我国工业控制电路中最常用的三相交流电压等级为 380 V，只有在特定行业环境下才用其他电压等级，如煤矿井下的电钻用 127 V、运输机用 660 V、采煤机用 1140 V 等。单相交流电压等级最常见的为 220 V，机床、热工仪表和矿井照明等采用 127 V 电压等级，其他电压等级如 6 V、12 V、24 V、36 V 和 42 V 等一般用于安全场所的照明、信号灯以及作为控制电压。直流常用电压等级有 110 V、220 V 和 440 V，主要用于动力；6 V、12 V、24 V 和 36 V 主要用于控制；在电子线路中还有 5 V、9 V 和 15 V 等电压等级。

常用低压电器的主要种类及用途如表 1-1 所示。

表 1 – 1　常用低压电器的主要种类及用途

序号	类　别	主要品种	用　途
1	接触器	交流接触器	主要用于远距离频繁控制负荷，切断带负荷电路
		直流接触器	
2	继电器	电流继电器	主要用于控制电路中，将被控量转换成电路所需的电量或开关信号
		电压继电器	
		中间继电器	
		时间继电器	
		热继电器	
		速度继电器	
		固态继电器	
		温度继电器	
3	熔断器	有填料熔断器	主要用于电路的短路保护，也可用于电路的过载保护
		无填料熔断器	
		半封闭插入式熔断器	
		快速熔断器	
		自复熔断器	
4	主令电器	按钮	主要用于发布命令或程序控制
		限位开关	
		微动开关	
		接近开关	
		万能转换开关	
5	刀开关	开关板用刀开关	主要用于电路的隔离，有时也能用来分断电路
		负荷开关	
		熔断器式刀开关	
6	转换开关	组合开关	主要用于电源切换，也可用于负荷通断或电路的切换
		换向开关	
7	断路器	塑料外壳式断路器	主要用于电路的过负荷保护、短路保护、欠电压保护、漏电压保护，也可用于不频繁接通和断开的电路
		框架式断路器	
		限流式断路器	
		漏电保护式断路器	
		直流快速断路器	

续表

序号	类　别	主　要　品　种	用　　途
8	启动器	磁力启动器	主要用于电动机的启动
		Y-△启动器	
		自耦减压启动器	
9	控制器	凸轮控制器	主要用于控制电路的切换
		平面控制器	
10	电磁铁	制动电磁铁	主要用于起重、牵引、制动
		起重电磁铁	
		牵引电磁铁	

1.1.1　低压电器的分类

低压电器种类繁多，用途广泛，通常有如下分类。

电气低压元器件的介绍

1. 按用途或控制对象分

（1）低压配电电器：主要用于低压配电系统中，如刀开关、转换开关、断路器、熔断器等。要求在系统发生故障时其动作可靠、工作可靠，在规定条件下具有相应的动稳定性和热稳定性，使得电器不被损坏。

（2）低压控制电器：主要用于电气传动系统中，如接触器、继电器、启动器、按钮、电磁铁等。要求其寿命长、体积小、质量轻且动作迅速、可靠、准确。

2. 按动作方式分

（1）自动切换电器：如接触器、继电器等，依靠自身的参数变化或外来信号的作用，自动完成接通或分断等动作。

（2）非自动切换电器：如刀开关、按钮、转换开关等，主要是用人力直接操作来进行切换的电器。

3. 按执行功能分

（1）有触点电器：如接触器、刀开关、按钮等，这类电器有可分离的动触点、静触点，并利用触点的接通与分断来切换电路。

（2）无触点电器：如接近开关、霍尔元件、电子式时间继电器等，这类电器无可分离的触点，主要利用电子元件的开关效应，即导通和截止来实现电路的通、断控制。

4. 按工作原理分

（1）电磁式电器：如交、直流接触器，各种电磁式继电器，电磁铁等，这类电器是根据电磁感应原理来动作的电器。

（2）非电量控制电器：如转换开关、压力继电器、热继电器、速度继电器、时间继电器、行程开关等。

1.1.2 电磁式电器的结构及工作原理

电器一般由两个基本部分组成，即感受机构和执行机构。感受机构感受外界信号的变化，接收外界输入信号，通过转换、放大、判断作出有规律的反应，使执行部分动作，实现控制目的；执行机构则是根据指令信号，执行电路的通断控制。在各种低压电器中，根据电磁感应原理来实现通、断控制的电器很多，它们的结构相似、原理相同。对于有触点的电磁式电器，感受机构是电磁系统，执行机构则是触点系统和灭弧系统。

电磁继电器的结构及工作原理

1. 电磁系统结构及工作原理

电磁系统是电磁式电器的感受机构，其作用是将电磁能量转换成机械能量，带动触点动作，实现对电路的通断控制。电磁系统由铁芯、衔铁和线圈等部分组成。其工作原理是：当线圈中有电流通过时，产生电磁吸力，电磁吸力克服弹簧的弹力，使衔铁与铁芯闭合，衔铁带动连接机构运动，从而带动相应触点动作，完成通断电路的控制作用。

图 1-1 是几种常用的电磁系统结构形式。根据衔铁相对铁芯的运动方式，电磁系统有直动式(衔铁直动，如图 1-1(a)(b)(c)所示)和拍合式(衔铁绕某一支点转动，如图 1-1(d)(e)所示)两种，拍合式又包括衔铁沿棱角转动(见图 1-1(d))和衔铁沿轴转动(见图 1-1(e))两种。

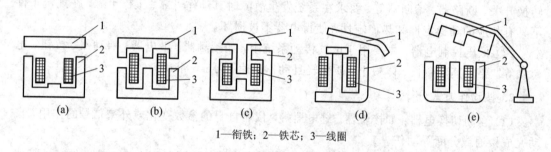

1—衔铁；2—铁芯；3—线圈

图 1-1 常用的电磁系统结构形式

电磁式电器分为直流与交流两大类。直流电磁铁铁芯由整块铸铁铸成，而交流电磁铁的铁芯则用硅钢片叠成，以减小铁损(磁滞损耗及涡流损耗)。

线圈的作用是将电能转化为磁场能。按通入线圈电流性质的不同，线圈分为直流线圈和交流线圈两种。实际应用中，由于直流电磁铁仅有线圈发热，所以线圈匝数多、导线细，制成细长型，且不设线圈骨架，线圈与铁芯直接接触，利于线圈的散热。而交流电磁铁由于铁芯和线圈均发热，所以线圈匝数少、导线粗，制成短粗型，吸引线圈设有骨架，且铁芯与线圈隔离，利于铁芯和线圈的散热。

根据线圈在电路中的连接方式，又有串联线圈和并联线圈之分。串联线圈又称电流线圈，特点是导线粗、匝数少、阻抗小。并联线圈又称电压线圈，特点是导线细、匝数多、阻抗较大。

2. 电磁系统的吸力特性和反力特性

电磁系统的工作特性常用吸力特性和反力特性来表达。

1）吸力特性

电磁系统使衔铁吸合的电磁吸力与气隙的关系曲线称为吸力特性。

电磁系统的吸力与很多因素有关，其吸力计算公式一般可表示为

$$F = \frac{10^7}{8\pi} B^2 S \tag{1-1}$$

式中：F 为电磁吸力（N）；B 为气隙中磁感应强度（T）；S 为铁芯截面积（m^2）。

由式（1-1）可见：当 S 一定时，F 与 B^2 成正比，即 F 与 Φ^2（其中 Φ 为气隙磁通（Wb））成正比。因此，励磁电流的种类不同，吸力特性将发生变化。

（1）交流电磁系统吸力特性。假设线圈电压 U 不变，则

$$U \approx E = 4.44 f \Phi N \tag{1-2}$$

即

$$\Phi = \frac{U}{4.44 f N} \tag{1-3}$$

式中：U 为线圈电压（V）；E 为线圈感应电动势（V）；f 为电源电压频率（Hz）；N 为线圈匝数。

当 U、f、N 为常数时，Φ 为常数，则 F 也为常数，即 F 与气隙 δ 大小无关。实际上，考虑到漏磁通的影响，F 随 δ 减小而略有增加。由于 Φ 不变，则流过线圈的电流 I 随气隙磁阻 R_m（即随气隙 δ）的变化成正比变化。其电磁系统的吸力特性如图 1-2(a)所示。

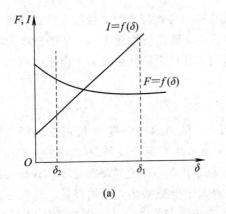
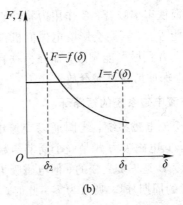

图 1-2　电磁系统的吸力特性

（a）交流电磁系统的吸力特性；（b）直流电磁系统的吸力特性

（2）直流电磁系统吸力特性。对于直流线圈，当电压 U 及线圈电阻 R 不变时，流过线圈的电流 I 不变。由

$$\Phi = \frac{IU}{R_m} \tag{1-4}$$

式中：R_m 为气隙磁阻，可知

$$F \propto \Phi^2 \propto \frac{1}{R_m^2} \propto \frac{1}{\delta^2} \tag{1-5}$$

即电磁吸力 F 与气隙 δ 的二次方成反比。直流电磁系统的吸力特性如图 1-2(b)所示。

2) 反力特性

电磁系统使衔铁释放(复位)的反作用力与气隙的关系曲线称为反力特性。反作用力包括弹簧力、衔铁自身重力、摩擦阻力等。如图 1-3 所示,曲线 3 为电磁系统的反力特性。图中 δ_1 为起始位置,δ_2 为动、静触点相接触时的位置。在 $\delta_1 \sim \delta_2$ 范围内,反作用力随气隙减小略有增大,到达 δ_2 时,动、静触点将接触,此时触点上初压力作用到衔铁上,反作用力骤增,曲线发生突变。在 $\delta_2 \sim 0$ 范围内,气隙越小,触点压得越紧,反作用力也越大,其曲线比 $\delta_1 \sim \delta_2$ 段陡。

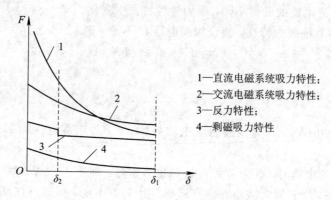

1—直流电磁系统吸力特性;
2—交流电磁系统吸力特性;
3—反力特性;
4—剩磁吸力特性

图 1-3 电磁系统的吸力特性和反力特性

3) 反力特性与吸力特性的配合

为使衔铁牢牢吸合,反作用力特性必须与吸力特性配合好,使吸力始终大于反力。但吸力也不能过大,否则会影响电器的机械寿命。反映在特性图上,就是保证吸力特性在反力特性的上方且尽可能靠近。而在衔铁释放时,其反力特性必须大于由于剩磁而产生的剩磁吸力,以保证衔铁可靠释放。

3. 交流电磁系统的短路环

对于交流电磁系统,线圈通以交流电流,气隙磁感应强度 B 按正弦规律变化,由式(1-1)知,其电磁吸力 F 是一个周期函数,可分解成直流分量和 2ω 频率的正弦分量。虽然磁感应强度 B 是正负交变的,但电磁吸力 F 总是正的。在磁通每次过零,即 $t=0$、$\pi/2$、T(T 为磁通的周期)时,吸力为零。此时,反力大于电磁吸力,衔铁释放。而在 $\pi/2 \sim T$ 之间,吸力又大于反力,衔铁又被吸合。如此,在电源频率为 f 时,电磁系统出现频率为 $2f$ 的持续抖动和撞击,发出噪声,并易损坏铁芯。

为了避免衔铁振动,通常在铁芯和衔铁的端面上开一个槽,在槽内安置一个铜制的短路环(也叫分磁环),如图 1-4 所示,用来消除振动和噪声。设置短路环后,气隙磁通 Φ 分为两部分,即不穿过短路环的 Φ_1 和穿过短路环的 Φ_2,且 Φ_2 滞后于 Φ_1。它们不仅相位不同而且幅值也不一样,如图 1-5 所示。由这两个磁通产生的电磁力 F_1 与 F_2 在不同时刻过零点,如果短路环设置得比较合理,使 Φ_1、Φ_2 相差 $90°$,并且 F_1、F_2 近似相等,则合成磁力就会相当平坦,只要最小吸力大于反力,衔铁就会牢牢地被吸住,不产生振动和噪声。

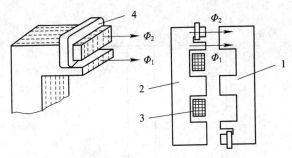

1—衔铁；2—铁芯；3—线圈；4—短路环

图 1-4　交流电磁系统的短路环

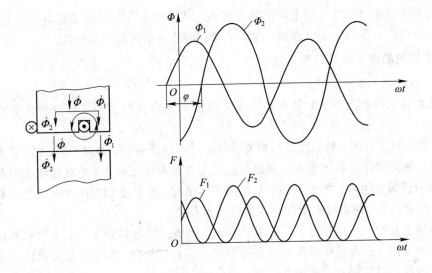

图 1-5　短路环原理

4. 电磁系统的继电特性(输入-输出特性)

将电磁系统励磁线圈的电压(或电流)作为输入量 x，衔铁的位置为输出量 y，则衔铁位置(吸合与释放)与励磁线圈的电压(或电流)的关系称为电磁系统的输入-输出特性，通常称为"继电特性"。

若将衔铁处于吸合位置记作 $y=1$，释放位置记作 $y=0$，则由上面分析可知，当吸力特性处于反力特性上方时，衔铁被吸合；当吸力特性处于反力特性下方时，衔铁被释放。使吸力特性处于反力特性上方的最小输入量用 x_0 表示，一般称其为电磁系统的动作值；使吸力特性处于反力特性下方的最大输入量用 x_r 表示，称为电磁系统的复归值。

电磁系统的输入-输出特性如图 1-6 所示。当输入量 $x < x_0$ 时，衔铁不动作，输出量 $y=0$；当 $x=x_0$ 时，衔铁吸合，输出量 y 从"0"跃变为"1"；进一步增大输入量使 $x>x_0$，输出量仍为 $y=1$。当输入量 x 从 x_0 减小时，在 $x>x_r$ 的过程中，虽然吸力特性向下降低，但因衔铁吸合状态下的吸力仍比反力大，衔铁不会释放，输出量 $y=1$。当 $x=x_r$ 时，因吸力小于反力，衔铁才释放，输出量由"1"突变为"0"；再减小输入量，输出量仍为"0"。可见，电磁系统的输入-输出特性或"继电特性"为一矩形曲线。

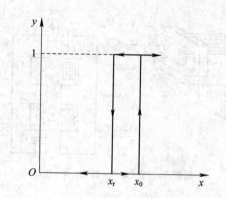

图 1-6 电磁系统的输入-输出特性(继电特性)

电磁系统的继电特性是继电器的重要特性，其动作值与复归值是继电器的动作参数。使衔铁吸合的输入量须大于动作值，使衔铁释放的输入量须小于复归值。

5. 电器的触点系统及灭弧系统

1) 电器的触点系统

触点系统也称触头系统。触点是电磁式电器的主要执行部分，起接通和分断电路的作用。

(1) 触点系统材料。触点系统材料要求导电导热性能良好，通常用铜、银、镍及其合金材料制成。触点闭合且有工作电流通过时的状态称为电接触状态。电接触状态时触点之间的电阻称为接触电阻，其大小直接影响电路工作情况。触点接触电阻大小主要与触点的接触形式、接触压力、触点材料及触点表面状况等有关。

减小触点接触电阻的方法：可采用安装触点弹簧以增加接触压力；在铜基触点上镀银以减小接触电阻；在大容量电器中采用指形触点以自动清除氧化膜；用无水乙醇或四氯化碳及时擦拭触点以清除触点表面尘垢等。

在使用中，由于铜的表面容易氧化生成一层氧化铜，使触点接触电阻增大，引起触点损耗大、过热等，影响其使用寿命，所以对于电流容量较小或者特殊用途的电器如微型继电器，常采用银质材料作为触点材料。

(2) 触点的结构形式。触点主要有两种结构形式：桥式触点和指形触点，如图 1-7 所示。

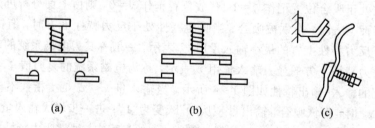

(a)　　　　　　　(b)　　　　　　　(c)

图 1-7 触点的结构形式

(a)(b) 桥式触点；(c) 指形触点

(3) 触点接触形式。触点的接触形式有点接触、线接触和面接触三种，如图 1-8 所示。

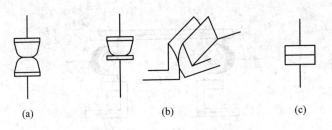

图 1-8 触点的接触方式

(a) 点接触；(b) 线接触；(c) 面接触

点接触由两个半球形触点或一个半球形与一个平面形触点构成，常用于小电流的电器中，如继电器触点、接触器的辅助触点等，如图 1-7(a)、图 1-8(a)所示。

线接触常做成指形触点结构，其接触区是一条直线，触点通断时产生滚动接触，适用于通电频繁(分合次数多)、电流大的中等容量电器，如图 1-7(c)、图 1-8(b)所示。

面接触触点的表面一般镶有合金，以减小接触电阻，提高触点的抗熔焊、抗磨损能力，它允许较大电流，中小容量接触器的主触点多采用这种形式，如图 1-7(b)、图 1-8(c)所示。

2) 电器的灭弧系统

(1) 电弧的产生。触点分断时，在刚出现断口之际，由于两触点间距离极小，其间将形成很强的电场，使阴极中的自由电子溢出到气隙中并向阳极加速运动，这称为场致发射。场致发射的电子在前进途中撞击气体原子，使之电离，分裂成为电子和正离子，这称为撞击电离。电离产生的电子在向阳极运动的过程中又将撞击其他原子使其电离，电离产生的正离子则向阴极运动，撞击阴极使阴极温度逐渐升高，从而发射出电子，这称为热电子发射。发射的热电子在向阳极运动的过程中再参与撞击电离。当隙间温度升高到一定程度后，气体原子相互间的剧烈碰撞也会产生电离，这称为热游离。以上发射、电离和游离的结果，在触点间隙间产生大量的带电粒子，在电场作用下，大量带电粒子作定向运动形成电流，于是绝缘的气体就变成了导体，致使两个触点间出现强烈的火花，这就是所谓的"电弧"。可以看出，电弧的产生实际上是一种气体放电现象。

(2) 常用灭弧方法。电弧的存在不仅延迟了电路的分断时间，其高温还易烧损触点和电器中的其他部件甚至引起火灾和爆炸事故，因此应采取适当措施迅速将其熄灭。

熄灭电弧的原理：抑制游离因素，增强去游离因素。低压电器中主要采用的措施：迅速增加电弧长度，使得单位长度内维持电弧燃烧的电场强度不足而使电弧熄灭；使电弧与液体介质或固体介质相接触，加速冷却以增强去游离作用，使电弧迅速熄灭。下面介绍几种常用的灭弧方法。

① 双断口灭弧。双断口就是在一个回路中有两个产生和断开电弧的间隙。桥式双断口触点系统如图 1-9 所示。当触点分断时，在左右两个断口处产生两个彼此串联的电弧，由于两个电弧的电流方向相反，因而两个电弧在回路磁场产生的电动力 F 的作用下，向两侧方向运动，使电弧被拉长和冷却，迅速熄灭。

② 磁吹式灭弧。在一个与触点串联的磁吹线圈产生的磁场作用下，电弧受到电磁力的作用而被拉长，被吹入由固体介质构成的灭弧罩内，与固体介质接触而被冷却熄灭，如图 1-10 所示。

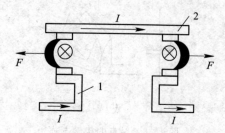

1—静触点；2—动触点

图 1-9　双断口灭弧原理示意图

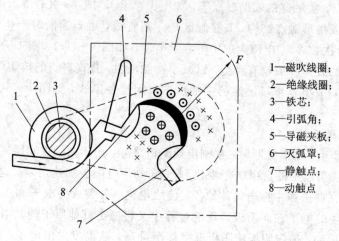

1—磁吹线圈；

2—绝缘线圈；

3—铁芯；

4—引弧角；

5—导磁夹板；

6—灭弧罩；

7—静触点；

8—动触点

图 1-10　磁吹式灭弧原理示意图

　　③ 金属栅片式灭弧。图 1-11 所示为金属栅片式灭弧的示意图。当触点分断时，产生的电弧在电动力的作用下被推入一组金属栅片中而被分割成许多串联的短弧，此时彼此绝缘的栅片就成为短弧的电极。要维持电弧燃烧必须在电极附近有一定的电压降，称为临极压降。一对临极压降为 12～20 V。由于电弧被分割成许多串联的短弧后使所需的总的电压降增大，从而使电源电压不足以继续维持电弧，再加上金属栅片要吸收电弧的热量，所以电弧将迅速熄灭。

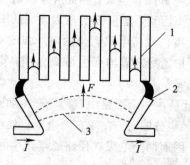

1—灭弧栅片；2—触点；3—电弧

图 1-11　金属栅片式灭弧原理示意图

　　④ 窄缝式灭弧。在磁场电动力作用下，电弧被拉长并进入灭弧罩的窄缝内，窄缝将电

弧隔成数段，且与固体介质相接触，电弧因加快冷却而迅速熄灭。这种方法多用于交流电器中。

1.1.3　低压电器的主要技术参数

各种电路的工作电压、电流等级、通断频率和负载性质不尽相同，则其相应的电器也有不同的技术要求。

1. 使用类别

按国家标准 GB 2455—1985 规定，将控制电路的主触点和辅助触点的标准使用类别列于表 1 - 2 中。

表 1 - 2　控制电路触点的标准使用类别

触点	电流种类	使用类别	典型使用场合
主触点	交流	AC - 1	无感或微感负载、电阻炉
		AC - 2	绕线转子异步电动机的启动、分断
		AC - 3	笼型异步电动机的启动、运转分断
		AC - 4	笼型异步电动机的启动、反接制动、反向、点动
	直流	DC - 1	无感或微感负载、电阻炉
		DC - 3	并励电动机的启动、反接制动与点动
		DC - 5	串励电动机的启动、反接制动与点动
辅助触点	交流	AC - 11	控制交流电磁铁
		AC - 14	控制小容量≤72VA 的电磁铁负载
		AC - 15	控制容量＞72VA 的电磁铁负载
	直流	DC - 11	控制直流电磁铁
		DC - 13	控制电感与电阻的混合直流电磁铁负载
		DC - 14	控制电路中有经济电阻的直流电磁铁负载

接触器的使用类别代号通常标注在产品的铭牌或工作手册中。表 1 - 2 中要求接触器主触点达到的接通和分断能力为：AC - 1 和 DC - 1 类允许接通和分断额定电流；AC - 2、DC - 3 和 DC - 5 类允许接通和分断 4 倍的额定电流；AC - 3 类允许接通 6 倍的额定电流和分断额定电流；AC - 4 类允许接通和分断 6 倍的额定电流。

2. 主要技术参数

额定工作电压：在规定条件下，能保证电器正常工作的电压值，一般指触点额定电压值。电磁式电器还规定了电磁线圈的额定工作电压。

额定工作电流：根据电器的具体使用条件确定的电流值。它和额定电压、电网频率、额定工作值、使用类别、触点寿命及保护参数等因素有关。同一个开关电器使用条件不同，工作电流值也不同。

通断能力：以控制规定的非正常负载时所能接通和断开的电流值来衡量。接通能力是指开关闭合时不会造成触点熔焊的能力；断开能力是指开关断开时能可靠灭弧的能力。

寿命：包括机械寿命和电寿命。机械寿命是指电器在无电流情况下能操作的次数；电寿命是指按所规定使用条件不需修理或更换零件的负载操作次数。

1.2 接 触 器

接触器是一种通过电磁机构动作，用于中远距离频繁地接通与断开交直流主电路及大容量控制电路的一种自动切换电器，在电力拖动自动控制系统中被广泛应用。其主要控制对象是电动机，也可以用于控制电热器、电照明、电焊机、电容器组及其他电力负载等。

接触器具有操作频率高、使用寿命长、工作可靠、性能稳定、维护方便等优点，同时还具有低电压释放保护功能。

按接触器主触点通过电流种类的不同，接触器分为交流接触器和直流接触器。

1.2.1 交流接触器

交流接触器常用于远距离、频繁地接通和分断额定电压至 1140 V、电流至 630 A 的交流电路。

接触器的介绍及工作原理图解

图 1 - 12 所示为交流接触器实物图和结构示意图，由电磁系统、触点系统、灭弧装置和其他部件等组成。交流接触器电磁系统由吸引线圈、动铁芯(衔铁)、静铁芯组成，主要完成电能向机械能的转换。交流接触器的铁芯一般用硅钢片叠压铆成，以减少交变磁场在铁芯中产生的涡流及磁滞损耗，避免铁芯过热。通常在铁芯上装有一个短路铜环(短路环，又称减振环)，以减少接触器吸合时产生的振动和噪声。交流接触器触点系统包括主触点和辅助触点。主触点用于通断主电路；辅助触点用于控制辅助电路。主触点容量大，有三对或四对常开触点；辅助触点容量小，通常有两对常开、常闭触点，且分布在主触点两侧。容量在 10 A 以上的接触器都有灭弧装置。对于小容量的接触器，常采用双断口桥形触点结构以利于灭弧，其上有陶土灭弧罩。对于大容量的接触器，常采用纵缝灭弧罩及栅片灭弧结构。另外，交流接触器还包括反作用弹簧、缓冲弹簧、触点压力弹簧、传动机构及接线端子、外壳等其他部件。

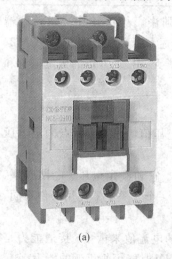

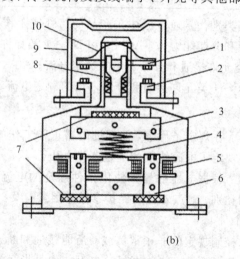

1—动触点；
2—静触点；
3—衔铁；
4—缓冲弹簧；
5—电磁线圈；
6—铁芯；
7—垫毡；
8—触点弹簧；
9—灭弧罩；
10—触点压力弹簧

(a)   (b)

图 1 - 12 交流接触器实物图和结构示意图
(a)实物图；(b)结构示意图

　　交流接触器工作原理：当电磁线圈接通电源时，线圈电流产生磁场，使静铁芯产生足以克服弹簧反作用力的吸力，将动铁芯向下吸合，使常开主触点和常开辅助触点闭合，常闭主触点和常闭辅助触点断开。主触点用于主电路，将主电路接通或断开。辅助触点用于控制电路，来接通和分断相邻的控制电路。当线圈断电时，静铁芯吸力消失，动铁芯在反力弹簧的作用下复位，各触点也随之复位，将有关的电路分断。

1.2.2　直流接触器

　　直流接触器主要用来远距离接通与分断额定电压至 440 V、额定电流至 630 A 的直流电路或频繁地操作和控制直流电动机启动、停止、反转及反接制动。

　　直流接触器的结构与交流接触器相似，也是由电磁系统、触点系统、灭弧装置等部分组成的。只不过铁芯结构、线圈形状、触点形状和数量、灭弧方式、吸力特性以及故障形式等方面有所不同。

　　直流接触器与交流接触器工作原理相同，不同之处在于交流接触器的吸引线圈由交流电源供电，直流接触器的吸引线圈由直流电源供电，另外，由于通入直流接触器线圈的电流是直流电，直流电没有瞬时值，在任意时刻有效值都是相等的，没有过零点，因此直流接触器衔铁上不用加装防止过零点电压较低产生的吸合力较小而造成接触器振动、噪声等现象的短路环。

1.2.3　接触器的主要技术参数

　　接触器的主要参数有极数、电流种类、额定工作电压、额定工作电流（或额定功率）、额定通断能力、吸引线圈的额定电压、额定操作频率、机械寿命和电气寿命、线圈消耗功率、动作值等。其中：

　　极数：有两极、三极、四极之分。

　　电流种类：分为交流接触器、直流接触器。

　　额定工作电压：接触器主触点所在电路的电源电压。一般情况下，交流有 AC 127 V、AC 220 V、AC 380 V、AC 500 V、AC 660 V，在特殊场合额定工作电压可高达 AC 1140 V；直流主要有 DC 110 V、DC 220 V、DC 440 V 等。

　　额定工作电流：接触器主触点正常工作的电流值。它是在一定的条件（额定工作电压、使用类别和操作频率等）下规定的，目前常用的电流等级，交流有 10 A、20 A、40 A、60 A、100 A、150 A、250 A、400 A、600 A；直流有 40 A、80 A、100 A、150 A、250 A、400 A、600 A。

　　额定通断能力：主触点在规定条件下能可靠接通和分断的电流值。

　　吸引线圈的额定电压：电磁吸引线圈正常工作电压值。交流有 AC 36 V、AC 127 V、AC 220 V、AC 380 V；直流有 DC 24 V、DC 48 V、DC 220 V 和 DC 440 V。

　　额定操作频率：每小时允许的操作次数，一般为 300 次/h、600 次/h、1200 次/h。

　　机械寿命和电气寿命：接触器的机械寿命一般可达数百万次乃至一千万次。电气寿命一般是机械寿命的 5%～20%。

　　线圈消耗功率：分为启动功率和吸持功率。对于直流接触器，两者相等；对于交流接触器，一般启动功率约为吸持功率的 5～8 倍。

动作值：接触器的吸合电压和释放电压。规定接触器的吸合电压大于线圈额定电压的85％时应可靠吸合，释放电压不高于线圈额定电压的70％。

1.2.4　接触器的常用型号、电气符号

1. 常用型号

常见接触器有 CJ10 系列、CJ20 系列、CJX1 系列和 CJX2 系列。其中 CJ20 系列是较新的产品，CJX1 系列是从德国西门子公司引进技术制造的新型接触器，性能等同于西门子公司 3TB、3TF 系列产品。CJX1 系列接触器适用于交流 50 Hz 或 60 Hz、电压至 660 V、额定电流至 630 A 的电路中，作远距离接通及分断电路，并适用于频繁地启动及控制交流电动机。经加装机械联锁机构后组成 CJX1 系列可逆接触器，可控制电动机的启动、停止及反转。

CJX2 系列交流接触器是参照法国 TE 公司 LC1 - D 产品开发制造的，其结构先进、外形美观、性能优良、组合方便、安全可靠。本产品主要用于交流 50 Hz(或 60 Hz)、660 V以下的电路中，在 AC3 使用类别下额定工作电压为 380 V，额定工作电流至 95 A 的电路中，供远距离接通和分断电路使用于频繁地启动和控制交流电动机，也能在适当降低控制容量及操作频率后用于 AC4 使用类别。

接触器的型号含义如图 1 - 13 所示。

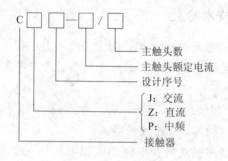

图 1 - 13　接触器的型号含义

2. 接触器的电气符号

交、直流接触器电气符号(图形、文字符号)如图 1 - 14 所示。其中常开主触点、常闭主触点、常开辅助触点和常闭辅助触点又称为动合主触点、动断主触点、动合辅助触点和动断辅助触点。

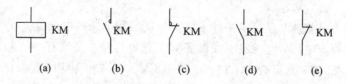

图 1 - 14　接触器的图形、文字符号

(a) 线圈；(b) 常开主触点；(c) 常闭主触点；(d) 常开辅助触点；(e) 常闭辅助触点

1.2.5　接触器的选择

接触器使用广泛，但随使用场合及控制对象不同，接触器的操作条件与工作繁重程度

也不同。为尽可能经济地、正确地使用接触器，必须较全面地了解控制对象的工作情况及接触器的性能，才能作出正确的选择，保证接触器可靠运行并充分发挥其技术经济效果。

选用接触器时应根据具体使用条件正确选择，主要考虑以下几个方面：

（1）根据负载性质，即主触点接通或分断电路的电流性质来选择接触器类型（直流、交流）。

（2）根据接触器所控制负载的工作任务来选择相应使用类别的接触器。如负载为一般任务则选用 AC - 3 使用类别；负载为重任务时选用 AC - 4 使用类别。

（3）根据负载的功率和操作情况来确定接触器主触点的电流等级。当接触器的使用类别与所控制负载的工作任务相对应时，一般应使接触器主触点的电流额定值与所控制负载的电流值相当，或稍大一些。若不对应，如用 AC - 3 类的接触器控制 AC - 3 与 AC - 4 混合类负载时，则应降低电流等级使用。

（4）根据被控电路电压等级来选择接触器的额定电压。额定电压应不小于主电路工作电压；额定电流应不小于被控电路额定电流。对于电动机负载还应根据其运行方式适当增减。

（5）根据控制电路的电压等级来选择接触器线圈的额定电压等级。吸引线圈的额定电压与频率与所控制电路的选用电压、频率相一致。

1.3　继　电　器

继电器是一种根据电气量（电压、电流等）或非电气量（温度、压力、转速、时间等）信号的变化，在控制系统中控制（接通或断开）其他电器动作，或在主电路中作为保护用电器的自动切换电器。图 1 - 15 所示为继电器实物图。继电器用于各种控制电路中信号传递、放大、转换、联锁等，控制主电路和辅助电路中的器件或设备按预定的动作程序进行工作，实现自动控制和保护的目的。

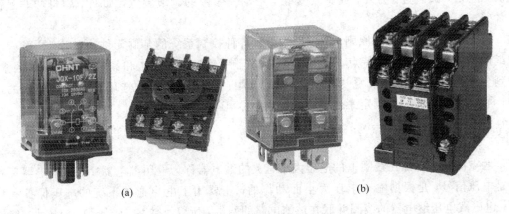

(a)　　　　　　　　　　　　　　　　　　　(b)

图 1 - 15　继电器实物图

继电器种类繁多、应用广泛。常用继电器按输入信号分为电压继电器、电流继电器、中间继电器、时间继电器、温度继电器、速度继电器和压力继电器等；按工作原理分为电磁式继电器、感应式继电器、电动式继电器、热继电器和电子式继电器等；按用途分为控制继电器和保护继电器等；按动作时间分为瞬时继电器和延时继电器等。

1.3.1　继电器的结构原理

任何一种继电器，不论它们的动作原理、结构形式、使用场合如
何变化，都具有两个基本机构：一是能够反映外界输入信号的感应机
构；二是对被控电路实现通、断控制的执行机构。

继电器的工作原理

感应机构由变换机构和比较结构组成，变换机构将输入的电量
或非电量变换成适合执行机构动作的某种特定物理量，如电磁式继电器中的铁芯和线圈，
能将输入的电压或电流信号变换为电磁力；比较结构用于对输入量的大小进行判断，当输
入量达到规定值时才发出命令使执行机构动作，如电磁式继电器的返回弹簧，由于事先的
压缩产生了一定的预压力，使得只有当电磁力大于此力式触点系统才动作。至于执行机
构，对有触点继电器则是触点的吸合、释放动作，对无触点半导体继电器则是晶体管的截
止、饱和状态，都能实现对电路的通、断控制。

继电器的特性即输入-输出特性（继电特性）如图 1-6 所示。继电器的动作参数可根据
使用要求进行整定，为反映继电器吸力特性与反力特性配合的紧密程度，引入返回系数概
念，即继电器复归值 I_r 与动作值 I_c 的比值。

$$K_I = \frac{I_r}{I_c}$$ (1-6)

式中：K_I 为电流返回系数；I_r 为复归电流（A）；I_c 为动作电流（A）。

同理，电压返回系数为

$$K_U = \frac{U_r}{U_c}$$ (1-7)

式中：K_U 为电压返回系数；U_r 为复归电压（V）；U_c 为动作电压（V）。

电磁式继电器的结构和工作原理与电磁式接触器相似，也是由电磁系统和触点系统组
成的，但无灭弧装置。另外，还有改变继电器动作参数的调节装置，如调节螺母和非磁性
垫片等。

电磁式继电器的选择原则：继电器是组成各种控制系统的基础元件，选用时应综合考
虑继电器的适用性、功能特点、使用环境、工作制、额定工作电压和额定工作电流等因素，
做到合理选择。主要包括：① 类型和系列的选用；② 使用环境的选用；③ 使用类别的选
用；④ 额定工作电压、额定工作电流的选用；⑤ 工作制的选用等。

1.3.2　电压继电器

触点的动作与加在线圈上的电压大小有关的继电器称为电压继电器。电压继电器反映
的是电压信号，是根据输入电压大小而动作的，主要用于电力拖动系统的电压保护和控
制。电磁式电压继电器的线圈并联在被测电路的两端，所以匝数多、导线细、阻抗大，能够
反映电路电压的高低。

电压继电器按吸合电压相对额定电压大小，分为欠电压继电器和过电压继电器两种。

1. 欠电压继电器

欠电压继电器在电路电压正常时，衔铁吸合，一旦电路电压降至额定电压的 5%～

25%时，衔铁释放，输出信号，对电路实现欠电压保护。

零电压继电器是当电路电压降低到$(0.05\sim0.25)U_N$时释放，对电路实现零电压保护。欠电压继电器的图形、文字符号如图 1-16(a)所示。

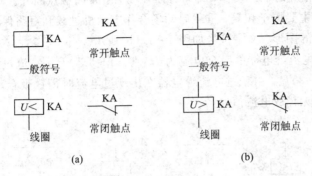

图 1-16 电压继电器的图形、文字符号
(a) 欠电压继电器；(b) 过电压继电器

2. 过电压继电器

过电压继电器在电路中用于过电压保护。在电路电压正常时，衔铁释放，一旦电路电压升高至额定电压U_N以上时，衔铁吸合，带动相应的触点动作。

由于直流电路一般不会出现过电压，因此产品中没有直流过电压继电器。交流过电压继电器吸合电压调节范围为$U_o=(1.05\sim1.2)U_N$。

过电压继电器的图形、文字符号如图 1-16(b)所示。

1.3.3 电流继电器

触点的动作与否与通过线圈的电流大小有关的继电器叫作电流继电器。电流继电器是根据输入电流大小而动作的，主要用于电动机、发动机或其他负载的过载及短路保护、直流电动机磁场控制或失磁保护等。电流继电器的线圈串联在被测量电路中，其线圈匝数少、导线粗、阻抗小。电流继电器除用于电流型保护的场合外，还经常用于按电流原则控制的场合。

电流继电器按用途不同可分为欠电流继电器和过电流继电器两种。

1. 欠电流继电器

欠电流继电器在电路正常工作时，衔铁是吸合的，其常开触点闭合，常闭触点断开；一旦线圈中的电流降至额定电流的 10%～20% 时，衔铁释放，发出信号，从而改变电路的状态。

欠电流继电器在电路中起欠电流保护作用，常用其常开触点进行保护，当继电器欠电流释放时，常开触点断开来控制电路进行保护，如直流电动机励磁保护。

在直流电路中，负载电流的降低或消失往往会导致严重后果。如直流电动机励磁电流过小会使电动机超速，甚至"飞车"，因此，电气产品中有直流欠电流继电器。直流欠电流继电器的吸合电流调节范围：$I_o=(0.3\sim0.65)I_N$；释放电流调节范围：$I_r=(0.1\sim0.2)I_N$。

而交流电路不需欠电流保护，也就没有交流欠电流继电器了。

欠电流继电器的图形、文字符号如图 1-17(a)所示。

2. 过电流继电器

过电流继电器在电路正常工作时，衔铁是释放的；一旦电路发生过载或短路故障时，衔铁才吸合，带动相应的触点动作，即常开触点闭合，常闭触点断开。

过电流继电器主要用于频繁、重载启动场合作电动机过载和短路保护。

过电流继电器的图形、文字符号如图 1-17(b)所示。

通常，交流过电流继电器的吸合电流为 $I_。=(1.1\sim3.5)I_N$，直流过电流继电器的吸合电流为 $I_。=(0.75\sim3)I_N$。由于过电流继电器在出现过电流时衔铁吸合动作，并切断电路，因此过电流继电器无释放电流值。

图 1-17　电流继电器的图形、文字符号

(a) 欠电流继电器；(b) 过电流继电器

1.3.4　中间继电器

中间继电器实质是一种电压继电器，只是它的触点数量较多，体积小，容量较大，动作灵敏，在电路中起增加触点数量(即把一个信号转变为多个信号)以及信号的放大、传递的中间转换作用。中间继电器与小型交流接触器基本相同，但触点没有主、辅之分，每对触点允许通过的电流大小相同，触点容量与接触器的辅助触点差不多。有时中间继电器在10 A 以下电路中可代替接触器起控制作用。

常用的交流中间继电器有 JZ7 系列，如图 1-18 所示，直流中间继电器有 JZ12 系列，交、直流两用的中间继电器有 JZ8 系列。

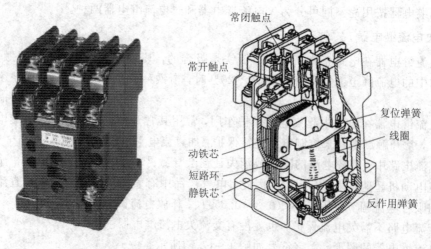

图 1-18　JZ7 系列交流中间继电器的实物图及结构原理图

中间继电器的图形、文字符号如图 1-19 所示。

线圈 　　　　常开触点 　　　　常闭触点

图 1-19 中间继电器的图形、文字符号

1.3.5 时间继电器

在自动控制系统中，有时需要继电器得到信号后不立即动作，而是要延时一段时间后再动作并输出控制信号，以达到按时间顺序进行控制的目的。时间继电器就是一种可以满足这种要求的、根据电磁原理或机械动作原理，在信号输入后经一定延时才有输出信号，来实现触点系统延时接通或断开的自动切换电器。

时间继电器按工作原理分，可分为直流电磁式、空气阻尼式(气囊式)、晶体管式、电动式等几种。按延时方式分，可分为通电延时型和断电延时型。

1. 空气阻尼式时间继电器

空气阻尼式时间继电器是利用空气通过小孔时产生阻尼的原理来获得延时的。其结构由电磁系统、延时结构和触点三部分组成，如图 1-20 所示。电磁系统为双 E 直动式，触点系统为微动开关，延时机构采用气囊式阻尼器。

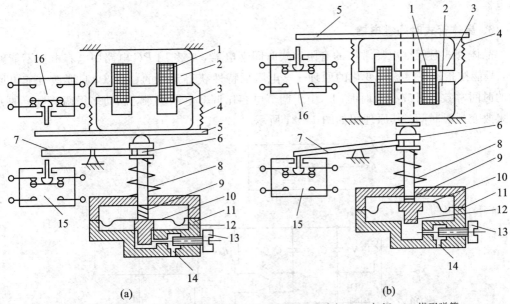

(a)　　　　　　　　　　　　　　　　(b)

1—线圈；2—铁芯；3—衔铁；4—复位弹簧；5—推板；6—活塞杆；7—杠杆；8—塔形弹簧；
9—弹簧；10—橡皮膜；11—气室；12—活塞；13—调节螺钉；14—进气孔；15、16—微动开关

图 1-20 空气阻尼式时间继电器的动作原理

(a) 通电延时型；(b) 断电延时型

空气阻尼式时间继电器既有通电延时型，也有断电延时型。只要改变电磁机构的安装方向，便可实现不同的延时方式：当衔铁位于铁芯和延时机构之间时为通电延时(如

图 1-20(a)所示);当铁芯位于衔铁和延时机构之间时为断电延时(如图 1-20(b)所示)。

图 1-20(a)为通电延时型时间继电器,当线圈 1 通电后,铁芯 2 将衔铁 3 吸合,活塞杆 6 在塔形弹簧 8 的作用下,带动活塞 12 及橡皮膜 10 向上移动,由于橡皮膜 10 下方气室空气稀薄,形成负压,因此活塞杆 6 不能上移。当空气由进气孔 14 进入时,活塞杆 6 才逐渐上移。移到最上端时,杠杆 7 才使微动开关 16 动作。延时时间即为自电磁铁吸引线圈通电时刻起到微动开关动作时为止的这段时间。通过调节螺杆 13 调节进气口的大小,就可以调节延时时间。当线圈 1 断电时,衔铁 3 在复位弹簧 4 的作用下将活塞 12 推向最下端。因活塞被下推时,橡皮膜下方气孔内的空气通过橡皮膜 10、弹簧 9 和活塞 12 肩部所形成的单向阀,经上气室缝隙顺利排掉,因此延时与不延时的微动开关 15 与 16 都迅速复位。

空气阻尼式时间继电器的优点:结构简单、寿命长、价格低廉。其缺点是准确度低、延时误差大,在延时精度要求高的场合不宜采用。

2. 直流电磁式时间继电器

直流电磁式时间继电器是利用电磁系统在电磁线圈断电后磁通延缓变化的原理而工作的。在直流电磁式电压继电器的铁芯上增加一个阻尼铜套,构成直流电磁式时间继电器。当线圈通电时,因磁路中气隙大、磁阻大、磁通小,铜套阻尼作用显著,使衔铁延时释放,从而实现延时作用。

电磁式时间继电器具有结构简单、运行可靠、寿命长、允许通电次数多等优点,但延时时间短(最长不超过 5 s),延时精度不高,体积大且仅适用于直流电路中作断电延时时间继电器。

3. 晶体管式时间继电器

晶体管式时间继电器常用的有阻容式时间继电器,它利用 RC 电路中电容电压不能跃变,只能按指数规律逐渐变化的原理——电阻尼特性获得延时的。所以,只要改变充电回路的时间常数即可改变延时时间。由于调节电容比调节电阻困难,因而多用调节电阻的方式来改变延时时间。其原理图如图 1-21 所示。

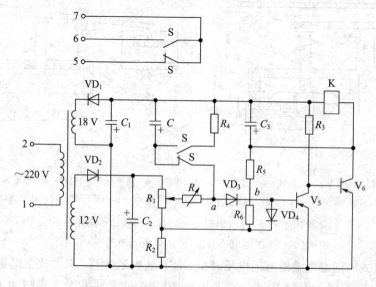

图 1-21　晶体管式时间继电器原理图

晶体管式时间继电器具有延时范围广、体积小、精度高、使用方便及寿命长等优点。

4．时间继电器的电气符号

时间继电器的图形、文字符号如图 1 - 22 所示。

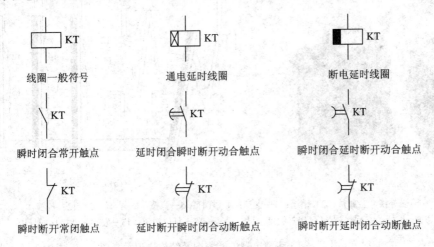

线圈一般符号　　　　　　通电延时线圈　　　　　　　　断电延时线圈

瞬时闭合常开触点　　　延时闭合瞬时断开动合触点　　瞬时闭合延时断开动合触点

瞬时断开常闭触点　　　延时断开瞬时闭合动断触点　　瞬时断开延时闭合动断触点

图 1 - 22　时间继电器的电气符号

对于通电延时型时间继电器，当线圈得电时，其延时动合触点要延时一段时间才闭合，延时动断触点要延时一段时间才断开；当线圈失电时，其延时常开触点迅速断开，延时常闭触点迅速闭合。

对于断电延时型时间继电器，当线圈得电时，其延时动合触点迅速闭合，延时动断触点迅速断开；当线圈失电时，其延时常开触点要延时一段时间再断开，延时常闭触点要延时一段时间再闭合。

5．时间继电器的选择原则

时间继电器形式多样，选择时应从以下几方面考虑：① 根据控制电路对延时触点的要求选择延时方式，即通电延时型或断电延时型。② 根据延时范围和精度要求选择继电器类型。③ 根据使用场合、工作环境选择时间继电器的类型。

1.3.6　热继电器

热继电器是电流通过发热元件产生热量，使检测元件受热弯曲而推动机构动作的一种继电器。热继电器利用电流的热效应原理来切断电路，实现保护功能。但由于热继电器中发热元件的发热惯性，在电路中不能做瞬时过载保护和短路保护，所以热继电器就是专门用来对连续运行的电动机实现过载保护、断相保护和三相电流不平衡运行保护，以防电动机烧毁的一种保护电器。

1．热继电器的结构和工作原理

热继电器的形式有多种，其中以双金属片最多。双金属片式热继电器主要由热元件、双金属片和触点三部分组成，如图 1 - 23 所示。

双金属片是热继电器的感测元件，由两种膨胀系数不同的金属片碾压而成。当串联在电动机定子绕组中的热元件有电流流过时，热元件产生的热量使双金属片伸长，由于膨胀

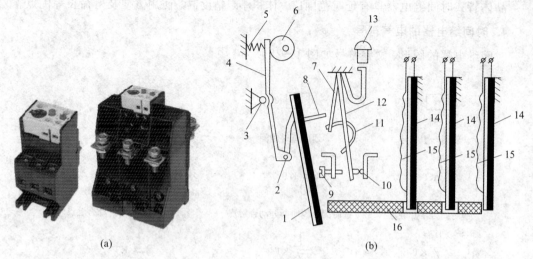

1—补偿双金属片；2—销子；3—支撑；4—杠杆；5—弹簧；6—凸轮；7、12—片簧；
8—推杆；9—调节螺钉；10—触点；11—弓簧；13—复位按钮；15—发热元件；16—导板

图 1-23　热继电器的实物图及结构原理示意图

（a）实物图；（b）结构原理示意图

系数不同，致使双金属片发生弯曲。电动机正常运行时，双金属片的弯曲程度不足以使热继电器动作。当电动机过载时，流过热元件的电流增大，加上时间效应，从而使双金属片的弯曲程度加大，最终使双金属片推动导板使热继电器的触点动作，切断电动机的控制电路。

热继电器由于热惯性，当电路短路时不能立即动作使电路断开，因此不能用作短路保护。同理，在电动机启动或短时过载时，热继电器也不会马上动作，从而避免电动机不必要的停车。

热继电器动作后，经一段时间冷却自动复位或经手动复位。其动作电流可通过旋转调节旋钮来实现。

2. 热继电器的分类及常见规格

热继电器按热元件数分为两相和三相结构。三相结构的热继电器又分为带断相保护和不带断相保护装置两种。

在三相异步电动机的电路中，一般采用两相结构（即在两相主电路中串接热元件）；在特殊情况下，在没有串接热元件的一相有可能过载（如三相电源严重不平衡、电动机绕组内部短路等故障），则热继电器不动作，此时需要采用三相结构的热继电器。

3. 热继电器的主要技术参数

热继电器的主要技术参数包括额定电压、额定电流、相数、热元件编号及整定电流调节范围等。

热继电器的整定电流是指热继电器的热元件允许长期通过又不致引起继电器动作的最大电流值。对于某一热元件，可通过调节其电流调节旋钮，在一定范围内调节其整定电流。

4. 热继电器的型号含义及电气符号

热继电器的型号含义如图 1-24 所示，电气符号如图 1-25 所示。

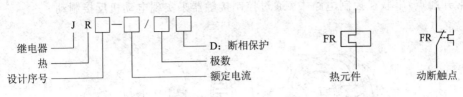

图 1-24　热继电器的型号含义　　　　　　　图 1-25　热继电器的电气符号

5. 热继电器的选择

热继电器主要用于电动机的过载保护，选用热继电器时，必须了解被保护对象的工作环境、启动情况、负载性质、工作制及电动机允许的过载能力。原则是热继电器的安秒特性位于电动机过载特性之下，并尽可能接近。

（1）热继电器的类型选择。若用热继电器作电动机缺相保护，应考虑电动机的接法。对于星形接法的电动机，当某相断线时，其余未断相绕组的电流与流过热继电器电流的增加比例相同。一般的三相式热继电器，只要整定电流调节合理，是可以对星形接法的电动机实现断相保护的；对于三角形接法的电动机，某相断线时，流过未断相绕组的电流与流过热继电器的电流增加比例则不同，也就是说，流过热继电器的电流不能反映断相后绕组的过载电流，因此，一般的热继电器，即使是三相式也不能为三角形接法的三相异步电动机的断相运行提供充分保护，此时，应选用三相带断相保护的热继电器。

（2）热元件的额定电流选择。应按照被保护电动机额定电流的 1.1～1.15 倍选取热元件的额定电流。

（3）热元件的整定电流选择。一般将热继电器的整定电流调整到等于电动机的额定电流；对过载能力差的电动机，可将热元件的整定值调整到电动机额定电流的 0.6～0.8 倍；对启动时间较长、拖动冲击性负载或不允许停车的电动机，热元件的整定电流应调整到电动机额定电流的 1.1～1.15 倍。

（4）对于重复短时工作的电动机（如起重机电动机），由于电动机不断重复升温，热继电器双金属片的温升跟不上电动机绕组的温升，电动机将得不到可靠的过载保护，因此，不宜选用双金属片热继电器，而应选用过电流继电器或能反映绕组实际温升的温度继电器来进行保护。

1.3.7　信号继电器

信号继电器是指输入非电信号，且当非电信号达到一定值时才动作的电器。常用的信号继电器有速度继电器、温度继电器和液位继电器等。

1. 速度继电器

速度继电器是根据电磁感应原理制成的，利用转轴的一定转速来切换电路的自动电器。它主要用作笼型异步电动机的反接制动控制，故称为反接制动继电器。

图 1-26 所示为 JY1 系列速度继电器的外形及结构示意图。速度继电器主要由转子、定子和触点三部分组成。转子是一个圆柱形永久磁铁，定子是一个笼型空心圆环，由硅钢片叠成，并装有笼型的绕组。速度继电器的动作转速一般不低于 300 r/min，复位转速约在 100 r/min 以下。使用时，应将速度继电器的转子与被控电动机同轴连接，并将其触点（一

般用常开触点)串联在控制电路中,通过控制接触器来实现电动机反接制动。

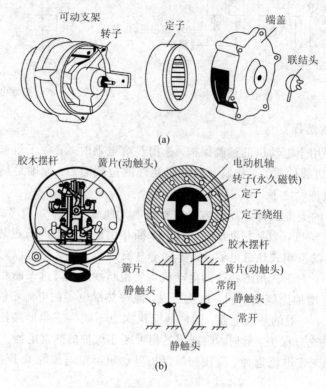

图 1-26　JY1 系列速度继电器的结构及原理示意图

当电动机旋转时,速度继电器的转子随之转动。在空间产生旋转磁场,切割定子绕组,在定子绕组中感应出电流。此电流又在旋转的转子磁场作用下产生转矩,使定子随转子转动方向而旋转,和定子装在一起的摆锤推动动触点动作,使常开触点闭合,常闭触点断开。当电动机速度低于某一值时,动作产生的转矩减小,动触点复位。常用的速度继电器有JY1、JFZ0 系列。JY1 系列可在 700～3600 r/min 范围内可靠工作。JFZ0-1 型适用转速范围为 300～1000 r/min;JFZ0-2 型适用转速范围为 1000～3600 r/min。它们都有两对常开、常闭触点。

一般速度继电器都具有两对常开、常闭触点,一对用于正转时动作,另一对用于反转时动作。速度继电器的电气符号如图 1-27 所示。

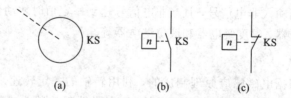

图 1-27　速度继电器的电气符号
(a) 转子;(b) 常开触点;(c)常闭触点

2. 温度继电器

温度继电器是一种可埋设在电动机发热部位,如定子槽内、绕组端部等,直接反映该处发热情况的过热保护元件。无论是电动机出现过电流引起温度升高，还是其他原因引起电动机温度升高，它都起到保护作用。

温度继电器大体上有两种类型，一种是双金属片式温度继电器；另一种是热敏电阻式温度继电器。

双金属片式温度继电器与热继电器相似，不再赘述。

热敏电阻式温度继电器的外形与一般晶体管式时间继电器相似。但作为温度感测元件的热敏电阻不装在继电器中，而是装在电动机定子槽内或绕组端部。热敏电阻是一种半导体器件，根据材料性质分为正温度系数和负温度系数两种。由于正温度系数热敏电阻具有明显的开关特性，且具有电阻温度系数大、体积小、灵敏度高等优点，得到了广泛应用和发展。

图 1-28 所示为正温度系数热敏电阻式温度继电器的原理电路图。图中，R_T 表示各绕组内埋设的热敏电阻串联后的总电阻，它同电阻 R_7、R_4、R_6 构成一电桥，由晶体管 V_1、V_2 构成的开关电桥接在电桥的对角线上。当温度在 65℃ 以下时，R_T 大体为一恒值，且比较小，电桥处于平衡状态，V_1、V_2 截止，晶闸管 VD_3 不导通，执行继电器 KA 不动作。当温度上升到动作温度时，R_T 的阻值剧增，电桥出现不平衡状态，使 V_1、V_2 导通，晶闸管 VD_3 获得门极电流也导通，KA 线圈得电吸合，其常闭触点分断接触器线圈使电动机断电，实现电动机的过热保护。当温度下降至返回温度时，R_T 阻值锐减，电桥恢复平衡使 VD_3 关断，继电器 KA 线圈断电而使衔铁释放。

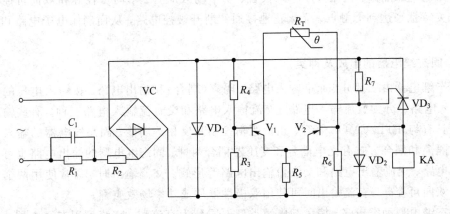

图 1-28　热敏电阻式温度继电器原理电路图

3. 液位继电器

液位继电器是根据液体液面高低使触点动作的继电器，常用于锅炉和水柜中控制水泵电动机的启动和停止。

图 1-29 所示为液位继电器的结构示意图，它由浮筒及相连的磁钢、与动触点相连的磁钢以及两个静触点组成。浮筒置于锅炉或水柜中，当水位降低到极限值时，浮筒下落使磁钢绕支点 A 上翘。由于磁钢同性相斥，动触点的磁钢端被斥下落，通过支点 B 使触点 1-1 接通，2-2 断开。触点 1-1 接通控制水泵电动机的接触器线圈，电动机工作，向锅炉供水，液面上升。反之，当水位升高到上限位置时，浮筒上浮，触点 2-2 接通，1-1 断开，水泵电动机停止。显然，液位的高低是由液位继电器的安装位置决定的。

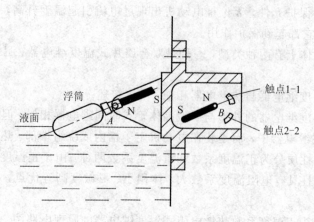

图 1 - 29　液位继电器结构示意图

1.3.8　固态继电器

固态继电器(Solid State Relay，SSR)是一种新型无触点继电器。固态继电器与机电继电器相比，是一种没有机械运动、不含运动零件的继电器，但它具有与机电继电器本质上相同的功能。SSR 是一种全部由固态电子元件组成的无触点开关元件，它是随着微电子技术的不断发展产生的以弱控强新型电子器件。利用电子元器件的电、磁和光特性来完成输入与输出的可靠隔离，利用大功率三极管、功率场效应管、单向可控硅和双向可控硅等器件的开关特性来达到无触点、无火花地接通和断开被控电路，从而确保电子电路和人身的安全。

1. 固态继电器的组成及种类

固态继电器由三部分组成：输入电路、隔离(耦合)和输出电路。按输入电压的类别不同，输入电路可分为直流输入电路、交流输入电路和交直流输入电路三种。有些输入控制电路还具有与 TTL/CMOS 兼容、正负逻辑控制和反相等功能。固态继电器的输入与输出电路的隔离和耦合方式有光电耦合和变压器耦合两种。固态继电器的输出电路也可分为直流输出电路、交流输出电路和交直流输出电路等形式。交流输出时，通常使用两个可控硅或一个双向可控硅，直流输出时可使用双极性器件或功率场效应管。

固态继电器种类较多，按负载电源类型不同分为直流型、交流型固态继电器。其中直流型以晶体管作为开关元件，交流型则以晶闸管作为开关元件。按隔离方式不同可分为光电耦合隔离、磁隔离。按控制触发信号不同，可分为过零型和非过零型，有源触发型和无源触发型。

2. 固态继电器工作原理

交流固态继电器是一种无触点通断电子开关，为四端有源器件。其中两个端子为输入控制端，另外两端为输出受控端，中间采用光电隔离，实现输入、输出的电隔离(浮空)。SSR 以触发形式，可分为零压型(Z)和调相型(P)两种。在输入端施加合适的控制信号 VIN 时，P 型 SSR 立即导通。当 VIN 撤销后，负载电流低于双向可控硅维持电流时(交流换向)，SSR 关断。Z 型 SSR 内部包括过零检测电路，在施加输入信号 VIN 时，只有当负载电源电压达到过零区时，SSR 才能导通，并有可能造成电源半个周期的最大延时。Z 型

SSR 关断条件同 P 型，但由于负载工作电流近似正弦波，高次谐波干扰小，因此应用广泛。

图 1-30 所示为光电耦合式固态继电器电路原理图。其工作原理如下：当无输入信号时，发光二极管 VD_2 不发光，光敏三极管 V_1 截止，此时三极管 V_2 导通，晶闸管 VT_1 关断。当有输入信号时，VD_2 导通发光，V_1 导通，V_2 截止，若电源电压大于过零电压（约 ± 25 V），A 点电压大于三极管 V_3 的 V_{be3}，V_3 导通，VT_1 仍关断截止，固态继电器输出端因双向晶闸管 VT_2 控制极无触发信号而关断。若电源电压小于过零电压，$V_A < V_{be3}$，V_3 截止，VT_1 控制极经 R_5、R_6 分压获得触发信号，VT_1 导通，VT_2 控制极获得以 $R_7 \rightarrow VD_3$ $\rightarrow VT_1 \rightarrow VD_6 \rightarrow R_8$ 和 $R_8 \rightarrow VD_5 \rightarrow VT_1 \rightarrow VD_4 \rightarrow R_7$ 正反两个方向的触发脉冲，使 VT_2 导通，则输出端 B、C 两点导通，接通负载电路。若输入信号消失，V_4 导通，VT_1 关断，但 VT_2 仍保持导通状态，直到负载电流随电源电压的减小而下降至双向晶闸管维持电流以下即可关断，从而切断负载电路。

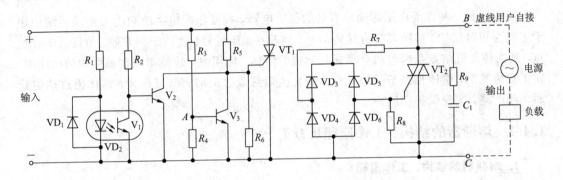

图 1-30　光电耦合式固态继电器电路原理图

由于固态继电器是由固体元件组成的无触点开关元件，所以与电磁继电器相比具有工作可靠、寿命长、对外界干扰小、能与逻辑电路兼容、抗干扰能力强、开关速度快和使用方便等一系列优点，因而具有很广的应用领域，并可进一步扩展到传统电磁继电器无法应用的计算机等领域。

3. 固态继电器的应用

固态继电器可直接用于三相异步电动机的控制，如图 1-31 所示。最简单的方法是采用 2 只 SSR 作为电动机通断控制，4 只 SSR 作为电动机换相控制，第三相不控制。当固态继电器作为电动机换向时应注意，由于电动机的运动惯性，必须在电动机停稳后才能换向，以避免产生类似电动机堵转情况引起的较大

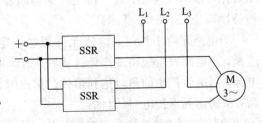

图 1-31　用固态继电器控制三相异步电动机

冲击电压和电流。在控制电路设计上，要注意任何时刻都不应产生换相 SSR 同时导通的情况。上下电时序应采用先加后断控制电路电源，后加先断电动机电源的时序。换向 SSR 之间不能简单地采用反相器连接方式，以避免在导通的 SSR 未关断，另一相 SSR 导通引起的相间短路事故。此外，电动机控制中的保险、缺相和温度继电器，也是保证系统正常工作的保护装置。

4. 固态继电器的选用

使用固体继电器时应注意以下几点：① 固态继电器的选择应根据负载类型（阻件、感性）来确定，并要采用有效的过电压吸收保护。② 输出端要采用 RC 吸收回路或加非线性压敏电阻吸收瞬变电压。③ 过流保护采用专门保护半导体器件的熔断器或用动作时间小于 10 ms 的自动开关。④ 安装时采用散热器，要求接触良好，且对地绝缘。⑤ 应避免负载侧两端短路。

继电器的种类很多，例如干簧继电器、自动控制用的小型继电器、相序继电器、压力继电器和综合继电器等。

1.4　熔　断　器

熔断器是一种广泛应用的简单有效的保护电器，在低压配电系统和电力拖动系统中用于过载与短路保护。熔断器具有结构简单、体积小、质量轻、使用维护方便、价格低廉等优点，其主体是低熔点金属丝或金属薄片制成的熔体。使用时，熔体串联在被保护的电路中。在正常情况下，熔体相当于一根导线，当发生短路或过载时，电流很大，熔体因过热熔化而切断电路，实现保护功能。

1.4.1　熔断器的结构、工作原理及分类

1. 熔断器的结构、工作原理

熔断器主要由熔体（俗称保险丝）和安装熔体的绝缘底座（熔管或熔座）组成。熔体是熔断器的主要部分，一般由易熔的、电阻率较高的金属材料铅、锌、锡、铜、银及其合金金属丝制成，形状多为丝状或网状。熔管是指装熔体的外壳，由陶瓷、绝缘钢纸或玻璃纤维制成，在熔体熔断时兼有灭弧作用。

熔断器的熔体与被保护的电路串联，电流通过熔体时产生的热量与电流二次方和电流通过的时间成正比，电流越大，则熔体熔断时间越短，这一特性称为熔断器的保护特性（或安秒特性），如图 1-32 所示。

当电路正常工作时，熔体允许通过一定大小的电流而不熔断。当电路发生短路或严重过载时，熔体中流过很大的故障电流，当电流产生的热量达到熔体的熔点时，熔体熔断切断电路，从而达到保护电路的目的。

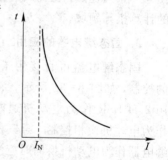

图 1-32　熔断器的保护特性

熔断器的安秒特性为反时限特性，即短路电流越大，熔断时间越短，这样就能满足短路保护的要求。由于熔断器对过载反应不灵敏，不宜用于过载保护，主要用于短路保护。

表 1-3 表示某熔体安秒特性数值关系。

表 1-3　常用熔体的安秒特性

溶体通过电流/A	$1.25I_N$	$1.6I_N$	$1.8I_N$	$2.0I_N$	$2.5I_N$	$3I_N$	$4I_N$	$8I_N$
熔断时间/s	∞	3600	1200	40	8	4.5	2.5	1

2. 熔断器的分类

熔断器的类型很多，按结构形式可分为开启式、半封闭式和封闭式；按有无填料可分为有填料式、无填料式；按用途可分为工业用熔断器、保护半导体器件熔断器及自复式熔断器等。下面介绍常用的插入式熔断器、螺旋式熔断器、封闭管式熔断器、快速熔断器和自复式熔断器等。

1) 插入式熔断器

插入式熔断器结构如图 1-33 所示。它由瓷盖、瓷座、触点和熔丝等部分组成。由于其结构简单、价格便宜、更换熔体方便，因此广泛应用于 380 V 及以下的配电线路末端作为电力、照明负荷的短路保护。

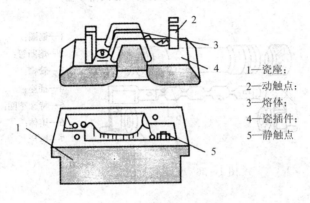

1—瓷座；
2—动触点；
3—熔体；
4—瓷插件；
5—静触点

图 1-33　插入式熔断器

2) 螺旋式熔断器

螺旋式熔断器的外形与结构如图 1-34 所示，由瓷座、瓷帽和熔断管组成。熔断管上有一个标有颜色的熔断指示器，当熔体熔断时熔断指示器会自动脱落，显示熔丝已熔断。

在装接使用时，电源线应接在下接线座，负载线应接在上接线座，这样在更换熔断管时（旋出瓷帽），金属螺纹壳的上接线座便不会带电，保证维修者安全。它多用于机床配线中作短路保护。

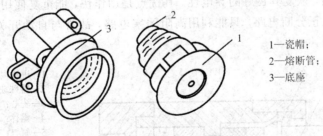

1—瓷帽；
2—熔断管；
3—底座

图 1-34　螺旋式熔断器

3) 封闭管式熔断器

封闭管式熔断器主要用于负载电流较大的电力网络或配电系统中，熔体采用封闭式结构，一是可防止电弧的飞出和熔化金属的滴出；二是在熔断过程中，封闭管内将产生大量的气体，使管内压力升高，从而使电弧因受到剧烈压缩而很快熄灭。封闭式熔断器有有填料式和无填料式两种，如图 1-35、图 1-36 所示。

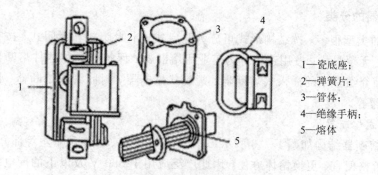

1—瓷底座；
2—弹簧片；
3—管体；
4—绝缘手柄；
5—熔体

图 1-35　有填料封闭管式熔断器

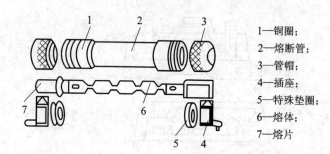

1—铜圈；
2—熔断管；
3—管帽；
4—插座；
5—特殊垫圈；
6—熔体；
7—熔片

图 1-36　无填料封闭管式熔断器

4）快速熔断器

快速熔断器是在螺旋式熔断器的基础上，为保护可控硅半导体元件而设计的，其结构与螺旋式熔断器的完全相同，主要用于小容量可控硅元件及其成套装置的短路保护；或大容量晶闸管元件的短路保护。

5）自复式熔断器

自复式熔断器是一种新型熔断器，其结构如图 1-37 所示，它采用金属钠作熔体。在常温下，钠的电阻很小，允许通过正常工作电流。当电路发生短路时，短路电流产生高温使钠迅速气化，气态钠电阻变得很高，从而限制了短路电流。当故障消除时，温度下降，气态钠又变为固态钠，恢复其良好的导电性。其优点是动作快，能重复使用，无需备用熔体。其缺点是它不能真正分断电路，只能利用高阻闭塞电路，故常与自动开关串联使用，以提高组合分断性能。

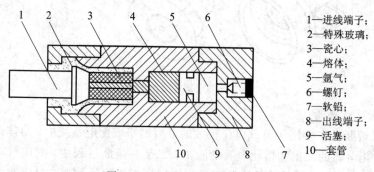

1—进线端子；
2—特殊玻璃；
3—瓷心；
4—熔体；
5—氩气；
6—螺钉；
7—软铅；
8—出线端子；
9—活塞；
10—套管

图 1-37　自复式熔断器结构图

1.4.2　熔断器的主要技术参数和选择

1. 熔断器的主要技术参数

熔断器主要技术参数包括额定电压、熔体额定电流、熔断器额定电流和极限分断能力等。

(1) 额定电压：保证熔断器能长期正常工作的电压，其值一般等于或大于电气设备的额定电压。

(2) 熔体额定电流：熔体长期通过而不会熔断的电流。

(3) 熔断器额定电流：保证熔断器（指绝缘底座）能长期正常工作的电流。实际应用中，厂家为了减少熔断器额定电流的规格，额定电流等级比较少，而熔体的额定电流等级较多。应该注意的是使用过程中，熔断器的额定电流应大于或等于所装熔体的额定电流。

(4) 极限分断能力：熔断器在额定电压下所能开断的最大短路电流。在电路中出现最大电流一般是指短路电流值，所以，极限分断能力也反映了熔断器分断短路电流的能力。

2. 熔断器的选择

在选用熔断器时，应根据被保护电路的需要，首先确定熔断器的类型，然后选择熔体的规格，再根据熔体确定熔断器的规格。

(1) 熔断器类型的选择。选择熔断器的类型时，主要根据线路要求、使用场合、安装条件、负载要求的保护特性和短路电流的大小等来进行。电网配电一般用封闭管式熔断器；电动机保护一般用螺旋式熔断器；照明电路一般用插入式熔断器；保护可控硅元件则应选择快速熔断器。

(2) 熔断器额定电压的选择。熔断器的额定电压大于或等于线路的工作电压。

(3) 熔断器熔体额定电流的选择。

① 对于变压器、电炉和照明等电阻性负载，熔体的额定电流应等于或略大于电路的工作电流。

② 对于电容器设备的容性负载，熔体的额定电流应大于电容器额定电流的 1.6 倍。

③ 对电动机负载，要考虑启动电流冲击的影响，计算方法如下：

保护一台电动机时，应考虑启动电流的影响，可按式(1-8)选择：

$$I_{fN} \geqslant (1.5 \sim 2.5)I_N \qquad\qquad (1-8)$$

式中：I_N 为电动机额定电流（A）。

保护多台电动机时，可按式(1-9)计算：

$$I_{fN} \geqslant (1.5 \sim 2.5)I_{Nmax} + \sum I_N \qquad\qquad (1-9)$$

式中：I_{Nmax} 为容量最大的一台电动机的额定电流；I_N 为其余电动机额定电流之和。

(4) 熔断器额定电流的选择。熔断器的额定电流必须大于或等于所装熔体的额定电流。

(5) 额定分断能力的选择。额定分断能力必须大于电路中可能出现的最大短路电流。

(6) 熔断器上、下级配合。为满足选择保护的要求，应注意熔断器上、下级之间的配合，为此要求两级熔体额定电流的比值不小于 1.6 : 1。

1.4.3　熔断器型号的含义和电气符号

熔断器型号的含义和电气符号如图 1-38 所示。

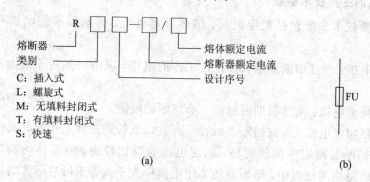

图 1-38　熔断器型号的含义和电气符号
（a）型号含义；（b）电气符号

1.5　主令电器

控制系统中，主令电器是一种专门用于闭合或断开控制电路，以发出命令或信号，达到对电力拖动系统的控制或实现程序控制的电器。

常用的主令电器有按钮、行程开关、接近开关，万能转换开关、主令控制器及其他主令电器（如脚踏开关、倒顺开关、紧急开关、钮子开关等）。本节仅介绍几种常用的主令电器。

1.5.1　按钮

按钮是一种结构简单、使用广泛的手动且可以自动复位的主令电器。它能短时接通或断开小电流电路，不直接控制主电路的通断，而是在控制电路中发出"指令"去控制接触器、继电器等电器，再由它们去控制主电路。

按钮开关

1. 按钮的结构

按钮由按钮帽、复位弹簧、桥式触点和外壳等组成，通常做成复合式，即具有常开触点和常闭触点，其结构示意图如图 1-39 所示。

按下按钮时，常闭触点先断开，常开触点后闭合；按钮释放后，在复位弹簧的作用下，按钮触点自动复位的先后顺序相反，即常开触点先断开，常闭触点后闭合。通常，在无特殊说明的情况下，有触点电器的触点动作顺序均为"先断后合"。

在电器控制线路中，常开按钮常用来启

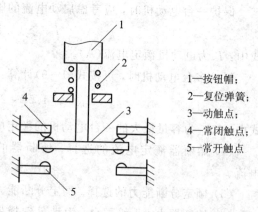

1—按钮帽；
2—复位弹簧；
3—动触点；
4—常闭触点；
5—常开触点

图 1-39　按钮结构示意图

动电动机,常闭按钮常用于控制电动机停止,复合按钮常用于联锁控制电路中。

2. 按钮的种类

控制按钮的种类很多,在结构上有旋钮式、紧急式、钥匙式、指示灯式和打碎玻璃式按钮。按用途不同分为启动按钮、停止按钮和复合按钮。

指示灯式按钮内可装入信号灯显示信号;紧急式按钮装有蘑菇形钮帽,以便于紧急操作;旋钮式按钮用于扭动旋钮来进行操作。

按使用场合、作用不同,通常将按钮帽做成红、绿、黄、蓝、黑、灰、白等颜色,一般红色用作停止按钮,绿色用作启动按钮。按钮颜色的规定及应用见表1-4。

表1-4 按钮颜色的规定及应用

颜色	用途	典型应用
红	急情出现时动作	急停
	停止或断开	① 总停; ② 停止一台或几台电动机; ③ 停止机床的一部分; ④ 停止循环(如果操作者在循环期间按此按钮,机床在有关循环完成后停止); ⑤ 断开开关装置; ⑥ 兼有停止作用的复位
绿	启动或接通	① 总启动; ② 开动一台或几台电动机; ③ 开动机床的一部分; ④ 开动辅助功能; ⑤ 闭合开关装置; ⑥ 接通控制电路
黄	干预	排除反常情况或避免不希望的变化,当循环尚未完成时,把机床部件返回到循环起始点,按压黄色按钮可以超越预选的其他功能
蓝	红、蓝、绿三种颜色未包含的任何特定含义	① 红、黄、绿含义未包括的特殊情况,可以用蓝色; ② 蓝色:复位
黑、灰、白		除专用"停止"功能按钮外,可用于任何功能,如:黑色为点动,白色为控制与工作循环无直接关系的辅助功能

3. 按钮的选择

按钮主要根据所需要的触点数、使用场合及颜色来选择。

(1)根据使用场合,选择控制按钮的种类,如开启式、防水式、防腐式等。

(2)根据用途,选用合适的形式,如钥匙式、紧急式、带灯式等。

(3)根据控制回路的需要,确定不同的按钮数,如单钮、双钮、三钮、多钮等。

(4)根据工作状态指示和工作情况的要求,选择按钮及指示灯的颜色。

4. 按钮的型号含义和电气符号

按钮的型号含义和电气符号如图 1-40 所示。

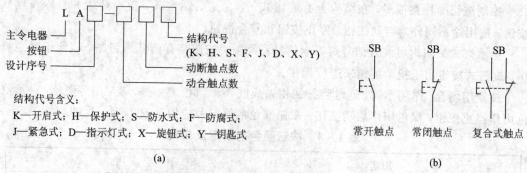

(a)　　　　　　　　　　　　　　　　　　　　(b)

图 1-40　按钮的型号含义和电气符号

(a) 型号含义；(b) 电气符号

1.5.2　行程开关

行程开关工作原理

行程开关又称限位开关，用于控制机械设备的行程及限位保护。它的作用与按钮相同，只是其触点的动作不是靠手动操作。在实际生产中，将行程开关安装在预先安排的位置，当装于生产机械运动部件上的挡块撞击行程开关时，行程开关的触点动作，实现接通或分断电路。因此，行程开关是一种根据运动部件的行程位置而切换电路的电器。

行程开关广泛用于各类机床和起重机械，用以控制其行程、进行终端限位保护。在电梯的控制电路中，还利用行程开关来控制开关轿门的速度、自动开关门的限位，轿厢的上、下限位保护。

1. 行程开关的结构和分类

行程开关的结构分为三个部分：操作机构、触点系统和外壳。

行程开关按其结构可分为直动式、滚轮式（单滚轮、双滚轮）、微动式和组合式。其中，直动式和单滚轮行程开关可自动复位，双滚轮为碰撞复位。

1) 直动式行程开关

直动式行程开关的结构原理如图 1-41 所示，其动作原理与按钮开关相同，但其触点的分合速度取决于生产机械的运行速度，不宜用于速度低于 0.4 m/min 的场所。

2) 滚轮式行程开关

滚轮式行程开关又分为单滚轮自动复位和双滚轮（羊角式）非自动复位式。

单滚轮自动复位行程开关的结构原理如图 1-42 所示，当被控机械上的撞块自右向左撞

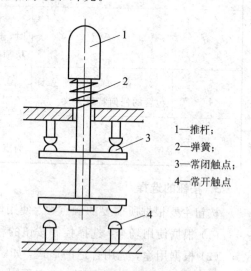

1—推杆；
2—弹簧；
3—常闭触点；
4—常开触点

图 1-41　直动式行程开关

击滚轮1时，上转臂2绕固定支点逆时针转动，于是滑轮6向右滚动，此时弹簧11被压缩储存能量，当滑轮6滚过T形摆件10的中点并推开压板7时，T形摆件10在弹簧11的作用下，迅速顺时针转动，从而使常闭触点8迅速断开，而常开触点9迅速闭合。当撞块离开滚轮1时，在复位弹簧5(左右各一)作用下，各部分动作部件复位，触点恢复原始状态。双滚轮非自动复位行程开关上部的上转臂是V字形，其上装有两个滚轮，内部没有复位弹簧，其他结构完全相同。双滚轮行程开关具有两个稳态位置，有"记忆"作用，在某些情况下可以简化线路。

滚轮式行程开关的优点是，触点的通断速度不受撞块运动速度的影响，动作快；其缺点是结构较复杂，价格较贵。

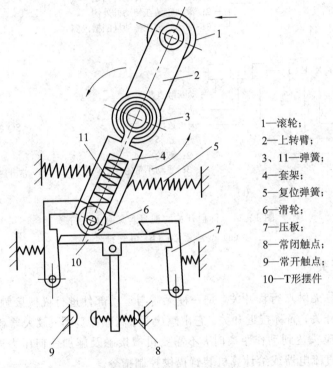

1—滚轮；
2—上转臂；
3、11—弹簧；
4—套架；
5—复位弹簧；
6—滑轮；
7—压板；
8—常闭触点；
9—常开触点；
10—T形摆件

图1-42 滚轮式行程开关

3) 微动式行程开关

微动式行程开关结构如图1-43所示。

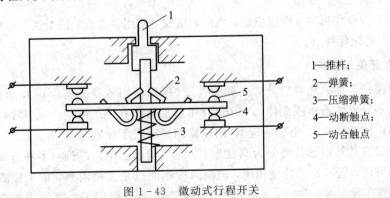

1—推杆；
2—弹簧；
3—压缩弹簧；
4—动断触点；
5—动合触点

图1-43 微动式行程开关

在选用行程开关时，主要根据机械位置对开关类型的要求，控制线路对触点数量和触点性质的要求，闭合类型（限位保护或行程控制）和可靠性以及电压、电流等确定其型号。

2. 行程开关的型号含义和电气符号

行程开关的型号含义和电气符号如图 1-44 所示。

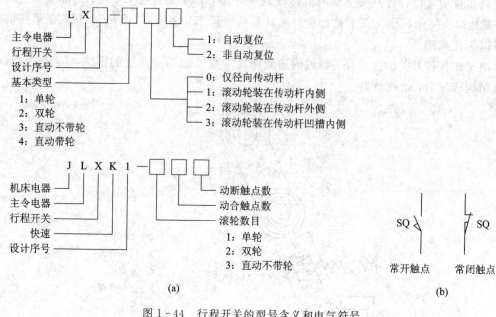

图 1-44　行程开关的型号含义和电气符号
（a）型号意义；（b）电气符号

1.5.3　接近开关

接近开关又称无触点行程开关，是一种无需与运动部件进行机械接触就可以进行操作的非接触式位置开关，简称接近开关。它由感应头、高频振荡器、放大器和外壳组成。当物体接近开关的感应头达到动作距离时，不需要机械接触及施加任何压力即可使开关动作，从而驱动交流或直流电器或给计算机装置提供控制指令。

接近开关是一种开关型传感器（即无触点开关），它既有行程开关所具备的行程控制及限位保护特性，同时又可用于高速计数、检测金属体的存在、测速、液位控制、检测零件尺寸以及用作无触点式按钮等。

接近开关的动作可靠，性能稳定，频率响应快，使用寿命长，抗干扰能力强，并具有防水、防震、耐腐蚀等特点。

1. 接近开关的分类

接近开关按工作原理可以分为高频振荡型（用以检测各种金属体）、电容型（用以检测各种导电或不导电的液体或固体）、光电型（用以检测所有不透光物质）、超声波型（用以检测不透过超声波的物质）、电磁感应型（用以检测导磁或不导磁金属）等。

接近开关按其外形形状可分为圆柱形、方形、沟型、穿孔（贯通）型和分离型。圆柱形比方形安装方便，但其检测特性相同，沟型的检测部位是在槽内侧，用于检测通过槽内的物体，贯通型在我国很少生产，而日本则应用较为普遍，可用于小螺钉或滚珠之类的小零件和浮标组装成水位检测装置等。

接近开关按供电方式可分为直流型和交流型,按输出方式又可分为直流两线制、直流三线制、直流四线制、交流两线制和交流三线制。

2. 高频振荡型接近开关的工作原理

高频振荡型接近开关的工作原理图如图 1-45 所示,它属于一种有开关量输出的位置传感器,由 LC 高频振荡器、整形检波电路和放大处理电路组成,振荡器产生一个交变磁场,当金属物体接近这个磁场,并达到感应距离时,在金属物体内产生涡流。这个涡流反作用于接近开关,使接近开关振荡能力衰减,以至停振。振荡器振荡及停振的变化被后级放大处理电路处理并转换成开关信号,进而控制开关的通或断,由此识别出有无金属物体接近。这种接近开关所能检测的物体必须是金属物体。

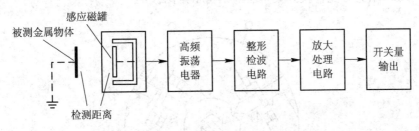

图 1-45　高频振荡型接近开关的工作原理图

3. 接近开关的选型

对于不同材质的检测体和不同的检测距离,应选用不同类型的接近开关,以使其在系统中具有高的性能价格比。接近开关的正确选用主要从以下几方面考虑:① 因价格高,仅用于工作频率高,可靠性及精度要求均较高的场合;② 按动作距离要求选择型号、规格;③ 按输出要求的触点形式(有触点、无触点)及触点数量,选择合适的输出形式。为此在选型时应遵循以下原则:

(1) 当检测体为金属材料时,应选用高频振荡型接近开关,该类型接近开关对铁镍、A3 钢类检测体检测最灵敏。对铝、黄铜和不锈钢类检测体,其检测灵敏度就低。

(2) 当检测体为非金属材料时,如:木材、纸张、塑料、玻璃和水等,应选用电容型接近开关。

(3) 金属体和非金属要进行远距离检测和控制时,应选用光电型接近开关或超声波型接近开关。

(4) 当检测体为金属时,若检测灵敏度要求不高,可选用价格低廉的磁性接近开关或霍尔式接近开关。

4. 接近开关的电气符号

接近开关的电气符号如图 1-46 所示。

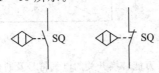

图 1-46　接近开关的电气符号

1.5.4　万能转换开关

　　万能转换开关是一种多挡、多触点、能够控制多回路的主令电器，主要用于各种控制线路的转换，电压表、电流表的换相测量控制，配电装置线路的转换和遥控等。万能转换开关还可以用于直接控制小容量电动机的启动、调速和换向。由于其触点挡数多、换接线路多、用途广泛，故有"万能"之称。

　　万能转换开关主要由操作机构、面板、手柄及数个触点座等部件组成，用螺栓组装成为整体。触点座有 1～10 层，每层均可装三对触点，并由其中的凸轮进行控制。由于每层凸轮可做成不同的形状，因此当手柄转到不同位置时，通过凸轮的作用，可使各对触点按需要的规律接通和分断。

　　图 1-47 所示为万能转换开关单层的结构示意图。

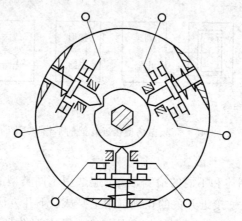

图 1-47　万能转换开关单层的结构示意图

　　万能转换开关的手柄操作位置是以角度表示的。不同型号的万能转换开关的手柄有不同万能转换开关的触点，电路图中的电气符号如图 1-48(a)所示。但由于其触点的分合状态与操作手柄的位置有关，所以，除在电路图中画出触点电气符号外，还应画出操作手柄与触点分合状态的关系，即工作位置断合状态表(见图 1-48(b))，图中表示当万能转换开关打向左 45°时状态：触点 1-2、3-4、5-6 闭合，触点 7-8 打开；打向 0°时状态：只有触点 5-6 闭合；右 45°时，触点 7-8 闭合，其余打开。

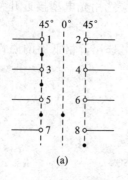

(a)

LW5-15D0403/2			
触头编号	45°	0°	45°
╱‾ 1-2	×		
╱‾ 3-4	×		
╱‾ 5-6	×	×	
╱‾ 7-8			×

(b)

图 1-48　万能转换开关的电气符号及断合状态表

选用万能转换开关时，主要按下列要求进行：① 按额定电压和工作电流选用合适的万能转换开关系列；② 按操作需要选定手柄类型和定位特征；③ 按控制要求参照转换开关样本确定触点数量和接线图编号；④ 选择面板类型及标志。

若用于控制电动机，则应预先知道电动机的内部接线方式，根据内部接线方式、接线指示牌以及所需要的转换开关断合状态表，画出电动机的接线图，只要电动机的接线图与转换开关的实际接法相符即可。其次，需要考虑额定电流是否满足要求。

若用于控制其他电路，则只需考虑额定电流、额定电压和触点对数。

1.5.5 主令控制器

主令控制器是一种频繁切换、复杂的多回路控制电路的主令电器，适用于容量较大、工作复杂、操作频繁、调速性能要求较高的电动机控制。通过它的操作，可以对控制电路发布命令，与其他电路联锁或切换，常配合磁力启动器对绕线转子感应电动机的启动、制动、调速及换向实行远距离控制，广泛用于各类起重机、轧钢机等拖动电动机的控制系统中。

主令控制器一般由外壳、触点、凸轮和转轴等组成，与万能转换开关相比，它的触点容量较大，操纵挡位也较多。主令控制器的动作过程与万能转换开关相类似，也是由一块可转动的凸轮带动触点动作的。从结构上讲，主令控制器分为两类：一类是凸轮可调式主令控制器；另一类是凸轮固定式主令控制器。如图 1-49 所示为凸轮可调式主令控制器。

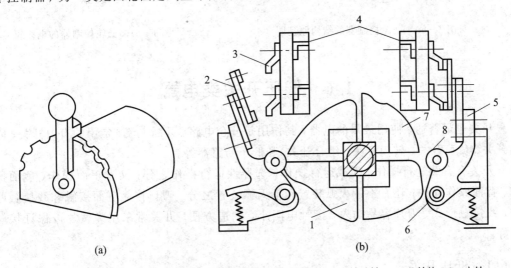

(a)   (b)

1—凸轮块；2—动触点；3—静触点；4—接线端子；5—支杆；6—转动轴；7—凸轮块；8—小轮

图 1-49 凸轮可调式主令控制器

（a）外形图；（b）结构原理图

控制电路中，主令控制器触点的电气符号及操作手柄在不同位置时的触点断合状态表示方法与万能转换开关相似。

主令控制器主要根据所需操作位置数、控制电路数、触点闭合顺序以及长期允许电流大小来选择。在起重机控制中，往往根据磁力控制盘型号来选择主令控制器，因为主令控制器是与磁力控制盘相配合实现控制的。

1.5.6 凸轮控制器

凸轮控制器是一种大型主动控制电器，用以直接操作与控制电动机的正反转、调速、启动与停止。采用凸轮控制器控制时电路简单，维修方便，广泛用于中、小型起重机的平移机构和小型起重机的提升机构的控制。

凸轮控制器主要由触点、转轴、凸轮、杠杆、手柄、灭弧罩及定位机构组成，如图 1-50 所示。转动手柄时，转轴带动凸轮一起转动，转到某一位置时，凸轮顶动滚子，克服弹簧压力，使动触点顺时针方向转动，脱离静触点而分断。在转轴上叠装不同形状的凸轮，可以使若干个触点组按规定的顺序接通或分断。将这些触点接到电动机电路中，便可实现控制电动机的目的。

凸轮控制器的电气符号如图 1-51 所示。

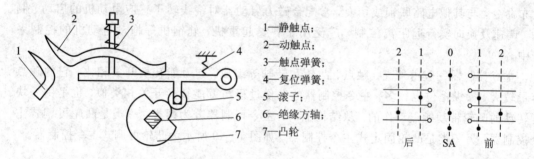

1—静触点；
2—动触点；
3—触点弹簧；
4—复位弹簧；
5—滚子；
6—绝缘方轴；
7—凸轮

图 1-50　凸轮控制器的结构原理图　　　图 1-51　凸轮控制器的电气符号

1.6　低压开关类电器

开关是最普通、使用最早的电器，其作用是分合电路、开断电流，常用的有刀开关、隔离开关、负荷开关、转换开关（组合开关）和低压断路器等。

开关有有载运行操作、无载运行操作、选择性运行操作之分；又有正面操作、侧面操作、背面操作几种；还有不带灭弧装置和带灭弧装置之分。刀口接触有面接触和线接触两种，线接触形式，刀片容易插入，接触电阻小，制造方便。开关常采用弹簧片以保证接触良好。

1.6.1　低压开关

1. 刀开关

刀开关是低压配电电器中结构最简单、应用最广泛的一种手动电器，主要用在低压成套配电装置中，用于不频繁地手动接通和分断交直流电路或作隔离开关用，有时也可用于直接启动小容量的笼型异步电动机等。

1）刀开关的结构

刀开关的典型结构如图 1-52 所示，它由手柄、触刀、静插座和绝缘底板等组成。

刀开关按极数分为单极、双极和三极；按操作方式分为直接手柄操作式、杠杆操作机构式和电动操作机构式；按刀开关转换方向分为单投和双投等。

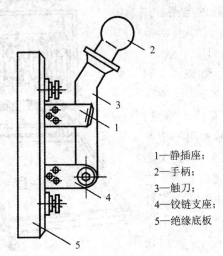

1—静插座；
2—手柄；
3—触刀；
4—铰链支座；
5—绝缘底板

图 1-52　刀开关典型结构

2）开启式负荷开关

开启式负荷开关俗称胶壳刀开关，适用于交流 50 Hz，额定电压单相 220 V、三相 380 V，额定电流至 100 A 的电路中，由于它结构简单，价格便宜，使用维修方便，故得到广泛应用。其主要用作电气照明电路、电热电路、小容量电动机电路的不频繁控制开关，也可用作分支电路的配电开关。其中三极开关适当降低容量后，可用于小型感应电动机手动不频繁操作的直接启动及分断。

胶壳刀开关由操作手柄、熔丝、触刀、触点座和瓷底板组成，如图 1-53 所示。此种刀开关装有熔丝，可起短路保护作用。

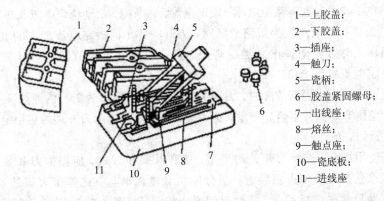

1—上胶盖；
2—下胶盖；
3—插座；
4—触刀；
5—瓷柄；
6—胶盖紧固螺母；
7—出线座；
8—熔丝；
9—触点座；
10—瓷底板；
11—进线座

图 1-53　胶壳刀开关结构图

该种刀开关在安装时，手柄要向上，不得倒装或平装，避免由于重力自动下落，引起误动合闸。接线时，应将电源线接在上端，负载线接在下端，这样拉闸后刀开关的刀片与电源隔离，既便于更换熔丝，又可防止可能发生的意外事故。

3）封闭式负荷开关

封闭式负荷开关又称铁壳开关，适用于额定工作电压 380 V、额定工作电流至 400 A、

频率 50 Hz 的交流电路中，可用于手动
不频繁地接通、分断有负载的电路，并
有过载和短路保护作用。

铁壳开关主要由钢板外壳、触刀、
操作机构、熔断器等组成，如图 1－54
所示。

铁壳开关的操作结构有两个特点：
一是采用储能合闸方式，即利用一根弹
簧以执行合闸和分闸之功能，使开关闭
合和分断时的速度与操作速度无关。它
既有助于改善开关的动作性能和火弧性
能，又能防止触点停滞在中间位置；二
是没有联锁装置，以保证开关合闸后便
不能打开箱盖，而在箱盖打开后不能再
合开关。

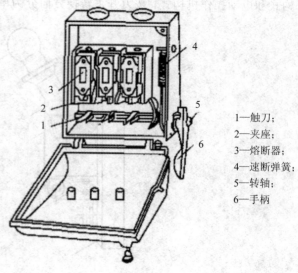

1—触刀；
2—夹座；
3—熔断器；
4—速断弹簧；
5—转轴；
6—手柄

图 1－54　铁壳开关的结构图

4）熔断器式刀开关

熔断器式刀开关即熔断器式隔离开关，是以熔断体或带有熔断体的载熔件作为动触点
的一种隔离开关。其主要用于额定电压 AC 660 V（45～62 Hz），额定发热电流至 630 A 的
具有高短路电流的配电电路和电动机电路中，作为电源开关、隔离开关、应急开关用，具
有电路保护功能，但一般不用于直接开关单台电动机。

熔断器式刀开关中，若配用有熔断撞击器的熔断体，当某极熔断体熔断时，撞击器弹
出使辅助开关发出信号，以实现断相保护。

5）刀开关的主要技术参数

刀开关的主要技术参数有额定电压、额定电流、通断能力、动稳定电流和热稳定电流等。

动稳定电流是指当电路发生短路故障时，刀开关并不因短路电流产生的电动力作用而
发生变形、损坏或触刀自动弹出之类的现象。这一短路电流峰值即为刀开关的动稳定电
流，可高达额定电流的数十倍。

热稳定电流是指发生短路故障时，刀开关在一定时间（通常为 1 s）内通过某一短路电流，
并不会因温度急剧升高而发生熔焊现象，这一最大短路电流称为刀开关的热稳定电流。

6）刀开关的选择

（1）根据使用场合，选择刀开关的类型、极数及操作方式。应根据刀开关的作用和装
置的安装形式来选择是否带灭弧装置，当分断负载电流时，应选择带灭弧装置的刀开关。
根据装置的安装形式来选择正面、背面或侧面操作形式，是直接操作还是杠杆传动，是板
前接线还是板后接线等。

（2）刀开关的额定电压应等于或大于电路额定电压。

（3）刀开关额定电流应等于（在开启和通风良好的场合）或稍大于（在封闭的开关柜内
或散热条件较差的工作场合，一般选 1.15 倍）电路的额定电流。

（4）对于电动机负载，开启式刀开关额定电流可取电动机额定电流的 3 倍；封闭式刀
开关额定电流可取为电动机额定电流的 1.5 倍。

7) 刀开关的电气符号

刀开关的电气符号如图 1-55 所示。

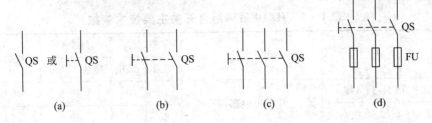

图 1-55 刀开关的电气符号

(a) 单极；(b) 双极；(c) 三极；(d) 三极刀熔开关

2. 组合开关

组合开关又称转换开关，也是一种刀开关，只不过它的刀片(动触片)是转动式的，比刀开关轻巧而且组合性强，能组成各种不同的线路，是一种多触点、多位置式，可控制多个回路的电器。

1) 组合开关的结构及工作原理

组合开关有单极、双极和三极之分，由动触点(动触片)、静触点(静触片)、转轴、手柄、定位机构和外壳等部分组成。其若干个动触点及静触点分别叠装于数层绝缘壳内，动触点随手柄旋转而变更其通断位置，从而实现对电路的通、断控制。由滑板、凸轮、扭簧及手柄等零件构成操作机构，由于该机构采用了扭簧储能结构从而能快速闭合及分断开关，使开关闭合和分断的速度与手动操作无关，提高了产品的通断能力，图 1-56 为某型号组合开关结构图。图 1-57 为组合开关工作原理示意图。由图可知，静止时虽然触点位置不同，但当手柄转动 90°时，三对动、静触点均闭合，接通电路。

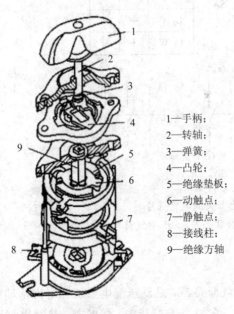

1——手柄；
2——转轴；
3——弹簧；
4——凸轮；
5——绝缘垫板；
6——动触点；
7——静触点；
8——接线柱；
9——绝缘方轴

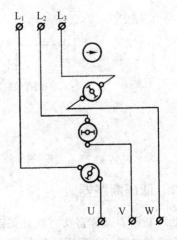

图 1-56 组合开关结构　　　　1-57 组合开关工作原理示意图

2) 组合开关的主要技术参数

组合开关的主要技术参数有额定电压、额定电流、极数等。常用型号 HZ10 系列组合开关的主要技术参数列于表 1-5。

表 1-5 HZ10 系列组合开关主要技术参数

型 号	用 途	AC/A		DC/A		次数/次
		接通	断开	接通	断开	
HZ10-10(1、2、3 级)	作配电电器用	10	10	10		10 000
HZ10-25(2、3 级)		25	25	25		15 000
HZ10-60(2、3 级)	作控制交流电动机用	60	60	60		5000
HZ10-10(3 级)		60	10			5000
HZ10-25(3 级)		150	25			

3) 组合开关的选择

组合开关的选择主要考虑以下内容：

(1) 用组合开关控制小容量(如 7 kW 以下)电动机的启动与停止，则组合开关额定电流应为电动机额定电流的 3 倍。

(2) 用组合开关接通电源，组合开关额定电流可稍大于电动机的额定电流。

4) 组合开关的电气符号

组合开关在电路中有两种表示方法，一种是触点状态图结合断合状态表；另一种与手动刀开关的电气符号相似的表示方法，分别如图 1-58 所示。

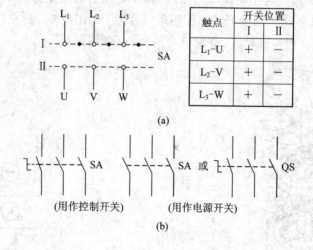

(a)

(b)

图 1-58 组合开关的电气符号

(a) 触点状态图及断合状态表；(b) 电气符号

1.6.2 低压断路器

低压断路器又称自动空气开关或自动空气断路器，是低压配电系统和电力拖动系统中非常重要的电器，主要用于低压动力线路中。它相当于刀开关、熔断器、热继电器和欠电压继电器的组合，集控制与多种保护（短路、过载、欠电压保护等）于一身，不仅可以接通和分断正常负荷电流和过负荷电流，还可以分断短路电流。低压断路器可以手动直接操作和电动操作，也可以远距离遥控操作，具有操作安全、使用方便、工作可靠、安装简单、分断能力高等优点，得到了广泛应用。

1. 低压断路器的结构和工作原理

低压断路器主要由触点系统、操作机构和保护元件三部分组成。主触点由耐弧合金制成，采用灭弧栅片灭弧；操作机构较复杂，其通断可用操作手柄操作，也可用电磁机构操作，故障时自动脱扣，触点通断瞬时动作与手柄操作速度无关。其结构示意图如图 1-59 所示。

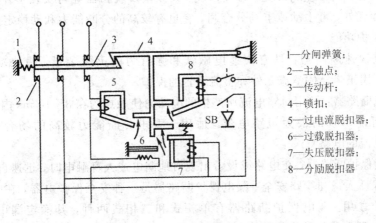

1—分闸弹簧；
2—主触点；
3—传动杆；
4—锁扣；
5—过电流脱扣器；
6—过载脱扣器；
7—失压脱扣器；
8—分励脱扣器

图 1-59　低压断路器结构示意图

断路器的主触点 2 是靠操作机构手动或电动合闸的，并由自动脱扣机构将主触点锁在合闸位置上。如果电路发生故障，自动脱扣机构在有关脱扣器的推动下动作，使钩子脱开，于是主触点在弹簧的作用下迅速分断。过电流脱扣器 5 的线圈和过载脱扣器 6 的线圈与主电路串联，失压脱扣器 7 的线圈与主电路并联，当电路发生短路或严重过载时，过电流脱扣器的衔铁被吸合，使自动脱扣机构动作；当电路过载时，过载脱扣器的热元件产生的热量增加，使双金属片向上弯曲，推动自动脱扣机构动作；当电路失压时，失压脱扣器的衔铁释放，也使自动脱扣机构动作。分励脱扣器 8 则作为远距离分断电路使用，根据操作人员的命令或其他信号使线圈通电，从而使断路器跳闸。断路器根据不同用途可配备不同的脱扣器。

2. 低压断路器的主要技术参数

（1）额定电压：断路器的额定工作电压在数值上取决于电网的额定电压等级，我国电网标准规定为 AC 220、380 V、660 V 及 1140 V，DC 220 V、440 V 等。应该指出，同一断路器可以规定在几种额定工作电压下使用，但相应的通断能力并不相同。

（2）额定电流：断路器的额定电流就是过电流脱扣器的额定电流，一般是指断路器的额定持续电流。

（3）通断能力：开关电器在规定的条件下（电压、频率及交流电路的功率因数和直流电路的时间常数），能在给定的电压下接通和分断的最大电流值，也称为额定短路通断能力。

（4）分断时间：切断故障电流所需的时间，它包括固有的断开时间和燃弧时间。

3. 低压断路器典型产品

低压断路器典型产品有:

(1) 框架式低压断路器(万能式断路器)。框架式低压断路器又叫万能式低压断路器,主要用于 40～100 kW 电动机回路的不频繁全压启动,并起短路、过载、失压保护作用。其操作方式有手动、杠杆、电磁铁和电动机操作四种。额定电压一般为 380 V,额定电流有 200～4000 A 若干种。

(2) 塑料外壳式低压断路器。塑料外壳式低压断路器又称装置式低压断路器或塑壳式低压断路器,一般用作配电线路的保护开关,以及电动机和照明线路的控制开关等。塑料外壳式断路器有一绝缘塑料外壳,触点系统、灭弧室及脱扣器等均安装于外壳内,而手动扳把露在正面壳外,可手动或电动分合闸。它也有较高的分断能力和动稳定性以及比较完善的选择性保护功能。

(3) 直流快速断路器:具有快速电磁铁和强有力的灭弧装量,最快动作时间可在 0.02 s 以内,用于半导体整流元件和整流装置的保护。

(4) 限流断路器:利用短路电流所产生的电动力使触点约在 8～10 ms 内迅速断开,限制了电路中可能出现的最大短路电流,适用于要求分断能力较高的场合(可分断高达 70 kA 短路电流的电路)。

(5) 漏电保护断路器:在电路或设备出现对地漏电或人身触电时,迅速自动断开电路,从而有效地保证人身和线路安全。漏电保护断路器是一种安全保护电器,在电路中作为触点和漏电保护之用。漏电保护断路器有单相式和三相式两种,其额定漏电动作电流为 30～100 mA,漏电脱扣动作时间小于 0.1 s。

4. 低压断路器的选用

低压断路器的选用原则是:

(1) 根据线路对保护的要求确定断路器的类型和保护形式,确定选用框架式、装置式或限流式等。

(2) 断路器的额定电压 U_N 应等于或大于被保护线路的额定电压。

(3) 断路器欠压脱扣器的额定电压应等于被保护线路的额定电压。

(4) 断路器的额定电流及过流脱扣器的额定电流应大于或等于被保护线路的计算电流。

(5) 断路器的极限分断能力应大于线路的最大短路电流的有效值。

(6) 配电线路中的上、下级断路器的保护特性应协调配合,下级的保护特性应位于上级保护特性的下方且不相交。

(7) 断路器的长延时脱扣电流应小于导线允许的持续电流。

5. 低压断路器的电气符号

低压断路器的电气符号如图 1-60 所示。

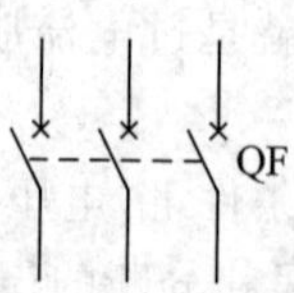

图 1-60　低压断路器的电气符号

1.7　其他低压电器

1.7.1　启动器

启动器主要用于三相交流异步电动机的启动、停止和正反转的控制。启动器分为直接启动器和降压启动器两大类。直接启动器是在全压下直接启动电动机，适用于较小功率的电动机。降压启动器是用各种方法降低电动机启动时的电压，以减小启动电流，适用于较大功率的电动机。

1. 磁力启动器

磁力启动器是一种直接启动器，由交流接触器和热继电器组成，分为可逆型与不可逆型两种。可逆型磁力启动器具有两只接线方式不同的接触器以分别实现电动机的正反转控制。而不可逆型磁力启动器只有一个接触器，只能控制电动机单方向旋转。

磁力启动器不具有短路保护功能，因此使用时主电路中要加装熔断器或自动开关。

2. 自耦降压启动器

自耦降压启动器又名补偿器，它利用自耦变压器来降低电动机的启动电压，以达到限制启动电流的目的。

补偿器中 QJ3、QJ5 型为手动启动补偿器，QJ3 型补偿器采用 Y 接法，各项绕组有原边电压的 65% 和 80% 两组电压抽头，可根据电动机启动时负载的大小选择适当的启动电压，出厂时接在 65% 的抽头上。

3. Y-△启动器

对于△接法的电动机，在启动时把其绕组接成 Y 型，正常运行时换接成△，此降压启动方法称为 Y-△启动法，完成这一任务的设备称为 Y-△启动器。

常用 Y-△启动器有 QX2、QX3、QX4A 和 QX10 等系列。QX12 系列为手动，其余系列均为自动的。QX3 系列由三个接触器、一个热继电器和一个时间继电器组成，利用时间继电器的延时作用完成 Y-△自动切换。QX3 系列有 QX3-13、QX3-30、QX3-55、QX3-125 等型号，QX3 后面的数字表示额定电压为 380 V 时，启动器可控制的电动机最大功率，单位为 kW。

1.7.2　牵引电磁铁

牵引电磁铁是应用广泛的一种自动化元件，在自动化设备中用于开关阀门或牵引其他机械装置。

电磁铁的基本组成部分是线圈、导磁体和有关机械部件。当线圈通电时，依靠电磁系统中产生的电磁吸力使衔铁作机械运动，在运动过程中克服机械负载的阻力。

常用的牵引电磁铁有 MQ3 系列和 MQZ1 系列，其中 MQZ1 系列为小型直流牵引电磁铁。而为电磁阀配套的阀用电磁铁，也属于牵引电磁铁，主要有 MFZ1-YC 系列和 MFB1-YC 系列，其中 MFZ1-YC 系列用于电压为 24 V 或 110 V 直流电源；MFB1-YC 系列用于频率为 50～60 Hz、电压为 220 V 或 380 V 的交流电源中。

1.7.3　控制变压器

在低压配电系统中，控制变压器因多用于控制系统而得名。控制变压器是用电磁感应原理工作的，变压器有两组线圈，初级线圈和次级线圈。次级线圈在初级线圈外边，当初级线圈通上交流电时，变压器铁芯产生交变磁场，次级线圈就产生感应电动势。

控制变压器主要适用于交流 50 Hz(或 60 Hz)，电压 1000 V 及以下电路中，在额定负载下可连续长期工作。控制变压器是一种小型的干式变压器，它实际上是一个具有多种输出电压的降压变压器，通常用于机床、机械设备中作为控制电路电源、控制照明及指示灯电源。

使用控制变压器时应注意两点：一是变压器功率，二是正确接线。二次侧(即次级)所接负载的总功率不得大于控制变压器的功率，更不允许短路。否则将导致其温度太高，严重时将其烧毁。控制变压器的一、二次(即初、次级)接线不得接错，尤其是一次侧接线更不能接错。一次侧应配接的电压值均标注在它的接线端上，绝不允许把 380 V 的电源线接在 220 V 接线端子上，但可以把 220 V 电源线接在 380 V 接线端子上，此时二次侧所有输出电压将降低 1.73 倍。二次侧负载应根据其额定电压值接在相应的接线端子上，例如 6.3 V 的指示灯应接在 6.3 V 接线柱上，机床 36 V 照明灯泡应接在 36 V 接线柱上，127 V 的机床交流接触器线圈应接在 127 V 接线柱上。

1.7.4　智能断路器

智能断路器是指具有智能化控制单元的低压断路器，是以微处理器为核心的机电一体化产品。智能断路器用于控制和保护低压配电网络，一般安装在低压配电柜中作主开关，起总保护作用。

智能断路器是用微电子、计算机技术和新型传感器建立新的断路器二次系统。其主要特点是由电力电子技术、数字化控制装置组成执行单元，代替常规机械结构的辅助开关和辅助继电器。新型传感器与数字化控制装置相配合，独立采集运行数据，可检测设备缺陷和故障，在缺陷变为故障前发出报警信号，以便采取措施避免事故发生。智能断路器实现电子操作，变机械储能为电容储能，变机械传动为变频器经电机直接驱动，机械系统可靠性提高。

从结构、用途和所具备的功能来分，智能断路器主要有万能式(又称框架式)和塑料外壳式两大类。框架式主要用于智能化自动配电系统中的主断路器；塑料外壳式主要用于配电网络中分配电能和作为线路及电源设备的控制与保护。还有一些特殊用途的断路器，如真空断路器等。

智能断路器与普通断路器一样，也有绝缘外壳、触点系统和操作机构，所不同的是，普通断路器的脱扣器换成了具有一定人工智能的控制单元，或者称为智能脱扣器。这种智能控制单元的核心是具有单片机处理器，其功能不但覆盖了全部脱扣器的保护功能(如短路保护、过流、过热保护、漏电保护、缺相保护等)，而且还能够显示电路中的各种参数(电流、电压、功率、功率因数)。各种保护功能的动作参数也可以设定、修改和显示。保护电路动作时的故障参数可以存储在非易失存储器中以便查询。此外，还扩充了测量、控制、报警、数据记忆及传输、通信等功能，其性能大大优于传统的断路器产品。

　　智能断路器基本工作模式：根据监测到的不同故障电流，自动选择操作机构及灭弧室预先设定的工作条件，如正常运行电流较小时以较低速度分闸，系统短路电流较大时以较高速度分闸，以获得电气和机械性能上的最佳分闸效果。

　　智能操作断路器的工作过程：当系统故障由继电保护装置发出分闸信号或由操作人员发出操作信号后，首先启动智能识别模块工作，判断当前断路器所处的工作条件，对调节装置发出不同的定量控制信息而自动调整操作机构的参数，以获得与当前系统工作状态相适应的运动特性，然后使断路器动作。

　　智能型万能式断路器用作电气设备或线路保护时，用户选型时主要有以下方面考虑：选用断路器的额定电流大于或等于线路或电气设备的额定电流；选用断路器的额定短路分断能力(电流)大于或等于线路的预期(最大)短路电流；选用断路器的保护功能相对完善全面，能满足其工作场合的要求；选用断路器的外形尺寸相对较小，节省空间，智能断路器便于在同一柜内安装多台断路器。

1.7.5　智能接触器

　　智能接触器的主要特征是装有智能化电磁系统，并具有与数据总线及其他设备之间相互通信的功能，其本身还具有对运行工况自动识别、控制和执行的能力。

　　智能接触器一般由基本系列的电磁接触器及附件构成。附件包括智能控制模块、辅助触点组、机械联锁机构、报警模块、测量显示模块和通信接口模块等。智能接触器的核心是具有智能化控制的电磁系统，对接触器的电磁系统进行动态控制。智能接触器能通过通信接口直接与自动控制系统的通信网络相连，通过数据总线可输出工作状态参数、负载数据和报警信息等，还可接收上位控制计算机及可编程控制器(PLC)的控制指令，其通信接口可与当前工业上应用的大多数低压电器数据通信协议兼容。

1.7.6　可编程序通用逻辑控制继电器

　　可编程序通用逻辑控制继电器是一种新型通用逻辑控制继电器，亦称通用逻辑控制模块。

　　可编程序通用逻辑控制继电器将顺序控制程序预先存储在内部存储器中，用户程序采用梯形图或功能图语言编程。由按钮、开关等输入开关量信号，通过顺序执行程序对输入信号进行规定的逻辑运算、模拟量比较、计时、计数等。另外，还有参数显示、通信、仿真运行等功能，其集成的内部软件功能和编程软件可替代传统逻辑控制器件及继电器电路，具有很强的抗干扰能力。

　　它采用标准化硬件，改变控制功能只需改变程序即可。在继电逻辑控制系统中，可以"以软代硬"替代其中的时间继电器、中间继电器、计数器等，从而简化线路设计，完成较复杂的逻辑控制，甚至完成传统继电逻辑控制方式无法实现的功能。因此，在工业自动化控制系统、小型机械装置、建筑电器等方面获得广泛应用。在智能建筑中适用于照明系统、取暖通风系统、门窗、栅栏和出入口等的控制。

　　常用的可编程序通用逻辑控制继电器主要有德国西门子公司的"LOGO!"、金钟-默勒公司的"easy"和日本松下公司的可选模式控制器——控制小灵通和存储式继电器等。

1.8 工程实例——低压电器的使用维护

低压电器广泛用于控制和配电系统中，经过长期的使用或存放，低压电器不可避免地会出现故障，如果没有及时检查和排除，会影响生产甚至造成严重事故，所以低压电器的运行维护和故障检查、排除就显得尤为重要。

1.8.1 刀开关的使用维护

(1) 刀开关如果不是安装在封闭的箱内，应经常检查，防止其绝缘件(如底板、绝缘套等)因积聚灰尘和油污等降低绝缘强度，引起瞬间短路，酿成重大事故。

(2) 安装在触刀前下方的铜-石墨速动刀片是将电弧引向灭弧罩的弧触头，它在接通和分断过程中常因受到电弧烧灼而磨损，故应经常检查。

(3) 严格按照产品说明书规定的分断能力来分断负载，若是无灭弧罩的产品，一般不允许分断负载。

(4) 检查负荷电流是否超过刀开关的额定值。

(5) 检查刀开关是否有动、静触点连接不实，静触片闭合力不够或者开关合闸不到位的故障；电源侧和负荷侧，进出线端子与开关连接处是否压接牢固，有无接触不实、过热变色等现象；绝缘连杆、底座等绝缘部分有无损坏和放电现象；动、静触点有无烧伤及缺损，灭弧罩是否清洁完整、固定牢固；检查刀开关三相闸刀在分合闸时，是否同时接触或分开，触点接触是否紧密。

(6) 如果仅作隔离电源用，则合闸时应先将它们合上，再合上其他允许分断负载电流的电器；分闸时则相反，先使那些电器分断，再将开关分闸。

(7) 操作机构应完好、动作应灵活。顶丝、销钉、拉杆等均应完好，无缺损、断裂。

(8) 对刀熔开关，特别注意调整其同相位内的上、下触点同时闭合和上、下触点间的中心位置，以使其接触紧密。

1.8.2 熔断器的使用维护

(1) 检查负荷情况是否与熔体的额定值相符合，额定分断能力是否与线路的预期短路电流相符合。

(2) 检查熔体管外有无破损、变形现象，接触有无过热现象，瓷绝缘部分有无破损，熔体和触刀以及触刀和刀座是否接触良好。熔体发生氧化、腐蚀或损伤时，应及时更换，更换时必须在不带电的情况下进行。

(3) 熔断器连接线的材料和截面积应符合规定，不得随意改变，以免发生误动作。

(4) 熔断器环境温度应与保护对象的环境温度层基本一致，如相差过大可能使保护动作产生误差。

(5) 熔断器上积聚尘垢，应及时清除，对于有动作指示器的熔断器，还应经常检查，若发现熔断器已动作，则应及时更换。

1.8.3　断路器的使用维护

（1）检查所带的正常最大负荷是否超出断路器的额定值。

（2）检查触点系统和导线连接点处有无过热而失效，调节三相触点的位置和压力，使其保持三相同时闭合，并保证接触面完整，接触压力一致。特别对有热元件保护装置的断路器，热元件的各部位应无损坏，其间隙应正常。

（3）检查传动机构及相间绝缘主轴的工作状态，前者有无变形、锈蚀、销钉松脱现象；后者有无裂痕、表层剥落和放电现象。

（4）检查断路器保护脱扣器的工作状态，衔铁和拉簧活动是否正常，动作应无卡阻，磁体工作极面应清洁平滑，无锈蚀、毛刺和污垢。

（5）检查灭弧罩的工作位置是否因振动而移动，外观是否完整，有无喷弧痕迹和受潮情况。如果灭弧罩损坏，不论是多相还是单相，均需停止使用，必须修配。装齐后才准许运行使用，以免在断开时发生飞弧现象，造成相间短路而扩大事故。

（6）全部检修完毕后，应做几次传动试验，检查是否正常，特别对于电气联锁系统，要确保动作准确无误。

1.8.4　热继电器的使用维护

（1）使用一段时间后，应定期校验其动作可靠性。

（2）热继电器动作脱扣后，应待金属片冷却后再复位。

（3）按复位按钮不可用力过猛，否则会损坏操作机构。

1.8.5　时间继电器的使用维护

时间继电器的主要故障是延时不准确，延迟时间自行延长或缩短以至不能延时。

（1）延时时间自行延长的原因是气室不清洁，空气通道不通畅，气流被阻滞，应清洁气室和空气通道。

（2）延时时间自行缩短或不能延时，是气室密封不严或橡皮膜漏气所致，应改善气室的密封程度，若橡皮膜漏气应更换。

1.8.6　交流接触器的使用维护

交流接触器除了日常的巡视检查外，使用一段时间后要做定期检修。日常检查包括通过的负荷电流是否在交流接触器的额定值以内；分、合信号指示是否与电路状态相符；灭弧室内有无因接触不良而发生的放电声；吸引线圈有无过热现象；电磁铁上的短路环是否脱出和损伤；吸引线圈铁芯吸合是否良好，有无过大的噪声；断开后是否返回正常位置；与母线或出线的连接点有无过热现象；辅助触点有无烧蚀现象；灭弧罩是否有松动和裂损现象；周围环境有无变化，有无不利于正常运行工作的情况。

定期检修内容包括：

（1）外观检查。清除灰尘和污垢，将所有能触及的紧固件拧紧，以防不测。对接地螺钉的接地线是否正常完好应尤为注意。

（2）触点检查。银和银基合金触点，当触点有较严重的开焊、脱落或者已磨损到其厚度不及原厚度的 1/4 时，应及时更换新的触点。切忌以砂布打磨触点接触面。因为砂粒嵌入后会使接触状况恶化，以致触点严重发热或损伤；若是铜和铜基合金触点，当发现有严重氧化现象以及有烧毛时，均应以细锉维修平整。经维修或更换后的触点应注意调整开距、超程及触点压力，使其符合规定。

（3）灭弧罩检查。取下灭弧罩，用毛刷清理内部的脱落物。如果内壁有金属颗粒，应将其铲除。对于栅片式灭弧罩，应检查是否有松脱、烧损变形、位置变化等。如有金属颗粒将栅片短接，应将它们剔除。若不易修复应更换掉。

（4）铁芯检查。用棉纱蘸汽油擦拭断面，清除油污和灰尘。如果运行时噪声大，应先检查短路环是否有断裂及烧损现象，有则应更换静铁芯。如果释放动作缓慢，甚至不释放，应先检查极面上是否积聚有黏性油脂，如果有，则应擦拭干净。

（5）电磁线圈检查。交流接触器的吸引线圈在电源电压为线圈额定电压值的 85%～105% 时，应能可靠工作，当电源电压低于线圈额定电压值的 40% 时，应能可靠释放；若发现线圈外层所包的纸发黑或发焦，说明温升过高或内部有短路匝，应更换；若发现有断线或接线端钮有开焊及虚焊现象，则应及时修复。

习　　题

1-1　什么是低压电器？常用的低压电器有哪些？

1-2　电磁式低压电器由哪几部分组成？说明各部分的作用。

1-3　灭弧的基本原理是什么？低压电器常用的灭弧方法有哪几种？

1-4　熔断器有哪些用途？一般应如何选用？在电路中应如何连接？

1-5　简述继电器的分类。时间继电器有哪几类？

1-6　交流接触器主要由哪些部分组成？在运行中有时产生很大的噪声，试分析产生该故障的原因。

1-7　交流接触器的主触点、辅助触点和线圈各接在什么电路中，应如何连接？

1-8　什么是继电器？它与接触器的主要区别是什么？在什么情况下可用中间继电器代替接触器启动电动机？

1-9　空气阻尼式时间继电器是利用什么原理达到延时目的的？如何调整延时时间的长短？

1-10　热继电器有何作用？如何选用热继电器？在实际使用中应注意哪些问题？

1-11　什么是速度继电器？其作用是什么？速度继电器内部的转子有什么特点？若其触点过早动作，应如何调整？

1-12　什么是主令电器？哪些属于主令电器？

第 2 章　基本电气控制线路

机械设备中，原动机拖动生产机械运动的系统称为拖动系统，常见的拖动系统有电力拖动、气动、液压驱动等方式。电动机作为原动机拖动生产机械运动的方式称为电力拖动。对拖动系统进行控制，常用的电气控制方式主要是指继电器—接触器控制方式。

各行各业中的自动控制线路大多以各类电动机或其他执行电器为被控对象，通过电气控制线路对被控对象实现自动控制，以满足生产工艺的要求和实现生产过程自动化。生产工艺和生产过程不同，对控制线路的要求也不同。但是，这些控制线路无论是简单的还是复杂的，一般是由一些基本的控制环节组合而成的。在分析控制线路原理和判断其故障时，一般也都是从基本控制环节入手。因此，掌握基本电气控制线路的工作原理、分析方法和设计方法，对生产机械整体电气控制线路的理解、分析及维修有着重要的意义。结合具体的生产工艺要求，通过基本环节的有机组合，可设计出符合要求的、复杂的电气控制线路。

本章主要介绍由各种低压电器构成的继电器—接触器控制基本电气控制线路，主要包括三相笼型异步电动机的启动、运行、制动、调速的基本控制线路和行程控制、多点控制、顺序控制等典型控制线路，以及直流电动机的控制线路。

2.1　电气控制线路的绘图原则及标准

电气控制线路是根据控制要求，用导线把各种有触点电器，如继电器、接触器、按钮、行程开关、保护元件等器件连接起来组成的具有一定功能的控制电路。为了表达电气控制线路的结构、原理和设计意图，便于分析电气线路工作原理，安装、调试和使用维护电气设备，需要用统一的工程语言即工程图的形式来表示，这种工程图就是电气控制系统图。

在电气控制系统中，用以描述工作原理以及安装施工的工程图一般包括电气原理图、电器布置图和电气安装接线图三种。绘制电气控制系统图时，应根据简明易懂的原则，使用规定和标准统一的电气图形符号和文字符号进行。常用低压电器的电气符号见第 1 章内容。

2.1.1　常用电气图形符号、文字符号和接线端子标记

在参照国际电工委员会(IEC)和国际标准化组织(ISO)所颁布标准的基础上，国家标准化委员会相关部门制定了我国电气设备的有关标准，现在和电气制图有关的主要国家标准有：GB/T 4728—1996—2008《电气简图用图形符号》、GB/T 5465—1996—2009《电气设备用图形符号》、GB/T 6988.1—4—2008《电气技术用文件的编制》、GB/T 20063《简图用图形符号》、GB/T 5094—2003—2005《工业系统、装置与设备以及工业产品——结构原则

与参照代号》、GB/T 20939—2007《技术产品及技术产品文件结构原则字母代码——按项目用途和任务划分的主类和子类》等。

1. 常用电气图形符号、文字符号

常用电气图形、文字符号见表 2－1。

2. 接线端子标记

电气控制系统图中各电器接线端子用字母数字符号标记，应符合国家标准规定。

三相交流电源引入线用 L_1、L_2、L_3、N、PE 标记。直流系统的电源正负中间线分别用 L_+、L_-、M 标记。三相动力电器引出线分别按 U、V、W 顺序标记。

三相感应电动机首端分别用 U_1、V_1、W_1 标记，绕组尾端分别用 U_2、V_2、W_2 标记，电动机绕组中间抽头分别用 U_3、V_3、W_3 标记。

对于多台电动机，其三相绕组接线端标以 1U、1V、1W；2U、2V、2W…来区别。三相供电系统的导线与三相负荷之间有中间单元时，其相互连接线用字母 U、V、W 后面加数字来表示，且用从上至下由小到大的数字表示。

控制电路各线号采用三位或三位以下的数字标记，其顺序一般为从左到右、从上到下，凡是被线圈、触点、电阻、电容等元件所间隔的接线端点，都应标以不同的线号。

表 2－1 常用电气图形、文字符号

名　称	新标准 图形符号	新标准 文字符号	旧标准 图形符号	旧标准 文字符号	名　称	新标准 图形符号	新标准 文字符号	旧标准 图形符号	旧标准 文字符号
一般三极电源开关	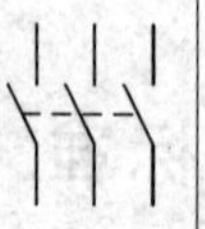	QS	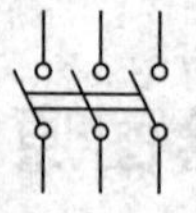	K	他励直流电动机		M	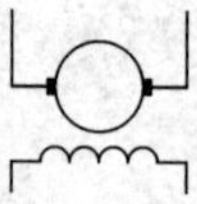	ZD
低压断路器	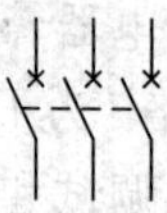	QF	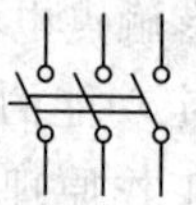	UZ	复励直流电动机		M	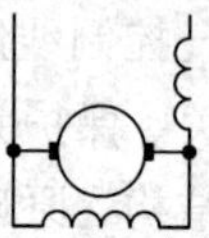	ZD
转换开关	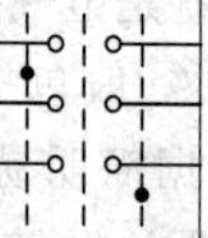	SA	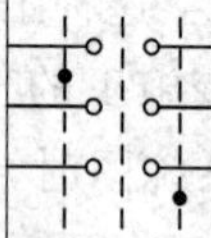	HK	直流发电机		G		ZF
制动电磁铁	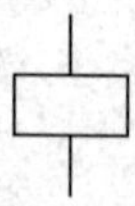	YB	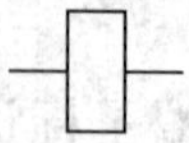	DT	三相笼型异步电动机	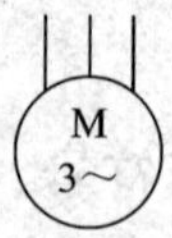	M		D
电磁离合器	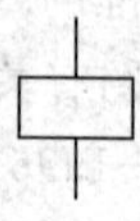	YC	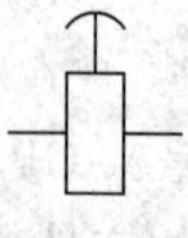	CH	三相绕线转子异步电动机		M	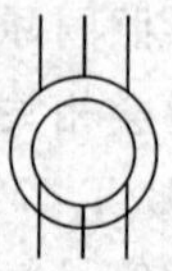	D

名　称	新标准		旧标准		名　称	新标准		旧标准	
	图形符号	文字符号	图形符号	文字符号		图形符号	文字符号	图形符号	文字符号
电位器		RP		W	单相变压器		T		B
桥式整流装置		VC		ZL	整流变压器		T		ZLB
照明灯		EL		ZD	照明变压器		T		ZB
信号灯		HL		XD	控制电路电源用变压器		TC		B
电阻器		R		R	三相自耦变压器		T		ZOB
接插器		XS		CZ	半导体二极管		VD		D
电磁铁		YA		DT	PNP型三极管		VT		T
电磁吸盘		YH		DX	NPN型三极管		VT		T
串励直流电动机		M		ZD	晶闸管（阴极侧受控）		VT		SCR
并励直流电动机		M		ZD	熔断器		FU		RD

续表二

名　称		新标准		旧标准		名　称		新标准		旧标准	
		图形符号	文字符号	图形符号	文字符号			图形符号	文字符号	图形符号	文字符号
按钮	启动		SB		QA	时间继电器	一般线圈				
	停止		SB		TA		通电延时线圈				
	复合		SB		AN		断电延时线圈				
行程开关	常开触点		SQ		XK		瞬时常开触点		KT		SJ
	常闭触点						瞬时常闭触点				
	复合触点						延时闭合常开触点				
接触器	线圈		KM		C		延时断开常闭触点				
	常开主触点						延时断开常开触点				
	常闭主触点						延时闭合常闭触点				
	常开辅助触点					继电器	中间继电器线圈		KA		ZJ
	常闭辅助触点						过电压继电器线圈	U>	KA	U>	GYJ
速度继电器	转子		KS		SDJ		欠电压继电器线圈	U<	KA	U<	QYJ
	常开触点	n		n			过电流继电器线圈	I>	KI	I>	GLJ
	常闭触点	n		n			欠电流继电器线圈	I<	KI	I<	QLJ
热继电器	热元件		FR		RJ		常开触点		相应符号		相应符号
	常闭触点						常闭触点		相应符号		相应符号

2.1.2　电气原理图

电气原理图是将各种电气元件用它们的图形符号和文字符号表示,用来表示电路各电气元件中导电部件、接线端点之间的相互关系和工作原理的图。电气原理图是根据控制线路图工作原理绘制的,具有结构简单、层次分明、便于研究和分析线路工作原理的特性。电气原理图表示电气控制的工作原理以及各电气元件的作用和相互关系,而不考虑各电气元件实际安装的位置和实际连线情况,也不反映电气元件的大小。

图 2-1 所示为 CW6132 型车床的电气原理图。

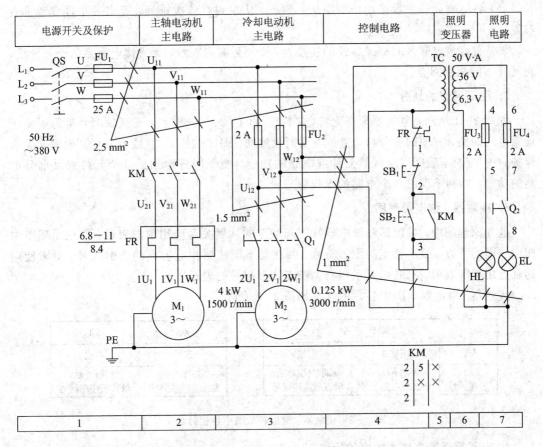

图 2-1　CW6132 型车床电气原理图

1. 绘制电气原理图的基本规则

绘制电气原理图应遵循以下基本规则:

(1) 原理图一般分主电路和辅助电路两部分画出。通常主电路用粗实线表示,画在左边(或上部);辅助电路用细实线表示,画在右边(或下部)。

主电路指从电源到电动机绕组的大电流通过的路径,一般由电源开关 QS、熔断器 FU、热继电器 FR 的热元件、接触器 KM 主触点和电动机组成。

辅助电路包括控制电路、照明电路、信号电路及保护电路等,由继电器的线圈和触点、接触器的线圈和辅助触点、按钮、照明灯、控制变压器等电气元件组成。

（2）各电器元件不画实际的外形图，采用电器元件展开图的画法。属于同一电器元件的各导电部件（如线圈和触点）按电路连接关系画出，用同一文字符号表示。对同类型的电器，在文字符号后加注阿拉伯数字序号来区分。

（3）各电器元件和部件在控制线路中的位置应根据便于阅读的原则安排，同一电器元件的各部件根据需要可不画在一起，但文字符号要相同。

（4）所有电器的触点状态，都按没有通电和没有外力作用时的初始开、关状态即"平常"状态绘出。例如继电器、接触器的触点，按吸引线圈不通电时的状态绘制；控制器按手柄处于零位时的状态绘制；按钮、行程开关类电器按照不受外力作用时的状态画出等。

（5）各电器元件一般按动作顺序从上到下、从左到右依次排列，可水平布置或者垂直布置。

（6）有直接电联系的交叉导线的连接点，要用黑圆点表示，无直接电联系的交叉导线，交叉处不能画黑圆点。

2. 图面区域的划分

如图 2-1 所示，电气原理图上方（或下方）的 1、2、3…数字为图区编号，是为了便于检索电气线路，方便阅读分析，避免遗漏而设置的。图区编号下方（或上方）的"电源开关及保护……"字样，表明对应区域元件或电路的功能，便于清楚地知道某个元件或某部分电路的功能，以利于理解整个电路的工作原理。

3. 接触器、继电器附图

电气原理图中，接触器和继电器线圈与触点的从属关系应用附图表示，即在原理图中相应线圈的下方，给出触点的图形符号，并在其下面注明相应触点的索引代号，对未使用的触点用"×"表明，有时也可采用省去触点图形符号的表示法。

接触器、继电器附图中各栏的含义如图 2-2 所示。

KM		
左栏	中栏	右栏
主触点 所在区号	辅助常开(动合) 触点所在图区号	辅助常闭(动断) 触点所在图区号

KA	KT
左栏	右栏
常开(动合) 触点所在图区号	常闭(动断) 触点所在图区号

图 2-2 接触器、继电器附图中各栏的含义

4. 电气原理图中技术数据的标注

电器元件的技术数据，除在电气元件明细表中标明外，也可用小号字体标注在其图形符号的旁边。如图 2-1 中 FU，额定电流为 25 A。

2.1.3 电器布置图

电器布置图主要用来表明各种电器设备在机械设备上和电气控制柜中的实际安装位置，为机械电气控制设备的制造、安装、维护、维修提供必要的资料。各电器元件的安装位置是由机床的结构和工作要求决定的。如电动机要和被拖动的机械部件在一起；行程开关应放在要取得信号的地方；操作元件要放在操纵箱等操作方便的地方；一般电器元件应放在控制柜内。

机床电器元件布置图主要由机床电气设备布置图、控制柜及控制板电气设备布置图、操作台及悬挂操纵箱电气设备布置图等组成。图 2-3 所示为 CW6132 车床电器布置图。

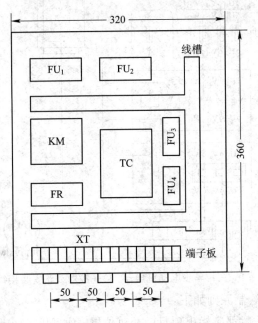

图 2-3　CW6132 车床电器布置图

电器布置图是控制设备生产及维护的技术文件，电器元件布置应注意以下几点：

（1）体积大和较重的元器件应安装在电器安装板的下方，而发热元件应安装在电器安装板的上方。

（2）强电、弱电应分开，弱电应有屏蔽措施，防止外界干扰。

（3）需要经常维护、检修、调整的电器元件安装位置不宜过高或过低。

（4）电器元件的布置应考虑整齐、美观、对称。外形尺寸与结构类似、电路联系紧密的电器应安装在一起，以利安装和配线。

（5）电器元件布置不宜过密，应留有一定间距。如用走线槽，应加大各排电器间距，以利布线和维修。

（6）按电器元件外形尺寸绘出，并标明元件间距。

2.1.4　电气安装接线图

为了进行装置设备或成套装置的布线或布缆，必须提供其中各个项目（包括元件、器件、组件、设备等）之间电气连接的详细信息，包括连接关系、线缆种类和敷设路线等。用电气图的方式表达电器元件在设备中的实际安装位置和实际接线情况的图称为电气安装接线图。

电气安装接线图是电器的安装接线、线路检查、线路维修和故障处理等不可缺少的技术文件，通常电气安装接线图与电气原理图、电器布置图一起使用。

图 2-4 所示为三相异步电动机启动、停止控制线路安装接线图。

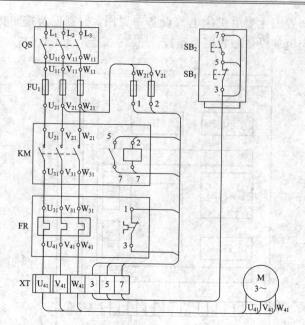

图 2-4　三相异步电动机启动、停止控制线路安装接线图

电气安装接线图的绘制原则如下：

(1) 在接线图中，一般都应标出项目的相对位置、项目代号、端子间的电连接关系、端子号、等线号、等线类型、截面积等。

(2) 各电器元件上凡是需接线的部件端子都应绘出，并予以编号，各接线端子的编号必须与电气原理图上的导线编号相一致。

(3) 同一控制盘上的电器元件可直接连接，而盘内元器件与外部元器件连接时必须绕接线端子板进行。

(4) 接线图中各电器元件的图形符号和文字符号必须与电气原理图一致，并符合国家标准。一个元件中所有的带电部件均画在一起，并用点画线框起来，即采用集中表示法。

(5) 互连接线图中的互连关系可用连续线、中断线或线束表示，连接导线应注明导线根数、导线截面积等。走向相同的多根导线可用单线表示。图 2-5 所示为 CW6132 型车床电气互连接线图。

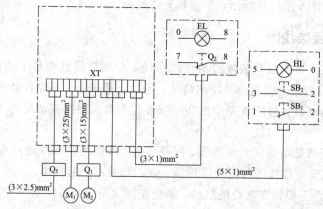

图 2-5　CW6132 型车床电气互连接线图

（6）各电气元件均按实际安装位置绘出，元件所占图面按实际尺寸以统一比例绘制。

2.2　三相异步电动机的启动控制

交流电动机主要指交流笼型异步电动机和交流绕线式异步电动机。由于三相笼型异步电动机具有结构简单、价格便宜、坚固耐用、维修方便等优点，获得广泛应用。据统计，笼型异步电动机的数量占电力拖动设备总台数的 85% 左右。

2.2.1　三相笼型异步电动机的启动控制线路

三相笼型异步电动机的启动有两种方式，即直接启动（或全压启动）和降压启动。

1. 直接启动

直接启动是一种简单、可靠、经济的启动方法。但由于直接启动时，电动机启动电流 I_{st} 为额定电流 I_N 的 $4\sim7$ 倍，过大的启动电流一方面会造成电网电压显著下降，直接影响在同一电网工作的其他电动机及用电设备正常运行，另一方面电动机频繁启动会严重发热，加速线圈老化，缩短电动机的寿命，所以直接启动电动机的容量受到一定限制，通常根据启动次数、电动机容量、供电变压器容量和机械设备是否允许来综合分析。一般容量小于 10 kW 的电动机常采用直接启动。

1）刀开关直接启动

图 2-6 所示为电动机单向直接启动刀开关控制线路。该线路只有主电路，结构简单、经济，但由于刀开关的控制容量有限，而且是在主电路上进行操控，无法实现远距离的自动控制，所以仅适用于不频繁启动的小容量电动机（通常 $P_N \leqslant 5.5$ kW）。

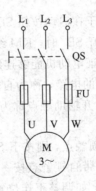

图 2-6　刀开关直接启动控制线路

2）接触器直接启动

图 2-7 所示为电动机单向直接启动接触器控制线路。主电路（见图 2-7(a)）由刀开关 QS、熔断器 FU_1、接触器 KM 的常开主触点、热继电器 FR 的热元件及电动机 M 组成，控制电路（图 2-7(b)）由熔断器 FU_2、热继电器 FR 的常闭触点、停止按钮（常闭触点）SB_1、启动按钮（常开触点）SB_2、接触器 KM 的线圈和常开辅助触点组成。

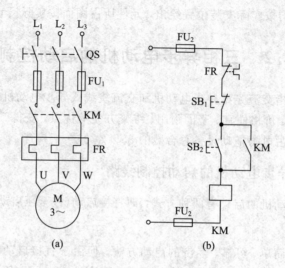

图 2-7　接触器直接启动控制线路

（1）线路工作原理分析。图 2-7 的控制线路工作原理如下：

合上电源隔离开关 QS。

启动控制：

按下SB$_2$ → KM线圈通电吸合 ┬→ KM常开主触点闭合 → 电动机M通电启动
　　　　　　　　　　　　　　 └→ KM常开辅助触点闭合 → 自锁

停止控制：

按下 SB$_1$→KM 线圈断电释放→KM 常开主触点、常开辅助触点均断开→电动机 M 断电停止。

电器元件自锁

通过启动控制过程可以看出，由于在启动按钮 SB$_2$ 处并联了一个 KM 常开辅助触点，这就可以使得，当松开 SB$_2$ 时，KM 线圈仍通过自身常开辅助触点继续保持通电状态，从而保证电动机能够连续运转。这种依靠电器自身常开辅助触点保持其线圈通电的电路，称为自锁电路（或称自保电路），简称自锁。而相应的所并联的常开辅助触点称为自锁触点（或自保触点）。这种电动机带自锁触点连续运行的方式称为长动。

如果图 2-7 中没有设计 KM 自锁触点，则按下 SB$_2$ 时电动机 M 通电启动，松开 SB$_2$ 时电动机 M 断电停止。这种电动机不带自锁触点按一下动一下运行的方式称为点动。在实际应用中，有不少场合需要点动控制，如调整工作位置、对刀、试加工等。

可见，在设计中"长动"和"点动"的区别在于是否具有自锁触点。

（2）线路的保护环节。控制线路常用的保护环节有：

短路保护：由熔断器 FU$_1$、FU$_2$ 分别实现主电路与控制电路的短路保护。

过载保护：由热继电器 FR 实现电动机的长期过载保护。当电动机出现长期过载时，热继电器动作，串联在控制电路中的常闭触点断开，切断 KM 线圈电路，使电动机脱离电源，实现过载保护。

欠压、零压（失压）保护：通过接触器 KM 本身的电磁系统来实现。当电源电压由于某种原因而严重降低（欠压）或断电（失压）时，接触器 KM 释放，电动机 M 断电而停止运动；

当电源电压恢复正常时，KM 线圈电源不能自行接通，电动机 M 不能自行启动。只有在操作人员重新按下启动按钮后，电动机才能启动，防止突然断电后的来电，造成人身及设备损害的危险，此种安全保护作用又叫零压保护。

　　设置欠压、零压(失压)保护的控制线路具有三方面优点：① 防止电源电压严重下降时电动机欠压运行；② 防止电源电压恢复时电动机自行启动，造成设备和人身事故；③ 避免多台电动机同时启动造成电网电压的严重下降。

　　接触器直接启动控制线路不仅能实现电动机频繁启动控制，而且可以实现远距离自动控制，故是最常用的简单控制线路。

　　3) 电动机的点动控制

　　图 2-8 所示为具有点动控制功能的几种典型电路，主电路同图 2-7(a)所示。

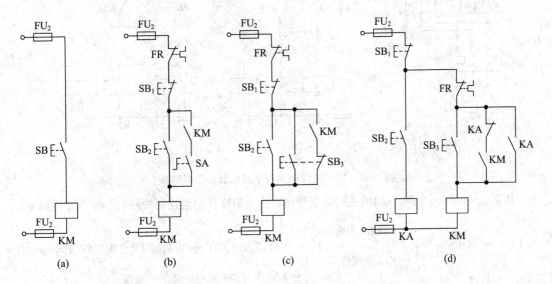

图 2-8　具有点动控制功能的几种典型电路

　　电动机长动与点动控制的关键环节是自锁触点是否接入。若能实现自锁，则电动机连续运行；若不能实现自锁，则电动机点动控制。

2. 降压启动

　　当电动机容量较大时(大于 10 kW)，启动时产生较大的启动电流，会引起电网电压下降，因此必须采取降压启动的方法，限制启动电流，以减小启动电流对电网和电动机本身的影响。

　　所谓降压启动，是指利用启动设备将电压适当降低后加到电动机的定子绕组上进行启动，待电动机启动运转后，再使其电压恢复到额定值正常运行。由电工学知识知道，降压启动将导致电动机启动转矩大为降低，因此降压启动适用于空载或轻载下启动的场合。

　　三相笼型异步电动机常用的降压方式有四种：定子绕组串接电阻降压启动、Y-△降压启动、自耦变压器降压启动和延边三角形降压启动。

　　1) 定子绕组串接电阻降压启动

　　图 2-9 所示为定子绕组串接电阻降压启动控制线路。电动机启动时在定子绕组中串接电阻，使定子电阻电压降低，从而限制了启动电流。待电动机转速接近额定转速时，再

将串接电阻短接，使电动机在额定电压下正常运行。

这种启动方式由于不受电动机接线型式的限制，故得到广泛应用，在生产机械中需要点动控制的电动机，常采用串接电阻降压方式来限制电动机启动电流。

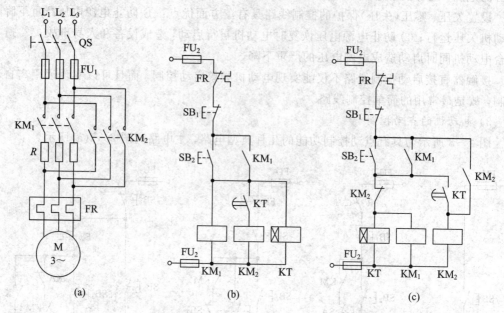

图 2-9 定子绕组串接电阻降压启动控制线路

由图 2-9(a)、图 2-9(b)组成的定子绕组串接电阻降压启动控制线路工作原理分析如下：

通过分析，该控制电路简单，通过时间继电器 KT 采用时间原则可完成控制要求。但是在 KM₂ 线圈通电后电动机 M 全压正常运行时，KM₁ 线圈和 KT 线圈始终通电，既浪费能源又影响元器件寿命。图 2-9(c)所示的控制线路对图 2-9(b)的控制线路进行了改进，在 KM₂ 线圈通电后，用 KM₂ 常闭辅助触点断开 KM₁ 和 KT 线圈电路，同时用 KM₂ 常开辅助触点实现自锁，从而提高了控制线路的安全性和可靠性。

所以，在电气控制线路设计时，要考虑周全，不仅能达到功能要求，还要重视系统的安全性、可靠性。

2）Y-△降压启动

对于正常运行为三角形（△）接法的电动机，在电动机启动时，把定子绕组先接成星形（Y），以降低启动电压，减小启动电流，当电动机转速上升到接近额定转速时，再把定子绕组接线方式改成三角形（△），使电动机进入全压正常运行。一般功率在 4 kW 以上的三相笼型异步电动机均为三角形接法，因此均可采用 Y-△降压启动的方法。

三相笼型异步电动机采用 Y-△降压启动时，定子绕组启动时电压降至额定电压的

$1/\sqrt{3}$，启动电流降至全压运行的 $1/3$，从而限制了启动电流。但由于启动转矩也随之降至全压启动的 $1/3$，因此 Y-△ 降压启动仅适用于空载或轻载下启动。与其他降压启动方法相比，Y-△ 降压启动的方法成本少，线路简单，操作方便，在生产机械的控制中应用较为普遍。

图 2-10 所示为电动机容量在 4~13 kW 时采用的控制线路。该电路用两个接触器来控制 Y-△ 降压启动，由于电动机容量不太大，且三相平衡，星形(Y)接法电流很小，故可以利用接触器 KM₂ 的常闭辅助触点来连接电动机。该电路仍采用时间原则来实现电动机 Y-△ 接法的转接。

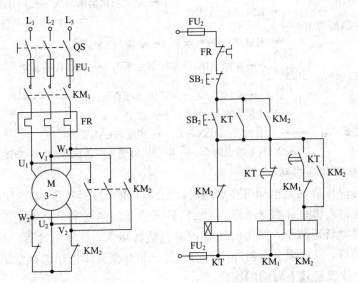

图 2-10 电动机(4~13 kW)Y-△降压启动控制线路

图 2-11 所示为电动机容量在 13 kW 以上时常采用的 Y-△ 降压启动控制线路。该控制线路中用三个接触器来实现 Y-△ 降压启动控制，其中 KM₃ 为星形(Y)连接接触器，

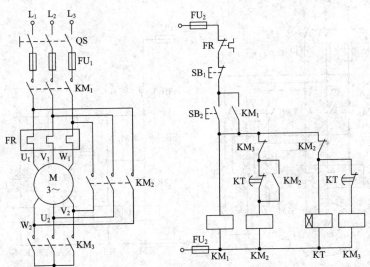

图 2-11 电动机(13 kW 以上)Y-△降压启动控制线路

KM_2 为三角形（△）连接接触器，KM_1 为接通电源的接触器。当 KM_1、KM_3 线圈通电，绕组实现星形（Y）接法降压启动；当 KM_1、KM_2 线圈通电，则绕组换接为三角形（△）接法，电动机全压正常运行。

图 2-11 所示控制电路的工作原理分析如下：

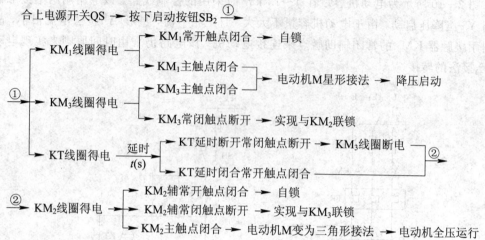

3）自耦变压器降压启动

自耦变压器降压启动是电动机在启动时，先经自耦变压器降压，限制启动电流，当转速接近额定转速时，切除自耦变压器，电动机转入全压正常运行。自耦变压器降压启动相比直接启动其启动转矩减小，但比前述二者的启动转矩大，且使用灵活、方便，故尽管自耦变压器价格较贵，但自耦变压器降压启动仍是三相笼型异步电动机最常用的一种降压启动方法，用于空载或轻载下启动的场合。

图 2-12 所示为电动机自耦变压器降压启动控制线路。该电路采用两个接触器 KM_1、KM_2 来实现电动机降压启动的切换控制。KM_1 为降压启动用接触器，KM_2 为全压正常运

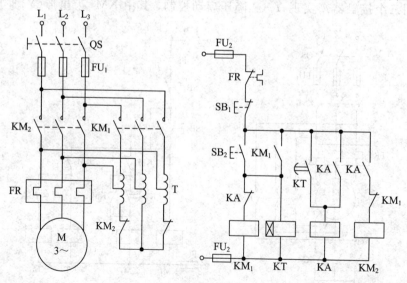

图 2-12 自耦变压器降压启动控制线路

行用接触器，KT 为实现时间原则自动控制的时间继电器，KA 为实现信号换接构成所需要逻辑控制的中间继电器。另外，该电路中由于电动机启动过程中会出现二次涌流冲击，仅适用于不频繁启动、电动机容量在 30 kW 以下的设备中。

4）延边三角形降压启动

延边三角形降压启动是一种既不增加专用启动设备，又可提高启动转矩的降压启动方法。该方法适用于定子绕组特别设计的电动机，该电动机拥有 9 个端头，每相绕组有三个出线即 U(U_1、U_2、U_3)，V(V_1、V_2、V_3)，W(W_1、W_2、W_3)，其中 U_3、V_3、W_3 为各绕组的中间抽头。图 2 - 13 所示为延边三角形降压启动控制线路。

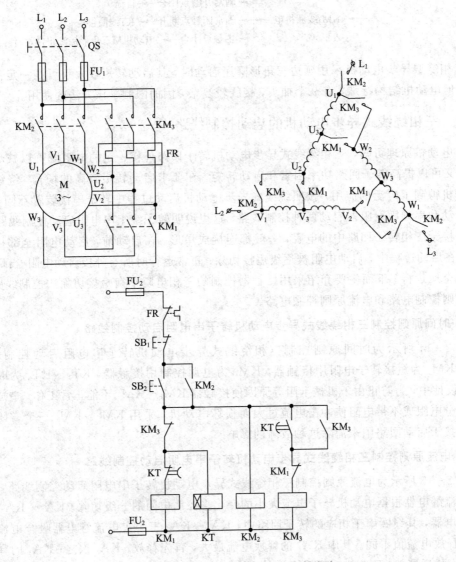

图 2 - 13　延边三角形降压启动控制线路

其中，KM_1 为延边三角形联结接触器，KM_2 为线路控制用接触器，KM_3 为三角形联结接触器，按时间原则通过时间继电器 KT 实现由延边降压启动三角形接法全压运行的自动切换。其工作原理分析如下：

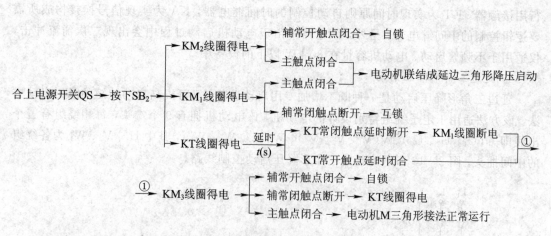

三相笼型异步电动机采用延边三角形降压启动时，其启动转矩较大且可在一定范围内调节，但电动机结构特殊，有 9 个抽头，接线较复杂，因而限制了该方法的使用。

2.2.2　三相绕线式异步电动机的启动控制线路

由电动机原理可知，三相绕线式异步电动机转子回路外接一定的电阻既可以减小启动电流，又可以提高转子回路功率因素和启动转矩。在要求启动转矩较高的场合，绕线式异步电动机得到了广泛的应用。按照绕线式异步电动机启动过程中转子串接装置不同，有串电阻启动和串频敏变阻器启动两种控制线路。这里说明转子绕组串电阻启动控制线路。

串接于三相转子回路中的电阻，一般都连接成星形。在启动前，启动电阻全部接入电路中；在启动过程中，启动电阻被逐级短接切除；正常运行时所有外接启动电阻全部切除，电动机全压运行。下面主要介绍采用接触器控制的三相电阻平衡短接切除法控制线路，有时间原则控制电路和电流原则控制电路。

1. 时间原则控制三相绕线式异步电动机转子串电阻启动控制线路

图 2-14 所示为时间原则控制三相绕线式异步电动机转子串电阻启动控制线路，$KM_1 \sim KM_3$ 为短接转子电阻用接触器，KM_4 为电源控制用接触器，$KT_1 \sim KT_3$ 为时间继电器。设计中，为防止由于机械卡阻等原因使接触器 $KM_1 \sim KM_3$ 不能正常工作，造成启动时带部分电阻或不带电阻使冲击电流过大而损坏电动机，采用 $KM_1 \sim KM_3$ 三个常闭辅助触点串接于启动回路中来消除这种故障的影响。

2. 电流原则控制三相绕线式异步电动机转子串电阻启动控制线路

图 2-15 所示为电流原则控制三相绕线式异步电动机转子串电阻启动控制线路，它是利用电流继电器根据电动机转子电流大小的变化来控制电阻的分级切除。$KA_1 \sim KA_3$ 为欠电流继电器，其线圈串于相应的转子回路中，$KA_1 \sim KA_3$ 三个欠电流继电器吸合电流值相同，但释放电流值不同。其中 KA_1 的释放电流最大，首先释放；KA_2 次之；KA_3 的释放电流最小，最后释放。刚启动时启动电流较大，$KA_1 \sim KA_3$ 同时吸合，全部电阻接入回路，随着电动机转速升高电流较小，则 $KA_1 \sim KA_3$ 依次释放，依次分别短接相应电阻，直至将全部电阻切除，电动机实现全压正常运行。

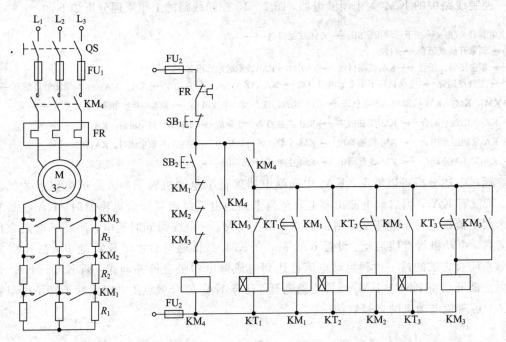

图 2-14　时间原则控制三相绕线式异步电动机转子串电阻启动控制线路

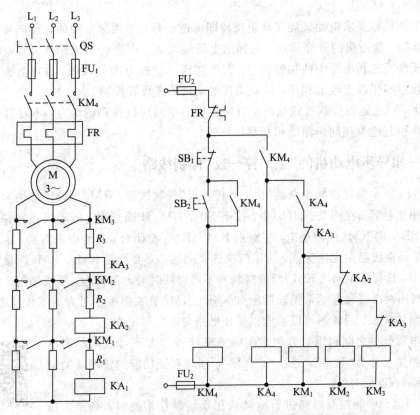

图 2-15　电流原则控制三相绕线式异步电动机转子串电阻启动控制线路

控制线路中的 KA_4 为中间继电器，图 2-15 控制线路的工作原理分析如下：

合上电源开关QS → 按下启动按钮SB₂ → KM₄线圈得电 ①

① ┌→ 辅常开触点闭合 → 自锁
　├→ 辅常闭触点闭合 → KA₄线圈得电 → 为KM₁~KM₃线圈通电作准备
　└→ 主触点闭合 → 电动机转子串全部电阻启动 → KA₁、KA₂、KA₃吸合动作 → KA₁、KA₂、KA₃常闭触点断开 ②

② KM₁、KM₂、KM₃线圈均处断电状态 → 随电动机转速升高，电流减小 → 到KA₁释放电流时KA₁释放 ③

③ KA₁常闭触点闭合 → KM₁线圈得电 → KM₁主触点闭合切除R_1 → 到KA₂释放电流时，KA₂释放 ④

④ KA₂常闭触点闭合 → KM₂线圈得电 → KM₂主触点闭合切除R_2 → 到KA₃释放电流时，KA₃释放 ⑤

⑤ KA₃常闭触点闭合 → KM₃线圈得电 → KM₃主触点闭合切除R_3 → 电动机切除全部电阻正常运行

通过上述分析可以看出，KA_4 中间继电器保证了电动机转子串入全部电阻后才能启动。若没有 KA_4，当启动电流由零上升至尚未到达电流继电器吸合电流值时，KA_1～KA_3 三个欠电流继电器不能吸合，则接触器 KM_1～KM_3 三个线圈同时通电，使转子电阻全部被短接，电动机将直接启动。设置 KA_4 后，在 KM_4 线圈通电后才使 KA_4 通电，在 KA_4 常开触点闭合之前的这一过程启动电流已达到电流继电器吸合值并动作，即 KA_1～KA_3 常闭触点断开已将 KM_1～KM_3 线圈电路断开，这样 KA_4 常开触点闭合时确保了转子电阻被串入，可避免电动机的直接启动。

2.3　三相异步电动机的正反转控制

许多生产机械要求电动机能实现正反转即可逆运行，如机床主轴的正反向转动、工作台的前后运动、起重机的升降运动、电梯的上下运动等。根据电动机原理可知：任意改变电动机定子绕组三相电源中两相的相序，就可实现电动机方向的改变。在电气控制中，可利用两个接触器来改变电源相序，从而实现电动机的正反转控制。

实际上，可逆运行控制线路是两个方向相反的单向运行线路的组合，不过其中加设了避免误操作引起电源相间短路的相互制约环节。

2.3.1　三相异步电动机的"正—停—反"控制线路

图 2-16 所示为三相异步电动机"正—停—反"控制线路。KM_1、KM_2 分别为电动机正反转控制用接触器。在图 2-16(b)中，按下 SB_2，KM_1 线圈通电，电动机正转并自锁，若此时按下 SB_3，则 KM_2 线圈通电，主触点 KM_1、KM_2 都闭合，导致电源短路，这是绝对不允许的，但是该线路中无法保证。为了解决这个问题，需要设置 KM_1、KM_2 两接触器相互制约的环节，即保证 KM_1、KM_2 两个接触器不可以同时通电的措施。结果如图 2-16(c)中所示，即利用两个接触器的常闭辅助触点 KM_1、KM_2 分别串接在对方的工作线圈电路中，构成相互制约关系，两者不可以通电以保证电路安全可靠工作。

这种电器元件之间利用对方的常闭触点来使得二者不可以同时得电的相互制约关系称为"联锁"，也称为"互锁"。实现联锁功能的常闭辅助触点称为联锁（或互锁）触点。

图 2-16(c)中的控制线路进行电动机正反转操作切换时，必须先按下停止按钮 SB_1，使原有转向的工作接触器断电后，才可以实现反向动作

电气元件互锁

切换，故具有"正—停—反"控制特点。

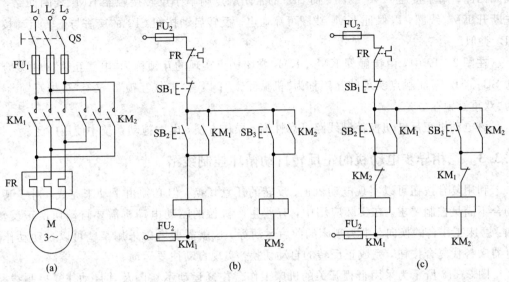

图 2 - 16　电动机"正—停—反"控制线路

2.3.2　三相异步电动机的正反转切换控制线路

　　在实际应用中，往往要求电动机无须先停止而能直接完成正反转切换控制，上述图 2 - 16(c)控制线路则不能满足。如图 2 - 17 所示的电动机正反转切换控制线路中，采用复合按钮来完成这一功能要求。其设计思路就是：在进行反方向切换时，首先要切断原有运行方向用接触器，让其联锁触点恢复常态，为反方向运行控制电路作好准备，然后再启动(闭合)反方向运行控制电路，从而完成电动机的正反转切换控制，复合按钮正具有相应的功能。

三相电机如何实现正反转

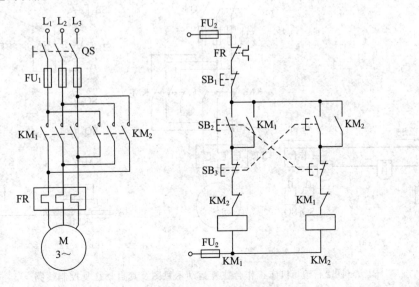

图 2 - 17　电动机正反转切换控制线路

在图 2-17 所示的控制线路中，正转启动按钮 SB_2 的常开触点串于正转接触器 KM_1 线圈回路，用于接通 KM_1 线圈；而 SB_2 的常闭触点则串于反转接触器 KM_2 线圈回路，首先断开 KM_2 线圈，以保证 KM_1 线圈可靠通电。反转启动按钮 SB_3 的接法与正转启动按钮 SB_2 类似。

在图 2-17 中，由接触器 KM_1、KM_2 常闭触点实现的互锁称为"电气互锁"；由复合按钮 SB_2、SB_3 常闭触点实现的互锁称为"机械互锁"；既有"电气互锁"，又有"机械互锁"，称为"双重互锁"。

该电动机正反转切换控制线路可靠性高，操作方便，电力拖动系统中使用广泛。

2.3.3 三相异步电动机的正反转自动循环控制线路

利用复合按钮可以实现电动机正、反转的任意切换，但必须由手动来完成，对于某些场合不满足控制要求。在实际应用中，有些生产机械的驱动电动机需要自动切换正反转，如：磨床工作台的换向、牛头刨床的前后运动等。这就需要考虑采用某些可以自动动作的电器来替代复合按钮，完成正反转的自动切换，实现自动往复运动。

图 2-18 所示为采用行程开关的机床工作台往复运动示意图及其自动往复控制线路。行程开关 SQ_1、SQ_2 分别固定安装在床身上，用以确定运动行程的原位和终点。挡铁 A、B 固定在运动件(工作台)上，来撞击相应的行程开关 SQ_1、SQ_2 替代复合按钮的功能。行程开关(极限开关)SQ_3、SQ_4 固定安装在床身上 SQ_1、SQ_2 的外侧，若换向因行程开关 SQ_1、SQ_2 失灵而无法实现时，则由行程开关(极限开关)SQ_3、SQ_4 实现工作台正反向运动行程的极限保护(或终端保护)，避免运动部件因超出极限位置而发生事故。

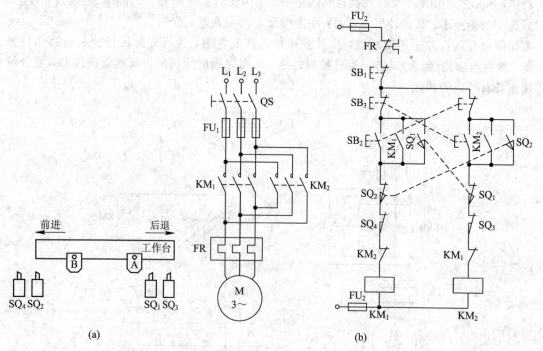

图 2-18 机床工作台往复运动示意图及其自动往复控制线路

(a)机床工作台往复运动示意图；(b)自动往复控制线路

其工作原理分析如下：

启动控制：合上QS → 按下SB₂ → KM₁线圈得电 ①

① ┌ KM₁常闭辅助触点断开 → 实现与KM₂的联锁
　├ KM₁常开辅助触点闭合 → 实现自锁
　└ KM₁主触点闭合 → 电动机M得电 → 电动机正转 ②

② 工作台向前运动 → 当挡铁B压下SQ₂ ┌ SQ₂常闭触点断开 → KM₁线圈断电 → KM₁常闭触点闭合
　　　　　　　　　　　　　　　　　└ SQ₂常开触点闭合 ③

③ KM₂线圈得电 ┌ KM₂常闭辅助触点断开 → 实现与KM₁的联锁
　　　　　　　├ KM₂常开辅助触点闭合 → 实现自锁
　　　　　　　└ KM₂主触点闭合 → 电动机M得电 → 电动机反转，工作台后运动 ④

④ 当挡铁A压下SQ₁ ┌ SQ₁常闭触点断开 → KM₂线圈断电
　　　　　　　　└ SQ₁常开触点闭合，KM₂常闭触点闭合 → KM₁线圈得电… ⑤

⑤ 如此周而复始实现工作台的自动往返运动

用行程开关来控制运动部件的行程位置的方法称为行程控制原则，它是自动化控制中应用最为广泛的方法之一。在生产机械中，采用接近开关来实现电动机正反转自动切换的应用也很常见。

2.4　三相异步电动机的制动控制

三相异步电动机定子绕组脱离电源后，由于惯性，转子需要经过一段时间才能停止，这在很多时候不能满足某些生产机械的工艺要求。同时影响生产效率的提高，并存在运动部件停位不准确、工作不安全等问题，这就需要对电动机采取一定的控制措施即制动，使其能迅速停下来。

所谓制动就是指使电动机脱离正常工作电源后迅速停转的措施。三相异步电动机的制动方法有机械制动和电气制动两种。机械制动是利用机械装置使电动机迅速停转，如电磁抱闸；电气制动是在电动机上产生一个与原转子转动方向相反的制动转矩，迫使电动机迅速停转。

电气制动方法有反接制动、能耗制动、电容制动、双流制动和发电制动等。这里主要介绍常用的反接制动和能耗制动。

2.4.1　反接制动

所谓反接制动，就是电动机停止时，在切除工作电源后，定子绕组串接电阻并接入反向电源，从而产生一个与转子惯性转动方向相反的反向转矩，进行制动。

反接制动安装、调试与运行

反接制动时，由于转子与旋转磁场的相对速度接近两倍的同步转速，所以定子绕组中流过的反接制动电流相当于全压启动时启动电流的两倍，冲击电流很大。为减小冲击电流，需要在电动机主电路中串接一定的电阻以限制反接制动电流，这个电阻称为反接制动电阻。另外，当反接制动使得电动机转速下降到接近零时，要及时切断反向电源，以防电动机反向启动。为此，采用速度继电器来检测电动机的速度变化,适时作出反应,完成电动机的反接制动控制。

1. 电动机单向运行反接制动控制线路

图 2 - 19 所示为电动机单向运行反接制动控制线路,KM_1 为电动机单向运行用接触器,KM_2 为反接制动用接触器,KS 为速度继电器,R 为反接制动电阻。

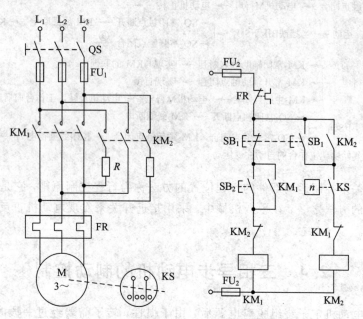

图 2 - 19 电动机单向运行反接制动控制线路

该控制线路工作原理分析如下:

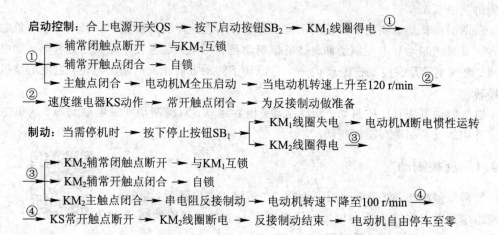

2. 电动机可逆运行反接制动控制线路

图 2 - 20 所示为电动机可逆运行反接制动控制线路,KM_1、KM_2 分别为电动机正、反转运行用接触器,KM_3 为短接电阻用接触器,$KA_1 \sim KA_3$ 为中间继电器,KS 为速度继电器(其中 KS_1 为正转时动作触点、KS_2 为反转时动作触点),R 为反接制动电阻。

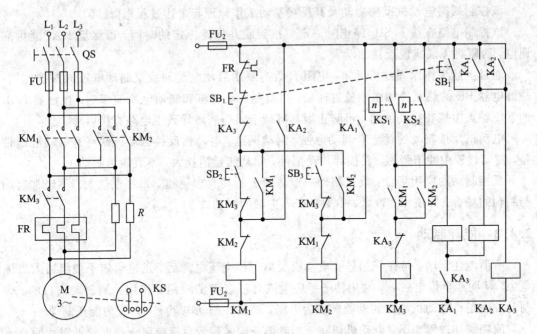

图 2-20　电动机可逆运行反接制动控制线路

该控制线路中电动机正向启动及其反接制动工作原理分析如下：

正向启动：

合上电源开关QS → 按下启动按钮SB₂ → KM₁线圈得电 ①→

①→ ┌─ 辅常开触点闭合 → 自锁
　　├─ 辅常闭触点断开 → 互锁
　　├─ 辅常开触点闭合 → 为KM₃线圈得电做准备
　　└─ 主触点闭合 → 电动机M串电阻R降压启动 → 转速上升至120 r/min ②→

②→ 速度继电器KS动作 → 正转触点KS₁闭合 → KM₃线圈得电 → 主触点闭合 → 短接启动电阻R
→ 电动机全压继续启动并正常运行

反接制动：

当准备停机时 → 按下停机按钮SB₁ → ┌─ SB₁常开触点闭合 → KA₃线圈得电 ①→
　　　　　　　　　　　　　　　　　　└─ SB₁常闭触点断开 → KM₁线圈失电 ②→

①→ ┌─ KA₃常闭触点断开 → 断开启动回路
　　├─ KA₃常闭触点断开 → KM₃线圈失电 → KM₃主触点断开
　　└─ KA₃常开触点闭合 → KA₁线圈得电 ┌─ KA₁常开触点闭合 → 保持KA₃线圈得电
　　　　　　　　　　　　　　　　　　　　└─ KA₁常开触点闭合 ─→ KM₂线圈得电 ③→

②→ ┌─ KM₁常闭触点闭合 → 为KM₂线圈得电做准备
　　└─ KM₁主触点断开 → 电动机M断电惯性运转

③→ ┌─ KM₂辅常闭触点断开 → 互锁
　　└─ KM₂主触点闭合 → 电动机得电串反接制动电阻R进行反接制动 ④→

④→ 当转速下降至100 r/min → KS₁断开 → KA₁线圈失电 ┌─ KA₁常开触点断开 → KA₃线圈失电
　　　　　　　　　　　　　　　　　　　　　　　　　　　└─ KA₁常开触点断开 → KM₂线圈失电 ⑤→

⑤→ 反接制动结束 → 电动机自由停车至零

该控制线路电动机反向启动及其反接制动工作原理与上述过程相似。

该控制电路在按下 SB_1 停止时一定要按到底并保持一定的时间，以保证 KA_3 能可靠通电，否则将无法实现反接制动。

通过上述工作原理分析可知，电阻 R 具有限制启动电流和反接制动电流的双重作用；热继电器 FR 的热元件如图中位置连接，可避免启动电流和制动电流的影响；接触器 KM_3 的常闭触点串接在启动回路，可防止因其机械卡阻等故障导致主电路直接启动。

电动机反接制动的优点有制动力强，制动迅速。电动机反接制动的缺点有制动准确性差，制动过程中冲击强烈，易损坏传动部件，制动能量消耗大，不宜频繁制动。

反接制动的应用场合：反接制动一般适用于制动要求迅速，系统惯性大，不经常启动与制动的场合，如铣床、镗床、中型车床等主轴的制动。

2.4.2　能耗制动

所谓能耗制动，是在三相异步电动机脱离三相交流电源后，迅速给定子绕组通入直流电源，从而产生恒定磁场，利用转子感应电流与恒定磁场的相互作用达到制动的目的。该制动方法是将电动机旋转的动能转变为电能，消耗在制动电阻上，称其为能耗制动。

能耗制动过程如下：电动机切除三相电源→同时接入直流电源→速度较低时切除直流电源。能耗制动的控制既可以由时间继电器来按时间原则控制，也可以由速度继电器按速度原则控制。

1. 电动机单向运行能耗制动控制线路

1）按时间原则控制的电动机单向运行能耗制动控制线路

图 2-21 所示为按时间原则控制的电动机单向运行能耗制动控制线路，KM_1 为电动机单向运行用接触器，KM_2 为能耗制动用接触器，KT 为时间继电器，R 为能耗制动电阻，VC 为桥式整流电路，TC 为整流变压器。

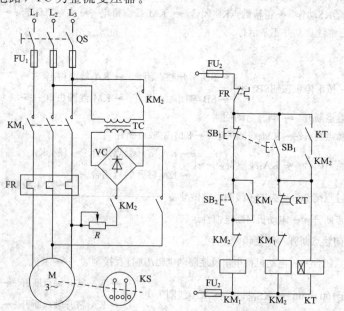

图 2-21　按时间原则控制的电动机单向运行能耗制动控制线路

该控制线路工作原理分析如下：

启动：合上QS → 按下SB₂ → KM₁线圈得电 → ┌ KM₁辅常闭触点断开 → 互锁
　　　　　　　　　　　　　　　　　├ KM₁辅常开触点闭合 → 自锁
　　　　　　　　　　　　　　　　　└ KM₁主触点闭合 → 电动机M全压启动运行

制动：需停机时 → 按下SB₁ → ┌ SB₁常闭触点断开 → KM₁线圈断电 ─①
　　　　　　　　　　　　　　└ SB₁常开触点闭合 → KT线圈得电延时

① → ┌ KM₁主触点断开 → 电动机脱离交流电源
　　└ KM₂辅常闭触点闭合 → KM₂线圈得电 → ┌ KM₂辅常闭触点断开 → 互锁
　　　　　　　　　　　　　　　　　　　　├ KM₂主触点闭合电动机定子绕组通入直流电 → 实现能耗制动 ─②
　　　　　　　　　　　　　　　　　　　　└ KM₂辅常开触点闭合 → 与KT常开触点实现联合自锁

② KT延时 t(s) → KT延时断开常闭触点断开 → KM₂线圈断电 ─③

③ → ┌ KM₂主触点断开 → 能耗制动结束 → 电动机自由停车至零
　　└ KM₂辅常开触点断开 → KT线圈断电

该控制线路中，将 KT 常开瞬时触点与 KM₂ 常开辅助触点串联组成联合自锁，是考虑到若时间继电器 KT 发生线圈断线或机械卡阻故障时，电动机能在按下按钮 SB₁ 后迅速制动，从而其两相定子绕组不致长期接入直流电源。

2）按速度原则控制的电动机单向运行能耗制动控制线路

图 2-22 所示为按速度原则控制的电动机单向运行能耗制动控制线路，KM₁ 为电动机单向运行用接触器，KM₂ 为能耗制动用接触器，KS 为速度继电器，R 为能耗制动电阻，VC 为桥式整流电路，TC 为整流变压器。

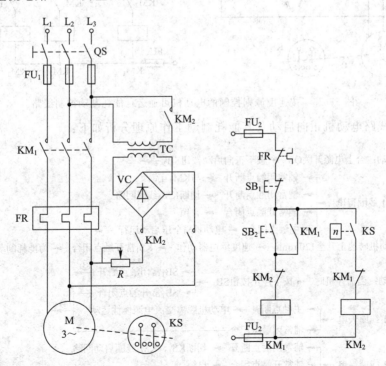

图 2-22 按速度原则控制的电动机单向运行能耗制动控制线路

按时间原则控制的能耗制动是通过时间来确定何时切除直流电源，一般适用于负载转速比较稳定的场合。按速度原则控制的能耗制动是当转速下降到某一较低转速时切除直流电源，更加适用于在负载转速经常因生产工艺需要而变化的地方。

2. 电动机可逆运行能耗制动控制线路

图 2-23 所示为按速度原则控制的电动机可逆运行能耗制动控制线路，KM₁、KM₂ 为电动机正、反转运行用接触器，KM₃ 为能耗制动用接触器，KS 为速度继电器(其中 KS₁ 为正转时动作触点、KS₂ 为反转时动作触点)，R 为能耗制动电阻，VC 为桥式整流电路，TC 为整流变压器。

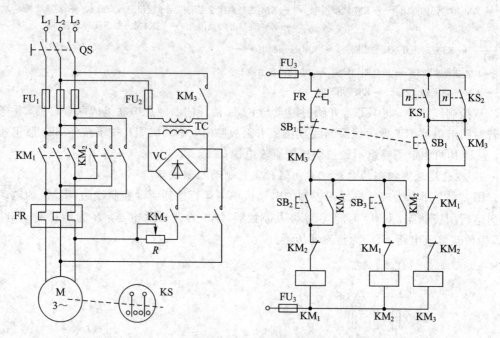

图 2-23　按速度原则控制的电动机可逆运行能耗制动控制线路

该控制线路电动机正向启动及其能耗制动工作原理分析如下：

正向启动：合上电源开关QS → 按下正向启动按钮SB₂ ①

① → KM₁线圈得电 →
- 辅常闭触点断开 → 与KM₂互锁
- 辅常闭触点断开 → 切断KM₃线圈回路
- 辅常开触点闭合 → 自锁
- 主触点闭合 → 电动机M全压启动运行 ②

② → 电动机转速上升至120 r/min → 速度继电器动作 → KS₁常开触点闭合 → 为能耗制动做准备

能耗制动：当需停机时 → 按下停止按钮SB₁ →
- SB₁常闭触点断开 ③
- SB₁常开触点闭合

③ → KM₁线圈失电 →
- 主触点断开 → 电动机脱离交流电源惯性运动 ④
- 辅常闭触点闭合

④ → KM₃线圈得电 →
- 辅常闭触点断开 → 切断KS₁、KM₃线圈启动回路
- 辅常开触点闭合 → 自锁
- 主触点闭合 → 电动机定子绕组通入直流电流 ⑤

⑤ → 实现能耗制动 → 当电动机转速下降至100 r/min → KS₁常开触点断开 → KM₁线圈断电 →
能耗制动结束 → 电动机自由停车至零

该控制线路电动机反向启动及其能耗制动工作原理与上述过程相似。

也可以采用时间继电器按时间原则控制电动机可逆运行能耗制动。

能耗制动的优点有制动准确、平稳，且能量消耗较小。能耗制动的缺点有需要附加直流电源装置，设备费用较高，制动力较弱，在低速时制动力矩小。

能耗制动的应用场合：能耗制动一般用于要求制动准确、平稳的启制动频繁的场合，如磨床、立式铣床等。

2.5　三相异步电动机的调速控制

在生产实际中，为满足不同的加工要求、保证产品的质量及效率，许多生产机械有调速的要求。这种负载不变、人为调节转速的过程称为调速。通过改变传动机构转速比的调速方法称为机械调速；通过改变电动机参数而改变系统运行转速的调速方法称为电气调速。调速的意义在于提高产品质量、提高工作效率和节约能源等方面。

根据三相异步电动机的原理可知，其转速公式为

$$n = \frac{60f(1-s)}{p} \tag{2-1}$$

式中：p 为电动机极对数；f 为供电电源频率；s 为转差率。

由式(2-1)可知，三相异步电动机的调速方法有变极调速、变频调速和改变转差率调速三种。

2.5.1　三相笼型异步电动机的变极调速控制线路

在一些机械设备中，为了获得较宽的调速范围，采用了多速电动机(如双速电动机、三速电动机、四速电动机等)，其原理和控制方法基本相同，这里以双速电动机为例进行分析。

1. 双速电动机变极调速的原理

双速电动机的变速是通过改变定子绕组的连接方式来改变磁极对数，从而实现转速的改变。图 2-24 所示为双速电动机定子绕组接线。

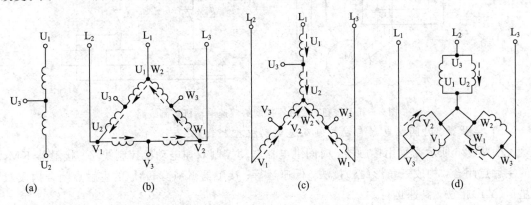

图 2-24　双速电动机定子绕组接线

(a) 单相绕组结构；(b) 三角形(△)接法；(c) 星形(Y)接法；(d) 双星形(YY)接法

如图 2-24(a)所示，每相电子绕组由两个线圈连接而成，共有三个抽头。当每相定子绕组的两个线圈串联后接入三相电源时，即图 2-24(b)所示三角形(△)接法、图 2-24 所示(c)星形(Y)接法时，电动机成四个极，磁极对数 $p=2$，为低速。当每相定子绕组的两个线圈并联时，以中间抽头(U_3、V_3、W_3)接入三相电源，其他两抽头汇集一点，即图 2-24(d)所示双星形(YY)接法时，电动机成两个极，磁极对数 $p=1$，为高速。双速电动机高速运转时的转速是低速运转时的两倍。

常见的定子绕组接法有两种：一种是由三角形(△)接法(见图 2-24(b))改为双星形(YY)接法(见图 2-24(d))，即△→YY 切换，适用于拖动恒转矩性质负载；另一种是由星形(Y)接法(见图 2-24(c))改为双星形(YY)接法(见图 2-24(d))，即 Y→YY 切换，适用于拖动恒功率性质负载。

2. 双速电动机变极调速控制线路

1) 按钮、接触器控制的双速电动机控制线路

图 2-25 所示为采用按钮、接触器控制的双速电动机控制线路。接触器 KM_1 的主触点闭合，构成三角形(△)接法，低速运行；接触器 KM_2、KM_3 的主触点闭合构成双星形(YY)接法，高速运行。控制线路中采用了复合按钮、接触器相结合的双重互锁。

复合按钮 SB_2 为低速启动用按钮，复合按钮 SB_3 为高速启动用按钮。当电动机高速运行时，双速电动机直接从零速启动到高速状态，冲击较大，该电路适用于小容量双速电动机的控制。

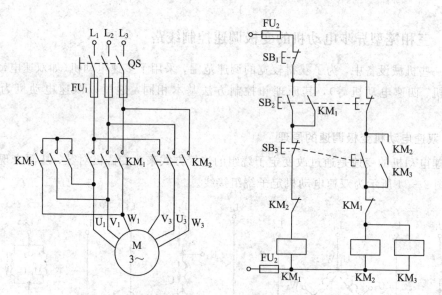

图 2-25　按钮、接触器控制的双速电动机控制线路

2) 接触器、时间继电器自动控制双速电动机控制线路

图 2-26 所示为采用接触器、时间继电器自动控制双速电动机控制线路。接触器 KM_1 的主触点闭合，构成三角形(△)接法，低速运行；接触器 KM_2、KM_3 的主触点闭合构成双星形(YY)接法，高速运行。

图中 SA 为选择开关，用来选择低速运行或高速运行。当 SA 置于"低速"位置时，接通 KM_1 线圈电路，电动机直接启动低速运行。当 SA 置于高速位置时，首先接通 KM_1 线圈电

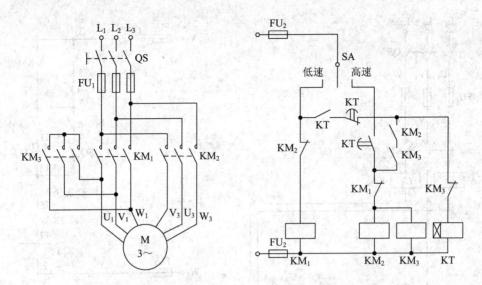

图 2-26 接触器、时间继电器自动控制双速电动机控制线路

路,电动机绕组三角形(△)接法低速启动,时间继电器通电延时,由时间继电器 KT 切断 KM_1 线圈电路,同时接通 KM_2、KM_3 线圈电路,电动机绕组双星形(YY)接法,其转速自动由低速切换至高速,从而减小了冲击。该控制线路适用于功率较大的双速电动机控制。

2.5.2 绕线式异步电动机转子串电阻调速控制线路

绕线式异步电动机可采用转子回路串电阻的方法来改变转差率 s 实现调速。电动机的转差率 s 随着转子回路所串电阻的变化而变化,使电动机工作在不同人为特性上,获得不同的转速,从而实现调速的目的。绕线式异步电动机广泛用于起重机、吊车等生产机械上,通常采用凸轮控制器来进行调速控制。

图 2-27 所示为采用凸轮控制器控制的绕线式异步电动机正反转和调速控制线路。

在电动机 M 的转子电路中,串接了三相不对称电阻,在启动和调速时,由凸轮控制器的触点进行控制。定子电路电源的相序也由凸轮控制器进行控制。所使用的凸轮控制器触点展开图如图 2-27(c)所示,列上的虚线表示“正”“反”五个挡位和中间“0”位,每一根行线对应凸轮控制器的一个触点,黑点表示该位置触点接通,没有黑点则表示该位置不通,触点 $SA_{1-1} \sim SA_{1-5}$ 与转子电路串接的电阻相连接,用于短接电阻,控制电动机的启动和调速。

图 2-27 所示控制线路工作过程分析如下:

将凸轮控制器 SA_1 的手柄置“0”位,SA_{1-10}、SA_{1-11}、SA_{1-12} 三对触点接通。合上电源开关 QS。

按下 $SB_2 \rightarrow$ KM 线圈通电并自锁 $\rightarrow$ KM 主触点闭合 $\rightarrow$ 将凸轮控制器 SA_1 手柄置于正向“1”位 $\rightarrow$ 触点 SA_{1-12}、SA_{1-8}、SA_{1-6} 三对触点闭合 $\rightarrow$ 电动机 M 定子接通电源,转子串入全部电阻($R_1+R_2+R_3+R_4$)正向低速启动 $\rightarrow$ 将凸轮控制器 SA_1 手柄置于正向“2”位 $\rightarrow$ SA_{1-12}、SA_{1-8}、SA_{1-6}、SA_{1-5} 四对触点闭合 $\rightarrow$ 切除电阻 R_1,电动机 M 转速上升 $\rightarrow$ 当凸轮控制器 SA_1 手柄从正向“2”位依次置于“3”“4”“5”位时,触点 $SA_{1-4} \sim SA_{1-1}$ 先后闭合,电阻 R_2、R_3、R_4 被依次切除,电动机 M 转速逐步升高至额定转速运行。

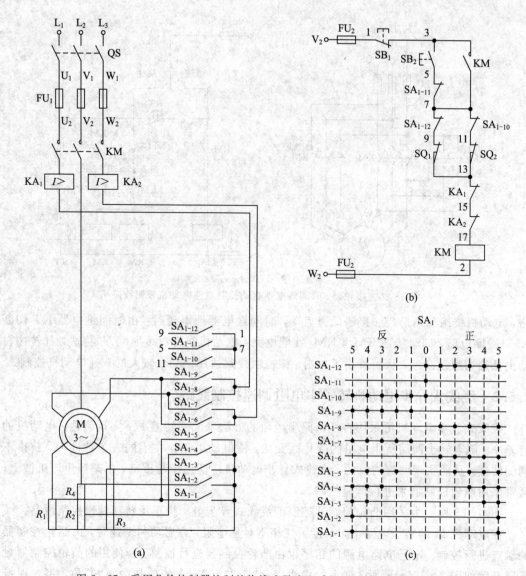

图 2-27 采用凸轮控制器控制的绕线式异步电动机正反转和调速控制线路

当凸轮控制器 SA_1 手柄由"0"位置于反向"1"位时，SA_{1-10}、SA_{1-9}、SA_{1-7} 三对触点闭合→电动机 M 电源相序改变而反向启动。将手柄从"1"位依次扳向"5"位时，电动机 M 转子所串电阻被依次切除，M 转速逐步升高。其过程与正转时相似。

限位开关(行程开关)SQ_1、SQ_2 分别与凸轮控制器 SA_{1-12}、SA_{1-10} 串接，在电动机 M 正反转过程中，对运动机构进行终端保护。

2.5.3 电磁调速控制线路

在很多机械中，要求转速能够连续无级调速，并且有较大的调速范围，这里对应用较为广泛的电磁转差离合器调速系统进行说明。

1. 电磁转差离合器的结构和工作原理

电磁转差离合器(YC)调速系统是在普通笼型异步电动机轴上安装一个电磁转差离合

器，由晶闸管控制装置控制离合器绕组的励磁电流来实现调速的。异步电动机本身并不调速，调节的是离合器的输出转速。电磁转差离合器的基本作用原理基于电磁感应原理，实质上就是一台感应电动机，其结构如图 2-28 所示。

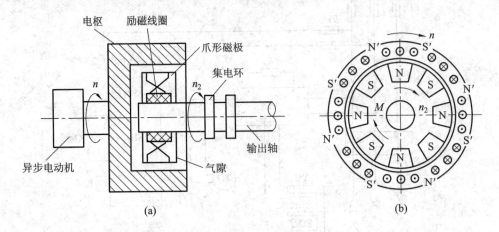

图 2-28　电磁转差离合器的结构和工作原理
(a) 结构；(b) 工作原理示意图

电磁转差离合器由电枢和磁极两个旋转部分组成。电枢用铸钢材料制成圆筒形，相当于笼型电动机中的无数多根笼条并联，直接与异步电动机相连接，一起转动或停止。磁极是用铁磁材料制成的铁芯，装有励磁线圈，成爪形磁极（爪极）。爪形磁极的轴（输出轴）与被拖动的工作机械（负载）相连接，励磁线圈经集电环通入直流电来励磁。离合器的主动部分（电枢）与从动部分（磁极）之间无机械联系。

异步电动机旋转时，带动电磁转差离合器电枢旋转，相当于电枢与爪极"离开"，当给爪极加入励磁电流时，磁极即刻跟随电枢旋转，相当于电枢与爪极"合上"，故称为"离合器"。又因它是根据电磁感应原理工作的，爪极与电枢之间必须有转差才能产生涡流与电磁转矩，故又称为"电磁转差离合器"。

电磁转差离合器的磁极转速与励磁电流的大小有关。励磁电流越大，建立的磁场越强，在一定转差率下产生的转矩越大。当负载一定时，励磁电流不同，转速就不同，只要改变电磁转差离合器的励磁电流，即可调节转速。

电磁转差离合器调速系统的优点是结构简单、维护方便、运行可靠，能平滑调速，采用闭环系统可扩大调速范围；缺点是调速效率低，低速时尤为突出，不宜长期低速运行，且控制功率小。电磁调速异步电动机调速系统的机械特性较软，不能直接用于速度要求比较稳定的工作机械上，为得到平滑稳定的调速特性，需加入速度负反馈，组成闭环控制系统。

2. 电磁调速异步电动机的控制线路

图 2-29 所示为电磁调速异步电动机的控制线路。图中 VC 为晶闸管控制器，其作用是将单相交流电变换成大小可通过电位器 R 进行调节的可调直流电，供电磁转差离合器调节输出转速，TG 为测速发电机，YC 为电磁转差离合器。

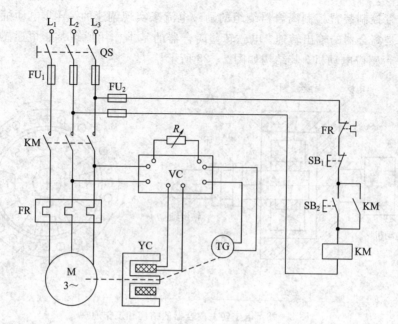

图 2 - 29   电磁调速异步电动机的控制线路

该控制线路的工作原理分析如下：

按下启动按钮 SB$_2$，接触器 KM 线圈通电并自锁，KM 主触点闭合，电动机 M 运转。同时接通晶闸管控制器 VC 电源，VC 向电磁转差离合器爪极的励磁线圈提供励磁电流，由于离合器电枢与电动机 M 同轴连接，爪极随电动机同向转动，调节电位器 R，可改变转差离合器磁极的转速，从而调节拖动负载的转速。测速发电机 TG 与磁极连接，由其提供转速信号，反馈给晶闸管控制器 VC，实现转速负反馈，以调节和稳定电动机的输出转速，改善异步电动机的机械特性。

SB$_1$ 为停止按钮。当需要负载停止时，首先将励磁电流减为零，然后按下停止按钮 SB$_1$，接触器 KM 线圈断电，电动机 M 和电磁转差离合器同时断电，整个调速系统便停止工作。

2.5.4　三相异步电动机的变频调速控制线路

交流电动机变频调速是近 30 年来发展起来的新技术，晶闸管元件问世，半导体交流技术、大规模集成电路以及计算机技术等方面的进步，大大促进了交流调速系统的发展。

十分钟手把手带你
看懂变频调速

1. 变频调速原理及机械特性

由三相异步电动机转速公式：$n = 60f(1-s)/p$ 可知，只要连续改变电源频率 f，就可实现电动机平滑调速。变频调速时要注意变频与调速的配合，通常分基频（电源额定频率）以下调速和基频以上调速。

1）基频以下的调速

在基频以下调速时，速度调低。

根据电动机电动势电压平衡方程 $U \approx E = 4.44fNK\Phi_{\mathrm{m}}$（其中 N 为每相绕组的匝数；Φ_{m}

为电动机气隙磁通的最大值；K 为电动机的结构系数），即 $f=U/4.44NK\Phi_m$。当 f 下降时，若 U 不变，则要 Φ_m 增加，而磁路磁通 Φ_m 在电动机设计制造时已接近饱和，Φ_m 上升必然使磁路饱和，励磁电流剧增，使电动机无法正常工作。为此，在调节中应保持 Φ_m 恒定不变，而使 $U/f=$ 常数。

可见，在基频以下调速时，为恒磁通调速，相当于直流电动机的调压调速，此时应使定子电压随频率成正比例变化，即 $U/f=$ 常数、Φ_m 恒定不变。由于 Φ_m 不变，调速过程中电磁转矩不变，故属于恒转矩调速，如图 2-30(a) 所示。

2）基频以上的调速

在基频以上调速时，速度调高。

当 f 上升时，若 Φ_m 不变，则 U 要增加，但因为上调 U 将超过电动机额定电压，从而超过电动机绝缘耐压限度，危及电动机绕组的绝缘。因此，频率 f 上调时应保持电压 U 不变，即 $U=$ 常数（为额定电压 U_N），Φ_m 下降。

可见，在基频以上调速时，为恒电压调速，相当于直流电动机的弱磁调速，此时应保持定子电压不变，即 $U=$ 常数、Φ_m 下降。因 f 调高时，Φ_m 下降，调速过程中功率基本不变，故属于恒功率调速方式，如图 2-30(b) 所示。

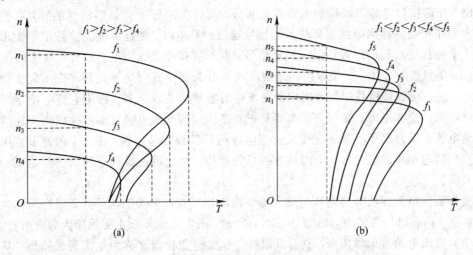

图 2-30 电动机变频调速的机械特性

(a) $U/f=$ 常数的机械特性；(b) $U=U_N$ 的机械特性

三相异步电动机变频调速的调速范围较广，且平滑性好，机械特性硬，静差率小，是一种比较合理的调速方法，该项技术已进入到生产的各个领域，发挥着巨大的作用。

2. 变频器

异步电动机变频调速所要求的变频电源有两种获得方法：一是通过变频机组，即由直流电动机和交流电动机组成的变频机组，调节直流电动机转速就能改变交流发电机的频率；二是通过变频器，即静止变频装置。随着科学技术的发展，以及变频机组本身的设备庞大、可靠性差等缺点，变频器取代了变频机组。

1）变频器的基本组成和分类

(1) 变频器的基本组成。目前主流的变频器基本组成如图 2-31 所示。

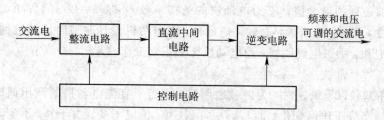

图 2-31 变频器的基本组成

通常三相变频整流电路由三相全波整流桥组成，主要作用是对工频交流电源进行整流，并给逆变电路和控制电路提供所需要的直流电源。

直流中间电路是对整流电路的输出进行平滑，以保证逆变电路能得到高质量的直流电源。

逆变电路是变频器中最主要的部分之一，其主要作用是在控制电路的控制下，将直流中间电路输出的直流电源转换为频率和电压都任意可调的交流电源。逆变电路的输出就是变频器的输出，来实现对异步电动机的速度调节控制。

变频器的控制电路也是变频器的核心部分，包括主控制电路、信号检测电路、门极驱动电路、外部接口电路以及保护电路等几部分，其优劣决定了变频器的性能好坏。控制电路的主要作用是将检测电路得到的各种信号送至运算电路，使运算电路能够根据要求为变频器主电路提供必要的门极（基极）驱动信号，并对变频器及异步电动机提供所需的保护。

（2）变频器的分类。变频器按其结构形式可分为交—直—交变频器和交—交变频器两类。交—直—交变频器是把频率固定的交流电源整流成直流电源，再把直流电源逆变成频率连续可调的交流电源。交—交变频器是把频率固定的交流电源直接变换成频率连续可调的交流电源。因为把直流电源逆变成交流电源的环节较容易控制，在频率的调节范围以及改善变频后电动机的特性方面，均具有明显的优势，目前迅速普及应用的主要是交—直—交变频器。

变频器按电源性质分为电压型变频器和电流型变频器两类。电压型变频器又称为电压源变频器，具有电压源特性，如图 2-32(a)所示，图中直流环节主要采用大容量电容滤波，这使中间直流电源近似恒压源，具有低阻抗。电流型变频器又称为电流源变频器，具有电流源特性，如图 2-32(b)所示，图中直流环节主要采用大容量电感滤波，由于串联大电感，使中间直流电源近似恒流源，具有高阻抗。

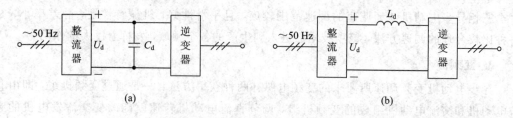

图 2-32 电压型和电流型交—直—交变频器基本结构
(a)电压型变频器基本结构；(b) 电流型变频器基本结构

变频器按电压调制方式分为 PAM（脉幅调制）变频器和 PWM（脉宽调制）变频器两类。PAM（脉幅调制）变频器输出电压的大小通过改变直流电压的大小来进行调制，在中小容量变频器中，这种方式基本不再采用。PWM（脉宽调制）变频器输出电压的大小通过改变输出脉冲的占空比来进行调制。目前普遍应用的是占空比按正弦规律安排的正弦波脉宽调制（SPWM）方式。

2）交—直—交变频器

交—直—交变频器由整流调压、滤波及逆变三部分组成。其中主要介绍逆变部分的工作原理。

（1）逆变部分的工作原理。图 2-33 所示为最简单的单相桥式逆变电路原理图。

图 2-33(a)中，若开关 S_1、S_4 闭合，S_2、S_3 断开则负载 R_L 分别与 A、B 两点相连，此时直流电源 E 通过 A 向 R_L 供电，经 B 回到 E；若 S_2、S_3 开关闭合，S_1、S_4 断开则直流电源 E 通过 B 向 R_L 供电，经 A 回到 E，即电流在 R_L 中方向与之前反向。若每经过 $T/2$ 时，S_1、S_4 和 S_2、S_3 交换导通一次，则在负载 R_L 两端的电压（或电流）的波形将为一频率为 $f=1/T$ 的交变方波，如图 2-33(b)所示。

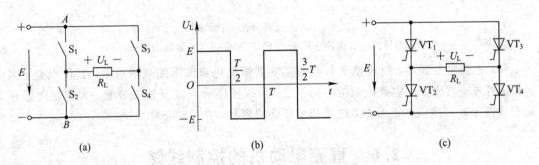

图 2-33 逆变部分的工作原理

(a) 线路原理；(b) 波形；(c) 晶闸管组成的逆变器

若用 4 个晶闸管取代 4 个开关，如图 2-33(c)所示电路，则得到的交流电的频率取决于每秒内两组晶闸管（VT_1、VT_4 和 VT_2、VT_3）导通和关断次数。

（2）电压型交—直—交变频器。电压型交—直—交变频器的滤波采用大容量的电容，对逆变部分来说，其直流电源的阻抗（包括滤波器）远小于逆变器的阻抗，可将逆变器前面部分视为恒压源，其输出电压 U_d 稳定不变，则经过逆变器切换后输出的交流电压波形接近于矩形波。

图 2-34(a)所示为简单三相电压型逆变器的主回路（不包括换流）线路结构图，这里 $VT_1 \sim VT_6$ 每一个晶闸管的导通角为 π，控制晶闸管按 $VT_1 \rightarrow VT_2 \rightarrow VT_3 \rightarrow VT_4 \rightarrow VT_5 \rightarrow VT_6$ 的顺序触发导通，各触发信号彼此相位差为 $\pi/3$，换流瞬间完成，则在任何瞬间，电路中每一臂上只有一个 VT 导通，而三个臂上各有一个 VT 导通，即 $VT_1VT_2VT_3 \rightarrow VT_2VT_3VT_4 \rightarrow VT_3VT_4VT_5 \rightarrow VT_4VT_5VT_6 \rightarrow VT_5VT_6VT_1 \rightarrow VT_6VT_1VT_2 \rightarrow \cdots\cdots$，图 2-34(b)所示为该线路的三相交流波形图。图 2-34(a)中设置的与各晶闸管 VT 反并联的二极管 VD 的作用是：在该晶闸管由截止转为导通时，给负载电流提供一条通路，通过二极管将无功能量反馈给滤波电容。

如图 2-34(a)所示电路结构简单，应用广泛。它的缺点是：电源侧功率因数低；因存在较大的滤波环节，动态响应较慢。

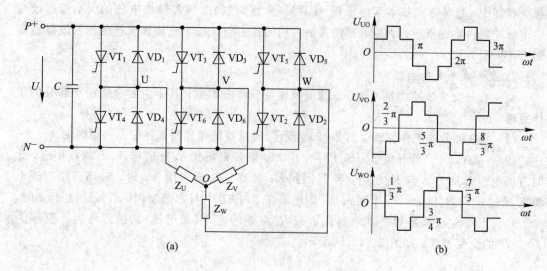

图 2－34　逆变部分的工作原理

（a）三相桥式逆变电路主回路；（b）三相桥式逆变器输出电压波形

（3）电流型变频器。电流型变频器的逆变器输出电流波形接近矩形波，其优点是：因其恒流性质，直流中间电路电流的方向不变，所以不需要设置反馈二极管。大容量电感还能有效抑制故障电流的上升率，过流和短路保护容易，并且动态特性快。

2.6　直流电动机的控制线路

交流电动机具有结构简单、价格便宜、制造方便、维护容易等优点，在生产中得到广泛应用。而直流电动机具有启动性能好、调速范围大、调速平滑性好等优点，适宜用于需要频繁启动的场合，在要求大范围无级调速或要求大启动转矩的场合常采用直流电动机，尤其是他励和并励直流电动机。他励直流电动机在机械设备中应用较多，这里介绍其启动、反转、制动及调速等基本控制线路。

2.6.1　他励直流电动机的启动控制线路

直流电动机的电枢绕组电阻一般很小，直接启动会产生很大的冲击电流（可达额定电流的 $10\sim20$ 倍），使电动机换向不利，甚至会损坏电刷和换向器，而且将产生较大的启动转矩和加速度，造成很大的冲击。因此，直流电动机启动时，必须限制启动电流。

直流电动机启动控制的要求是：在满足启动转矩要求的前提下，尽可能地减小启动电流。限制启动电流的方法有减小电枢电压和电枢回路串电阻两种。采用减小电枢电压来限制启动电流的方法随着晶闸管变流技术的发展而日趋广泛，但在没有可调直流电源的情况下，多采用电枢回路串电阻多级启动的方法。

图 2－35 所示为他励直流电动机电枢回路串电阻二级启动控制线路。接触器 KM_1 控制电枢回路，接触器 KM_2、KM_3 用于切除启动电阻 R_1、R_2，过电流继电器 KI_1 实现主电路过流保护，欠电流继电器 KI_2 在励磁回路实现欠流保护，二极管 VD、电阻 R 组成的续流回路用于吸收励磁回路的过电压，并起到对其他元件保护的作用。

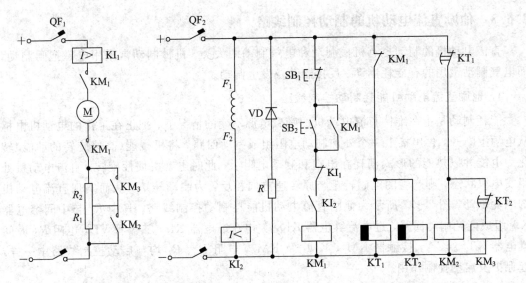

图 2-35　他励直流电动机电枢回路串电阻二级启动控制线路

2.6.2　他励直流电动机的正反转控制线路

改变直流电动机的转向有两种方法：一是电枢反接法，即保持励磁磁场方向不变，而改变电枢电流方向；二是励磁绕组反接法，即保持电枢电流方向不变，而改变励磁绕组电流的方向。在实际应用中，他励和并励直流电动机一般采用电枢反接法，不宜采用励磁绕组反接法，这是因为励磁绕组匝数较多，电感量较大，当励磁绕组反接时，在励磁绕组中会产生很大的感应电动势，危及开关和励磁绕组的绝缘。

图 2-36 所示为他励直流电动机电枢反接法正反转控制线路。KM_1 为正转用接触器，KM_2 为反转用接触器，过电流继电器 KI_1 实现主电路过流保护，欠电流继电器 KI_2 在励磁回路实现欠流保护，二极管 VD、电阻 R 组成的续流回路用于吸收励磁回路的过电压，并实现对其他元件的保护。控制线路中采用了电气互锁，可防止误操作造成电源短路。

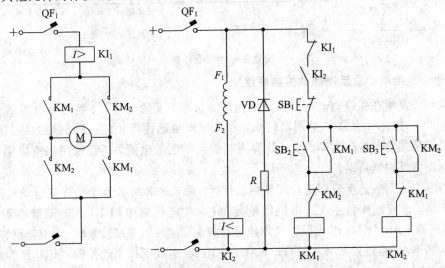

图 2-36　他励直流电动机电枢反接法正反转控制线路

2.6.3 他励直流电动机的制动控制线路

直流电动机的制动也有机械制动和电气制动两大类。机械制动常采用电磁抱闸制动，而电气制动常用的有能耗制动、反接制动及发电制动。

1. 他励直流电动机能耗制动控制线路

能耗制动是指在维持直流电动机的励磁电源不变的情况下，把正在工作的电动机电枢从电源上断开，再串接上一个外加制动电阻组成制动回路，将机械能（高速旋转的动能）转化为电能并以热能的形式消耗在电枢和制动电阻上。此时电动机惯性旋转，直流电动机处于发电机状态，则产生的电磁转矩与原转速方向相反，为制动转矩，从而实现直流电动机的能耗制动。图 2-37 所示为他励直流电动机能耗制动控制线路。其中 R_3 与中间继电器 KA 组成能耗制动回路，过电流继电器 KI_1，欠电流继电器 KI_2，二极管 VD，电阻 R，时间继电器 KT_1、KT_2，接触器 KM_3、KM_4 及 KM_1，电阻 R_1、R_2 均与启动控制线路中一样，起保护及启动控制作用。

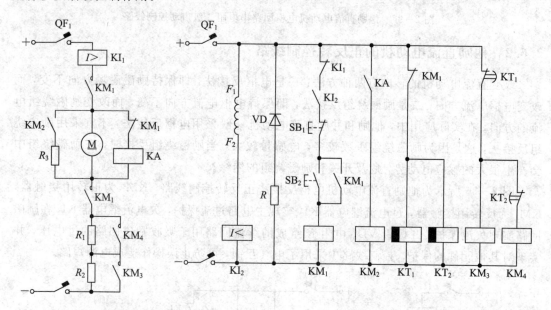

图 2-37　他励直流电动机能耗制动控制线路

2. 他励直流电动机反接制动控制线路

反接制动是指在保持直流电动机励磁为恒定状态不变的情况下，将电枢绕组的极性改变，则电流方向改变，从而产生制动转矩，使得电动机迅速停止的一种制动方法。他励直流电动机反接制动时应注意两点：一是要限制过大的制动电流，通常采用限流电阻；二是要防止电动机反向再启动。

采用电流原则或速度原则进行反接制动控制。图 2-38 所示为他励直流电动机反接制动控制线路，该控制线路中，过电流继电器 KI_1，欠电流继电器 KI_2，时间继电器 KT_1、KT_2，接触器 KM_6、KM_7 组成保护及降压启动控制，接触器 KM_1、KM_2 实现正反转控制，电压继电器 KA，接触器 KM_3、KM_4、KM_5，电阻 R_3 组成反接制动控制，电阻 R 为励磁绕组的放电电阻。

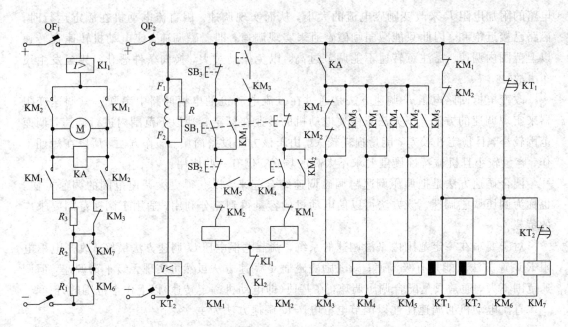

图 2 - 38　他励直流电动机反接制动控制线路

3. 他励直流电动机发电制动控制

发电制动，也称为回馈制动，是指当直流电动机在运行中由于某种原因使电动机转速超过理想空载转速，此时电动机电枢产生的电动势大于电源电压，电枢电流改变了方向，即流向电网。这样，一方面，电动机向电网反馈电能；另一方面，电动机工作于发电制动状态，迫使转速下降。

发电制动常用于起重机重物下放过程以及变压调速过程中，该制动不能使电动机的转速下降至零，只能限制转速在理想空载转速之下的某一转速上稳定运行。

2.6.4　直流电动机调速控制线路

直流电动机的调速是指在电动机机械负载不变的条件下，改变电动机的转速。

1. 直流电动机的调速方法

根据直流电动机的转速公式 $n=(U-I_aR_a)/C_e\Phi$ 可知，直流电动机的调速方法主要有以下几种：改变电枢电压 U 调速、减弱励磁磁通 Φ 调速、改变电枢回路电阻 R 调速及混合调速。

调节电枢电压 U 调速方法是通过改变直流电动机电枢电压来实现的。一般只能从额定电压向下调节，且最低转速受静差率的限制不能太低，故在额定转速以下的一定范围内调节。改变电枢电压需要有可调直流电源，而直流电源的获得离不开专门的电源装置，有两种方法：一种是利用直流发电机提供可调直流电源，组成 G—M 系统（直流发电机—电动机系统）或 AG—G—M 系统（电机放大机—发电机—电动机系统）；另一种是使用晶闸管整流装置作为直流电动机的可调电源，组成晶闸管—直流电动机拖动系统。随着晶闸管变流技术的发展，后一种方法被广泛应用。

减弱励磁磁通 Φ 调速方法是通过改变励磁电流的大小来实现调速。可以通过调节励磁

电路的附加电阻 R 来改变励磁电流的大小，从而实现调速。因直流电动机在额定运行时，磁路已接近饱和，因此只能减弱励磁磁通来实现调速，即弱磁调速，使电动机转速在转速以上范围内调速。需注意转速不能调节过高，以免振动过大，换向条件恶化，甚至发生飞车事故。

改变电枢回路电阻 R 调速方法是通过在直流电动机的电枢回路中串联一只调速变阻器来实现调速的方法。该方法只能使电动机的转速在额定转速以下范围内进行调速，调速范围较小，且稳定性较差，能量损耗较大。由于该方法设备简单、操作方便，所以在短期工作、容量较小且机械特性硬度要求不太高的场合，仍有一些应用。

混合调速方法是把调压调速与调磁调速结合起来，以获得更大调速范围的调速方法，也称为调压调磁调速。该方法可以使电动机的容量得到充分利用，适用于调速范围要求广的负载。

对于要求在一定范围内平滑调速的系统，调节电枢电压 U 调速方法最好；改变电枢电阻 R 调速方法只能是有级调速；减弱励磁磁通 Φ 调速方法虽然可实现无级平滑调速，但调速范围不大，通常只是配合调压调速，在基速（即电动机额定转速）以上作小范围的升速。

直流电动机的调速往往以调节电枢电压 U 调速方法为主。

2．直流电动机的调速控制线路

1）直流电动机改变励磁电流调速控制线路

图 2－39 所示为直流电动机改变励磁电流调速控制线路。电动机的直流电源采用两相零式整流电路，启动时电枢回路串电阻 R 启动，并在启动后由接触器 KM_3 切除 R，同时该电阻 R 还在制动时作为限流电阻用。电动机的并励绕组串入调速电阻 R_3，通过对 R_3 的调节实现电动机的调速。电阻 R_2 与励磁绕组并联以吸收励磁绕组的磁场能，防止接触器断开瞬间过高的自感电动势而击穿绝缘或使接触器烧蚀。接触器 KM_1 用于能耗制动控制，接触器 KM_2 用于电动机工作控制。SB_2 为启动按钮；SB_1 为停止按钮，在制动时需要按下 SB_1 按钮并保持一段时间再松开，实现电动机的能耗制动。

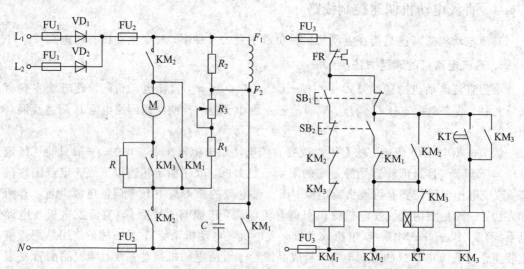

图 2－39　直流电动机改变励磁电流调速控制线路

调速过程分析：在直流电动机 M 正常运行情况下，调节调速电阻 R_3，改变励磁电流，则电动机 M 转速得到改变，实现调磁调速。

2）直流电动机改变电枢电压调速控制线路

图 2-40 所示为直流电动机改变电枢电压调速控制线路（G—M 拖动系统控制线路）。

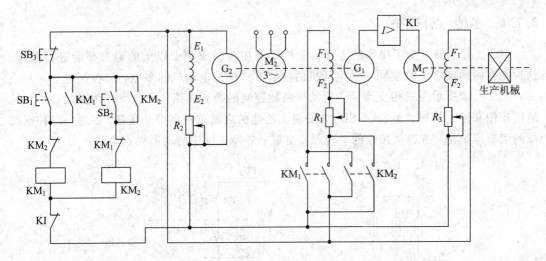

图 2-40　G—M 拖动系统控制线路

图中 M_1 为他励直流电动机，用于拖动工作负载；G_1 为他励直流发电机，给 M_1 提供电枢电压；G_2 为并励直流发电机，给 M_1 和 G_1 提供励磁电压，同时为控制电路提供电压；M_2 为三相笼型异步电动机，用于拖动同轴连接的 G_1 和 G_2；电阻 R_1、R_2、R_3 分别用于调节 G_1、G_2、M_1 的励磁电流；KI 为过电流继电器；KM_1、KM_2 分别为直流电动机 M_1 正反转控制用接触器。

当直流电动机 M_1 需要调速时，可调节 R_1，改变他励直流发电机 G_1 的励磁电流 I_{G_1}，使 G_1 输出的电压 U_{G_1} 改变。M_1 因电枢电压 U_M 改变而得以调速。调速过程如下：

$$R_1 \downarrow \rightarrow I_{G_1} \uparrow \rightarrow U_{G_1} \uparrow \rightarrow U_M \uparrow \rightarrow n \uparrow \quad (n \text{ 在 } n_N \text{ 以下范围变化})$$
$$R_1 \uparrow \rightarrow I_{G_1} \downarrow \rightarrow U_{G_1} \downarrow \rightarrow U_M \downarrow \rightarrow n \downarrow \quad (n \text{ 在 } n_N \text{ 以下范围变化})$$

由于受直流电动机 M_1 电枢额定电压的限制，增大 M_1 的电枢电压时，不得超过其额定值，因此调节 R_1 调速时，只能使直流电动机 M_1 转速 n 在额定转速 n_N 以下调节。

若要使直流电动机 M_1 转速 n 在额定转速 n_N 以上范围内进行平滑调速，则必须调节 R_3（即增大 R_3），使直流电动机 M_1 的励磁磁通 Φ 减小，从而使直流电动机 M_1 转速 n 升高。相应的调速过程如下：

$$R_3 \uparrow \rightarrow \Phi \downarrow \rightarrow n \uparrow \quad (n \text{ 在 } n_N \text{ 以上范围变化})$$

经分析可知，图 2-40 所示的 G—M 拖动系统的调速平滑性好、范围广、可实现无级调速，能实现启动、制动和正反转控制，具有较好的控制性能，曾得到广泛应用。但由于该系统机组多、费用大、效率低、过渡时间较长等缺点，电机放大机—（发电机）—直流电动机调速系统和晶闸管—（发电机）—直流电动机调速系统取而代之。特别是随着晶闸管变流技术的发展，使用晶闸管整流装置作为直流电动机的可调电源，组成的晶闸管—（发电机）—直流电动机调速系统被广泛应用。请读者参考相关文献资料，自行学习。

2.7　其他基本环节

2.7.1　多地(点)控制

对于大型机床，为了操作的方便，常常要求在两个或两个以上的地方都能进行操作。这种能在两地或多地控制同一台电动机的控制方式称为电动机的多地(点)控制。

图 2-41 所示为三相交流异步电动机两地控制的控制线路。SB_1、SB_1' 为安装在甲地的启动按钮和停止按钮，而 SB_2、SB_2' 为安装在乙地的启动按钮和停止按钮。多地(点)控制接线的组成原则是：各启动按钮的动合触点并联；各停止按钮的动断触点串联。

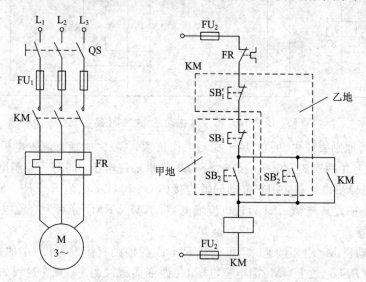

图 2-41　三相交流异步电动机两地控制的控制线路

多地(点)控制适用于较大型的设备，可实现多点启动、多点停止，效率高、安全性好。

2.7.2　顺序动作控制线路

在多电机拖动系统中，根据设备运行的工艺过程，有时需要各电动机按一定顺序启动才能满足要求，保证操作过程的合理性和工作的可靠性，这就需要采用顺序动作控制线路。

图 2-42～图 2-44 所示为几种电动机顺序动作控制线路。

图 2-42 中，电动机 M_2 的控制电路并联在接触器 KM_1 的线圈两端，再与 KM_1 自锁触点串联，从而保证了 KM_1 通电吸合使电动机 M_1 启动后，KM_2 线圈才能通电，电动机 M_2 才能启动，实现 $M_1 \rightarrow M_2$ 的顺序动作控制要求。停机时 M_1、M_2 两电动机同时停止。经分析可知，该线路实现的要求是：M_1 启动以后，M_2 才可以启动；M_1、M_2 同时停止。

图 2-43 中，在电动机 M_2 的控制电路中串联了接触器 KM_1 的常开辅助触点，只要 KM_1 线圈不通电，电动机 M_1 不启动，即使按下按钮 SB_4，由于 KM_1 的常开辅助触点未闭

合，KM$_2$ 线圈不能通电，电动机 M$_2$ 不能启动，从而保证电动机 M$_1$ 启动以后，电动机 M$_2$ 才可以启动的控制要求。停机时，按下按钮 SB$_3$，电动机 M$_2$ 单独停止；按下按钮 SB$_1$，M$_1$、M$_2$ 两电动机同时停止。经分析可知，该线路实现的要求是：M$_1$ 启动以后，M$_2$ 才可以启动；M$_2$ 可单独停止，M$_1$、M$_2$ 可同时停止。

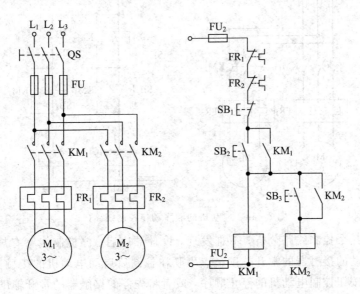

图 2-42　电动机的顺序动作控制线路（一）

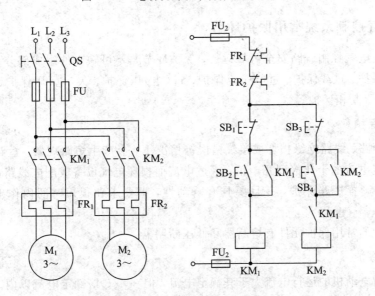

图 2-43　电动机的顺序动作控制线路（二）

图 2-44 中，基本与图 2-43 相似，不过在停止按钮 SB$_1$ 的两端并联了接触器 KM$_1$ 的常开辅助触点，从而实现电动机 M$_1$ 启动以后，电动机 M$_2$ 才可以启动的控制要求。停机时，按下按钮 SB$_3$，电动机 M$_2$ 单独停止；按下按钮 SB$_1$，只有电动机 M$_2$ 停止后，电动机 M$_1$ 才可以停止；即 M$_1$→M$_2$ 顺序启动、M$_2$→M$_1$ 顺序停止。经分析可知，该线路实现的要求是：M$_1$ 启动以后，M$_2$ 才可以启动；M$_2$ 可单独停止，M$_1$ 在 M$_2$ 停止后才可以停止。

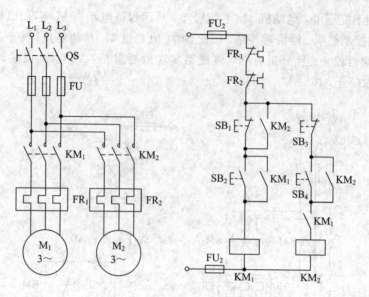

图 2 - 44　电动机的顺序动作控制线路(三)

通过以上几个控制线路分析,不难发现,设计顺序启、停控制线路有规律可循:将控制电动机先启动的接触器的常开辅助触点串联在控制后启动电动机的接触器线圈电路中;用若干个停止按钮控制电动机的停止顺序,或者将先停的接触器的常开辅助触点与后停的停止按钮并联即可。

2.7.3　电气控制系统常用保护环节

为了保证电气控制线路安全可靠运行,保护环节是不可缺少的组成部分。常用的保护环节有短路保护、过载保护、过(电)流保护、过(电)压保护、欠(电)压保护、失(电)压保护、弱磁保护、断相保护等。

1. 短路保护

在负载短路、线路绝缘损坏或接线错误等情况下,会产生短路现象。短路产生的瞬时电流可达额定电流的十几倍到几十倍,因过电流而损坏电气设备或配电线路,甚至引发火灾。因此,要设置短路保护,并且要具有瞬动性,即要求在很短时间内作出反应,切断电源。

短路保护的常用保护元件有熔断器和低压断路器。

2. 过载保护

过载是指电动机的运行电流大于其额定电流,但在 1.5 倍额定电流以内。负载突然增大、断相运行或电源电压降低等都会引起过载。若电动机长期过载运行,其绕组温升将超过允许值,而使绝缘老化、损坏。过载保护装置要求具有反时限特性,且不受电动机短时过载冲击电流或短路电流影响而瞬时动作。

过载保护通常用热继电器来实现。在用热继电器作为过载保护时,还必须安装熔断器或低压断路器作为短路保护。另外,不能用过(电)流保护方法来进行过载保护。

3. 过(电)流保护

所谓过(电)流,是指电动机或电器元件的运行电流超过其额定电流的运行状态,一般比短路电流小,不超过 6 倍额定电流。在过(电)流情况下,电器元件并不会马上损坏,只要在达到最大允许温升前,电流值可恢复正常,还是允许的。但过大的冲击负载,使电动机流过过大的冲击电流,易损坏电动机;过大的电动机电磁转矩,也会损坏机械传动部件。因此需要进行过(电)流保护。

过(电)流保护是区别于短路保护的一种电流型保护,常用过电流继电器与接触器配合使用来实现。

4. 过(电)压保护

大电感负载(电磁铁、电磁吸盘等)、直流电磁机构及直流继电器等,在通断时会产生较高的感应电动势,将电磁线圈绝缘击穿而损坏,进而损坏其他元件。因此,必须采取过(电)压保护措施。

过(电)压保护通常是在线圈两端并联一个电阻,电阻串电容或二极管串电阻,以形成一放电回路来实现过(电)压保护。

5. 欠(电)压保护

电动机运行时,如果电源电压过分降低引起电磁转矩下降,在负载转矩不变的情况下,电动机转速下降,电流增大。此外,电压降低也会引起控制电器释放,使电路工作不正常。因此,必须设置欠(电)压保护,即当电源电压下降到 $60\% \sim 80\%$ 额定电压时切除电动机电源的一种保护措施。

在按钮和接触器组成的控制电路中,接触器本身具有欠(电)压、失(电)压保护功能;也可以采用欠电压继电器来实现,方法是将欠电压继电器线圈跨接在电源上,其常开触点串接在接触器线圈电路中,当电源电压低于释放值时,欠电压继电器动作使接触器释放,接触器主触点断开电动机的电源,从而实现欠(电)压保护。

6. 失(电)压保护

电动机运行时,如果因电源电压消失而停止,一旦电源电压恢复,就有可能自行启动,造成事故。为了防止电压恢复时电动机自行启动或电器元件自行投入工作而设置的保护,称为失(电)压保护。

采用接触器、按钮控制的电动机启、停电路,就具有失(电)压保护作用。如果不采用按钮,而是用不能自动复位的手动开关、行程开关等来控制接触器,必须采用专门的零电压继电器,工作中一旦发生失电,则零电压继电器释放,其自锁电路断开,避免电器自行运行,实现失(电)压保护。

7. 弱磁保护

弱磁保护一般用于直流电动机。直流电动机工作时,若磁场过度减弱,会引起电动机超速,造成飞车等事故。为防止励磁减少或消失时的事故,通过在电动机励磁回路中串入欠电流继电器来实现弱磁保护。当励磁电流过小时,欠电流继电器释放。其触点断开控制电动机电枢电路的接触器线圈电路,接触器线圈释放,接触器主触点断开电动机电枢回路,电动机电源被切除,从而达到保护目的。

8. 其他保护

电气控制线路中，根据实际工作需要，还有超速保护、行程保护（或极限保护、终端保护）、压力（油压、水压）保护等，通过相应的元器件如离心开关、测速发电机、行程开关、压力继电器等来实现。

2.8　工程实例

2.8.1　机床控制系统设计实例一

例 2 - 1　现有两台三相异步电动机 M_1 和 M_2，其控制要求为：

(1) M_1 先启动后，M_2 才能启动（按钮启动）；

(2) M_2 先停车后，M_1 才能停车（按钮停车）；

(3) M_2 可点动；

(4) 具有短路保护、过载保护措施。

解答：

(1) 首先，根据控制要求，分析控制系统所需要的低压电器。

① 三相电源引入，需要电源隔离开关 QS。

② M_1、M_2 启动控制，没有要求可逆，因此需要接触器 KM_1、KM_2 分别用于 M_1、M_2 运行控制；从要求"M_1 先启动后，M_2 才能启动（按钮启动）"可知，M_1、M_2 启动都是采用按钮，因此需要启动（常开）按钮 SB_1、SB_2 分别用于 M_1、M_2 启动。

③ 从要求"M_2 先停车后，M_1 才能停车（按钮停车）"可知，M_1、M_2 停车都是采用按钮，因此需要停止（常闭）按钮 SB_3、SB_4 分别用于 M_1、M_2 停止。

④ 从要求"M_2 可点动"可知，M_2 需要点动操作，即在 M_2 点动运行时要切断其自锁电路，考虑到操作的实用性及便捷性，因此可以采用复合按钮 SB_5 来实现。

⑤ 从要求"具有短路保护、过载保护措施"，可分析出控制线路中需要熔断器 FU_1、FU_2 分别用于主电路、控制电路的短路保护；需要热继电器 FR_1、FR_2 分别用于 M_1、M_2 的过载保护。

经分析，该控制系统需要的元器件见表 2 - 2。

表 2 - 2　机床控制系统元器件清单

名　　称	用途说明
电动机 M_1、M_2	拖动负载用电动机
隔离开关 QS	三相电源隔离
接触器 KM_1、KM_2	M_1、M_2 运行控制
启动按钮 SB_1、SB_2	M_1、M_2 启动
停止按钮 SB_3、SB_4	M_1、M_2 停止
复合按钮 SB_5	M_2 点动
熔断器 FU_1、FU_2	主电路、控制电路的短路保护
热继电器 FR_1、FR_2	M_1、M_2 的过载保护

（2）其次，根据控制要求，分析控制系统中所需要的逻辑电路。

① 从要求"M_1 先启动后，M_2 才能启动（按钮启动）"可知，M_1、M_2 两台电动机为顺序启动（$M_1 \rightarrow M_2$），则"将控制电动机先启动的接触器的常开辅助触点串联在控制后启动电动机的接触器线圈电路中"，即将接触器 KM_1 的常开辅助触点串联在接触器 KM_2 线圈电路中。另外，M_1、M_2 两台电动机都可以长动（连续运行），因此需设置相应的自锁电路。

② 从要求"M_2 先停车后，M_1 才能停车（按钮停车）"可知，M_2、M_1 两台电动机为顺序停止（$M_2 \rightarrow M_1$），则"用若干个停止按钮控制电动机的停止顺序，或者将先停的接触器的常开辅助触点与后停的停止按钮并联即可"，即停止（常闭）按钮 SB_3、SB_4 分别用于 M_1、M_2 停止，且将接触器 KM_2 的常开辅助触点与停止按钮 SB_3 并联。

③ 从要求"M_2 可点动"可知，复合按钮 SB_5 的常开触点用于点动操作，常闭触点用于断开其自锁电路。

④ 从要求"具有短路保护、过载保护措施"，将相应的熔断器、热继电器正确连接到对应的电路中。

（3）最后，根据所学的知识，结合电气有关国家标准，绘制出各电路图。

这里给出该电气控制系统的电气原理图，如图 2-45 所示。

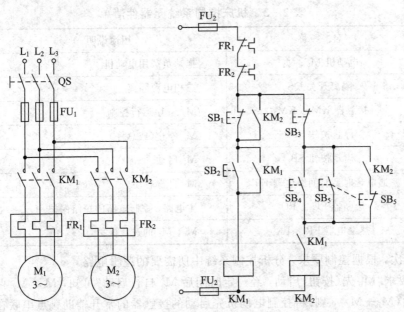

图 2-45　机床控制系统设计实例一

当然，考虑到生产实际中的安全性，可以再在控制线路中增设一个急停（常闭）按钮，将其串联在控制线路的总干线上即可。当出现紧急情况时，拍下急停按钮，控制电路断开电源。

2.8.2　机床控制系统设计实例二

例 2-2　现有两台三相异步电动机 M_1 和 M_2，其控制要求为：

（1）M_1 先（按钮）启动，经一定时间后 M_2 自行启动；

（2）M_2 启动后，M_1 立即停车；

（3）具有短路保护、过载保护措施。

解答：

（1）首先，根据控制要求，分析控制系统所需要的低压电器。

① 三相电源引入，需要电源隔离开关 QS。

② M_1、M_2 启动控制，没有要求可逆，因此需要接触器 KM_1、KM_2 分别用于 M_1、M_2 运行控制；从要求"M_1 先（按钮）启动，经一定时间后 M_2 自行启动"可知，M_1 启动是采用按钮，需要启动（常开）按钮 SB_2；M_2 为延时一定时间自行启动，则需要一通电延时型时间继电器 KT 来完成。

③ 从要求"M_2 启动后，M_1 立即停车"可知，M_1 是自动停车，无须按钮操作。

④ 从要求"具有短路保护、过载保护措施"，可分析出控制线路中需要熔断器 FU_1、FU_2 分别用于主电路、控制电路的短路保护；需要热继电器 FR_1、FR_2 分别用于 M_1、M_2 的过载保护。

⑤ 综合考虑，尽管没有强调 M_2 停车要求，但作为控制系统，应该有相应的功能，则需要停止（常闭）按钮 SB_1。

经分析，该控制系统需要的元器件见表 2-3。

表 2-3　机床控制系统元器件清单

名　　称	用途说明
电动机 M_1、M_2	拖动负载用电动机
隔离开关 QS	三相电源隔离
接触器 KM_1、KM_2	M_1、M_2 运行控制
停止按钮 SB_1	M_2 停止（或总停）
启动按钮 SB_2	M_1 启动
通电延时型时间继电器 KT	M_2 自行启动
熔断器 FU_1、FU_2	主电路、控制电路的短路保护
热继电器 FR_1、FR_2	M_1、M_2 的过载保护

（2）其次，根据控制要求，分析控制系统中所需要的逻辑电路。

① 从要求"M_1 先（按钮）启动，经一定时间后 M_2 自行启动"可知，M_1、M_2 两台电动机为顺序启动（$M_1 \rightarrow M_2$），则"将控制电动机先启动的接触器的常开辅助触点串联在控制后启动电动机的接触器线圈电路中"，即将接触器 KM_1 的常开辅助触点串联在接触器 KM_2 线圈电路中；且为自行启动，则采用通电延时型时间继电器 KT 的延时闭合常开触点作为接触器 KM_2 线圈电路的启动信号；另外，M_1、M_2 两台电动机都可以长动（连续运行），因此需设置有相应的自锁电路。

② 从要求"M_2 启动后，M_1 立即停车"可知，一旦接触器 KM_2 线圈通电，即 M_2 启动后，接触器 KM_1 线圈电路将被切断，即在电路中 KM_1 线圈前串联上接触器 KM_2 的常开辅助触点。

③ 从要求"具有短路保护、过载保护措施"可知，将相应的熔断器、热继电器正确连接到对应的电路中。

④ 停止(常闭)按钮 SB_1 串联在控制线路的总干线上即可。

(3) 最后，根据所学的知识，结合电气有关国家标准，绘制出各电路图。

这里给出该电气控制系统的电气原理图，如图 2-46 所示。

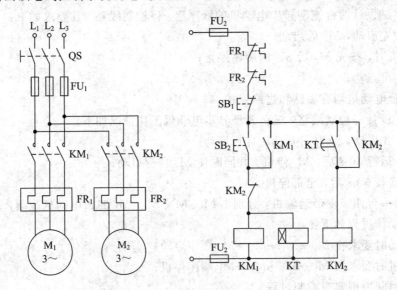

图 2-46 机床控制系统设计实例二

习　题

2-1 绘制电气原理图应遵循哪些原则?

2-2 电气安装接线图与电气原理图有何区别?

2-3 什么叫降压启动? 对于大容量的电动机为什么要降压启动? 常用方法有哪些?

2-4 什么叫自锁? 什么叫互锁?

2-5 什么叫点动? 什么叫长动? 两者区别在哪里?

2-6 三相笼型异步电动机电气制动方法有哪些?

2-7 比较三相笼型异步电动机反接制动与能耗制动的特点及使用场合。

2-8 三相笼型异步电动机常用的调速方法有哪些? 各有何特点?

2-9 说明三相笼型异步电动机变频调速的基本原则。

2-10 变频器由哪几部分组成? 各有什么作用?

2-11 电气控制系统中常用的保护有哪些? 分别采用什么器件实现?

2-12 试设计一台三相笼型异步电动机的控制线路，要求如下:

(1) 能实现可逆长动控制;

(2) 能实现可逆点动控制;

(3) 有过载、短路保护。

2-13 试设计能从两地操作，实现对一台三相笼型异步电动机的点动与长动控制。

2-14 某机床的主轴和油泵分别由两台三相笼型异步电动机 M_1、M_2 来拖动。试设计控制线路，其要求如下:

（1）油泵电动机 M_2 启动后主轴电动机 M_1 才能启动；

（2）主轴电动机 M_1 能正反转可逆运行，且能单独停车；

（3）该控制线路具有短路、过载及失压欠压保护。

2-15　试设计两台笼型异步电动机的顺序启、停控制线路，其要求如下：

（1）M_1 先启动，M_2 后启动；

（2）停机时，按先 M_2 后 M_1 的顺序停止；

（3）M_1 可点动；

（4）两台电动机均有短路和过载保护。

2-16　设计一控制线路，三台笼型异步电动机工作情况如下：

（1）M_1 先启动，经 10 s 后 M_2 自行启动；

（2）M_2 运行 30 s 后，M_1 停机，并同时使 M_3 自行启动；

（3）再运行 30 s 后，全部停机。

2-17　一台四级皮带运输机，分别由 M_1、M_2、M_3、M_4 四台电动机拖动，试设计其控制线路，其动作过程如下：

（1）启动时要求按 $M_1 \rightarrow M_2 \rightarrow M_3 \rightarrow M_4$ 顺序启动；

（2）停机时要求按 $M_4 \rightarrow M_3 \rightarrow M_2 \rightarrow M_1$ 顺序停机；

（3）按时间原则实现控制过程。

第 3 章　典型生产机械设备的电气控制线路

通过对典型生产机械设备电气控制线路的分析，以便掌握阅读电气原理图方法，培养读图能力，并通过读图分析各种典型生产机械设备的工作原理，为电气控制的设计、调试及维护等方面奠定基础。

3.1　概　　述

电气控制系统是生产机械设备的重要组成部分，要能对生产机械设备正确地安装、使用和维护，工程技术人员不仅要考虑生产机械设备的结构、传动方式，还要提出系统的控制方案。这些都要求对国内外同类型产品的电气控制系统进行分析、比较，从而确定最优方案。

分析生产机械设备电气控制系统时要注意以下几个问题：

(1) 要了解生产机械设备的主要技术性能及机械传动、液压和气动的工作原理。

(2) 弄清各电动机的安装部位、作用、规格和型号。

(3) 初步掌握各种电器的安装部位、作用以及各操纵手柄、开关、控制按钮的功能和操纵方法。

(4) 了解与生产机械设备的机械、液压发生直接联系的各种电器的安装部位及作用。如：行程开关、撞块、压力继电器、电磁离合器和电磁铁等。

(5) 分析电气控制系统时，要结合生产机械设备有关技术资料将整个电气线路划分成几个部分逐一进行分析。例如：各电动机的启动、停止、变速、制动、保护及相互间的联锁等。

生产机械设备的电气控制系统分析方法及步骤如下：

(1) 首先，从主电路入手，了解电机的动作要求，再分析辅助电路，即"先主后辅"。

(2) 然后，将辅助电路分解为各种基本电路或局部电路，逐一进行细致分析，即"化整为零、逐一分析"。

(3) 最后，综观整个电路，注意各基本电路之间的联锁、互锁关系以及主电路、辅助电路之间的对应关系，即"综观全局、互为联系"。

本章将分析几种典型生产机械设备的电气控制线路，从而进一步掌握控制线路的组成、典型环节的应用及分析控制线路的方法。从中找出规律，逐步提高阅读电气原理图的能力，并加强设计能力。

3.2　C650 型卧式车床电气控制线路

车床是应用极为广泛的金属切削机床，而应用最多的是卧式车床，主要用于车削外圆、内圆、端面、螺纹和成形表面，并可通过尾架进行钻孔、铰孔和攻螺纹等切削加工。车床通常由一台主电动机拖动，经机械传动后，实现主运动和进给运动的输出。通过手柄操作变速齿轮箱，实现调速，而刀具的快速移动、冷却泵和液压泵等常采用单独的电动机驱动。

这里以 C650 型卧式车床电气控制系统为例。

3.2.1　机床结构及原理

图 3-1 所示为 C650 型卧式车床结构组成简图。卧式车床主要由床身、主轴箱、进给箱、溜板箱、刀架及溜板、尾架、光杠和丝杠等部分组成。

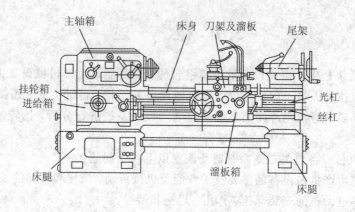

图 3-1　C650 型卧式车床结构组成简图

该车床有两种主要运动：一种是安装在床身主轴箱中的主轴的旋转运动，称为主运动；另一种是溜板箱中的溜板带动刀架的直线运动，称为进给运动。主运动是由主轴电动机通过带传动传到主轴箱来带动主轴的；进给运动是由主轴电动机经过主轴箱输出轴、挂轮箱传给进给箱，再通过光杠将运动传入溜板箱，溜板箱带动刀架做纵、横两个方向的进给运动。

由于加工的工件比较大，加工时其转动惯量也比较大，停车时不易立即停止转动，因此必须有制动的功能。为了加工螺纹等工件，主轴需要具有正反转可逆运行控制，并且主轴的转速根据工艺要求不同而变化，要求在相当宽的范围内进行调速。在加工过程中，需提供切削液，并要求带动刀架移动的溜板能够快速移动来提高效率、减轻劳动强度。

3.2.2　电气控制线路分析

图 3-2 所示为 C650 型卧式车床的电气原理图。

1. 控制线路特点

该车床共有三台电动机拖动：M_1 为主电动机，功率为 30 kW，由 M_1 拖动主轴旋转并通过进给机构实现进给运动；M_2 为冷却泵电动机，功率为 0.15 kW，提供切削液；M_3 为溜板箱快速移动电动机，功率为 2.2 kW，拖动刀架的快速移动。

M_1 主电动机通过接触器 KM_1、KM_2 的控制可实现正、反转可逆运行。除了具有短路保护、过载保护外，还通过电流互感器 TA 接入电流表 A 监视主电动机的电流。主电路中

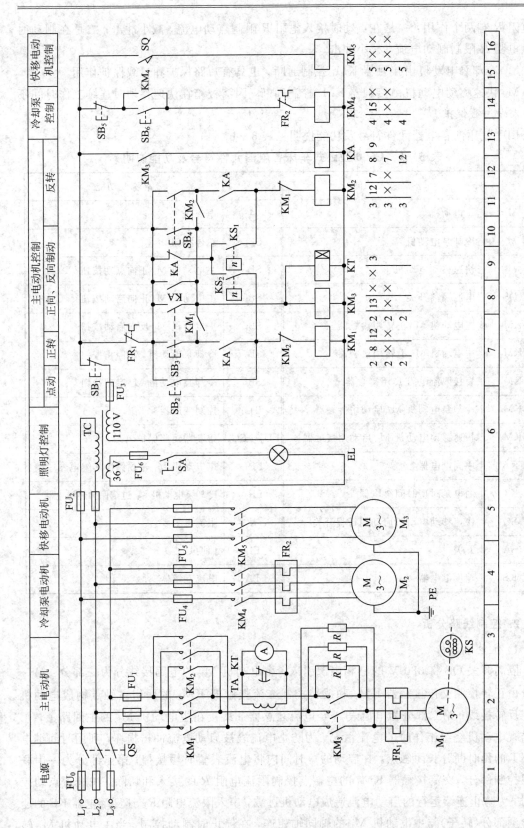

图3-2　C650型卧式车床的电气原理图

的电阻 R 有两个作用：一是在点动时接入电阻 R 限制点动电流，减小冲击；二是在制动时接入电阻 R 限制制动电流，减小冲击。

M_2 冷却泵电动机由接触器 KM_4 控制通断，也具有短路保护和过载保护作用。

M_3 快速移动电动机由接触器 KM_5 控制通断，因溜板箱在快速移动时连续工作时间不长，未设过载保护。

图中使用的各电器元件符号及功能说明见表 3-1。

表 3-1　C650 型卧式车床各电器元件符号及功能说明

符号	名称及功能	符号	名称及功能
M_1	主电动机	A	电流表
M_2	冷却泵电动机	SB_1	总停按钮
M_3	快速移动电动机	SB_2	主电动机 M_1 正向点动按钮
QS	电源隔离开关	SB_3	主电动机 M_1 正向启动按钮
KM_1	主电动机 M_1 正转用接触器	SB_4	主电动机 M_1 反向启动按钮
KM_2	主电动机 M_1 反转用接触器	SB_5	冷却泵电动机 M_2 停止按钮
KM_3	短接限流电阻 R 用接触器	SB_6	冷却泵电动机 M_2 启动按钮
KM_4	冷却泵电动机 M_2 启动用接触器	TC	控制变压器
KM_5	快速移动电动机 M_3 启动用接触器	$FU_0 \sim FU_6$	熔断器短路保护
KA	中间继电器	FR_1	主电动机 M_1 过载保护热继电器
KT	通电延时型时间继电器	FR_2	冷却泵电动机 M_2 过载保护热继电器
SQ	快速移动电动机启动用行程开关	R	限流电阻
SA	开关	EL	照明灯
KS	速度继电器	TA	电流互感器

2. 控制线路分析

1）主电路分析

隔离开关 QS 将 380 V 的三相电源引入。主电动机 M_1 的电路接线分为三部分：第一部分由正转控制交流接触器 KM_1 和反转控制交流接触器 KM_2 的两组主触点构成电动机的正反转接线；第二部分为电流表 A 经电流互感器 TA 接在主电动机 M_1 的主回路上，用来监视电动机绕组工作时的电流情况，为防止电流表被启动电流冲击损坏，利用时间继电器 KT 的延时断开长闭触点，在启动的短时间内将电流表暂时短接掉；第三部分为一串联电阻控制部分，交流接触器 KM_3 的主触点控制限流电阻 R 的接入和切除，在进行点动控制时，为防止连续运行的启动电流造成电动机过载，串入限流电阻 R。速度继电器 KS 的速度检测部分（转子）与主电动机 M_1 的轴同轴相连，在停止时制动控制，当主电动机 M_1 转速低于 KS 的动作值时，其常开触点可将控制电路中反接制动的相应电路切断，完成停车制动，并且电路中可以实现可逆运行的反接制动。

冷却泵电动机 M_2 由接触器 KM_4 控制通断，快速移动电动机 M_3 由接触器 KM_5 控制通断。

为保证主电路的正常工作，主电路中设置了熔断器的短路保护和热继电器的过载保护等环节。

2）控制电路分析

按照控制的电动机来划分，控制电路可分为主电动机 M_1 的控制电路、冷却泵电动机 M_2 的控制电路和快速移动电动机 M_3 的控制电路三部分。对每台电动机的控制电路，再分解成各基本控制线路进行分析。

（1）主电动机 M_1 的控制电路。主电动机 M_1 的控制电路包括点动控制、正反转控制和反接制动控制。

① 主电动机 M_1 的点动控制。图 3-3（a）所示为主电动机 M_1 点动与正反转控制电路。SB_2 为主电动机 M_1 的点动控制按钮。

按下 SB_2 点动按钮，直接接通接触器 KM_1 的线圈电路，主电动机 M_1 正向启动，这时接触器 KM_3 的线圈电路并没有接通，其主触点 KM_3 为断开状态，限流电阻 R 被接入主电路，实现点动控制限流，其常开辅助触点 KM_3 不闭合，中间继电器 KA 线圈不能通电工作，则 KM_1 的线圈电路无法形成自锁。松开 SB_2 点动按钮，主电动机 M_1 停转。

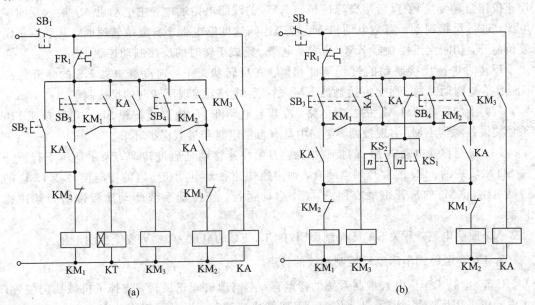

图 3-3　主电动机 M_1 的基本控制电路

（a）主电动机 M_1 点动与正反转控制电路；（b）主电动机 M_1 反接制动控制电路

② 主电动机 M_1 的正反转控制。图 3-3（a）所示为主电动机 M_1 点动与正反转控制电路。SB_3 为正向启动按钮，SB_4 为反向启动按钮，二者都具有两常开触点。

正向启动：按下 SB_3 正向启动按钮，其两常开触点同时闭合，一个接通接触器 KM_3 的线圈电路和时间继电器 KT 的线圈电路，时间继电器 KT 的常闭触点在主电路中短接电流表 A，以防止启动电流对电流表的冲击而损坏，经延时断开后，电流表 A 接入电路正常工作，监视主电动机 M_1 的工作电流变化。接触器 KM_3 的主触点闭合，将主电路中限流电阻 R 短接，其常开辅助触点闭合，将中间继电器 KA 的线圈电路接通，KA 的常闭触点断开，将反接制动的基本电路切除，KA 的常开触点与 SB_3 的常开触点均处于闭合状态，控制主电动机 M_1 的交流接触器 KM_1 的线圈电路通电工作，其主触点 KM_1 闭合，主电动机 M_1 正向启动，其常开辅助触点 KM_1 闭合，与接触器 KM_3 线圈上方的 KA 常开触点一起组成自锁回路，常闭辅助触点 KM_1 断开，切断交流接触器 KM_2 的线圈电路，实现 KM_1、KM_2 的电气互锁，以防止电源短路。

反向启动：按下 SB_4 反向启动按钮，可实现主电动机 M_1 的反转控制，其过程与正向启动过程相似。

③ 主电动机 M_1 的反接制动控制。C650 型卧式车床主电动机 M_1 采用可逆运行反接制动控制方法，图 3-3(b) 所示为主电动机 M_1 反接制动控制电路。SB_1 为停止（制动）按钮，速度继电器 KS 的常开触点 KS_1、KS_2 分别用于正转、反转时的反接制动控制。

下面以原工作状态为正转时进行反接制动为例，来分析其工作过程。

正向启动过程如前所述。当主电动机 M_1 正转时，速度继电器 KS 的常开触点 KS_1 闭合，反接制动电路处于准备状态。当停车时，按下 SB_1 停止（制动）按钮，控制电源被切断，则 KM_1、KM_3、KA 线圈均断电，相应的 KM_1、KM_3、KA 各触点恢复常态，此时主电动机 M_1 脱离正转电源，制动电阻 R 接入主电路，而 KA 的常闭触点闭合与触点 KS_1 一起（SB_1 停止按钮自动复位）使反转用交流接触器 KM_2 的线圈电路通电，主电动机 M_1 接入反向序电源，进行反接制动。当主电动机 M_1 转速达到速度继电器 KS 复位转速时，其触点 KS_1 复位断开，切断交流接触器 KM_2 的线圈电路，完成正转时的反接制动控制。

反转时进行反接制动的过程与此相似。在反转状态下，速度继电器 KS 的常开触点 KS_2 闭合；制动时，接通交流接触器 KM_1 的线圈电路，实现反转时的反接制动。

（2）冷却泵电动机 M_2 的控制电路。冷却泵电动机 M_2 由停止按钮 SB_5、启动按钮 SB_6 来使交流接触器 KM_4 实现控制。电路中具有自锁电路和过载保护环节。

（3）快速移动电动机 M_3 的控制电路。刀架快速移动是通过转动刀架手柄压下行程开关 SQ 来实现的。SQ 的常开触点闭合，则接通快速移动电动机 M_3 的控制接触器 KM_5 的线圈电路，KM_5 的常开主触点闭合，M_3 启动运行，经传动系统驱动溜板带动刀架快速移动。

（4）照明电路。开关 SA 可控制照明灯 EL，EL 的电压为 36 V 安全照明电压。

3. C650 型卧式车床电气控制系统的特点

C650 型卧式车床电气控制系统的特点有：主电动机能正反转，省掉了机械换向装置；主电动机采用反接制动，能迅速停车；刀架能快速移动，提高了工作效率；主轴可以点动调整。

3.3 X62W 卧式铣床电气控制线路

铣床可用来加工平面、成形面、斜面和沟槽等各种形式的表面，也可以加工回转体。铣床的主运动为主轴带动刀具的旋转运动，有顺铣和逆铣两种运动方式。进给运动为工件相对铣刀的移动,即工作台的进给运动。进给运动有水平工作台左右(纵向)、前后(横向)和上下(垂直)六个方向的运动以及圆形工作台的旋转运动。

这里以 X62W 型卧式铣床电气控制系统为例。

3.3.1　机床结构及原理

X62W 型万能铣床控制线路

图 3-4 所示为 X62W 型卧式铣床结构组成简图,该机床主要由床身、悬梁、刀杆支架、工作台和升降台等结构组成。刀杆支架上安装有与主轴相连的刀杆、铣刀,用于铣削加工。顺铣时刀具为一转动方向,逆铣时刀具为另一转动方向;床身前有垂直导轨,升降台带动工作台可沿着垂直导轨作上下移动,完成垂直方向的进给;升降台上的水平工作台可以在垂直于轴线方向上移动(纵向移动,即左右移动)和平行于主轴方向移动(横向移动,既前后移动);回转圆形工作台可单向转动。进给电动机经机械传动后通过机械离合器在选定的进给方向驱动工作台移动进给。

X62W 型卧式铣床具有主轴转速高、调速范围宽、操作方便和工作台能循环加工等特点。

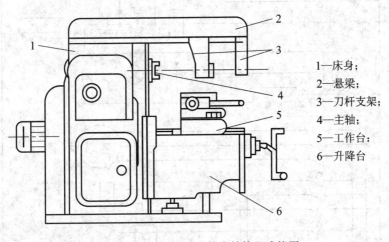

1—床身;
2—悬梁;
3—刀杆支架;
4—主轴;
5—工作台;
6—升降台

图 3-4　X62W 型卧式铣床结构组成简图

3.3.2　电气控制线路分析

图 3-5 所示为 X62W 型卧式铣床的电气原理图。

1. 控制线路特点

该铣床共由三台电动机拖动:M_1 为主轴电动机,由交流接触器 KM_3、KM_2 控制电动机启动、制动;M_2 为进给电动机,其正反转由交流接触器 KM_4、KM_5 控制;M_3 为冷却泵电动机,要求主电动机 M_1 启动后,M_3 才能启动。

控制线路具有短路保护、过载保护。

图中使用的各电器元件符号及功能说明见表 3-2。

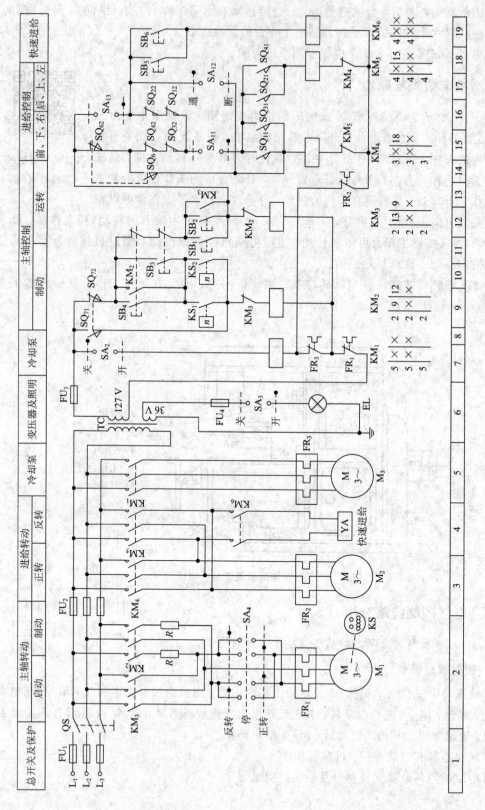

图3-5　X62W型卧式铣床的电气原理图

表 3 - 2　X62W 型卧式铣床各电器元件符号及功能说明

符号	名称及功能	符号	名称及功能
M_1	主轴电动机	YA	快速电磁铁线圈
M_2	进给电动机	KS	速度继电器
M_3	冷却泵电动机	SB_1、SB_2	分设在两处的主轴电动机 M_1 启动按钮
QS	电源隔离开关	SB_3、SB_4	分设在两处的主轴电动机 M_1 停止按钮
KM_1	冷却泵电动机 M_3 控制接触器	SB_5、SB_6	分设在两处的工作台快速移动按钮
KM_2	主轴电动机 M_1 反接制动用接触器	SA_1	圆形工作台转换开关
KM_3	主轴电动机 M_1 启、停控制接触器	SA_2	冷却泵转换开关
KM_4、KM_5	进给电动机 M_2 正反转用接触器	SA_3	照明灯开关
KM_6	快速移动用接触器	SA_4	主轴换向开关
$FU_1 \sim FU_4$	熔断器短路保护	SQ_1	工作台向右进行程开关
FR_1	主轴电动机 M_1 过载保护热继电器	SQ_2	工作台向左进行程开关
FR_2	进给电动机 M_2 过载保护热继电器	SQ_3	工作台向前、向下进给行程开关
FR_3	冷却泵电机 M_3 过载保护热继电器	SQ_4	工作台向后、向上进给行程开关
R	限流电阻	SQ_6	进给变速冲动行程开关
TC	控制变压器	SQ_7	主轴变速冲动行程开关

2. 控制线路分析

X62W 型卧式铣床控制线路分别由主电路、控制电路、辅助电路及保护电路组成。

1）主电路分析

主轴拖动电动机 M_1 由交流接触器 KM_3 实现启、停运行控制，M_1 正转接线与反转接线是通过组合开关 SA_4 进行手动切换。交流接触器 KM_2 主触点并联两相电阻 R 与速度继电器 KS 配合实现 M_1 停车反接制动。

工作台拖动电动机 M_2 由交流接触器 KM_4、KM_5 的主触点实现正反转进给控制，并由交流接触器 KM_6 的主触点控制快速电磁铁，决定工作台移动速度，KM_6 的主触点接通为快速移动，断开为慢速自动进给。

冷却泵拖动电动机 M_3，交流由接触器 KM_1 控制，单向运行。

M_1、M_2、M_3 均为直接启动。

2）控制电路分析

（1）主轴电动机 M_1 的控制。主轴电动机 M_1 的控制分析如下：

① 主轴电动机 M_1 启动控制。主轴电动机 M_1 空载时直接启动。启动前，由组合开关 SA_4 选定电动机的转向，控制行程开关 SQ_7 并选定主轴电动机 M_1 为正常工作方式，即 SQ_{71} 触点断开，SQ_{72} 触点闭合。然后按下启动按钮 SB_1 或 SB_2，交流接触器 KM_3 线圈通电，其常开主触点 KM_3 闭合，M_1 按给定方向启动运行，其常开辅助触点 KM_3 闭合，实现自锁。SB_3 或 SB_4 为主轴电动机 M_1 停止按钮。启动和停止都为两地操作控制。

② 主轴电动机 M_1 反接制动控制。主轴电动机 M_1 采用反接制动。制动时，按停止按钮 SB_3 或 SB_4，使交流接触器 KM_3 线圈断电，此时处于高速状态，速度继电器 KS 的常开触点 KS_1 或 KS_2 闭合，交流接触器 KM_2 线圈通电，主触点 KM_2 闭合使 M_1 串电阻 R 实现

反接制动，而其常开辅助触点 KM_2 闭合自锁。当主轴电动机 M_1 转速下降到速度继电器 KS 的复位转速时，常开触点 KS_1 或 KS_2 复位，交流接触器 KM_2 线圈断电，最终使电动机 M_1 停转。

③ 主轴变速时的冲动控制。在主轴不动或旋转时均可对主轴进行变速。变速时，拉出变速手柄使冲动行程开关 SQ_7 短时动作，即 SQ_{71} 触点闭合，SQ_{72} 触点断开，使交流接触器 KM_3 线圈断电、KM_2 线圈通电，M_1 反接制动，转速迅速降低，从而保证变速过程顺利进行。变速完成后，推回手柄，再次启动主轴电动机 M_1，主轴将在新的转速下工作。

（2）进给电动机 M_2 的控制。进给电动机 M_2 的控制电路分为两部分：第一部分为顺序控制部分，当主轴电动机 M_1 启动后，交流接触器 KM_3 的常开辅助触点闭合，进给电动机 M_2 的控制用交流接触器 KM_4 或 KM_5 的线圈电路才能通电工作；第二部分为工作台各进给方向之间的联锁控制部分，可实现水平工作台各运动之间的联锁，也可以实现水平工作台和圆形工作台之间的联锁。各进给方向的控制开关位置及其动作状态见表 3-3。

表 3-3　各进给方向的控制开关位置及其动作状态

工作台纵向进给行程开关工作状态			
触点	位　置		
	向左进给	停止	向右进给
SQ_{11}	—	—	+
SQ_{12}	+	+	—
SQ_{21}	+	—	—
SQ_{22}	—	+	+
工作台横向及升降进给行程开关工作状态			
触点	位　置		
	向前、向下进给	停止	向后、向上进给
SQ_{31}	+	—	—
SQ_{32}	—	+	+
SQ_{41}	—	—	+
SQ_{42}	+	+	—
圆形工作台转换开关工作状态			
触点	圆形工作台		
	接通		断开
SA_{11}	—		+
SA_{12}	+		—
SA_{13}	—		+

① 水平工作台纵向进给运动控制。

水平工作台纵向进给时十字复式手柄应放在中间位置，圆形工作台转换开关 SA_1 放在

"断开"位置。水平工作台纵向进给由其操作手柄与行程开关 SQ_1 和 SQ_2 组合控制。纵向进给操作手柄有"左""右"两个工作位和一个"中间"停止位。纵向进给操作手柄扳到工作位时，带动机械离合器，接通纵向进给运动的机械传动链，同时压动相应的行程开关 SQ_1 或 SQ_2。行程开关的常开触点（动合触点）使交流接触器 KM_4 或 KM_5 的线圈通电，其相应主触点闭合，进给电动机 M_2 正转或反转，驱动水平工作台向右或向左移动进给。各个行程开关的常闭触点（动断触点）在运动联锁控制电路部分构成联锁控制功能。

进给电动机 M_2 控制电路由接触器 KM_3 常开辅助触点开始。工作电流经 $SQ_{62} \rightarrow SQ_{42} \rightarrow SQ_{32} \rightarrow SA_{11} \rightarrow SQ_{11} \rightarrow KM_4$ 线圈 $\rightarrow KM_5$ 常闭辅助触点（右移），或者工作电流经 $SQ_{62} \rightarrow SQ_{42} \rightarrow SQ_{32} \rightarrow SA_{11} \rightarrow SQ_{21} \rightarrow KM_5$ 线圈 $\rightarrow KM_4$ 常闭辅助触点（左移）

纵向进给操作手柄扳到右位，合上纵向进给机械离合器，压下 SQ_1（SQ_{12} 断开，SQ_{11} 闭合），使 KM_4 线圈通电，则进给电动机 M_2 正转，工作台右移。

纵向进给操作手柄扳到左位，合上纵向进给机械离合器，压下 SQ_2（SQ_{22} 断开，SQ_{21} 闭合），使 KM_5 线圈通电，则进给电动机 M_2 反转，工作台左移。

纵向进给操作手柄扳到中间位，纵向进给机械离合器脱开，行程开关 SQ_1 与 SQ_2 不受压，进给电动机 M_2 不转动，水平工作台停止移动。

水平工作台两端安装有限位撞块，当水平工作台到达终点位置时，撞块撞击操作手柄，使其回到中间位置，实现水平工作台终点停车。

② 水平工作台横向和升降进给运动控制。

水平工作台横向和升降进给运动时，纵向进给操作手柄应放在中间位置，圆形工作台转换开关 SA_1 放在"断开"位置。水平工作台横向和升降进给运动的选择和联锁是通过十字复式手柄操作行程开关 SQ_3 和 SQ_4 组合控制来实现的。

十字复式操作手柄有上、下、前、后四个工作位置和一个不工作位置（中间位），扳动十字复式操作手柄到选定运动方向的工作位，即可接通该运动方向的机械传动链，同时压动相应的行程开关 SQ_3 或 SQ_4，行程开关的常开触点（动合触点）使交流接触器 KM_4 或 KM_5 的线圈通电，其相应主触点闭合，进给电动机 M_2 正转或反转，驱动水平工作台在相应方向上移动进给。这里行程开关的常开触点（动合触点）如纵向行程开关的一样，在联锁电路中，构成运动的联锁控制。

进给电动机 M_2 控制电路由接触器 KM_3 常开辅助触点开始。工作电流经 $SA_{13} \rightarrow SQ_{22} \rightarrow SQ_{12} \rightarrow SA_{11} \rightarrow SQ_{11} \rightarrow SQ_{31} \rightarrow KM_4$ 线圈 $\rightarrow KM_5$ 常闭辅助触点（向下或向前移动），或者工作电流经 $SA_{13} \rightarrow SQ_{22} \rightarrow SQ_{12} \rightarrow SA_{11} \rightarrow SQ_{41} \rightarrow KM_5$ 线圈 $\rightarrow KM_4$ 常闭辅助触点（向上或向后移动）。

十字复式操作手柄扳在上方，合上垂直进给机械离合器，压下 SQ_4（SQ_{42} 断开，SQ_{41} 闭合），使 KM_5 线圈通电，则进给电动机 M_2 反转，工作台上移。

十字复式操作手柄扳在下方，合上垂直进给机械离合器，压下 SQ_3（SQ_{32} 断开，SQ_{31} 闭合），使 KM_4 线圈通电，则进给电动机 M_2 正转，工作台下移。

十字复式操作手柄扳在左方（后），合上横向进给机械离合器，压下 SQ_4（SQ_{42} 断开，SQ_{41} 闭合），使 KM_5 线圈通电，则进给电动机 M_2 反转，工作台后移。

十字复式操作手柄扳在右方（前），合上横向进给机械离合器，压下 SQ_3（SQ_{32} 断开，SQ_{31} 闭合），使 KM_4 线圈通电，则进给电动机 M_2 正转，工作台前移。

十字复式操作手柄扳在中间位置时，垂直和横向方向的机械离合器脱开，行程开关 SQ_3 与 SQ_4 不受压，进给电动机 M_2 不转动，水平工作台停止移动。

固定在床身上的撞块在水平工作台移动到相应终端位置时，撞击十字复式操作手柄，使其回到中间位置，切断电路，实现水平工作台终点停车。

上述六个方向的进给都是慢速自动进给移动。

每个方向的移动均有两种速度，需要快速移动时，可在慢速移动中按下按钮 SB_5 或 SB_6，则接触器 KM_6 线圈通电吸合，快速电磁铁 YA 通电，水平工作台就按原进给方向快速移动；松开按钮 SB_5 或 SB_6，接触器 KM_6 线圈断电释放，快速电磁铁 YA 断电，快速移动停止，水平工作台将按原进给方向继续慢速移动。

③ 水平工作台进给运动的联锁控制。当操作手柄处于工作位置时，只存在一种运动状态，因此铣床六个方向的直线进给运动之间只要满足两个操作手柄（即纵向进给操作手柄和十字复式操作手柄）之间的联锁即可实现。联锁控制电路由两条电路并联组成，即纵向进给操作手柄控制的行程开关 SQ_1、SQ_2 的常闭触点（动断触点）串联在一条支路上，十字复式操作手柄控制的行程开关 SQ_3、SQ_4 的常闭触点（动断触点）串联在另一条支路上，扳动任何一个操作手柄，只能切断其中一条支路，另一条支路仍能正常通电，使得接触器 KM_4 或 KM_5 的线圈不断电；若同时扳动两个操作手柄，则两条支路均被切断，使得接触器 KM_4 或 KM_5 的线圈断电，水平工作台即停止进给移动，从而保证了机床运动的安全性，避免因运动干涉造成事故。

④ 圆形工作台的控制。为了扩大铣床的加工能力，可在水平工作台上安装圆形工作台。在使用圆形工作台时，水平工作台的纵向进给操作手柄和十字复式操作手柄都应置于中间位置。

在机床开动前，先将圆形工作台转换开关 SA_1 扳到"接通"位置，此时 SA_{12} 闭合、SA_{11} 和 SA_{13} 断开。工作电流经 $SQ_{62} \rightarrow SQ_{42} \rightarrow SQ_{32} \rightarrow SQ_{12} \rightarrow SQ_{22} \rightarrow SA_{12} \rightarrow KM_4$ 线圈 $\rightarrow KM_5$ 常闭辅助触点，进给电动机 M_2 正转并带动圆形工作台单向转动，其转动速度可通过变速手轮进行调节。

由于圆形工作台的控制电路中串联了 $SQ_1 \sim SQ_4$ 的常闭触点，所以在扳动水平工作台任一方向的操作手柄时，都将使圆形工作台停止转动，这就实现了圆形工作台与水平工作台六个方向运动的联锁控制及保护。

（3）冷却泵电动机 M_3 的控制。冷却泵电动机 M_3 的启动与停止由转换开关 SA_2 和接触器 KM_1 来实现。

（4）照明电路。由变压器 T 提供 36 V 安全电压，转换开关 SA_3 控制照明灯。

（5）保护环节。M_1、M_2、M_3 为连续工作状态，由 FR_1、FR_2、FR_3 热继电器的常闭触点串在控制电路中不同位置，实现过载保护。由 FU_1、FU_2 实现主电路的短路保护，由 FU_3 实现控制电路的短路保护，由 FU_4 实现照明电路的短路保护。另外，交流接触器还具有欠压、失压保护功能。

3. X62W 型卧式铣床电气控制系统的特点

X62W 型卧式铣床电气控制系统中主轴电动机利用转换开关可以实现主轴电动机的正反转，满足顺铣、逆铣的工艺需要；采用反接制动，实现快速可靠停车；利用电磁铁实现快速、慢速的进给速度调节；利用操作手柄及转换开关的位置关系及控制电路，实现水平工作台六个方向进给运动的联锁控制，以及水平工作台与圆形工作台之间的联锁控制，设计合理，大大提高了该机床的工作能力。

3.4　M7120 型平面磨床电气控制线路

磨床是用砂轮的周边或端面进行机械加工的精密生产机械设备。磨床的种类很多，按其工作性质可分为外圆磨床、内圆磨床、平面磨床、工具磨床以及一些专用磨床(如螺纹磨床、齿轮磨床、球面磨床、花键磨床、导轨磨床与无心磨床等)，其中尤以平面磨床应用最为普遍。

这里以 M7120 型平面磨床电气控制系统为例。

3.4.1　机床结构及原理

平面磨床是用砂轮磨削加工各种零件的平面。平面磨床可分为立轴矩台平面磨床、卧轴矩台平面磨床、立轴圆台平面磨床和卧轴圆台平面磨床。

M7120 型卧轴矩台平面磨床是平面磨床中使用较为普遍的一种，磨削精度高，表面质量好，操作方便，适用磨削精密零件和各种工具，并可作镜面磨削。

图 3-6 所示为 M7120 型平面磨床结构组成简图。M7120 型平面磨床由床身、工作台(包括电磁吸盘)、立柱、磨头、拖板、砂轮修正器、位置行程挡块、横向进给手轮、垂直进给手轮和驱动工作台手轮等部件组成。

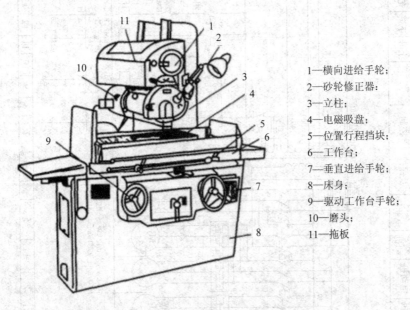

1—横向进给手轮；
2—砂轮修正器；
3—立柱；
4—电磁吸盘；
5—位置行程挡块；
6—工作台；
7—垂直进给手轮；
8—床身；
9—驱动工作台手轮；
10—磨头；
11—拖板

图 3-6　M7120 型平面磨床结构组成简图

3.4.2　电气控制线路分析

图 3-7 所示为 M7120 型平面磨床的电气原理图，主要分为主电路、控制电路、电磁工作台控制电路和照明与指示灯电路四部分。

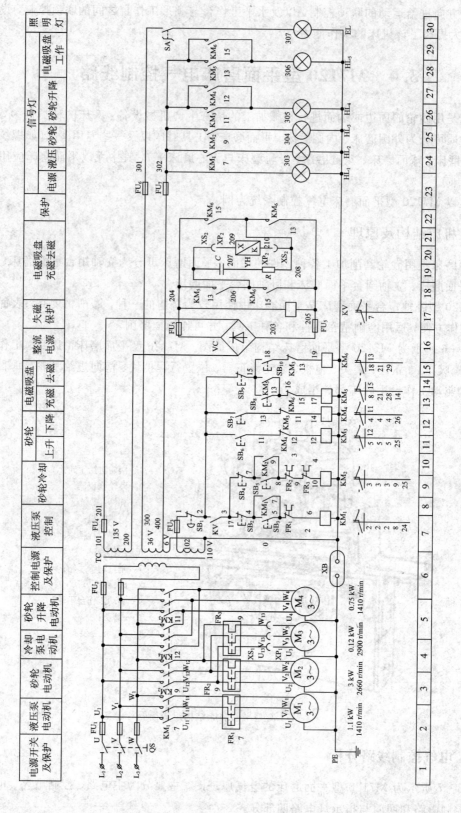

图3-7 M7120型平面磨床的电气原理图

1. 控制线路特点

该磨床采用四台电动机拖动：M_1 为液压泵电动机，由 M_1 驱动液压泵进行液压传动，实现工作台和砂轮的往复运动；M_2 为砂轮电动机，它带动砂轮转动来完成磨削加工运动；M_3 为冷却泵电动机，供给砂轮对工件加工时所需的冷却液，冷却泵电动机 M_3 只有在砂轮电机 M_2 运转后才能运转；M_4 为砂轮升降电动机，用于磨削过程中调整砂轮与工件之间的位置。

M_1、M_2、M_3 长期工作，均设有过载保护。M_4 短期工作，电路不设过载保护。

$M_1 \sim M_4$ 四台电动机共用一组熔断器 FU_1 进行短路保护。

图中使用的各电器元件符号及功能说明见表 3-4。

表 3-4　M7120 型平面磨床各电器元件符号及功能说明

符号	名称及功能	符号	名称及功能
M_1	液压泵电动机	SB_1	急停按钮
M_2	砂轮电动机	SB_2	液压泵电动机 M_1 停止按钮
M_3	冷却泵电动机	SB_3	液压泵电动机 M_1 启动按钮
M_4	砂轮升降电动机	SB_4	电动机 M_2、M_3 停止按钮
KM_1	电动机 M_1 控制用接触器	SB_5	电动机 M_2、M_3 启动按钮
KM_2	电动机 M_2、M_3 控制用接触器	SB_6	砂轮升降电动机 M_4 正转点动按钮
KM_3	砂轮升降电动机 M_4 正转用接触器	SB_7	砂轮升降电动机 M_4 反转点动按钮
KM_4	砂轮升降电动机 M_4 反转用接触器	SB_8	电磁工作台充磁按钮
KM_5	电磁工作台充磁用接触器	SB_9	电磁工作台停用按钮
KM_6	电磁工作台去磁用接触器	SB_{10}	电磁工作台去磁点动按钮
QS	电源开关	HL_1	电源状态指示灯
FR_1	电动机 M_1 过载保护用热继电器	HL_2	液压泵电动机 M_1 状态指示灯
FR_2	电动机 M_2 过载保护用热继电器	HL_3	电动机 M_2、M_3 状态指示灯
FR_3	电动机 M_3 过载保护用热继电器	HL_4	砂轮升降电动机 M_4 状态指示灯
FU_1	主电路短路保护熔断器	HL_5	电磁工作台状态指示灯
$FU_2 \sim FU_7$	各电路短路保护熔断器	EL	工作照明灯
TC	控制变压器	R	保护装置用电阻
YH	电磁吸盘	C	保护装置用电容
VC	整流器	XS_1、XP_1	接插件
KV	欠电压保护用欠电压继电器	XS_2、XP_2	接插件
SA	照明转换开关	XB	接零牌

2. 控制线路分析

1）主电路分析

液压泵电动机 M_1 驱动液压泵进行液压传动，实现工作台和砂轮的往复运动，由交流接触器 KM_1 实现单向运行控制。砂轮电动机 M_2 带动砂轮转动，冷却泵电动机 M_3 供给砂轮对工件加工时所需的冷却液，由交流接触器 KM_2 实现运行控制。砂轮升降电动机 M_4 用于磨削过程中调整砂轮与工件之间的位置，由交流接触器 KM_3、KM_4 进行可逆运行正反转控制，实现砂轮的升降。

2）控制电路分析

（1）液压泵电动机 M_1 的控制。因为平面磨床的工件是靠直流电磁吸盘的吸力将工件吸牢在工作台上，只有具备可靠的直流电压后，才允许启动砂轮和液压系统，以保证安全。合上电源开关 QS，HL_1 指示灯亮。如果整流电源输出直流电压正常，则在图区 17 上的欠电压继电器 KV 通电吸合，使图区 7(2-3)上的常开触点闭合，为启动液压泵电动机 M_1 和砂轮电动机 M_2 做好准备；如果欠电压继电器 KV 不能可靠动作，则液压泵电动机 M_1 和砂轮电动机 M_2 均无法启动。

当 KV 吸合后，按下启动按钮 SB_3，接触器 KM_1 线圈通电吸合并自锁，液压泵电动机 M_1 启动运转，HL_2 指示灯亮。若按下停止按钮 SB_2，则接触器 KM_1 线圈断电释放，液压泵电动机 M_1 断电停转，HL_2 指示灯熄灭。

（2）砂轮电动机 M_2 及冷却泵电动机 M_3 的控制。砂轮电动机 M_2 及冷却泵电动机 M_3 也必须在欠电压继电器 KV 线圈通电吸合后才能启动。按启动按钮 SB_5，接触器 KM_2 线圈通电吸合，砂轮电动机 M_2 启动运转。由于冷却泵电动机 M_3 通过接插器和砂轮电动机 M_2 联动控制，所以砂轮电动机 M_2 及冷却泵电动机 M_3 同时启动运转。当不需要冷却液时，将接插件插头 XP_1 拉出即可。按下停止按钮 SB_4 时，接触器 KM_2 线圈断电释放，砂轮电动机 M_2 与冷却泵电动机 M_3 同时断电停转。

两台电动机的过载保护热继电器 FR_2 和 FR_3 的常闭触点都串联在 KM_2 线圈电路上，只要有一台电动机过载，就使接触器 KM_2 断电释放。因冷却液循环使用混有杂质，很容易引起冷却泵电动机 M_3 过载，热继电器 FR_3 进行过载保护。

（3）砂轮升降电动机 M_4 的控制。砂轮升降电动机 M_4 只有在调整工件和砂轮之间位置时使用。

当按下点动按钮 SB_6，接触器 KM_3 线圈通电吸合，砂轮升降电动机 M_4 启动正转，砂轮上升。达到所需位置时，松开按钮 SB_6，接触器 KM_3 线圈断电释放，砂轮升降电动机 M_4 停转，砂轮停止上升。

当按下点动按钮 SB_7，接触器 KM_4 线圈通电吸合，砂轮升降电动机 M_4 启动反转，砂轮下降，当达到所需位置时，松开按钮 SB_7，接触器 KM_4 线圈断电释放，砂轮升降电动机 M_4 停转，砂轮停止下降。

为了防止砂轮升降电动机 M_4 正反转线路同时接通引起电源短路故障，故在对方线路中串入接触器 KM_4 和 KM_3 的常闭触头进行互锁控制。

（4）电磁吸盘的控制。电磁工作台又称电磁吸盘，它是固定加工工件的一种夹具。利用通电导体在铁芯中产生的磁场吸牢铁磁材料的工件，以便加工。与机械夹具比较，它具有夹紧迅速、不损伤工件、一次能吸牢若干个小工件，以及工件发热可以自由伸缩等优点，因而在平面磨床上应用广泛。

电磁吸盘结构如图 3-8 所示，其外壳是钢制箱体，中部的芯体上绕有线圈，吸盘的盖板用钢板制成，钢制盖板用非磁性材料（如铅锡合金）隔离成若干小块。当线圈通上直流电以后，电磁吸盘的芯体被磁化，产生磁场，磁通便以芯体和工件做回路，工件被牢牢吸住。

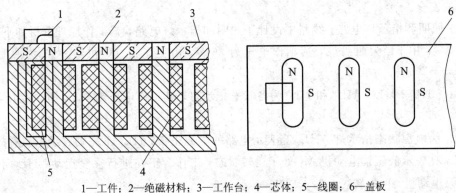

1—工件；2—绝磁材料；3—工作台；4—芯体；5—线圈；6—盖板

图 3-8　电磁吸盘结构

电磁吸盘的控制电路包括三个部分：整流装置、控制装置和保护装置。

① 整流装置。整流装置由变压器 TC 和单相桥式全波整流器 VC 组成，供给 110 V 直流电源。

② 控制装置。控制装置由按钮 SB_8、SB_9、SB_{10} 和接触器 KM_5、KM_6 等组成。电磁工作台充磁和去磁过程如下：

充磁过程：当电磁工作台上放上铁磁材料的工件后，按下充磁按钮 SB_8，接触器 KM_5 线圈通电吸合，接触器 KM_5 的两副主触点（204-206）、（205-208）闭合，同时其自锁触点（15-16）闭合，联锁触点（18-19）断开，电磁吸盘 YH 通入直流电流进行充磁将工件吸牢，然后进行磨削加工。磨削加工完毕后，在取下加工好的工件时，先按下按钮 SB_9，接触器 KM_5 线圈断电释放，切断电磁吸盘 YH 的直流电源，电磁吸盘断电。由于吸盘和工件均有剩磁，要取下工件，需要对吸盘和工件进行去磁。

去磁过程：按下点动按钮 SB_{10}，接触器 KM_6 线圈通电吸合，接触器 KM_6 的两副主触点（205-206）、（204-208）闭合，电磁吸盘 YH 通入反向直流电，使电磁吸盘和工件去磁。去磁时，为了防止电磁吸盘和工件反向磁化将工件再次吸住，仍取不下工件，要注意按点动按钮 SB_{10} 的时间不能过长，而且接触器 KM_6 采用点动控制。

③ 保护装置。保护装置由放电电阻 R 和电容 C 以及欠电压继电器 KV 组成。

电阻 R 和电容 C 的作用：电磁盘是一个大电感，在充磁吸工件时，存储有大量磁场能量。在它脱离电源时的一瞬间，电磁吸盘 YH 的两端产生较大的自感电动势，如果没有 RC 放电回路，电磁吸盘的线圈及其他电器的绝缘将有被击穿的危险，所以采用电阻 R 和电容 C 组成放电回路；利用电容 C 两端的电压不能突变的特点，使电磁吸盘线圈两端电压变化趋于缓慢；利用电阻 R 消耗电磁能量，如果参数选配得当，此时 RLC 电路可以组成一个衰减振荡电路，对去磁将是十分有利的。

欠电压继电器 KV 的作用：在加工过程中，若电源电压过低使电磁吸盘 YH 吸力不足，则电磁吸盘将吸不牢工件，会导致工件被砂轮打出，造成严重事故。因此，在电路中设置欠电压继电器 KV，将其线圈并联在直流电源上，其常开触点（2-3）串联在液压泵电动机 M_1 和砂轮电动机 M_2 的控制电路中，若电压过低使电磁吸盘 YH 吸力不足而吸不牢工件时，欠电压继电器 KV 立即释放，使液压泵电动机 M_1 和砂轮电动机 M_2 立即停转，以确保电路的安全。

（5）照明和指示灯电路。线路中设计了照明和指示灯电路，其工作原理分析如下：

图 3-7 中 EL 为照明灯，其工作电压为 36 V，由变压器 TC 供给。SA 为照明转换开关。

HL_1、HL_2、HL_3、HL_4 和 HL_5 为各状态指示灯，其工作电压为 6 V，也由变压器 TC 供给。

HL_1 为电源状态指示灯，HL_1 亮表示电路的电源正常；HL_1 不亮则表示电源有故障。

HL_2 亮表示液压泵电动机 M_1 处于运转状态，工作台正在进行往复运动；HL_2 不亮表示液压泵电动机 M_1 停转。

HL_3 亮表示砂轮电动机 M_2 及冷却泵电动机 M_3 处于运行状态；HL_3 不亮表示砂轮电动机 M_2 及冷却泵电动机 M_3 停转。

HL_4 亮表示砂轮升降电动机 M_4 处于运行状态；HL_4 不亮表示砂轮升降电动机 M_4 停转。

HL_5 亮表示电磁吸盘 YH 处于工作状态（充磁或去磁）；HL_5 不亮表示电磁吸盘 YH 未工作。

3. M7120 型平面磨床电气控制系统的特点

电磁吸盘是固定加工工件的一种夹具，与机械夹具比较，它具有夹紧迅速、不损伤工件、一次能吸牢若干个小工件，以及工件发热可以自由伸缩等优点。电磁吸盘的有关控制电路是 M7120 型平面磨床电气控制系统的特点体现。

3.5　工程实例——Z3040 型摇臂钻床电气控制线路

钻床是一种被广泛应用的孔加工机床，可进行钻孔、扩孔、铰孔、镗孔和攻螺纹等加工。按结构形式不同，钻床可分为台式钻床、摇臂钻床、深孔钻床、立式钻床、卧式钻床等。其中摇臂钻床操作方便、灵活、适用范围广，多用于单件或中小批量生产中大型多孔工件的孔加工。

这里以 Z3040 型摇臂钻床电气控制系统为例。

3.5.1　机床结构及原理

图 3-9 所示为摇臂钻床结构组成简图，主要由底座、内外立柱、摇臂、主轴箱和工

作台等组成。内立柱固定在底座的一端，在它外面套有外立柱，摇臂可连同外立柱绕内立柱回转。摇臂的一端为套筒，套装在外立柱上，借助丝杠的正反转可沿外立柱进行上下移动。

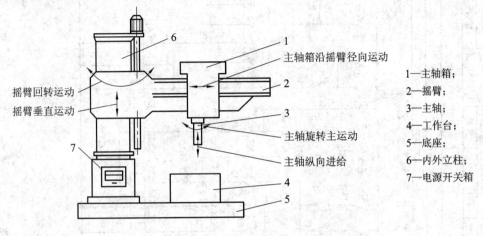

图 3 - 9　摇臂钻床结构组成简图

1—主轴箱沿摇臂径向运动
2—主轴旋转主运动
3—主轴纵向进给

摇臂回转运动
摇臂垂直运动

1—主轴箱；
2—摇臂；
3—主轴；
4—工作台；
5—底座；
6—内外立柱；
7—电源开关箱

主轴箱安装在摇臂的水平导轨上，可通过手轮操作使其在水平导轨上沿摇臂移动，加工时，根据工件高度的不同，借助于丝杠，摇臂可带着主轴箱沿外立柱上下升降。当达到所需位置时，摇臂自动夹紧在立柱上。

钻床的主运动是主轴带着钻头的旋转运动，进给运动是钻头的上下运动，辅助运动是主轴箱沿摇臂的水平移动、摇臂沿外立柱上下移动和摇臂与外立柱一起绕内立柱的回转运动。

3.5.2　电气控制线路分析

图 3 - 10 所示为 Z3040 型摇臂钻床的电气原理图。

1. 控制线路特点

该钻床采用四台电动机拖动：M_1 为主轴电动机，3 kW；M_2 为摇臂升降电动机，1.5 kW；M_3 为液压泵电动机，0.75 kW；M_4 为冷却泵电动机，90W。

电源引入开关采用低压短路器 $QF_1 \sim QF_5$，具有短路保护、欠电压保护和零电压保护功能。

摇臂升降与其夹紧机构动作之间插入时间继电器 KT，使得摇臂升降完成，升降电动机电源切断后，需延时一段时间，才能使摇臂夹紧，避免了因升降机构惯性造成间隙而在再次启动摇臂升降时产生的抖动。

立柱顶上没有汇流环装置，消除了因汇流环接触不良带来的故障。

该钻床设置了明显的指示装置，如主轴箱和立柱的松开、夹紧指示，主轴电动机旋转指示等。

图中使用的各电器元件符号及功能说明见表 3 - 5。

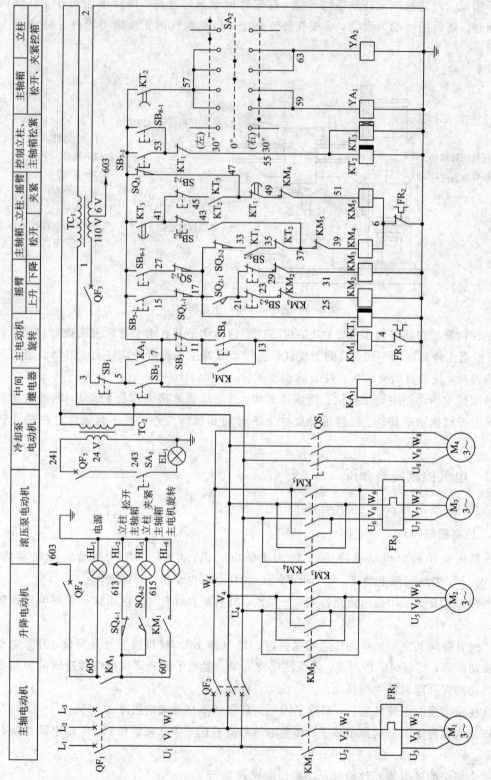

图3-10 Z3040型摇臂钻床的电气原理图

表 3 – 5　　Z3040 型摇臂钻床各电器元件符号及功能说明

符号	名称及功能	符号	名称及功能
M_1	主轴电动机	YA_1	主轴箱松紧用电磁铁
M_2	摇臂升降电动机	YA_2	立柱松紧用电磁铁
M_3	液压泵电动机	QS_1	冷却泵电动机 M_4 启、停控制用组合开关
M_4	冷却泵电动机	SA_1	照明灯控制用转换开关
KM_1	主轴电动机 M_1 启、停控制用接触器	SA_2	立柱、主轴箱松紧控制用转换开关
KM_2	摇臂升降电动机 M_2 正转用接触器	FR_1	主轴电动机 M_1 过载保护用热继电器
KM_3	摇臂升降电动机 M_2 反转用接触器	FR_2	液压泵电动机 M_3 过载保护用热继电器
KM_4	液压泵电动机 M_3 正转用接触器	TC_1	控制、指示电路用变压器
KM_5	液压泵电动机 M_3 反转用接触器	TC_2	照明电路用变压器
KT_1	控制摇臂升降用时间继电器	SB_1	总停按钮
KT_2	控制立柱和主轴箱松紧用时间继电器	SB_2	总启动按钮
KT_3	控制立柱和主轴箱松紧用时间继电器	SB_3	主轴电动机 M_1 停止按钮
KA_1	总电源通断用中间继电器	SB_4	主轴电动机 M_1 启动按钮
SQ_1	摇臂升降限位保护用行程开关	SB_5	摇臂上升控制用按钮
SQ_2	控制摇臂松开用行程开关	SB_6	摇臂下降控制用按钮
SQ_3	控制摇臂夹紧用行程开关	SB_7	立柱、主轴箱松开控制用按钮
SQ_4	立柱与主轴箱松紧指示用行程开关	SB_8	立柱、主轴箱夹紧控制用按钮
QF_1	总电源输入用低压断路器	EL_1	安全照明灯
QF_2	除主轴电动机 M_1 外的其他电源控制用低压断路器	HL_1	电源状态指示信号灯
QF_3	控制电路电源用低压断路器	HL_2	立柱、主轴箱松开状态指示信号灯
QF_4	指示灯电路电源用低压断路器	HL_3	立柱、主轴箱夹紧状态指示信号灯
QF_5	照明灯电路电源用低压断路器	HL_4	主轴电动机 M_1 状态指示信号灯

2. 控制线路分析

机床启动之前，先将低压断路器 $QF_2 \sim QF_5$ 接通，再将电源总开关低压断路器 QF_1 扳到"接通"位置，引入三相交流电源。电源指示灯 HL_1 亮，指示机床电气线路已处于带电状态。按下总启动按钮 SB_2，中间继电器 KA_1 线圈通电，并自锁，为主轴电动机 M_1 以及其他电动机的启动做好准备。

1）主电路分析

主轴电动机 M_1 承担主轴的旋转运动和进给运动，由交流接触器 KM_1 控制，只能单向运行。主轴的正反转、停车制动、空挡、主轴变速以及变速系统的润滑，都是通过操纵机构液压系统来实现的。通过热继电器 FR_1 实现主轴电动机 M_1 的过载保护。

摇臂升降电动机 M_2 由交流接触器 KM_2、KM_3 控制，可以正反转运行。摇臂的升降由 M_2 拖动，摇臂的松开、夹紧通过夹紧机构液压系统实现（电气-液压配合实现摇臂升降与松开、夹紧的自动循环）。摇臂升降电动机 M_2 为短时工作，故不设过载保护。

液压泵电动机 M_3 由交流接触器 KM_4、KM_5 控制，电动机 M_3 的主要作用是供给夹紧装置压力油，实现摇臂的松开与夹紧、立柱和主轴箱的松开与夹紧。FR_2 为液压泵电动机 M_3 的过载保护用热继电器。

冷却泵电动机 M_4 功率很小，由组合开关 QS_1 直接控制其启动、停止，无须过载保护。

2）控制电路分析

（1）主轴旋转的控制。主轴的旋转运动由主轴电动机 M_1 拖动，由主轴启动按钮 SB_4、停止按钮 SB_3、交流接触器 KM_1 实现单向启动、停止控制。主轴电动机 M_1 状态通过指示灯 HL_4 指示。

启动时：按下启动按钮 SB_4→接触器 KM_1 线圈通电吸合并自锁→KM_1 主触点闭合→M_1 转动。

停止时：按下停止按钮 SB_3→接触器 KM_1 线圈断电释放→KM_1 主触点断开→M_1 断电，由液压系统控制使主轴制动停车。

主轴的正反转运动切换是由液压系统和正反转摩擦离合器配合实现的。

（2）摇臂升降的控制。摇臂的上升、下降分别由按钮 SB_5、SB_6 点动控制实现。

以摇臂上升为例：按下上升按钮 SB_5，时间继电器 KT_1 线圈通电吸合，KT_1 的常开触点 KT_1(33-35)闭合，接触器 KM_4 线圈通电吸合，液压泵电动机 M_3 启动供给压力油。压力油经分配阀进入摇臂松开油腔，推动活塞使得摇臂松开。与此同时，活塞杆通过弹簧片压动限位开关 SQ_2，其常闭触点 SQ_{2-2} 断开，接触器 KM_4 线圈断电释放，液压泵电动机 M_3 停止运转。而 SQ_2 的常开触点 SQ_{2-1} 闭合，接触器 KM_2 线圈通电吸合，其主触点接通摇臂升降电动机 M_2 的电源，电动机 M_2 启动正向运转，带动摇臂上升。

如果摇臂没有松开，SQ_2 的常开触点 SQ_{2-1} 就不能闭合，接触器 KM_2 线圈就不能通电吸合，则电动机 M_2 不能运转，保证了只有在摇臂可靠松开后摇臂才可以上升。

当摇臂上升到所需位置时，松开按钮 SB_5，接触器 KM_2 和时间继电器 KT_1 的线圈同时断电释放，摇臂升降电动机 M_2 断电停止，摇臂停止上升。因为时间继电器 KT_1 为断电延时型，则延时 $1\sim3$ s 后，KT_1 的延时闭合常闭触点 KT_1(47-49)闭合，接触器 KM_5 的线圈经线路(1-3-5-7-47-49-51-6-2)通电吸合，液压泵电动机 M_3 反向启动运转，压力油经分配阀进入摇臂夹紧油腔，反向推动活塞使摇臂夹紧。同时，活塞杆通过弹簧片压动限位开关 SQ_3，使其常闭触点 SQ_3(7-47)断开，接触器 KM_5 的线圈断电释放，液压泵电动机 M_3 停止运转。

经上述过程，完成摇臂的"松开—上升—夹紧"动作。

摇臂的下降过程与上升过程基本相似，它们的松开和夹紧电路完全相同，所不同的是按下降按钮 SB_6 时，为接触器 KM_3 线圈通电吸合，使得摇臂升降电动机 M_2 反向运转，带动摇臂下降。

时间继电器 KT_1 的作用是控制接触器 KM_5 的线圈通电吸合时间，使摇臂升降电动机 M_2 停止运转后，再夹紧摇臂。KT_1 的延时时间应根据摇臂在电动机 M_2 断电至停转前的惯性大小调整，应保证摇臂停止上升(或下降)后才进行夹紧，一般为 $1\sim3$ s。

行程开关 SQ_1 承担摇臂上升或下降的极限位置保护。SQ_1 有两对常闭触点，触点 $SQ_{1-1}(15-17)$ 为摇臂上升时的极限位置保护，触点 $SQ_{1-2}(27-17)$ 为摇臂下降时的极限位置保护。

行程开关 SQ_3 的常闭触点(7-47)在摇臂可靠夹紧后断开。如果液压夹紧机构出现故障，或行程开关 SQ_3 调整不当，将使液压泵电动机 M_3 过载，这里采用了热继电器 FR_2 进行过载保护。

(3) 立柱和主轴箱的松开、夹紧控制。立柱和主轴箱的松开及夹紧控制可单独进行，也可以同时进行，由转换开关 SA_2 和复合按钮 SB_7(或 SB_8)进行控制。

转换开关 SA_2 有三个位置：中间位(零位)时，立柱的松开、夹紧和主轴箱的松开、夹紧同时进行；左边位为立柱的松开或夹紧；右边位为主轴箱的松开或夹紧。复合按钮 SB_7、SB_8 分别为松开、夹紧控制按钮。

以主轴箱的松开或夹紧为例：先将转换开关 SA_2 扳到右边位，其触点 $SA_2(57-59)$ 接通、$SA_2(57-63)$ 断开。当要主轴箱松开时，按下松开按钮(复合按钮)SB_7，时间继电器 KT_2、KT_3 的线圈同时通电吸合，时间继电器 KT_2 为断电延时型，其延时断开常开触点 $KT_2(7-57)$ 在通电瞬间闭合，电磁铁 YA_1 通电。J 经 $1\sim3$ s 延时后，时间继电器 KT_3 的延时闭合常开触点 $KT_3(7-41)$ 闭合，接触器 KM_4 线圈经线路(1-3-5-7-41-43-37-39-6-2)通电吸合，液压泵电动机 M_3 正转，压力油经分配阀进入主轴箱液压缸，推动活塞杆使主轴箱松开。活塞杆使行程开关 SQ_4 复位，常闭触点 SQ_{4-1} 闭合，常开触点 SQ_{4-2} 断开，指示灯 HL_2 亮，指示主轴箱已处于松开状态。主轴箱夹紧的控制线路及工作原理与松开时相似，只是把松开按钮(复合按钮)SB_7 换成夹紧按钮(复合按钮)SB_8 即可，相应的接触器 KM_4 换成接触器 KM_5，液压泵电动机 M_3 由正转变成反转，指示灯 HL_2 亮换成 HL_3 亮，指示主轴箱已处于夹紧状态。

当转换开关 SA_2 扳到左边位时，其触点 $SA_2(57-59)$ 断开、$SA_2(57-63)$ 接通，按下松开按钮(复合按钮)SB_7 或夹紧按钮(复合按钮)SB_8 时，电磁铁 YA_2 通电，此时立柱松开或夹紧。

当转换开关 SA_2 扳到中间位时，其触点 $SA_2(57-59)$、$SA_2(57-63)$ 均接通，按下松开按钮(复合按钮)SB_7 或夹紧按钮(复合按钮)SB_8 时，电磁铁 YA_1、YA_2 均通电，立柱和主轴箱同时进行松开或夹紧。其他动作过程与主轴箱松开或夹紧完全相同，请自行分析。

由于立柱和主轴箱的松开及夹紧是短时间的调整工作，采用点动控制。

3. Z3040 型摇臂钻床电气控制系统的特点

该机床具有短路保护、欠电压保护和零电压保护功能。摇臂升降与其夹紧机构动作之间插入时间继电器，避免了因升降机构惯性造成间隙而在再次启动摇臂升降时产生的抖动。采用行程开关的配合来实现各动作之间的协调和极限位置保护；设置了明显的指示灯装置，便于操作与维护。

习　题

3-1　试述电气控制系统分析的步骤及方法。

3-2　C650 型卧式车床有哪些电气保护措施？它们是通过哪些电器元件实现的？

3-3　分析 X62W 型卧式铣床的电气原理图，写出其工作过程。

3-4　Z3040 型摇臂钻床的上升、下降运动分为哪三个步骤？简述动作过程。

3-5　Z3040 型摇臂钻床电气控制线路中，行程开关 $SQ_1 \sim SQ_4$ 各起什么作用？

3-6　分析 Z3040 型摇臂钻床电气控制线路。说明：

(1) 摇臂升降与松开、夹紧的自动过程；

(2) 时间继电器 KT_1、KT_2 的作用是什么？

(3) 电路在安全保护方面有什么特色？

3-7　分析 M7120 型平面磨床电气控制线路原理图，写出其工作过程。

第 4 章　电气控制系统设计

　　生产机械设备一般都是由机械与电气两大部分组成的。设计一台生产机械设备，首先要明确该设备的技术要求，拟定总体技术方案。电气设计是其中的重要组成部分，应满足生产机械设备的总体技术方案要求。

　　电气设计涉及内容广泛，本章阐述继电器—接触器电气控制系统的设计，包括电气控制系统设计的内容、一般规律、设计原则、设计方法和步骤等。

4.1　电气控制系统设计的内容

　　生产机械设备的电气设计与机械设计是分不开的，尤其是现代设备的结构以及使用效能与电气自动控制的程度密切相关。对机械设计人员来说，也需要对电气设计有一定的了解。这一节将讨论生产机械设备电气设计涉及的主要内容。

4.1.1　生产机械设备电气设计主要技术性能

　　生产机械设备的主要技术性能，即机械传动、液压和气动系统的工作特性，以及对电气控制系统的要求。

　　(1) 生产机械设备的电气技术指标即电气传动方案，要根据生产机械设备的结构、传动方式、调速指标，以及对启制动和正反向要求等来确定。

　　生产机械设备的主运动与进给运动都有一定调速范围的要求，要求不同，则采取的调速传动方案就不同。调速性能的好坏与调速方式密切相关，中小型生产机械设备一般采用单速或双速笼型异步电动机，通过变速箱传动；对传动功率较大、主轴转速较低的生产机械设备，为了降低成本，简化变速机构，可选用转速较低的异步电动机；对调速范围、调速精度、调速的平滑性要求较高的生产机械设备，可考虑采用交流变频调速和直流调速系统，满足无级调速和自动调速的要求。

　　由电动机完成生产机械设备正反向运动比机械方法简单容易，因此只要条件允许尽可能由电动机来实现。传动电动机是否需要制动，要根据生产机械设备需要而定。对于由电动机实现正反向的设备对制动无特殊要求时，一般采用反接制动，可使控制线路简化。在电动机频繁启制动或经常换向时，必须采取措施限制电动机启制动电流。

　　(2) 电动机的调速性质应与生产机械设备的负载特性相适应。

　　调速性质是指转矩、功率与转速的关系。设计任何一个生产机械设备电力拖动系统都离不开对负载和系统调速性质的研究，它是选择拖动和控制方案及确定电动机容量的前提。电动机的调速性质必须与生产机械设备的负载特性相适应。

　　一般生产机械设备的切削运动(主运动)需要恒功率传动，而进给运动则需要恒转矩传动。双速异步电动机，定子绕组由三角形(转速)改成双星形(高速)连接时，功率增加的很小，因此适用于恒功率传动；定子绕组由星形（转速）改成双星形（高速）连接时，电动机所输出的转矩保持不变，因此适用于恒转矩调速。

他励直流电动机改变电压的调速方法属于恒转矩调速，改变励磁的调速方法则属于恒功率调速。

（3）正确合理地选择电气控制方式是生产机械设备电气设计的主要内容。

电气控制方式应能保证生产机械设备的使用效能、动作程序和自动循环等基本动作要求。现代生产机械设备的控制方式与其结构密切相关。由于近代电子技术和计算技术已深入到电气控制系统的各个领域，各种新型控制系统不断出现，不仅关系到生产机械设备的技术与使用性能，而且也深刻地影响着生产机械设备的机械结构和总体方案。因此，电气控制方式应根据生产机械设备总体技术要求来拟定。

在一般普通生产机械设备中，其工作程序往往是固定的，使用中并不需要经常改变原有程序，可采用有触点的继电器—接触器系统，控制线路在结构上接成"固定"式的。有触点控制系统，控制电路的接通或分断是通过开关或继电器等触点的闭合与分断来进行控制的。这种系统的特点是能够控制的功率较大、控制方法简单、工作稳定、便于维护、成本低，因此在现有的生产机械设备控制中应用仍相当广泛。而程序控制器是介于继电器—接触器系统的固定接线装置与电子计算机控制之间的一种新型的通用控制部件。近年来程序控制器有了很大的发展，这是由于其可以大大缩短电气设计、安装和调整周期，并且工作程序可以更改，因此采用程序控制器以后，控制系统具有了较大的灵活性和适应性。而随着电子技术的发展，数字程序控制系统在生产机械设备上的应用越来越广泛。

（4）明确有关操纵方面的要求，在设计中实施。如操纵台的设计、测量显示、故障自诊断、保护等措施的要求。

（5）设计应考虑用户供电电网情况，如电网容量、电流种类、电压及频率。

电气设计技术条件是生产机械设备设计的有关人员和电气设计人员共同拟定的。根据设计任务书中拟定电气设计的技术条件，就可以进行设计，实际上电气设计就是把上述技术条件明确下来并实施。

4.1.2 电气控制系统设计的内容

电气控制系统设计的基本任务是根据控制要求，设计和编制出设备制造、安装、使用和维护过程中所必需的图样、资料。电气控制系统的设计包括原理设计和工艺设计两部分。

1. 原理设计内容

原理设计的主要内容包括：

（1）拟定电气设计任务书（技术条件）。

（2）确定电力拖动方案（电气传动形式）以及控制方案。

（3）选择电动机，包括电动机类型、电压等级、容量及转速，并确定型号。

（4）设计电气控制原理框图，包括主电路、控制电路和辅助控制电路，确定各部分之间的关系，拟定各部分的技术要求。

（5）设计并绘制电气原理图，计算主要技术参数。

（6）选择电器元件，制定电动机和元器件明细表，以及易损件及备用件清单。

（7）编写设计说明书。

2．工艺设计内容

工艺设计的主要内容包括：

（1）根据电气原理图及选定的电器元件，设计电气设备的总体配置，绘制电气控制系统的总装配图及总接线图。

（2）按照电气原理框图或划分的组件，对总原理图编号、绘制各组件原理电路图，列出各组件元件目录表，根据总图编号标出各组件的进出线号。

（3）根据各组件原理电路及选定的元器件目录表，设计各组件的装配图和接线图。

（4）根据组件的安装要求，绘制零件图样，并标明技术要求。

（5）设计电气箱。根据组件的尺寸及安装要求，确定电气箱结构与外形尺寸，设置安装支架，标明安装尺寸、安装方式、各组件的连接方式、通风散热及开门方式。

（6）根据总原理图、总装配图及各组件原理图等资料，进行汇总，分别列出外购件清单、标准件清单以及主要材料消耗定额。

（7）编写使用操作说明书。

以上电气设计各项内容，必须以有关国家标准为纲领。在实际设计过程中，根据生产机械设备的总体技术要求和电气系统的复杂程度，可对上述内容进行适当调整，某些图样和技术文件可适当合并或增删。

4.2　电动机的选择

正确选择电动机具有重要意义，应从驱动生产机械设备的具体对象、加工规范等使用条件出发，综合考虑经济、合理、安全等方面内容，使电动机能够安全可靠地运行。

4.2.1　电动机容量的选择

根据生产机械设备的负载功率（例如切削功率）就可选择电动机的容量。然而生产机械设备的载荷是经常变化的，而每个负载的工作时间也不尽相同，这就产生了如何使电动机功率能最经济地满足设备负载功率的问题。生产机械设备电力拖动系统一般分为主拖动及进给拖动。

1．主拖动电动机容量选择

多数生产机械设备负载情况比较复杂，切削用量变化很大，尤其是通用型的设备，负载种类更多，不易准确地确定其负载情况。因此通常采用调查统计类比或分所与计算相结合的方法来确定电动机的功率。

1）调查统计类比法

确定电动机功率前，首先进行广泛调查研究，分析确定所需要的切削用量，然后用已确定的较常用的切削用量的最大值，在同类同规格的生产机械设备上进行切削实验，并测出电动机的输出功率，以此测出的功率为依据，再考虑到设备最大负载情况，以及采用先进切削方法及新工艺等，类比国内外同类设备电动机的功率，最后确定所设计的设备电动机功率。这种方法以切削实验为基础进行分析类比，符合实际情况，有实用价值。

对设备主拖动电动机进行实测、分析,找出电动机容量与生产机械设备主要数据的关系,以这种关系来作为选择电动机容量的依据是目前常用的方法。

卧式车床主电动机的功率:

$$P = 36.5D^{1.54} \qquad (4-1)$$

式中:P 为主拖动电动机功率(kW);D 为工件最大直径(m)。

立式车床主电动机的功率:

$$P = 20D^{0.83} \qquad (4-2)$$

式中:D 为工件最大直径(m)。

接臂钻床主电动机的功率:

$$P = 0.0646D^{1.19} \qquad (4-3)$$

式中:D 为最大钻孔直径(mm)。

卧式镗床主电动机的功率:

$$P = 0.04D^{1.7} \qquad (4-4)$$

式中:D 为镗杆直径(mm)。

龙门铣床主电动机的功率:

$$P = \frac{1}{166}B^{1.15} \qquad (4-5)$$

式中:B 为工作台宽度(mm)。

2)分析计算法

可根据生产机械设备总体设计中对机械传动功率的要求,确定主拖动电动机功率,即知道机械传动的功率,可计算出所需电动机功率:

$$P = \frac{P_1}{\eta_1 \eta_2} = \frac{P_1}{\eta_总} \qquad (4-6)$$

式中:P 为主拖动电动机功率(kW);P_1 为机械传动轴上的功率(kW);η_1 为生产机械效率;η_2 为电动机与生产机械之间的传动效率;$\eta_总 = \eta_1 \eta_2$ 为总效率,一般主运动为回转运动的,$\eta_总 = 0.7 \sim 0.85$,主运动为往复运动的,$\eta_总 = 0.6 \sim 0.7$(结构简单的取大值,结构复杂的取小值)。

计算出电动机的功率,仅仅是初步确定的数据,还要根据实际情况进行分析,对电动机进行校验,最后确定其容量。

2. 进给运动电动机容量选择

生产机械设备进给运动的功率也是由有效功率和功率损失两部分组成的。一般进给运动的有效功率都是比较小的,如通用车床进给有效功率仅为主运动功率的 0.0015~0.0025 V,铣床为 0.015~0.025,但由于进给机构传动效率低,实际需要的进给功率,车床、钻床的有效功率约为主运动功率的 0.03~0.05,而铣床则为 0.2~0.25。一般地,生产机械设备进给运动传动效率为 0.15~0.2,甚至还低。

车床和钻床,当主运动和进给运动采用同一电动机时,只计算主运动电动机功率即可。对主运动和进给运动没有严格内在联系的生产机械设备,如铣床,为了使用方便和减少电能的消耗,进给运动一般采用单独电动机传动,该电动机除传动进给运动外还传动工作台的快速移动。由于快速移动所需的功率比进给大得多,因此电动机功率常常是由快速移动需要而决定的。

快速移动所需要的功率一般由经验数据来选择，见表 4-1。

表 4-1　生产机械设备移动所需的功率值

设备类型	运动部件	移动速度/(m·min^{-1})	所需电动机功率/kW
卧式车床　$D_m=400$　mm	溜板	6～9	0.6～1.0
卧式车床　$D_m=600$　mm	溜板	4～6	0.8～1.2
卧式车床　$D_m=1000$ mm	溜板	3～4	3.2
摇臂钻床　$d_m=35～75$ mm	摇臂	0.5～1.5	1～2.8
升降台铣床	工作台	4～6	0.8～1.2
升降台铣床	升降台	1.5～2.0	1.2～1.5
龙门铣床	横梁	0.25～0.50	2～4
龙门铣床	横梁上的铣头	1.0～1.5	1.5～2
龙门铣床	立柱上的铣头	0.5～1.0	1.5～2

4.2.2　电动机转速和结构形式的选择

电动机功率的确定是选择电动机的关键，但转速、使用电压等级及结构形式等项目也是重要参数。

异步电动机由于它结构简单、坚固、维修方便、造价低廉，因此在生产机械设备中使用最为广泛。

电动机的转速越低则体积越大，价格也越高，功率因数和效率也低，因此电动机的转速要根据设备的要求和传动装置的具体情况加以选定。异步电动机的转速有 3000 r/min、1500 r/min、1000 r/min、750 r/min、600 r/min 等，这是由于电动机的磁极对数不同。电动机转子转速由于存在着转差率，一般比同步转速约低 2％～5％。一般情况下，可选用同步转速为 1500 r/min 的电动机，因为这个转速下的电动机适应性较强，而且功率因数和效率也高。若电动机的转速与该机械的转速不一致，可选取转速稍高的电动机通过机械变速装置使其一致。

异步电动机的电压等级为 380 V，但要求宽范围而平滑的无级调速时，可采用交流变频调速或直流调速。

一般地说，金属切削机床都采用通用系列的普通电动机。电动机的结构形式按其安装位置的不同可分为卧式（轴为水平）、立式（轴为垂直）等。为了使拖动系统更加紧凑，应使电动机尽可能地靠近生产机械设备的相应工作部位。如立铣、龙门铣、立式钻床等生产机械设备的主轴都是垂直于其工作台的，这时选用垂直安装的立式电动机，可不需要锥齿轮等机构来改变转动轴线的方向。又如装入式电动机，电动机的机座就是床身的一部分，它安装在床身的内部。

在选择电动机时，也应考虑生产机械设备的转动条件，对易产生悬浮飞扬的铁屑、废料、冷却液、工业用水等有损于绝缘介质的场合，选用封闭式结构较为适宜。煤油冷却切削刀具或加工易燃合金材料的设备应选用防爆式电动机。按设备通用技术条件中规定，应采用全封闭扇冷式电动机。在某些场合下，还必须采用强迫通风。

4.3 电气控制线路的设计

一般中小型生产机械设备电气传动控制系统，大多数都是由继电器—接触器系统来实现其控制的。当生产机械设备的控制方案确定后，可根据各电动机的控制任务不同，参照典型线路逐一分别设计局部线路，然后再根据各部分的相互关系综合成完整的控制线路。

4.3.1 电气控制线路设计的原则

当生产机械设备的电力拖动方案和控制方案确定以后，就可着手进行电气控制线路的具体设计工作。电气设计人员若要设计出满足生产工艺要求的最合理的方案，就要不断扩展自己的知识面，开阔思路，总结经验。

电气控制线路设计应遵循以下原则：

1. 最大限度满足生产机械和工艺对电气控制系统的要求

电气控制系统是为整个生产机械设备及其工艺过程服务的，因此，在设计之前首先要弄清楚生产机械设备需满足的生产工艺要求，对生产机械设备的整个工作情况做全面细致的了解。同时深入现场进行调查研究，收集文献资料，并结合技术人员和现场操作人员的经验，力求工作可靠、操作方便、维护容易。

2. 电气控制线路的电源

在电气控制线路比较简单、电器元件不多的情况下，应尽可能用主电路电源作为控制电路电源，即可直接用交流 380 V 或 220 V，简化供电设备。对于比较复杂的控制线路，控制电路应采用控制电源变压器，将控制电压由交流 380 V 或 220 V 降至 110 V 或 48 V、24 V，这是从安全角度考虑的。一般照明电路为 36 V 以下电源。一般这些不同的电压等级都是由一个控制变压器实现的。

直流控制线路多用 220 V 或 110 V。对于直流电磁铁、电磁离合器，常用 24 V 直流电源供电。

3. 在满足生产工艺要求的前提下，力求使控制线路简单、经济

1）选用标准电器元件

设计中，尽量选用标准电器元件，尽量减少电器元件的数量，尽量选用相同型号的电器元件以减少备用品的种类和数量。

2）选用典型环节或基本电气控制线路

尽量选用标准的、常用的或经过实践考验的典型环节或基本电气控制线路。

3）简化电气控制线路

尽量减少不必要的触点，简化电气控制线路。在满足生产工艺要求的前提下，使用电器元件越少，电气控制线路中所涉及的触点的数量也越少，因而控制线路就越简单，同时提高了控制线路的可靠性。

常用的减少触点数量的方法有：

（1）合并同类触点。在图 4-1 中，图 4-1(a)和图 4-1(b)控制线路实现了控制功能一致,但图(b)比图(a)少了一对触点。合并同类触点时,应注意所用触点的容量应大于两个线圈电流之和。

(2) 利用具有转换触点的中间继电器将两对触点合并成一对转换触点,如图 4-2 所示。

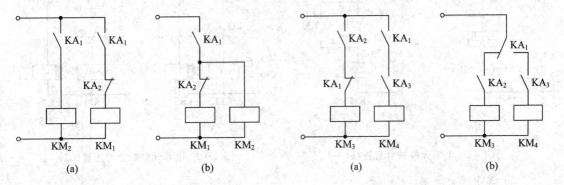

图 4-1 合并同类触点   图 4-2 具有转换触点的中间继电器的应用

(3) 利用半导体二极管的单向导电性减少触点数量。如图 4-3 所示,利用二极管的单向导电性可减少一个触点,这种方法仅适用于控制电路所用电源为直流电源的场合,使用中应注意电源极性。

(4) 利用逻辑代数的方法来减少触点数量。如图 4-4(a)所示,图中含有的触点数量为 5,其逻辑表达式为 $K=AB+A\overline{B}C$,经逻辑化简后,即为 $K=A\overline{B}$,这样就可化简为图 4-4(b)。

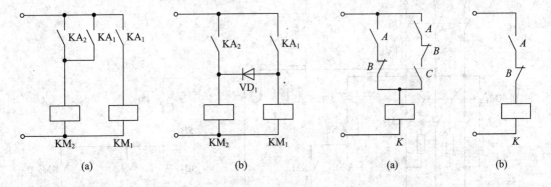

图 4-3 利用二极管简化控制电路   图 4-4 利用逻辑代数减少触点

4) 尽量减少连接导线的数量和长度

应根据实际环境情况,合理考虑并安排各种电气设备和电器元件的位置及实际连线,以保证连接导线的数量最少、长度最短。

如图 4-5 所示,图 4-5(a)、图 4-5(b)中两个控制电路在功能上没什么区别。但从接线角度考虑,图(b)比图(a)合理,这是因为,一般按钮安装在操作台上,而接触器等安装在电气柜中,图(a)中的接法从电气柜到操作台需引 4 根导线,而图(b)中的接法从电气柜到操作台只需引 3 根导线。

另外,特别要注意的是,同一电器元件的不同触点在电气控制线路中应尽可能具有更多的公共连接线,这样可减少导线根数,并缩短导线长度,如图 4-6 所示。行程开关安装在生产机械上，继电器安装在电气柜内，图 4-6(a)需用 4 根长导线连接，而图 4-6(b)只需用 3 根长导线。

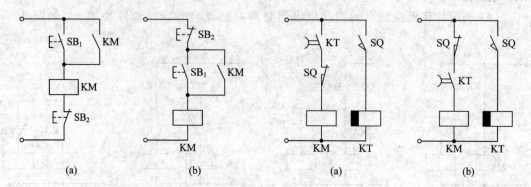

图 4-5　电器元件的合理连接（一）　　　　图 4-6　电器元件的合理连接（二）

5）减少通电电器

控制线路工作时，除必要的电器元件必须通电外，其余的尽量不通电以节约电能。

如图 4-7(a)所示，在接触器 KM₂ 通电后，接触器 KM₁ 和时间继电器 KT 就没必要再继续通电。优化为图 4-7(b)所示的控制电路，则接触器 KM₂ 通电后，利用其常闭辅助触点断开，切断接触器 KM₁ 和时间继电器 KT 的电源，既节约了能源，又延长了电器元件的寿命。

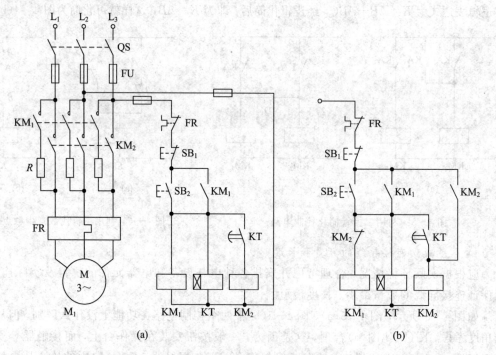

图 4-7　减少不必要的通电电器

4. 保证电气控制线路工作的可靠性

保证电气控制线路工作的可靠性，最主要的是选择可靠的电器元件。同时，在设计电气控制线路时要注意以下问题：

1）电气控制线路应能适应所在电网

设计的电气控制线路应能适应所在电网，并据此来决定电动机的启动方式是直接启动还是间接启动。

2）正确连接电器元件的触点

同一电器元件的常开和常闭触点靠得很近，如果分别接在电源的不同相上，有可能造成电源短路。

如图4-8(a)所示控制线路中，行程开关SQ的常开触点接在电源的一相，常闭触点接在电源的另一相，当触点断开产生电弧时，可能在两触点间形成飞弧造成电源短路。改成图4-8(b)所示的控制线路，由于两触点间的电位相同，不会造成电源短路，则可以避免这个问题。

因此，在设计控制线路时，应使分布在线路不同位置的同一电器触点尽量接到同一个极或尽量共接同一等电位点，以避免在电器触点上引起短路。

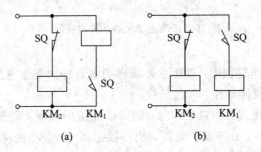

图4-8 正确连接电器元件的触点

3）正确连接电器元件的线圈

(1) 在交流控制线路中，电器元件的线圈不允许串联使用。两个交流电器的线圈串联使用时，至少一个线圈能够得到1/2的电源电压，又由于吸合的时间不尽相同，只要有一个电器吸合动作，它线圈上的压降也就增大，从而使另一电器达不到所需要的动作电压，另外由于电路电流增大，还有可能将线圈烧毁。如图4-9(a)所示接法错误，每个线圈上所分配到的电压与线圈的阻抗成正比，两个电器元件的动作总有先后次序，不可能同时动作，则先动作的电器元件线圈上的电压降增大，后动作的电器元件线圈达不到所需要的动作电压，无法正常工作。若需要两个电器元件同时工作，其线圈应并联连接，如图4-9(b)所示。

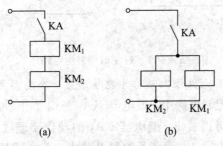

图4-9 正确连接电器元件的线圈（一）

（2）两电感量相差悬殊的直流电压线圈不能直接并联。如图 4-10(a)所示，YA 为电感量较大的电磁铁线圈，KA 为电感量较小的继电器线圈，当 KM 触点断开时，由于 YA 线圈电感量较大，产生的感应电动势加在继电器 KA 的线圈上，有可能达到 KA 的动作值，使得继电器 KA 的线圈延迟释放，引起误动作。为此，应在 KA 的线圈电路中单独串接 KM 的常开触点，保证电路可靠工作，如图 4-10(b)所示。

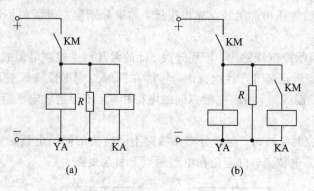

图 4-10 正确连接电器元件的线圈（二）

4）避免出现寄生电路

在电气控制线路动作过程中，发生意外接通的电路称为寄生电路。寄生电路不是工艺要求本身需要的，会造成误动作，引起事故。图 4-11 (a)所示是一个具有指示灯和过载保护的电动机正反转控制电路，正常工作时，能完成相应的控制，但是当电路过载热继电器 FR 动作时，则产生虚线所示的寄生电路，使得接触器 KM₁ 不能释放，起不到保护作用。如果将指示灯与其相应的接触器线圈并联，如图 4-11 (b)所示，则可防止寄生电路产生。

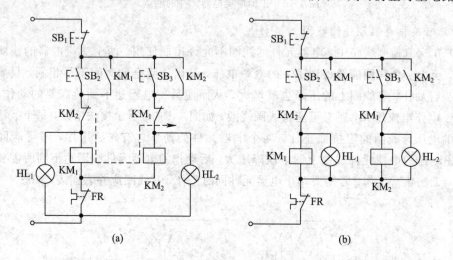

图 4-11 避免出现寄生电路

5）应尽量避免多个电器元件依次动作才能接通另一个电器元件的现象

在如图 4-12(a)所示控制电路中，继电器 KA₁ 通电动作后，继电器 KA₂ 才动作，然后继电器 KA₃ 才能通电。可以看出，继电器 KA₃ 的动作要通过 KA₁ 和 KA₂ 两个电器元件的动作才可以实现。而图 4-12(b)所示控制电路中，继电器 KA₃ 的动作只需 KA₁ 电器动作，而且只需经过一对触点，工作可靠。

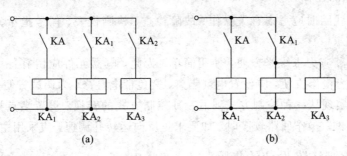

图 4 - 12　尽量避免多个电器元件依次动作

6）电气联锁、机械联锁及电气保护措施

在设计控制线路时，应考虑各种联锁关系，如电气联锁、机械联锁等。电气控制线路应具有完善的保护环节，保证生产机械的安全运行，消除在其工作不正常或误操作时所带来的不利影响，避免事故发生。电气控制线路中常设的保护环节有短路、过流、过载、失压、弱磁、超速、极限保护等。

7）充分考虑继电器触点的接通和分断能力

设计电气控制线路时，应充分考虑继电器触点的接通和分断能力。若要增加接通能力，可用多个常开触点并联；若要增加分断能力，可用多个常闭触点串联。

5. 充分利用触点的各种连接方法及功能

继电器—接触器控制线路有一个共同的特点，是通过触点的"通"和"断"来控制电动机或其他电气设备来完成运动机构的动作的。即使是复杂的控制线路，很大一部分也是常开（动合）触点和常闭（动断）触点组合而成的。

1）常开（动合）触点串联

当要求几个条件同时具备时，才使电器线圈通电动作，可用几个常开触点串联，再与控制的电器线圈串联的方法实现。这种关系在逻辑线路中称"与"逻辑。

2）常开（动合）触点并联

当在几个条件中，只要求具备其中任一条件，所控制的电器线圈就能通电，这时可用几个常开触点并联，再与控制的电器线圈串联来实现。这种关系在逻辑线路中称"或"逻辑。

3）常闭（动断）触点串联

当只要具备几个条件中之一时，电器线圈就断电，可用几个常闭触点串联，再与控制的电器线圈串联的方法来实现。

4）常闭（动断）触点并联

当要求几个条件都具备时，电器线圈才断电，可用几个常闭触点并联，再与控制的电器线圈串联的方法来实现。

5）利用保护电器的触点

一般保护电器应既能保证控制线路长期正常运行，又能起到保护电动机及其他电器设备的作用。一旦线路出故障，它的触点就应以"通"转为"断"。

6. 充分考虑操作性和可维护性

在设计控制线路时应考虑有关操作、故障检查、检测仪表、信号指示、报警以及照明等要求。

电气控制线路应力求维修方便，使用简单。为此，电器元件应留有备用触点，必要时留有备用元件。为检修方便，应设置电气隔离，避免带电检修。为调试方便，控制方式应操作简单，能迅速实现从一种控制方式到另一种控制方式的转换。设置多点控制，便于在生产机械旁进行调试。操作回路较多时，如要求正反向运转并调速，应采用主令控制器。

4.3.2 电气控制线路设计的步骤

电气控制线路设计一般按以下步骤进行。

1. 拟订设计任务书

电气控制系统设计的技术条件，通常以电气设计任务书的形式来表达。电气设计任务书是整个系统设计的依据，拟定电气设计任务书，应聚集电气、机械工艺、机械结构三方面的设计人员，根据所设计的生产机械设备的总体技术要求共同拟定。

在电气设计任务书中，应简要说明所设计的生产机械设备的型号、用途、工艺过程、技术性能、传动要求、工作条件、使用环境等。除此之外，还应说明以下技术指标及要求：

(1) 控制精度，生产效率要求。

(2) 有关电力拖动的基本特性，如电动机的数量、用途、负载特性、调速范围以及对反向、启动和制动的要求等。

(3) 用户供电系统的电源种类，电压等级、频率及容量等要求。

(4) 有关电气控制的特性，如自动控制的电气保护、联锁条件及动作顺序等。

(5) 其他要求，如主要电气设备的布局、照明、信号指示和报警方式等。

(6) 目标成本及经费限额。

(7) 验收标准及方式。

2. 电力拖动方案与控制方式的选择

电力拖动方案的选择是以后各部分设计内容的基础和先决条件。

电力拖动方案是指根据生产机械的结构、运动部件的数量、运动要求、负载特性、调速要求、生产工艺要求以及投资额等条件，来确定电动机的类型、数量、拖动方式，并拟定电动机的启动、运行、调速、转向、制动等控制要求，作为电气原理图设计及电器元件选择的依据。

3. 电动机的选择

根据已选择的拖动方案，就可以进一步选择电动机的类型、数量、结构形式，以及容量、额定电压、额定转速等。具体内容见"4.2 节中电动机的选择"。

4. 电气控制方案的确定

在几种电路结构及控制形式均可达到同样的技术指标的情况下，选择哪一种控制方案，要综合考虑各个控制方案的性能、设备投资、使用周期、维护检修和发展等因素。

选择电气控制方案的主要原则如下：

（1）自动化程度与国情相适应。

（2）控制方式应与设备的通用及专用化相适应。

（3）控制方式随控制过程的复杂程度而变化。

（4）控制系统的工作方式应满足工艺要求。

此外，选择控制方案时，还应考虑采用自动或半自动循环、工序变更、联锁、安全保护、故障诊断及报警、信号指示、照明等情况。

5．设计电气原理图

根据上述内容设计电气原理图，并合理选择元器件，编制元器件目录清单。

6．设计电气设备的施工图

设计电气设备制造、安装、调试所必需的各种施工图纸，并以此为依据编制各种材料定额清单。

7．编写说明书

4.3.3　电气控制线路设计的方法

电气控制线路的设计有两种方法：一是分析设计法；二是逻辑设计法。

1．分析设计法

分析设计法（又称经验设计法、一般设计法）是根据生产机械设备的工艺要求和生产过程，选择适当的基本环节或典型电路来综合形成电气控制线路。这种方法要求设计人员必须熟悉和掌握大量的基本环节和典型电路，具有丰富的实际设计经验。

一般不太复杂的（继电接触式）电气控制线路都可以按这种方法进行设计。这种方法易于掌握，便于推广，但在设计过程中需要反复修改设计草图以得到最优设计方案。分析设计法设计速度较慢，必要时还要对整个电气控制线路进行模拟实验。

1）设计的基本步骤

一般的生产机械设备电气控制线路设计包含主电路、控制电路和辅助电路等设计。

（1）主电路设计：主要考虑电动机的启动、点动、正反转、制动和调速。

（2）控制电路设计：包括基本控制电路和控制电路特殊部分的设计，以及选择控制参量和确定控制原则，主要考虑如何满足电动机的各种运转功能和生产工艺要求。

（3）连接各基本环节或典型电路，构成满足整机生产工艺要求，实现生产过程自动或半自动及调整的控制线路。

（4）联锁、保护环节的设计：主要考虑如何完善整个控制线路的设计，包括各种联锁环节以及短路、过载、过电流、失电压、欠电压、极限位置等保护环节。

（5）辅助电路设计：包括照明、指示、报警等方面。

（6）线路的综合审查：反复审查所设计的电气控制线路是否满足设计原则和生产工艺要求。在有条件的情况下，进行模拟实验，逐步完善整个电气控制线路的设计，得到最优设计方案。

2）设计的基本方法

（1）根据生产机械的工艺要求和工作过程，适当选用已有的典型基本环节，将它们有机地组合起来加以适当的补充和修改，综合形成所需要的电气控制线路。

（2）若选择不到适合的典型基本环节，则根据生产机械的工艺要求和生产过程自行设计，边分析边画图，将输入的主令信号经过适当转换，得到执行元件所需的工作信号。随时增减电器元件和触点，以满足所给定的工作条件。

2. 逻辑设计法

逻辑设计法就是利用逻辑代数这一数学工具来设计电气控制线路。即从生产机械设备的生产工艺要求出发，将控制线路中的接触器、继电器等电器元件线圈的通电与断电，触点的闭合与断开，以及主令元器件触点的接通与断开等，均看作逻辑变量，结合生产工艺过程，考虑控制线路中各逻辑变量之间所要满足的逻辑关系，用逻辑函数关系式表达它们之间的逻辑关系，按照一定的方法和步骤设计出符合生产工艺要求的电气控制线路。

1）逻辑代数基础

（1）逻辑代数中的逻辑变量和逻辑函数。逻辑代数又称布尔代数或开关代数。

① 逻辑变量。在逻辑代数中，将具有两种互为对立的工作状态的物理量称为逻辑变量。如继电器、接触器等电器元件线圈的断电与通电、触点的断开与闭合等，这里的线圈和触点都相当于一个逻辑变量，其对应的两种工作状态可采用逻辑"0"和逻辑"1"表示。而且，逻辑代数规定，应明确逻辑"0"和逻辑"1"所代表的物理意义。

在继电器—接触器控制线路中明确规定：继电器、接触器等电器元件的线圈、常开（动合）触点为原变量；常闭（动断）触点为反变量。即电器元件的线圈通电为"1"状态、断电为"0"状态；常开触点闭合为"1"状态、断开为"0"状态；常闭触点闭合为"$\overline{0}$"状态、断开为"$\overline{1}$"状态。电器元件 KA_1、KA_2…的常开触点用 KA_1、KA_2…表示，常闭触点则用 $\overline{KA_1}$、$\overline{KA_2}$…表示。

② 逻辑关系。在继电器—接触器控制线路中，把表示触点状态的逻辑变量称为输入逻辑变量；把表示接触器、继电器线圈等受控元件的逻辑变量称为输出逻辑变量。输出逻辑变量与输入逻辑变量之间所满足的相互关系称为逻辑函数关系，简称为逻辑关系。

（2）逻辑代数的运算法则。逻辑代数的运算法则描述如下：

① 逻辑"与"。触点串联，能够实现逻辑"与"运算的电路如图 4-13（a）所示。

逻辑表达式：$K = A \cdot B$（"$\cdot$"为逻辑"与"运算符号）。

其表达的含义：只有当触点 A 与触点 B 都闭合时，线圈 K 才通电。

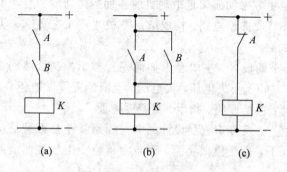

图 4-13　逻辑运算电路

（a）逻辑"与"；（b）逻辑"或"；（c）逻辑"非"

② 逻辑"或"。触点并联，能够实现逻辑"或"运算的电路如图 4-13（b）所示。

逻辑表达式：$K = A + B$（"$+$"为逻辑"或"运算符号）。

其表达的含义：触点 A 与触点 B 只要有一个闭合时，线圈 K 就可以通电。

③ 逻辑"非"。常闭（动断）触点，能够实现逻辑"非"运算的电路如图 4-13(c) 所示。

逻辑表达式：$K = \overline{A}$（"$^-$"为逻辑"非"运算符号）。

其表达的含义：触点 A 不动作，则线圈 K 通电。

（3）逻辑代数的基本定理。逻辑代数的基本定理有：

① 交换律：$A \cdot B = B \cdot A$，$A + B = B + A$。

② 结合律：$A \cdot (B \cdot C) = (A \cdot B) \cdot C$，$A + (B + C) = (A + B) + C$。

③ 分配律：$A \cdot (B + C) = A \cdot B + A \cdot C$，$A + (B \cdot C) = (A + B) \cdot (A + C)$。

④ 重叠律：$A \cdot A = A$，$A + A = A$。

⑤ 吸收律：$A + A \cdot B = A$，$A \cdot (A + B) = A$，$A + \overline{A} \cdot B = A + B$，$\overline{A} + A \cdot B = \overline{A} + B$。

⑥ 非非律：$\overline{\overline{A}} = A$。

⑦ 反演律：$\overline{A + B} = \overline{A} \cdot \overline{B}$，$\overline{A \cdot B} = \overline{A} + \overline{B}$。

（4）逻辑代数的化简。一般来说，从满足机械设备的工艺要求出发而列出的原始逻辑表达式都较为繁琐，涉及的变量较多，据此做出的电气控制线路图也很繁琐。因此，在保证逻辑功能（生产工艺要求）不变的前提下，可运用逻辑代数的法则和基本定理将原始的逻辑表达式进行化简，以得到较为简化的电气控制线路图。

化简时经常用到的常量和变量的关系有：

$$A + 0 = A, \quad A \cdot 0 = 0, \quad A + 1 = 1, \quad A \cdot 1 = A, \quad A + \overline{A} = 1, \quad A \cdot \overline{A} = 0$$

化简时经常用到的方法有：

① 合并项法：利用 $A \cdot B + A \cdot \overline{B} = A$，将两项合并为一项。

② 吸收法：利用 $A + A \cdot B = A$ 消去多余的因子。

③ 消去法：利用 $A + \overline{A} \cdot B = A + B$ 消去多余的因子。

④ 配项法：利用逻辑表达式乘以一个"1"和加上一个"0"其逻辑功能不变来进行化简，即利用 $A + \overline{A} = 1$，$A \cdot \overline{A} = 0$。

（5）继电器—接触器开关的逻辑函数。继电器—接触器开关的逻辑电路是以检测信号、主令信号、中间单元及输出逻辑变量的反馈触点作为输入变量，以执行元件作为输出变量而构成的电路。

图 4-14 所示为启停自锁电路。

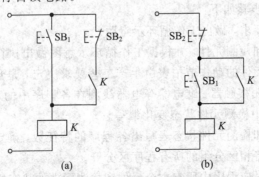

图 4-14　启停自锁电路

对于图 4 - 14(a)，其逻辑函数为 $F_K = SB_1 + \overline{SB_1} \cdot K$，其一般形式为

$$F_K = X_开 + X_关 \cdot K \tag{4-7}$$

对于图 4 - 14(b)，其逻辑函数为 $F_K = \overline{SB_2} \cdot (SB_1 + K)$，其一般形式为

$$F_K = X_关 \cdot (X_开 + K) \tag{4-8}$$

式(4-7)和式(4-8)中的 $X_开$ 代表开启信号，$X_关$ 代表关闭信号。

实际启动、停止、自锁的线路，一般都有许多联锁条件，即控制一个线圈通、断电的条件往往都不止一个。对开启信号，当不止一个主令信号，还必须具有其他条件才能开启时，则开启主令信号用 $X_{开主}$ 表示，其他条件称为开启约束信号，用 $X_{开约}$ 表示。可见，只有当条件都具备时，开启信号才能开启，则 $X_{开主}$ 与 $X_{开约}$ 是逻辑"与"的关系，用 $X_{开主} \cdot X_{开约}$ 代替式(4-7)、式(4-8)中的 $X_开$。

当关断信号不止一个主令信号，还必须具有其他条件才能关断时，则关断主令信号用 $X_{关主}$ 表示，其他条件称关断约束信号，用 $X_{关约}$ 表示。可见，只有当信号全为"0"时，信号才能关断，则 $X_{关主}$ 与 $X_{关约}$ 是逻辑"或"的关系，用 $X_{关主} + X_{关约}$ 去代替式(4-7)、式(4-8)中的 $X_关$。

则启动、停止、自锁线路的扩展公式为

$$F_K = X_{开主} X_{开约} + (X_{关主} + X_{关约}) \cdot K \tag{4-9}$$

$$F_K = (X_{关主} + X_{关约}) \cdot (X_{开主} X_{开约} + K) \tag{4-10}$$

2）设计基本步骤

电气控制线路的组成一般有输入电路、输出电路和执行元件等。

输入电路主要由主令元件、检测元件组成。主令元件包括按钮、开关、主令控制器等，其功能是实现开机、停机及发生紧急情况下的停机等控制。这里，主令元件发出的信号称为主令信号。检测元件包括行程开关、压力继电器、速度继电器等电器元件，其功能是检测物理量，即作为程序自动切换时的控制信号，也就是检测信号。主令信号、检测信号、中间元件发出的信号、输出变量反馈的信号组成控制线路的输入信号。

输出电路由中间记忆元件和执行元件组成。中间记忆元件即中间继电器，其基本功能是记忆输入信号的变化，使得按顺序变化的状态（以下称为程序）相区分。

执行元件分为有记忆功能和无记忆功能两种。有记忆功能的执行元件有接触器、继电器，无记忆功能的执行元件有电磁铁、电磁阀等。执行元件的基本功能是驱动生产机械的运动部件满足生产工艺要求。

逻辑设计法的基本步骤如下：

(1) 根据生产工艺要求，做出工作循环示意图。

(2) 确定执行元件和检测元件，并根据工作循环示意图做出执行元件的动作节拍表和检测元件状态表。执行元件的动作节拍表由生产工艺要求决定，是预先提供的。执行元件的动作节拍表实际上表明接触器、继电器等电器线圈在各程序中的通电、断电情况。检测元件状态表根据各程序中检测元件状态变化编写。

(3) 根据主令元件和检测元件状态表写出各程序的特征数，确定待相区分组，增设必要的中间记忆元件，使待相区分组的所有程序区分开。

程序特征数，即由对应程序中所有主令元件和检测元件的状态构成的二进制数码的组合数。例如，当一个程序有两个检测元件时，根据状态取值不同，该程序可能有 4 个不同

的特征数。

当两个程序中不存在相同的特征数时，这两个程序是相区分的；否则，是不相区分的。将具有相同特征数的程序归为一组，成为待相区分组。

对待相区分组可设置必要的中间记忆元件，通过中间记忆元件的不同状态将各待相区分组区分开。

（4）列出中间记忆元件的开关逻辑函数和执行元件的逻辑函数。

（5）根据逻辑函数式建立电气控制线路图。

（6）进一步检查、化简、完善电路，增加必要的保护和联锁环节。

4.4　常用电器元件的选用

电气控制线路设计完成之后，应开始选用所需要的电器元件。正确、合理地选用电器元件，是控制线路安全、可靠工作的重要保证。电器元件选用的基本原则如下：

（1）按对电器元件的功能要求确定电器元件的类型。

（2）确定电器元件承载能力的临界值及使用寿命。根据电器控制的电压、电流及功率的大小确定电器元件的规格。

（3）确定电器元件预期的工作环境及供应情况，如防油、防尘、防水、防爆及货源情况。

（4）根据电器元件在应用中所要求的可靠性进行选择。

（5）确定电器元件的使用类别。

常用电器元件的使用类别见表 4 - 2。

表 4 - 2　常用电器元件的使用类别

使用类别代号	典型用途举例	使用类别代号	典型用途举例
AC - 1(JK0)	无感或微感负载，电阻炉	AC - 11	控制交流电磁铁
AC - 2(JK1、2)	绕线转子电动机的启动、分断	AC - 12	控制电阻性负载和发光二极管隔离的固态负载
AC - 3(JK3)	笼型异步电动机的启动、运转中分断	AC - 13	控制变压器隔离的固态负载
AC - 4(JK4)	笼型异步电动机的启动、反接制动与反向、点动	AC - 14	控制容量（闭合状态下）不大于 72 VA 的电磁铁负载
AC - 5a	控制放电灯的通断	AC - 15	控制容量（闭合状态下）大于 72 VA 的电磁铁负载
AC - 5b	控制白炽灯的通断	DC - 1	无感或微感负载，电阻炉
AC - 6a	变压器的通断	DC - 3(ZK1、2)	并励电动机的启动、反接制动、点动
AC - 6b	电容器组的通断	DC - 5(ZK3、4)	串励电动机的启动、反接制动、点动

使用类别代号	典型用途举例	使用类别代号	典型用途举例
AC-7a	家用电器中的微感负载和类似用途	DC-6	白炽灯的通断
AC-7b	家用电动机负载	DC-11	控制直流电磁铁负载
AC-8a	密封制冷压缩机中的电动机控制(过载继电器手动复位式)	DC-12	控制电阻性负载和发光二极管隔离的固态负载
AC-8b	密封制冷压缩机中的电动机控制(过载继电器自动复位式)	DC-14	控制电路中有经济电阻的直流电磁铁负载

其中 AC-11，DC-11 是 IEC(国际电工委员会)337-1 中的使用类别，而 AC-12～AC-15、DC-12～DC-14 是 IEC 标准修订草案中的使用类别，后者将取代前者。

4.4.1 按钮、低压开关的选用

1. 按钮

按钮是用来短时接通或断开小电流的控制电路的开关。目前按钮在结构上是多种形式的：旋钮式按钮用手钮动旋转进行操作；指示灯式按钮内可装入信号灯显示信号；紧急式按钮装有蘑菇形钮帽，以表示紧急操作。

生产机械设备常用的按钮为 LA 系列。按钮主要根据所需要的触点数、触点型式、使用场合、颜色标注以及额定电压、额定电流进行选用。

按钮的颜色有如下规定：

(1)"停止"和急停按钮必须是红色。当按下红色按钮时，必须使设备停止工作或断电。

(2)"启动"按钮的颜色是绿色。

(3)"启动"与"停止"交替动作的按钮必须是黑色、白色或灰色，不得用红色和绿色。

(4)点动按钮必须是黑色。

(5)复位按钮(如保护继电器的复位按钮)必须是蓝色。当复位按钮还有停止作用时，则必须是红色。

2. 刀开关与封闭式负荷开关

刀开关与封闭式负荷开关适用于接通或断开有电压而无负载电流的电路，主要作用是接通和切断长期工作设备的电源，也用于不经常启、制动的容量小于 7.5 kW 的异步电动机。刀开关与封闭式负荷开关主要根据电源种类、电压等级、电动机的容量、控制的极数及使用场合进行选用。用于照明电路时，刀开关或封闭式负荷开关的额定电压、额定电流应等于或大于电路最大工作电压与工作电流。当用于异步电动机直接启动时，刀开关与封闭式负荷开关的额定电压为 380 V 或 500 V、额定电流应等于或大于电动机额定电流的3 倍。

有些刀开关附有熔断器。不带熔断器式刀开关主要有 HD 型及 HS 型，带熔断器式刀开关有 HR₃ 系列。

3. 断路器

断路器既能接通或分断正常工作电流，也能自动分断过载或短路电流，分断能力大，有欠压和过载短路保护作用，在生产机械设备上应用很广泛。选用断路器时，应考虑开关的类型、容量等级和保护方式等因素。在选用之前，必须对被保护对象的容量、使用条件及要求进行详细的调查，通过必要的计算后，再对照产品使用说明书的数据进行选用。

（1）断路器的额定电压和额定电流应不小于电路的正常工作电压和工作电流。

（2）热脱扣器的整定电流应与所控制的电动机的额定电流或负载额定电流一致。

（3）电磁脱扣器的瞬时脱扣整定电流应大于负载电路正常工作时的峰值电流。对于电动机来说，断路器电磁脱扣器的瞬时脱扣整定电流值 I 可按下式计算：

$$I \geqslant KI_{ST} \tag{4-11}$$

式中：K 为安全系数，可取 $K=1.7$；I_{ST} 为电动机的启动电流。

生产机械设备常用的产品有 DZ 系列、DW 系列。

4. 组合开关

组合开关主要是作为电源的引入开关，所以也称电源隔离开关。组合开关主要根据电源种类、电压等级、所需触点数及电动机容量进行选用。

组合开关也可以启停 7 kW 以下的异步电动机，但每小时的接通次数不宜超过 10～20 次，开关的额定电流一般取电动机额定电流的 1.5～2.5 倍。当用于控制 7 kW 以下电动机的启动、停止时，组合开关的额定电流应等于电动机额定电流的 3 倍。当不直接用于启动和停机时，其额定电流只需稍大于电动机的额定电流。

常用的组合开关为 HZ-10 系列，额定电流为 10 A、25 A、60 A 和 100 A 四种，适用于交流 380 V 以下、直流 220 V 以下的电气设备中。

5. 行程开关

行程开关主要根据机械设备运动方式与安装位置、挡铁的形状、速度、工作力、工作行程、触点数量、额定电压以及额定电流来选用。

6. 万能转换开关

万能转换开关根据控制对象的接线方式、触点形式与数量、动作顺序和额定电压、额定电流等参数进行选用。

7. 电源开关联锁机构

电源开关联锁机构与相应的断路器和组合开关配套使用，用于电源接通与断开、电源和柜门开关联锁，以达到在切断电源后才能打开门，将门关闭后才能接通电源的效果，从而起到安全保护作用。电源开关联锁有 DJL 系列和 JDS 系列。

4.4.2　熔断器的选用

选择熔断器时，首先应确定熔体的额定电流；其次根据熔体的规格，选择熔断器的规格；再根据被保护电路的性质，选择熔断器的类型。额定电压是根据所保护电路的电压来选择的。熔体的额定电流是确定熔断器的核心。

1. 熔体额定电流的选择

熔体的额定电流与负载性质有关。

1）负载较平稳，无尖峰电流

负载较平稳，无尖峰电流，如照明电路、信号电路、电阻炉电路等。

$$I_{FUN} \geqslant I \qquad (4-12)$$

式中：I_{FUN} 为熔体额定电流；I 为负载额定电流。

2）负载出现尖峰电流

负载出现尖峰电流，如笼型异步电动机的启动电流为 $(4 \sim 7)I_{ed}$（I_{ed} 为电动机额定电流）。

（1）单台不频繁启动、停机且长期工作的电动机。

$$I_{FUN} = (1.5 \sim 2.5)I_{ed} \qquad (4-13)$$

（2）单台频繁启动、长期工作的电动机。

$$I_{FUN} = (3 \sim 3.5)I_{ed} \qquad (4-14)$$

（3）多台长期工作的电动机共用熔断器。

$$I_{FUN} \geqslant (1.5 \sim 3.5)I_{emax} + \sum I_{ed} \text{ 或 } I_{FUN} \geqslant \frac{I_m}{2.5} \qquad (4-15)$$

式中：I_{emax} 为容量最大的一台电动机的额定电流；$\sum I_{ed}$ 为其余电动机的额定电流之和；I_m 为电路中可能出现的最大电流。

当几台电动机不同时启动时，电路中的最大电流：

$$I_m = 7I_{emax} + \sum I_{ed} \qquad (4-16)$$

3）采用降压方法启动的电动机

采用降压方法启动的电动机，熔体的额定电流：

$$I_{FUN} \geqslant I_{ed} \qquad (4-17)$$

2. 熔断器规格的选择

熔断器的额定电压必须大于电路工作电压，额定电流必须等于或大于所装熔体的额定电流。

3. 熔断器类型的选择

熔断器的类型应根据负载保护特性、短路电流大小及安装条件来选择。

熔断器种类很多，有插入式、填料封闭管式、螺旋式及快速熔断器等，有 RC1A 系列、RL1 系列、RT0 系列等。

4.4.3 接触器的选用

接触器用于带有负载主电路的自动接通或切断，分交流接触器和直流接触器两种，生产机械设备中应用最多的是交流接触器。选择交流接触器时，应考虑其主触点的额定电流应等于或大于负载或电动机的额定电流。

选择接触器主要考虑以下技术数据：

（1）电源种类：交流或直流。

（2）主触点额定电压、额定电流。

（3）辅助触点种类、数量及触点额定电流。

（4）电磁线圈的电源种类，频率和额定电压。

(5) 额定操作频率(次/h),即允许的每小时接通的最多次数。

1. 额定电压与额定电流

选择接触器时,应主要考虑接触器主触点的额定电压与额定电流。

$$U_{KMN} \geqslant U_{CN} \qquad (4-18)$$

$$I_{KMN} \geqslant I_N, \quad I_N = \frac{P_{MN} \times 10^3}{KU_{MN}} \qquad (4-19)$$

式中:U_{KMN} 为接触器的额定电压;U_{CN} 为负载的额定线电压;I_{KMN} 为接触器的额定电流;I_N 为接触器主触点电流;P_{MN} 为电动机功率;U_{MN} 为电动机额定线电压;K 为经验常数,$K = 1 \sim 1.4$。

按照接触器的工作制、安装及散热条件的不同,其额定电流使用值也不同:

(1) 接触器触点通电持续率大于或等于 40% 时,额定电流值可降低 10%~20% 使用。

(2) 接触器安装在控制柜内,其冷却条件较差时,额定电流值应降低 10%~20% 使用。

(3) 接触器在重复短时工作制且通电持续率不超过 40% 时,其允许的负载额定电流可提高 10%~25%。

(4) 接触器安装在控制柜内,允许的负载额定电流仅提高 5%~10%。

(5) 也可按照接触器的使用类别,查阅生产厂家提供的技术参数来确定。

2. 吸引线圈的电流种类及额定电压

对于频繁动作的场合,宜选用直流励磁方式,一般情况下采用交流控制。线圈额定电压应根据控制电路的复杂程度,维修、安全要求,设备所采用的控制电压等级来考虑。此外,有时还应考虑车间、乃至全厂所使用控制电路的电压等级,以确定线圈额定电压。

接触器线圈电压一般从安全考虑,可选择电压值低一些的,但当控制线路简单,所用电器不多时,可节省变压器,可选 380 V、220 V。

此外,接触器选择时还需考虑辅助触点的额定电流、种类和数量,选择有关特殊用途的接触器,考虑电器的固有动作时间以及电器的使用寿命和操作频率。

常用的接触器有 CJ10、CJ12、CJ20 系列等交流接触器和 CZ0 系列直流接触器。德国西门子公司的 TB 系列接触器产品符合 VDE、IEC 标准,型号有 3TB₄₁~3TB₄₄。

4.4.4 继电器的选用

1. 电磁式通用继电器

选用电磁式通用继电器时,首先考虑的是电源性质,即交流或直流类型;而后根据控制电路需要,是采用电压继电器还是电流继电器,或是中间继电器。作为保护用的应考虑是过电压(或过电流)、欠电压(或欠电流)继电器的动作值和释放值,中间继电器触点的类型和数量,以及选择励磁线圈的额定电压或额定电流值。

2. 热继电器

热继电器用于电动机的过载保护。热继电器的选择主要是根据电动机的额定电流来确定其型号与规格。热继电器结构形式的选择主要决定于电动机绕组接法及是否要求断相保护。

热继电器热元件的额定电流应接近或略大于电动机的额定电流。热继电器的整定电流值是指热元件通过的电流超过此值的 20％ 时，热继电器应当在 20 min 内动作。选用时整定电流应与电动机额定电流一致。

热继电器热元件的整定电流可按下式选取：

$$I_{FRN} \geqslant (0.95 \sim 1.05)I_{ed} \tag{4-20}$$

式中：I_{FRN} 为热元件整定电流。

对于工作环境恶劣、启动频繁的电动机则按下式选取：

$$I_{FRN} \geqslant (1.15 \sim 1.5)I_{ed} \tag{4-21}$$

对于过载能力较差的电动机，热元件的整定电流为电动机额定电流的 60％～80％。

对于重复短时工作制的电动机，其过载保护不宜选用热继电器，而应选用温度继电器。

如遇到下列情况，选择的热继电器元件的整定电流要比电动机额定电流高一些，以便进行保护：

(1) 电动机负载惯性转矩非常大，启动时间长。

(2) 电动机所带动的设备，不允许任意停电。

(3) 电动机拖动的为冲击性负载，如冲床、剪床等设备。

在一般情况下，可选用两相结构的热继电器；对在电网电压严重不平衡、工作环境恶劣条件下工作的电动机，可选用三相结构的热继电器；对于三角形接线的电动机，为了实现断相保护，则可选用带断相保护装置的热继电器。

常用的热继电器有 JR1、JR2、JR0、JR16 等系列。JR16 B 系列双金属片式热继电器，其电流整定范围广，并有温度补偿装置，适用于长期工作或间歇工作的交流电动机的过载保护，而且具有断相运转保护装置。JR16B 是由 JR0 改进而来的，该系列产品用来代替 JR0 的三极和带断相保护的热继电器。

3. 时间继电器

时间继电器是生产机械设备中常用电器之一，它是控制线路中的延时元件。选择时间继电器，主要考虑控制回路所需要的延时触点的延时方式（通电延时还是断电延时）、延时精度、延时范围、触点形式及数量等因素，根据不同的工作环境及使用条件选择不同类型的时间继电器，然后再选择线圈的额定电压。

应用最多的是空气阻尼式时间继电器，其型号有 JS7 - A 系列，延时范围有 0.4～60 s 及 0.4～180 s 两种。7PR 系列时间继电器是引进德国西门子公司制造技术的产品，产品符合 VDE 和 IEC 标准，适用于交流 50 Hz 或 60 Hz，电压为 110～120 V、120～127 V、110 V、127 V、220 V 的电路中，特点是抗干扰能力强，延时误差小，体积小。

4. 中间继电器

中间继电器主要在电路中起信号传递与转换作用。中间继电器触点多，可以扩充其他电器的控制作用。选用中间继电器，主要依据控制电路的电压等级，同时还要考虑触点的数量、种类及容量，应满足控制线路的要求。

在生产机械设备上常用的中间继电器型号有 JZ7 系列、JZ8 系列两种。JZ8 为交直流两用的中间继电器。

5. 速度继电器

应根据机械设备的安装情况及额定工作转速,选择合适的速度继电器型号。

4.4.5　控制变压器的选用

当控制线路所用电器较多、线路较为复杂时,一般采用经变压器降压的控制电源。控制变压器用来降低辅助电路的电压,以满足一些电器元件的电压要求,保证控制电路安全可靠地工作。控制变压器主要根据所需要变压器容量及一次侧、二次侧的电压等级来选择。

控制变压器的选择原则如下:

(1) 控制变压器一、二次侧电压应与交流电源电压、控制电路和辅助电路电压相等。

(2) 应能保证接于变压器二次侧的交流电磁器件在启动时可靠地吸合。

(3) 电路正常运行时,变压器温升不应超过允许值。

控制变压器容量的近似计算公式为

$$P_{\mathrm{T}} \geqslant 0.6 \sum P_{\mathrm{q}} + 0.25 \sum P_{\mathrm{Kj}} + 1.25 K_{\mathrm{L}} \sum P_{\mathrm{Km}} \qquad (4-22)$$

式中:P_{T} 为控制变压器容量(VA);P_{q} 为电磁器件的吸持功率(VA);P_{Kj} 为接触器、继电器启动功率(VA);P_{Km} 为电磁铁启动功率(VA);K_{L} 为电磁铁工作行程 L_{P} 与额定行程 L_{N} 之比的修正系数:当 $L_{\mathrm{P}}/L_{\mathrm{N}} = 0.5 \sim 0.8$ 时,$K_{\mathrm{L}} = 0.7 \sim 0.8$;当 $L_{\mathrm{P}}/L_{\mathrm{N}} = 0.85 \sim 0.9$ 时,$K_{\mathrm{L}} = 0.85 \sim 0.9$;当 $L_{\mathrm{P}}/L_{\mathrm{N}} = 0.9$ 以上时,$K_{\mathrm{L}} = 1$。

满足式(4-22)时,既可保证已吸合的电器在启动其他电器时仍能保持吸合状态,又能保证启动电器可靠地吸合。

控制变压器的容量也可按变压器长期运行的允许温升来确定,这时控制变压器的容量应大于或等于最大工作负载的功率,即

$$P_{\mathrm{T}} \geqslant K_{\mathrm{f}} \sum P_{\mathrm{q}} \qquad (4-23)$$

式中:K_{f} 为控制变压器容量储备系数,$K_{\mathrm{f}} = 1.1 \sim 1.25$;$\sum P_{\mathrm{q}}$ 为控制线路最大负载时工作的电器所需的总功率(VA)。

控制变压器的实际容量应由式(4-22)和式(4-23)两式中所计算出的最大容量来确定。

4.5　工程实例——电气控制线路设计

4.5.1　分析设计法应用

例 4-1　用分析设计法设计三条皮带运输机构成的散料运输线控制线路。其工作示意图如图 4-15 所示。皮带运输机的工艺要求如下:

(1) 启动时,顺序为 3#、2#、1#,并要有一定的时间间隔,以免货物在皮带上堆积,造成后面皮带重载启动。

(2) 停车时,顺序为 1#、2#、3#,也要有一定的时间间隔,以保证停车后皮带上没有货物。

（3）不论 2# 或 3# 哪一个出故障，1# 必须停车，以免继续进料，造成货物堆积。

（4）必要的保护。

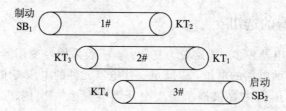

图 4-15　皮带运输机工作示意图

皮带运输机是一种连续平移运输装置，属长期工作制，工作中不需调速，也不需反转，无特殊要求，因此其拖动电动机多采用笼型异步电动机。考虑到可能存在事故情况下重载启动，需要有较大的启动转矩，可以采用双笼型异步电动机或绕线式异步电动机拖动，也可以二者配合使用。

（1）根据生产实际，分析工艺要求。启动时，为具有一定时间间隔的三台电动机顺序启动，即 3#→延时→2#→延时→1#；停车时，也为具有一定时间间隔的三台电动机顺序停止，即 1#→延时→2#→延时→3#；故障情况下，1# 必须停车；具有必要的保护措施，如短路保护、过载保护等。

（2）主电路设计。该皮带运输机采用三台笼型异步电动机拖动。电网容量相对于电动机容量来说足够大，而且三台电动机不同时启动，对电网产生的影响不大，为简化系统，均采用直接启动。皮带运输机属于长期工作装置，不经常启动、制动，而且对于制动的时间和停车的准确度没有特殊要求，因此采用自由停车。三台电动机都采用熔断器来实现短路保护、采用热继电器来实现过载保护。设计出的主电路如图 4-16 所示。对应关系为 3#—M_3—KM_3、FU_2、FR_3；2#—M_2—KM_2、FU_2、FR_2；1#—M_1—KM_1、FU_1、FR_1。

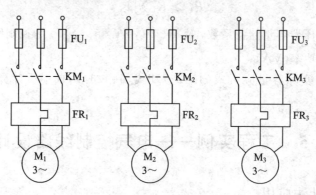

图 4-16　皮带运输机主电路

（3）基本控制电路设计。三台电动机由三个接触器及相应的启动按钮、停止按钮控制其启动、停止，而且具有自锁环节。启动时，顺序为 3#→2#→1#，可用 3# 接触器 KM_1 的常开（动合）辅助触点去控制 2# 接触器 KM_2 的线圈，用 2# 接触器 KM_2 的常开（动合）辅助触点去控制 1# 接触器 KM_3 的线圈。停车时，顺序为 1#→2#→3#，可用 1# 接触器 KM_3 的常开（动合）辅助触点与控制 2# 接触器 KM_2 的常闭（动断）按钮并联，用 2# 接触

器 KM_2 的常开（动合）辅助触点与控制 3♯ 接触器 KM_1 的常闭（动断）按钮并联。其基本控制电路如图 4 - 17 所示。图中对应关系为 3♯ — M_1 — KM_1、SB_2、SB_1；2♯ — M_2 — KM_2、SB_4、SB_3；1♯ — M_3 — KM_3、SB_6、SB_5。

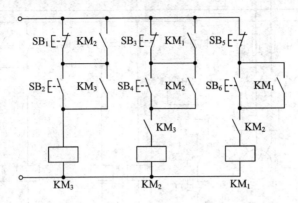

图 4 - 17　皮带运输机基本控制电路

（4）控制电路特殊部分的设计。图 4 - 17 所示的控制电路是基于手动操作来实现控制的，而实际应用中需要自动运行。工艺要求中，"有一定的时间间隔"提示皮带运输机的启动和停车过程可以用时间原则来加以控制，这也是设计中经常用到的方法。因此，利用时间继电器作为输出器件的控制信号，以通电延时的常开触点作为启动信号，以断电延时的常开触点作为停车信号，分别代替图 4 - 17 中相应的手动按钮。为使三条皮带自动地按顺序工作，采用中间继电器 KA。

按下 SB_1 发出停车指令时，KT_1、KT_2、KA 同时断电，KA 常开触点瞬时断开，若接触器 KM_2、KM_3 不加自锁，则 KT_3、KT_4 的延时将不起作用，KM_2、KM_3 的线圈将瞬时断电，电动机不能按要求顺序停车，因此必须设计有自锁环节。改进后的控制电路如图 4 - 18 所示。

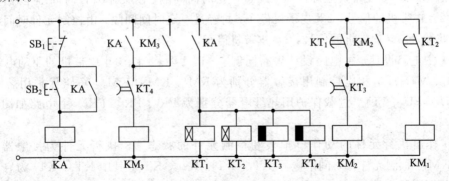

图 4 - 18　改进后的皮带运输机控制电路

（5）联锁保护环节设计。将三个热继电器的保护触点均串联在 KA 的线圈电路中（相当于三个热继电器的保护触点串联后与停车按钮 SB_1 串联），则不管哪一皮带运输机发生过载，都能按要求顺序停车，满足工艺要求。继电器 KA 兼有线路的失压保护功能，控制电路增设一短路保护用熔断器 FU_4。

（6）线路的综合审查。将设计的控制线路综合起来进行审查，并将设计电路进行适当的位置调整，得到完整的控制线路图，如图 4 - 19 所示。具体工作过程请自行分析。

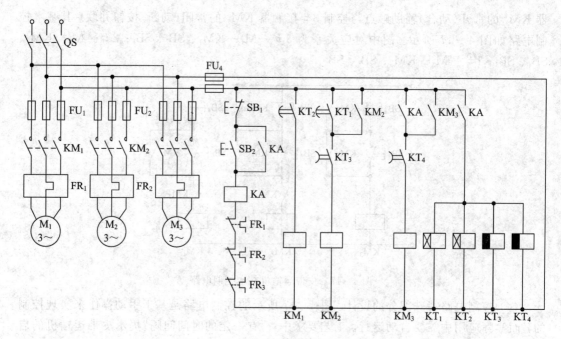

图 4-19　皮带运输机完整的控制线路

4.5.2　逻辑设计法应用

例 4-2　用逻辑设计法设计例 4-1 中的皮带运输机(简称皮带机)控制线路。

按生产工艺要求，可分析出：当启动信号给出后，3＃皮带机立即启动；经一定时间间隔，由控制元件时间继电器 KT_1 发出启动 2＃皮带机的信号，2＃皮带机启动；再经过一定时间间隔，由控制元件时间继电器 KT_2 发出启动 1＃皮带机的信号，1＃皮带机启动。当发出停止信号时，1＃皮带机立即停车，经过一定时间间隔，由控制元件时间继电器 KT_3 发出停止 2＃皮带机的信号，2＃皮带机停车；再经过一定时间间隔，由控制元件时间继电器 KT_4 发出停止 3＃皮带机的信号，3＃皮带机停车。

(1) 主电路设计。主电路设计思路同例 4-1，1＃、2＃、3＃皮带机的驱动电动机分别为 M_1、M_2、M_3，相应控制用接触器分别为 KM_1、KM_2、KM_3，短路保护用熔断器分别为 FU_1、FU_2、FU_3，过载保护用热继电器分别为 FR_1、FR_2、FR_3。主电路如图 4-16 所示。

(2) 作出执行元件的动作节拍表和检测元件的状态表。执行元件为接触器 KM_1、KM_2、KM_3。检测元件为时间继电器 KT_1、KT_2、KT_3、KT_4，其中 KT_1、KT_2 为启动用通电延时型时间继电器，KT_3、KT_4 为停止用断电延时型时间继电器。主令元件为启动按钮 SB_2 和停止按钮 SB_1。

接触器和时间继电器线圈状态见表 4-3，时间继电器及按钮触点状态见表 4-4。表中的"1"代表线圈通电或触点闭合，"0"表示线圈断电或触点断开。表 4-4 中的"1/0"和"0/1"表示短信号。例如，当按下按钮 SB_2 时，常开触点闭合；松开时，触点即断开。所以，称其产生的信号为短信号，在表 4-4 中表示为"1/0"。

表 4 – 3　接触器和时间继电器线圈状态表

程序	状态	元器件线圈状态						
		KM_1	KM_2	KM_3	KT_1	KT_2	KT_3	KT_4
0	原位	0	0	0	0	0	0	0
1	3♯启动	0	0	1	1	1	1	1
2	2♯启动	0	1	1	1	1	1	1
3	1♯启动	1	1	1	1	1	1	1
4	1♯停车	0	1	1	0	0	0	0
5	2♯停车	0	0	1	0	0	0	0
6	3♯停车	0	0	0	0	0	0	0

表 4 – 4　时间继电器及按钮触点状态表

程序	状态	检测或控制元件触点状态						转换主令信号
		KT_1	KT_2	KT_3	KT_4	SB_1	SB_2	
0	原位	0	0	0	0	1	0	
1	3♯启动	0	0	1	1	1	1/0	SB_2、KT_3、KT_4
2	2♯启动	1	0	1	1	1	0	KT_1
3	1♯启动	1	1	1	1	1	0	KT_2
4	1♯停车	0	0	1	1	0/1	0	SB_1、KT_1、KT_2
5	2♯停车	0	0	0	1	1	0	KT_3
6	3♯停车	0	0	0	0	1	0	KT_4

注：表中的"1/0"和"0/1"表示短信号。

（3）决定待相区分组，设置中间记忆元件。根据控制或检测元件状态表得程序特征数，见表 4 – 5。

表 4 – 5　程序特征数

程序	特征数	程序	特征数
0	000010	4	001100，001110
1	001111，001110	5	000110
2	101110	6	000010
3	111110		

只有"1"程序和"4"程序有相同特征数"001110"，但 SB_2 为短信号，需要自锁。因此，"1"程序和"4"程序就属于可分组了。因为没有待区分组，所以就无需设置中间记忆元件。

（4）列出输出元件的逻辑函数式。KM_3 的工作区间是程序"1"～"5"；程序"0""1"间转换主令信号是 SB_2，由 0→1，取 $X_{开主}$ 为 SB_2；程序"5""6"间转换主令信号是 KT_4，由 1→0，所以取 $X_{关主}$ 为 KT_4，SB_2 为短信号，需要自锁，则

$$KM_3 = (SB_2 + KM_3) \cdot KT_4 \qquad (4-24)$$

KM_2 的工作区间是程序"2"～"4"；程序"1""2"间转换主令信号是 KT_1，由 0→1，取 $X_{开主}$ 为 KT_1；程序"4""5"间转换主令信号是 KT_3，由 1→0，所以取 $X_{关主}$ 为 KT_3，但在开关边界内 $X_{开主} \cdot X_{关主}$ 不全为 1（由于 KT_1、KT_3 分别为通电延时型和断电延时型，所以在线路通电或断电时，二者不能同时闭合），则需自锁。故

$$KM_2 = (KT_1 + KM_2) \cdot KT_3 \qquad (4-25)$$

KM_1 的工作区间是程序"3"；程序"2""3"间转换主令信号是 KT_2，由 0→1，取 $X_{开主}$ 为 KT_2；程序"3""4"间转换主令信号是 SB_1，由 1→0→1，取 $X_{关主}$ 为 $\overline{SB_1}$。故

$$KM_1 = \overline{SB_1} \cdot KT_2 \qquad (4-26)$$

KT_1～KT_4 的工作区间是程序"1"～"3"；程序"0""1"间转换主令信号是 SB_2，由 0→1，且 SB_2 为短信号，需加自锁，取 $X_{开主}$ 为 SB_2；程序"3""4"间转换主令信号是 SB_1，由 1→0→1，取 $X_{关主}$ 为 $\overline{SB_1}$。故

$$KT_1 = (SB_2 + KT_1) \cdot \overline{SB_1} \qquad (4-27)$$
$$KT_2 = (SB_2 + KT_2) \cdot \overline{SB_1} \qquad (4-28)$$
$$KT_3 = (SB_2 + KT_3) \cdot \overline{SB_1} \qquad (4-29)$$
$$KT_4 = (SB_2 + KT_4) \cdot \overline{SB_1} \qquad (4-30)$$

由于 KT_1～KT_4 线圈的通电、断电信号相同，所以自锁信号用 KT_1 的瞬时触点来代替即可，则以上四式（4-27）～（4-30）可用式（4-30）代替。

$$KT_1 \sim KT_4 = (SB_2 + KT_1) \cdot \overline{SB_1} \qquad (4-31)$$

（5）按逻辑函数式画出电气控制线路图。按上面逻辑函数式画出的电气控制线路图如图 4-20 所示。

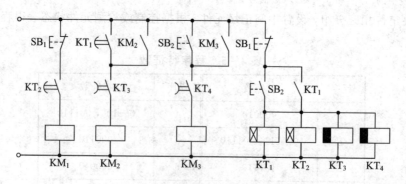

图 4-20　按逻辑函数式画出的电气控制线路

考虑$\overline{SB_1}$、SB_2需两常开触点、两常闭触点，数量太多，对按钮来说难以满足，改用中间继电器来实现，即

$$KA = (SB_2 + KA) \cdot \overline{SB_1}, \quad KT_1 \sim KT_4 = KA \quad\quad (4-32)$$

由此得到图 4-21 所示线路。

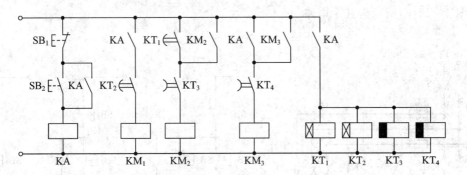

图 4-21　完善后的电气控制线路

（6）进一步完善电路，增加必要的联锁和保护环节。经过进一步检查和完善，最后可得到图 4-19 所示的控制线路。

综合以上分析设计法和逻辑设计法可以看出，其基本设计思路是一样的。对于一般不太复杂的电气控制线路可按分析设计法进行设计。对于较为复杂的电气控制线路，则宜采用逻辑设计法进行设计，既可使设计的线路更加简单，又可充分利用电器元件，得到更加简化、更为合理的电气控制线路。

4.5.3　CW6163 型卧式车床的电气控制线路

例 4-3　设计某卧式车床的电气控制线路。

（1）生产机械设备电气传动的特点及控制要求。

① 主运动和进给运动由电动机 M_1 集中传动，主轴运动的正方向（满足螺纹加工要求）是靠两组摩擦片离合器完成的。

② 主轴制动采用液压制动器。

③ 冷却泵由电动机 M_2 拖动。

④ 刀架快速移动由单独的快速电动机 M_3 拖动。

⑤ 进给运动的纵向左右运动，横向前后运动，以及快速移动，都集中由一个手柄操纵。

电动机型号：

主电动机 M_1：Y160M-4、11 kW、380 V、23.0 A、1460 r/min。

冷却泵电动机 M_2：JCB-22、0.15 kW、380 V、0.43 A、2790 r/min。

快速移动电动机 M_3：Y90S-4、1.1 kW、380 V、2.8 A、1400 r/min。

（2）电气控制线路设计。

① 主电路设计。

根据电气传动的要求，由接触器 KM_1、KM_2、KM_3 分别控制电动机 M_1、M_2、M_3。

三相电源由电源引入开关 QS 引入。主电动机 M_1 的过载保护由热继电器 FR_1 实现，它的短路保护可由前一级配电箱中的熔断器实现。冷却泵电动机 M_2 的过载保护，由热继电器 FR_2 实现。快速移动电动机 M_3 由于是短时工作，不设过载保护。电动机 M_2、M_3 共同的短路保护由熔断器 FU_1 实现。

图 4-22(a) 所示为其主电路。

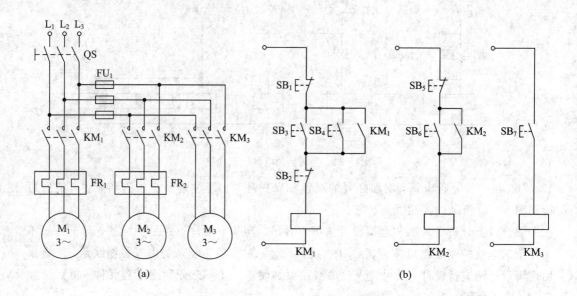

图 4-22　某卧式车床的电气控制线路

② 控制电路设计。

考虑到操作方便，主电动机 M_1 可在床头操作板上和刀架施板上分别设启动和停止按钮 SB_1、SB_2、SB_3、SB_4 进行操纵。接触器 KM_1 与控制按钮组成自锁的启停控制线路。

冷却泵电动机 M_2 由 SB_5、SB_6 进行启停操作，装在床头板上。

快速电动机 M_3 工作时间短，为了操作灵活，由按钮 SB_7 与接触器 KM_3 组成点动控制线路。

图 4-22(b) 所示为相应的控制电路。

③ 信号指示与照明电路。

可设电源指示灯 HL_1（绿色），在电源开关 QS 接通后，立即发光显示，表示生产机械电气线路已处于供电状态。设指示灯 HL_2（红色）表示主电动机 M_1 是否运行。指示灯 HL_2 可由接触器 KM_1 的常开辅助触点进行控制。

在操作板上没有交流电流表 A，它串联在电动机主回路中，用以指示设备的工作电流。这样可根据电动机工作情况调整切削用量使主电动机尽量满载运行，提高生产率，并能提高电动机功率因数。

设照明灯 EL 安全照明（36 V 安全电压）。

④ 控制电路电源。

考虑安全可靠及满足照明指示灯的要求，采用变压器供电。控制线路 127 V，照明 36 V，指示灯 6.3 V。

⑤ 绘制电气原理图。

根据各局部线路之间互相关系和电气保护线路，绘制电气原理图，如图 4-23 所示。

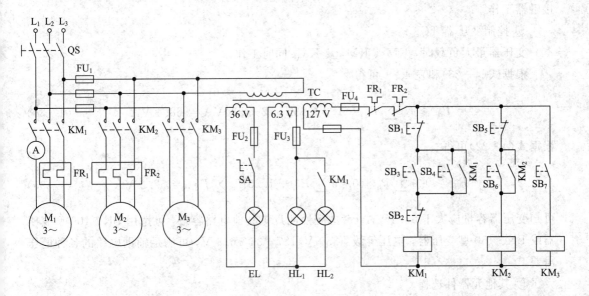

图 4-23　某卧式车床的完整电气控制线路

(3) 选择电气元件。

① 电源引入开关 QS。

QS 主要作为电源隔离开关用，并不用它来直接启、停电动机，可按电动机额定电流来选择。应根据三台电动机来选，选用中小型机床常用组合开关 HZ10-25/3 型三极组合开关，额定电流为 25 A。

② 热继电器 FR₁、FR₂。

主电动机 M_1 额定电流 23.0 A，FR_1 应选用 JR0-40 型热继电器，热元件电流为 25 A，整定电流调节范围为 16~25 A，工作时将额定电流调整为 23.0 A。

同理，FR_2 应选用 JR10-10 型热继电器，选用 1 号元件，整定电流调节范围为 0.40~0.64 A，整定在 0.43 A。

③ 熔断器 FU₁、FU₂、FU₃、FU₄。

FU_1 是对 M_2、M_3 两台电动机进行保护的熔断器。熔体电流为

$$I_{\text{FUN}} \geqslant \frac{2.67 \times 7 + 0.43}{2.5} = 7.6 \text{ A} \tag{4-33}$$

可选用 RL1-15 型熔断器，配用 10 A 的熔体。

$FU_2 \sim FU_4$ 选用 RL1-15 型熔断器，配用最小等级的熔体 2 A。

④ 接触器 KM₁、KM₂、KM₃。

接触器 KM_1，根据主电动机 M_1 的参数及要求选择：额定电流 23.0 A、控制回路电源

127 V、需主触点 3 对、常开(动合)辅助触点 2 对、常闭(动断)辅助触点 1 对，选用 CT0 - 40 型接触器，电磁线圈电压为 127 V。

由于 M_2、M_3 电动机额定电流很小，KM_2、KM_3 可选用 JZ7 - 44 交流中间继电器，线圈电压为 127 V，触点电流 5 A，可完全满足要求。对小容量的电动机常用中间继电器替代接触器工作。

⑤ 控制变压器 TC。

变压器最大负载时，KM_1、KM_2 及 KM_3 同时工作。

根据式(4 - 23)和表 4 - 1 可得

$$P_T \geqslant K_f \sum P_q = 1.2 \times (12 \times 2 + 33) \text{VA} = 68.4 \text{ VA} \qquad (4 - 34)$$

根据式(4 - 22)可得

$$P_T \geqslant 0.6 \sum P_q + 0.25 \sum P_{Kj} + 1.25 K_L \sum P_{Km} = 52.2 \text{ VA} \qquad (4 - 35)$$

可知变压器容量应大于 68.4 VA。考虑到照明灯等其他电路容量，可选用 BK - 100 型变压器或 BK - 150 型变压器，电压等级：380 V/127 - 36 - 6.3 V，可满足辅助电路的各种电压需要。

⑥ 其他元器件选择。

按钮 SB_3、SB_4、SB_6 为启动按钮，选用 LA10 型，黑色；按钮 SB_1、SB_2、SB_5 为停止按钮，选用 LA10 型，红色；按钮 SB_7 为启动按钮，选用 LA9 型，黑色。

指示信号灯 HL_1 选用 ZSD - 0 型，6.3 V，绿色；指示信号灯 HL_2 选用 ZSD - 0 型，6.3 V，红色。

交流电流表 PA 选用 62T2 型，范围为 0～50 A，直接接入电路。

(4) 制定电气元件图明细表。

电气元件明细表要注明各元器件的型号、规格及数量等，这里略。

(5) 绘制电气安装接线图。

生产机械设备的电气接线图是根据电气原理图及各电气设备安装的布置图来绘制的。安装电气设备或检查线路故障都要依据电气安装接线图。接线图要表示出各电气元件的相对位置及各元件的相互接线关系，因此要求接线图中各电气元件的相对位置与实际安装的位置一致，并且同一个电器的元件画在一起。还要求各电气元件的文字符号与原理图一致。对各部分线路之间接线和外部接线都应通过端子板进行，而且应该注明外部接线的去向。

为了看图方便，对导线走向一致的多根导线合并画成线束，可在元件的接线端标明接线的编号和去向。接线图还应标明接线用导线的种类和规格，以及穿管的管子型号、规格尺寸。成束的接线应说明接线根数及其接线号。

图 4 - 24 所示为该卧式车床电气安装接线图。

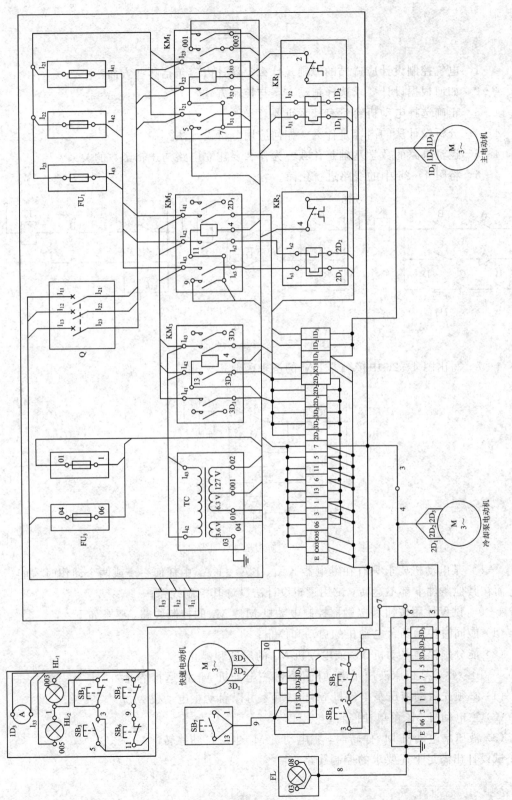

图4-24 例4-3某卧式车床的电气安装接线图

习　　题

4-1　电气控制设计应遵循的原则是什么？设计内容包括哪些方面？

4-2　如何根据设计要求选择拖动方案与控制方式？

4-3　正确选择电动机容量有什么重要意义？

4-4　分析设计法的内容是什么？如何应用分析设计法？

4-5　逻辑电路的数学基础是什么？为什么要建立电路与逻辑函数的关系？

4-6　将图 4-25 中的线路进行化简。

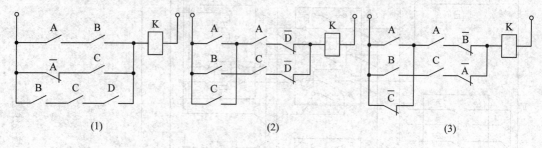

图 4-25　练习题 4-6 图

4-7　写出图 4-26 中接触器 KM 的逻辑函数式。

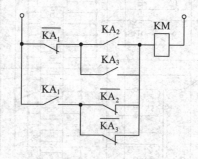

图 4-26　练习题 4-7 图

4-8　某电动机要求只有在继电器 KA_1、KA_2、KA_3 中任何一个或两个动作时才能运转，而在其他条件下都不运转，试用逻辑设计法设计其控制线路。

4-9　试设计用按钮和接触器控制电动机 M_1、M_2 的控制线路，要求如下：

（1）能同时控制两台电动机的启动和停止；

（2）能分别控制电动机 M_1 或电动机 M_2 的启动和停止。

4-10　要求某机床液压泵电动机 M_1 和主电动机 M_2 的运行情况如下：

（1）必须先启动液压泵电动机 M_1，然后才可以启动主电动机 M_2；

（2）主电动机 M_2 可单独停转；

（3）液压泵电动机 M_1 停转时，主电动机 M_2 也应自动停转。

试设计出满足上述要求的控制线路。

第 5 章　可编程序控制器概述

　　电气控制系统的发展是由继电器—接触器控制系统开始的。继电器—接触器控制系统中采用的是有触点控制器件接触器、继电器、刀开关和按钮等，来实现对控制对象运行状态的控制，习惯上又称为电气控制。这种控制方式自动化程度低、控制精度差，但具有简便、成本低、维护容易等优点，可以实现电动机的启动、正反转、制动、停车及有级调速控制等，至今仍广泛应用于对控制要求不高的场合。随着晶体管、晶闸管等半导体器件问世，控制系统中出现了无触点控制器件，这类控制器件具有效率高、反应快、寿命长、体积小、质量轻等优点，使得控制系统的自动化程度、安全程度、控制速度和控制精度都大大提高。

　　计算机技术的进步与发展推动自动控制系统中出现了数字控制技术、可编程控制技术，使自动控制系统进入现代控制系统的崭新阶段。总之，大功率半导体器件、大规模集成电路、计算机控制技术、检测技术及现代控制理论的发展，推动了电气控制技术的不断进步。而可编程序控制器作为一种新型的通用自动控制装置，具有可靠性高、环境适应性强和操作简便等优点，广泛应用于自动化控制领域，深受工程技术人员的厚爱。

5.1　可编程序控制器的定义

　　可编程序控制器是在继电器—接触器控制和计算机控制基础上开发的工业自动控制装置。早期的可编程序控制器在功能上只能进行逻辑控制，替代以继电器、接触器为主的各种顺序控制。因此，称它为可编程序逻辑控制器（Programmable Logic Controller，PLC）。

可编程序控制器

　　进入 20 世纪 80 年代以来，计算机技术和微电子技术的迅猛发展，极大地推动了可编程序控制器的发展，使其功能日益增强，更新换代明显加快。随着技术的发展，国外一些厂家采用微处理器（Microprocessor）作为中央处理单元，使其功能大大增强。它不仅具有逻辑运算功能，还具有算术运算、模拟量处理和通信联网等功能，PLC 这一名称已不能准确反映它的特性。因此，1980 年美国电气制造商协会（National Electrical Manufacturers Association，NEMA）将它命名为可编程序控制器（Programmable Controller，PC），但由于个人计算机（Personal Computer）也简称为 PC，为避免混淆，可编程序控制器习惯上仍称为 PLC。

　　可编程序控制器一直在发展中，直到目前为止，还未能对其下最后的定义。美国电气制造商协会在 1980 年给可编程序控制器作了如下定义："可编程序控制器是一个数字式的电子装置，它使用了可编程序的记忆体以存储指令，用来执行诸如逻辑、顺序、计时、计数和演算等功能，并通过数字或模拟的输入和输出，以控制各种机械或生产过程。一部数字电子计算机若具有可编程序控制器的功能，亦被视同为可编程序控制器，但并不包括鼓式或机械式顺序控制器。"国际电工委员会（International Electrotechnical Commission，IEC）

在对前两次颁布的可编程序控制器标准草案修订基础上于 1987 年 2 月颁发了第三稿，草案中对可编程序控制器的定义是："可编程序控制器是一种数字运算操作的电子系统，是专门为在工业环境下应用设计的，它采用可以编制程序的存储器，用来在其内部存储执行逻辑运算、顺序控制、定时、计数和算术运算等操作的指令，并能通过数字式或模拟式的输入和输出，控制各种类型的机械或生产过程。可编程序控制器及其有关设备都应按易于与工业控制系统形成一个整体，易于扩展其功能的原则设计。"

事实上，可编程序控制器是一种以微处理器为核心，带有指令存储器和输入/输出接口，将自动化技术、计算机技术、通信技术融为一体的新型工业控制装置。IEC 的定义强调了可编程序控制器是"数字运算操作的电子系统"，它是"专为在工业环境下应用而设计"的工业计算机，采用"面向用户的指令"，编程方便，能完成逻辑运算、顺序控制、定时、计数和算术运算，还具有"数字量或模拟量的输入/输出控制"能力，易于与"工业控制系统联成一体"，便于用户"扩展"其功能，可以直接应用于工业环境，抗干扰能力强、适应能力广、应用范围宽。

总之，可编程序控制器是一台计算机，是专为工业环境应用而设计制造的计算机，它具有丰富的输入/输出接口，并且具有较强的驱动能力。但可编程序控制器产品并不是针对某一具体工业应用。在实际应用时，其硬件要根据实际需要选用配置，其控制程序则采用可编程序控制器自身语言根据用户控制要求进行设计。

5.2　可编程序控制器的产生、发展及趋势

5.2.1　可编程序控制器的产生与发展

在可编程序控制器出现之前，生产线的控制多采用继电器—接触器控制系统。所谓继电器—接触器控制系统是指由各种自动控制电器组成的电器控制线路。它经历了比较长的历史。其特点为结构简单、价格低廉、抗干扰能力强，能在一定范围内满足单机和自动生产线的需要。但是它有明显的缺点，主要体现在有触点的控制系统，触点繁多，组合复杂，因而可靠性差。此外，它是采用固定接线的专用装置，灵活性差，不能满足程序经常改变、控制要求比较复杂的场合。因此，它制约了日新月异的工业发展。于是人们寻求研制一种新型的通用控制设备，取代原有的继电器—接触器控制系统。

20 世纪 60 年代末期，美国汽车制造工业竞争激烈，为了使汽车型号不断翻新，缩短新产品的开发周期，1968 年美国通用汽车公司（GM）提出研制可编程序控制器的基本设想，即把计算机的功能和继电器—接触器控制系统结合起来，将硬件接线的逻辑关系转为软件程序设计；而且要求编程简单易学，能在现场进行程序修改和调试；并且要求系统通用性强，适合在工业环境下运行。

1969 年，美国数字设备公司（DEC）根据上述要求研制出了世界第一台可编程序控制器。限于当时的科学技术水平，可编程序控制器主要由分立元件和中小规模集成电路构成。但是，它实现了取代传统的继电器—接触器控制系统，首次在美国 GM 公司的汽车自动装配线运行，获得了成功。其后日本、德国等相继引入，并使其应用的领域迅速扩大。

自第一台可编程序控制器诞生以来，它的发展经历了五个重要时期。

（1）从 1969 年到 20 世纪 70 年代初期。这一时期主要特点为 CPU 由中小规模数字集成电路组成，存储器为磁芯存储器；控制功能比较简单，能完成定时、计数及逻辑控制；有多个厂商推出一些典型产品，但产品没有形成系列化；应用的范围不是很广泛，还仅仅是继电器—接触器控制系统的替代产品。

（2）20 世纪 70 年代初期到 20 世纪 70 年代末期。这一时期主要特点为：采用 CPU 微处理器，存储器也采用了半导体存储器，不仅使整机的体积减小，而且数据处理能力获得了很大提高，增加了数据运算、传送、比较等功能；实现了对模拟量的控制；软件上开发出自诊断程序，使可编程序控制器的可靠性进一步提高。这一时期的产品已初步实现了系列化，可编程序控制器的应用范围迅速扩大。

（3）20 世纪 70 年代末期到 20 世纪 80 年代中期。这一时期主要特点为：由于大规模集成电路的发展，推动了可编程序控制器的发展，CPU 开始采用 8 位和 16 位微处理器，使数据处理能力和速度大大提高，可编程序控制器开始具有了一定的通信能力，为实现可编程序控制器分散控制、集中管理奠定了重要基础，软件上开发出了面向过程的梯形图语言及助记符语言，为可编程序控制器的普及提供了必要条件。在这一时期，发达的工业化国家多种工业控制领域开始使用可编程序控制器控制。

（4）20 世纪 80 年代中期到 20 世纪 90 年代中期。这一时期主要特点为：超大规模集成电路促使可编程序控制器完全计算机化，CPU 已经开始采用 32 位微处理器，数学运算、数据处理能力大大提高，增加了运动控制、模拟量 PID 控制等，联网通信能力进一步加强；可编程序控制器功能在不断增加的同时，体积在减小，可靠性更高。在此期间，国际电工委员会(IEC)颁布了可编程序控制器标准，使可编程序控制器向标准化、系列化发展。

（5）20 世纪 90 年代中期至今。这一时期主要特点为：可编程序控制器使用 16 位和 32 位微处理器，运算速度更快、功能更强，具有更强的数值运算、函数运算和大批量数据处理能力；出现了智能化模块，可以实现对各种复杂系统的控制；编程语言除了传统的梯形图、助记符语言之外，还增加了高级编程语言。

可编程序控制器经过几十年的发展，现已形成了完整的产品系列，其功能与昔日的初级产品不可同日而语，强大的软、硬件功能已接近或达到计算机功能。目前可编程序控制器产品在工业控制领域中无处不见，并且已渗透到国民经济的各个领域。它所发挥的重要作用，得到了各个发达的工业国家的高度重视。

5.2.2　可编程序控制器的发展趋势及展望

可编程序控制器问世以来，一直备受各国的关注：1971 年日本引入可编程序控制器技术；1973 年德国引入可编程序控制器技术；我国于 1973 年开始研制可编程序控制器。目前世界上百家的可编程序控制器制造厂中，仍然是美、日、德三国占有举足轻重的地位。近年来我国可编程序控制器生产有了长足的发展，国内可编程序控制器生产厂家已达到一定规模，但与世界水平相比，我国的可编程序控制器研制开发和生产还比较落后。

随着计算机技术的发展，可编程序控制器也同时得到迅速发展。今后可编程序控制器将会朝着以下两个方向发展。

（1）方便灵活和小型化。工业上大多数的单机自动控制只需要监测控制参数，而且执行的动作有限，因此小型机需求量十分巨大。所谓向小型化发展是指向体积小、价格低、速度快、功能强、标准化和系列化发展。尤其体积小巧，易于装入机械设备内部，是实现机电一体化的理想控制设备。在结构上一些小型机采用框架和模块的组合方式，用户可根据需要选择 I/O 接口、内存容量或其他功能模块。这样，方便灵活地构成所需的控制系统，以满足各种特殊的控制要求。

(2) 高功能和大型化。对钢铁工业、化工工业等大型企业实施生产过程的自动控制一般比较复杂，尤其实现对整个工厂的自动控制更加复杂，因此要向大型化发展，即向大容量、高可靠性、高速度、多功能、网络化方向发展。为获得更高速度，就需要提高 CPU 的等级。虽然，目前可编程序控制器的 CPU 与计算机 CPU 在共同向前发展，但可编程序控制器的 CPU 仍相当落后，相信不久的将来，用可编程序控制器取代微机的工业控制将成为现实。

从可编程序控制器的发展趋势看，PLC 控制技术将成为今后工业自动化的主要手段。在未来的工业生产中，PLC 技术、机器人技术、CAD/CAM 和数控技术将成为实现工业生产自动化的四大支柱。随着生产技术的发展，借鉴国外的先进技术，快速发展多品种、多档次的可编程序控制器，并且进一步促进可编程序控制器的推广和应用，是提高我国工业自动化水平的迫切任务。我们相信，随着可编程序控制器的研究、生产以及推广和使用，必然将会带动我国工业自动化迈向一个新的台阶。

5.3 可编程序控制器的功能特点及应用领域

大规模和超大规模集成电路技术和通信技术的进步，极大地推动着可编程序控制器的发展，其功能不断增加、不断强大。由于可编程序控制器的优越特点，其应用领域也不断扩大。

5.3.1 可编程序控制器的特点

1. 通用性强

PLC 是一种工业控制计算机，其控制操作功能可以通过软件编制来确定。同一台 PLC 可用于不同的控制对象，在生产工艺改变或生产线设备更新时，不必改变 PLC 硬件设备，只需改变软件就可以实现不同的控制要求，充分体现了灵活性、通用性。

由于各种 PLC 产品均成系列化生产，品种齐全。同一系列 PLC，不同机型功能基本相同，可以互换，可以根据控制要求进行扩展，包括容量扩展、功能扩展，进一步满足控制需要。

2. 可靠性高

可编程序控制器采用了微电子技术，大量的开关动作由无触点的半导体集成电路完成。内部处理过程不依赖于机械触点，而是通过对存储器的内容进行读或写来完成的。因此不会出现继电器—接触器控制系统的接线老化、触点接触不良、触点电弧等现象。

可编程序控制器抗干扰能力强，在输入、输出端口均采用光电隔离，使外部电路与内部电路之间避免了直接电的联系，可有效地抑制外部电磁干扰，PLC 还具有完善的自诊断功能，检查判断故障方便。PLC 特殊的外壳封装结构，使其具有良好的密封、防尘、抗振等作用，适合于环境恶劣的工业现场。

3. 编程简单

PLC 最大特点是采用了以继电器线路图为基础的形象编程语言——梯形图语言，直观易懂，便于掌握。梯形图语言实际是一种面向用户的高级语言，其电路符号和表达方式与继电器—接触器电路接线图相当接近。操作人员通过阅读使用手册或接受短期培训就可以编制用户程序。PLC 与个人计算机联成网络或加入到集散控制系统之中时，通过在上位机上用梯形图编程，程序直接下装到 PLC，使编程更容易、更方便。

近年来又发展了面向对象的顺序控制流程图语言（Sequential Function Chart，SFC），也称功能图，使得编程更加简单方便。

4. 功能强大

PLC 不仅可以完成逻辑运算、计数、定时，还可以完成算术运算以及 A/D、D/A 转换等。PLC 最广泛的应用场合是对开关量逻辑运算和顺序控制，同时还可以应用于对模拟量的控制。

PLC 可以控制一台单机、一条生产线，还可控制一个机群、多条生产线；可以现场控制，也可远距离控制；可控制简单系统，也可控制复杂系统。在大系统控制中，PLC 可以作为下位机与上位机或在同级的 PLC 之间进行通信，完成数据的处理和信息交换，实现对整个生产过程的信息控制和管理。

5. 体积小、功耗低

由于 PLC 采用半导体集成电路，因此具有体积小、质量轻、功耗低的特点，而且设计结构紧凑坚固，易于装入机械设备内部，是实现机电一体化的理想控制设备。

6. 对电源要求不高

一般的可编程序控制器，如用直流 24 V 电压供电，电压波动允许为 16～32 V，如用交流 220 V 电压供电，电压波动允许为 190～260 V。PLC 一般用锂电池进行电源保护，对 RAM 内的用户程序具有 5 年的停电记忆功能，这给调试工作带来了极大的方便。

7. 控制系统安装、调试方便

可编程序控制器中含有大量的相当于中间继电器、时间继电器、计数器等功能的"元件"，如辅助继电器、定时器、计数器等，便于构成逻辑控制。而且采用程序"软接线"代替"硬接线"，安装接线工作量小，并进一步提高了系统的可靠性。设计人员可以在实验室就能完成系统的模拟运行调试工作。输入信号可通过外接小开关送入；输出信号通过观察 PLC 主机面板上相应的发光二极管获得。程序设计好后，再安装 PLC，在现场进行调试。

8. 设计施工周期短

使用 PLC 完成一项控制工程，在系统设计完成以后，现场控制柜（台）等硬件的设计及现场施工和 PLC 程序设计可以同时进行。PLC 的程序设计可以在实验室模拟调试。由于 PLC 使整个的设计、安装、接线工作量大大减少，又由于 PLC 程序设计和硬件的现场施工可同时进行，因此大大缩短了施工周期。

由于可编程序控制器具备上述特点，它把微型计算机技术与开关量控制技术很好地融合在一起，具有与监控计算机联网等功能，其应用几乎覆盖各个工业领域。它与目前应用于工业过程的各种实现顺序控制设备相比较，具有明显的优势，表 5-1 为继电器—接触器控制系统、微机控制系统、PLC 控制系统之间的比较。

表 5 - 1　继电器—接触器控制系统、微机控制系统、PLC 控制系统比较表

项目	继电器—接触器控制系统	微机控制系统	PLC 控制系统
功　能	用大量继电器布线，逻辑实现顺序控制	用程序实现各种复杂控制，功能最强	用程序可以实现各种复杂控制
通用性	一般是专用	要进行软、硬件改造才能作其他用	通用性好，适应面广
可靠性	受机械触点寿命限制	一般比 PLC 差	平均无故障工作时间长
抗干扰性	能抗一般电磁干扰	要专门设计抗干扰措施，否则易受干扰影响	一般不用专门考虑抗干扰问题
适应性	环境差，会降低可靠性和寿命	工作环境要求高，如机房、实验室、办公室	可适应一般工业生产现场环境
接口	直接与生产设备连接	要设计专门的接口	直接与生产设备连接
灵活性	改变硬件接线逻辑、工作量大	修改程序，技术难度较大	修改程序较简单容易
工作方式	顺序控制	中断处理，响应最快	顺序扫描
系统开发	图样多，安装接线工作量大，调试周期长	系统设计较复杂，调试技术难度大，需要有系统的计算机知识	设计容易、安装简单、调试周期短
维护	定期更换继电器，维修费时	技术难度较高	现场检查，维修方便

5.3.2　可编程序控制器的功能

近年来，自动化技术、计算机技术、通信技术融为一体，使可编程序控制器的功能不断拓宽和增强，具有以下主要功能：

1. 逻辑控制

可编程序控制器具有逻辑运算功能，设置有逻辑"与""或""非"等指令，描述触点的串联、并联、块串联、块并联等各种连接，可以用来代替继电器—接触器逻辑控制和顺序逻辑控制。

2. 定时控制

可编程序控制器具有定时控制功能，为用户提供了若干个定时器。通过设置定时指令，编程中用户根据需要设置定时值，在程序运行中进行读出与修改，使用灵活，操作方便，可以实现对某个操作的限时控制或延时控制，从而满足生产工艺要求。定时器分为两类：一是常规型，即该种定时器一旦在系统断电或驱动信号断开时，定时器则复位，其状态值恢复为原设定值；另一种是积算型，这类定时器在系统断电或驱动信号断开时，可以保持当前值，待系统复电或驱动信号接通时，定时器从断电时状态值继续计时。

3. 计数

可编程序控制器还具有计数功能，为用户提供了若干个计数器。通过设置计数指令，

编程中用户根据需要设定计数值,在程序运行中被读出与修改,使用灵活,操作方便,可以实现生产工艺过程的产品计数功能。计数器分为两类:一类为常规型,另一类为积算型,其工作过程区别与定时器相似。

4. 步进控制

可编程序控制器能完成步进控制。步进控制是指在完成一道工序以后,再进行下一步工序,也就是顺序控制。可编程序控制器为用户提供了若干个移位寄存器,或者直接采用步进指令,编程和使用极为方便,很容易实现步进控制的工艺要求。

5. A/D、D/A 转换

有的可编程序控制器还具有"模/数"转换(A/D)和"数/模"转换(D/A)功能,可以实现对模拟量的调节与控制。

6. 通信和联网

采用了通信技术的可编程序控制器可以进行远程 I/O 控制,多台 PLC 之间可以进行同级连接,还可以与计算机进行上位连接,接受上位计算机的命令,并返回执行结果。计算机和多台 PLC 可以组成分布式控制网络,实现较大规模的复杂控制。另外,近年来新型的 PLC 总线技术还允许将 PLC 接入 Internet 以太网,便于实现生产自动化及信息化发展。

7. 数据处理

部分可编程序控制器还具有数据处理能力及并行运算指令,能进行数据并行传送、比较和逻辑运算以及 BCD 码的加、减、乘、除等运算,能进行字"与""或""异或"操作,还可以实现"取反""逻辑移位""算术移位""数据检索""数制转换"等功能,而且与打印机相连可以输出程序及有关数据。

8. 对控制系统进行监控

可编程序控制器具有较强的监控功能,能记录某些异常情况或异常时自动终止运行。操作人员可以监控有关部分的运行状态,便于系统的调试、使用和维护。

5.3.3 可编程序控制器的应用领域

随着微电子技术的快速发展,PLC 的制造成本不断下降,而功能却大大增强。目前,在先进工业国家中,PLC 已成为工业控制的标准设备,应用的领域已覆盖了所有工业企业。概括起来主要应用在以下几个方面。

1. 开关量的逻辑控制

开关量逻辑控制是工业控制中应用最多的控制,PLC 的输入和输出信号都是通/断的开关信号。控制的输入、输出点数可以不受限制,从十几个到成千上万个点,可通过扩展实现。在开关量的逻辑控制中,PLC 是继电器—接触器控制系统的替代产品。

用 PLC 进行开关量控制遍及许多行业,如机床电气控制、电机控制、电梯运行控制、冶金系统的高炉上料、汽车装配线、啤酒灌装生产线等。

2. 模拟量控制

PLC 能够实现对模拟量的控制。如果配上闭环控制(PID)模块后,可对温度、压力、流量、液面高度等连续变化的模拟量进行闭环过程控制,如锅炉、冷冻、反应堆、水处理和酿酒等。

3. 数字量控制

PLC 能和机械加工中的数字控制(NC)及计算机数字控制(CNC)组成一体,实现数字控制。随着 PLC 技术的迅速发展,有人预言今后的计算机数控系统将变成以 PLC 为主的控制系统。

4. 机械运动控制

PLC 可采用专用的运动控制模块,对伺服电机和步进电机的速度与位置进行控制,以实现对各种机械的运动控制,如金属切削机床、数控机床、工业机器人等,美国 JEEP 公司焊接自动线上使用的 29 个机器人都是采用 PLC 进行控制。

5. 通信、联网及集散控制

PLC 通过网络通信模块及远程 I/O 控制模块,可实现 PLC 与 PLC 之间的通信、联网和与上位计算机的通信、联网;实现 PLC 分散控制、计算机集中管理的集散控制(又称分布式控制),组成多级控制系统,增加系统的控制规模,甚至可以使整个工厂实现生产自动化,日本三菱公司开发的 CC - LINK 系列以及德国西门子公司开发的 PROFIBUS 系列就是具有该功能的产品。

在我国,PLC 的应用最近几年发展很快,在一些大中型企业得到了很好的应用,如上海宝山钢铁(集团)公司一、二期工程中就使用 PLC 多达 857 台,武汉钢铁(集团)公司和首都钢铁总公司等大型钢铁企业也都使用了许多 PLC。另外,在旧设备的技术革新改造上,PLC 得到了很广泛的利用,取得了可观的经济效益。

5.4 可编程序控制器的分类、性能指标与典型产品

5.4.1 可编程序控制器的分类

目前 PLC 的品种很多,规格性能不一,且还没有一个权威的、统一的分类标准。目前一般按以下几种情况大致分类:

1. 按结构形式分类

按结构形式分类,PLC 可分为整体式和模块式两种。

1) 整体式 PLC

整体式 PLC 又称为单元式或箱体式。整体式 PLC 将电源、中央处理器、输入/输出部件等集中配置在一起,有的甚至全部安装在一块电路板上,装在一个箱体内,通常称为主机。其结构紧凑、体积小、质量小、价格低,但输入/输出(I/O)点数固定,使用不灵活,一般小型可编程序控制器采用这种结构。整体式可编程序控制器一般配备有特殊功能单元,如模拟量单元、位置控制单元等,使机器的功能得以加强。

2) 模块式 PLC

模块式 PLC 又称为积木式,它把 PLC 的各部分以模块形式分开,如电源模块、CPU 模块、输入模块、输出模块等。模块式 PLC 由框架和各种模块组成,通过把模块插入框架的插座上,组装在一个机构内。有的可编程序控制器没有框架,各种模块安装在底板上,模块式结构配置灵活、装配方便、便于扩展和维修,一般大中型可编程序控制器都采用这

种结构，也有一些小型 PLC 采用模块式结构。这种结构较复杂，造价相对较高。

图 5-1 为三菱公司的 FX$_{2N}$ 系列 PLC 的外形结构图（整体式），图 5-2 为三菱公司 A 系列 PLC 的外形结构图（模块式）。

 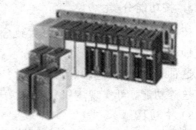

图 5-1　三菱 FX$_{2N}$ 系列可编程序控制器　　　　图 5-2　三菱 A 系列可编程序控制器

2. 按输入/输出点数和存储容量分类

按输入/输出点数和存储容量来分，PLC 大致可以分为大、中、小型三种。

1）小型 PLC

小型 PLC 的规模较小，输入/输出(I/O)点数一般从 20 点到 128 点，用户程序存储容量在 4K 字以下。其中把小于 64 点的 PLC 称为超小型机，65 点至 128 点为小型机。这类 PLC 的主要功能有逻辑运算、计数、移位等，它通常用作代替继电器—接触器控制的工业控制机，用于机床、机械生产控制和小规模生产过程控制。小型 PLC 价格低廉、体积小巧，是 PLC 中生产和应用量较大的产品。

2）中型 PLC

中型 PLC 输入/输出点数通常从 128 点到 512 点，用户程序存储容量在 16K 以下，适合开关量逻辑控制和过程参数检测及调试。其主要功能除了具有小型 PLC 的功能外，还有算术运算、数据处理及 A/D 和 D/A 转换、联网通信、远程输入/输出等功能，可用于比较复杂的控制。

3）大型 PLC

大型 PLC 输入/输出点数在 512 点以上，用户程序存储容量达 16K 以上。其中输入/输出点数 513 点至 8192 点为大型机，8192 点以上的为超大型机。它是具有高级功能的 PLC，除了具备中小型 PLC 的功能外，还有 PID 运算及高速计数等功能，编程可用梯形图、功能表图及高级语言等多种方式进行。

表 5-2 为按照输入/输出点数(I/O)分类的常见 PLC。

表 5-2　可编程序控制器按 I/O 分类表

类　型	I/O 点数	存储容量/KB	机型举例
超小型	64 以下	1～2	三菱 FX0、欧姆龙 SP20
小型	64～128	2～4	三菱 F1-60、欧姆龙 C60H
中型	128～512	4～16	三菱 A 系列、欧姆龙 C1000H
大型	512～8192	16～64	莫迪康 984A、西门子 S5-135U
超大型	大于 8192	64～128	莫迪康 984B、西门子 S5-155U

值得注意的是，大中小型 PLC 的划分并无严格的界限，各厂家也存在不同的看法，PLC 的输入/输出点数可按需要灵活配置。不同类型 PLC 的指令及功能还在不断增加，选用时应针对不同厂家的产品具体分析。

3. 按功能分类

按 PLC 功能强弱来分，可大致分为低档机、中档机和高档机三种。

1）低档机

这种 PLC 具有逻辑运算、定时、计数等功能，有的还增设模拟量处理、算术运算、数据传送等功能，可实现逻辑、顺序、计时计数控制等。

2）中档机

这种 PLC 除具有低档机的功能外，还具有较强的模拟量输入/输出、算术运算、数据传送等功能，可完成既有开关量又有模拟量控制的任务。

3）高档机

这种 PLC 除具有中档机的功能外，增设有带符号运算、矩阵运算等，使运算能力更强，还具有模拟调节、联网通信、监控、记录和打印等功能，使 PLC 的功能更多更强，能进行智能控制、远程控制、大规模控制，构成分布式集散控制系统，成为整个工厂的自动化网络。

5.4.2 可编程序控制器的性能指标

可编程序控制器的性能指标是组成 PLC 应用系统时选择 PLC 产品所要参考的重要依据，那么 PLC 的性能指标包括哪些内容呢？

PLC 的性能指标可分为硬件指标和软件指标两大类，硬件指标包括环境温度与湿度、抗干扰能力、使用环境、输入特性和输出特性等；软件指标包括扫描速度、存储容量、指令种类、编程语言等。为了简要表达某种 PLC 的性能特点，通常用以下指标来表达。

1. 编程语言

PLC 常用的编程语言有梯形图语言、助记符语言、流程图语言及某些高级语言等，目前使用最多的是前两者。不同的 PLC 可能采用不同的语言。

2. 指令种类

指令种类用于表示 PLC 的编程功能。

3. 输入/输出总点数

PLC 的输入和输出量有开关量和模拟量两种。对于开关量，输入/输出用最大 I/O 点数表示，而对于模拟量，输入/输出点数则用最大 I/O 通道数表示。

4. PLC 内部继电器的种类和点数

PLC 内部继电器包括辅助继电器、特殊继电器、定时器、计数器、移位寄存器等。不同机型的 PLC，其相应内部继电器的点数也不尽相同。

5. 用户程序存储量

用户程序存储器用于存储通过编程器输入的用户程序，其存储量通常是以字为单位来计算的。约定 16 位二进制数为一个字，每 1024 个字为 1K 字。中小型 PLC 的存储容量一般在 8K 以下，大型 PLC 的存储容量有的已达 256K 字以上。编程时，通常对于一般的逻辑操作指令，每条指令占 1 个字，计时、计数和移位指令占 2 个字。对于一般的数据操作指令，每条指令占 2 个字。而有的 PLC 其用户程序存储容量是用编程的步数来表示的，每编一条语句为一步。

6. 扫描速度

扫描速度以 ms/K 字为单位表示。例如，20 ms/K 字表示扫描 1K 字的用户程序需要的时间为 20 ms。

7. 工作环境

一般能在下列条件下工作：温度 0～55℃、湿度＜85％。

8. 特种功能

有的 PLC 还具有某种特种功能。例如，自诊断功能、通信联网功能、监控功能、特殊功能模块、远程输入/输出能力等。

9. 其他

其他性能指标有输入/输出方式、某些主要硬件（如 CPU、存储器）的型号等。

5.4.3　可编程序控制器的典型产品

目前生产 PLC 的厂家很多，不断涌现出系列全、功能强、性能好、价格低的 PLC 产品。在我国使用较多的有如下一些产品。

1. 日本立石(OMRON，欧姆龙)公司的 PLC

在我国引进及市场上销售的进口 PLC 产品中，OMRON 公司的 PLC 属于性能、价格都比较好的产品。OMRON C 系列 PLC 有微型、小型、中型和大型四大类十几种型号。微型 PLC 以 C20PC 和 C20 为代表；小型 PLC 分为 C120 和 C200H 两种，C120 最多可扩展为 256 点输入/输出，是紧凑型整体结构，C200H 采用多处理器结构，功能整齐且处理速度快，最多可控制 384 点输入/输出；大型 PLC 有 C2000H，输入/输出点数可达 2048 点，同时多处理器和双冗余结构使得 C2000H 不仅功能全、容量大，而且速度快。

2. 美国莫迪康(MIDICON)公司的 984 系列

MIDICON 984 系列 PLC 其 CPU 性能强、可选范围广。所有 984 系列 PLC 不论大小型机都使用通用的处理结构，梯形图逻辑编程、通用指令系统包括数学运算、数据传送(DX)、矩阵和特殊应用功能等指令。

984 系列 PLC 是一种具有数字处理能力并设计成用于工业和制造业的实时控制系统的专门用途计算机。

3. 德国西门子(SIMENS)公司的 PLC

德国西门子公司是世界上较早研制和生产 PLC 产品的主要厂家之一，其产品具有各种规格以适应各种不同的应用场合，有适合于起重机械或各种气候条件的坚固型；有适用于狭小空间具有高处理性能的密集型；有的运行速度极快且具有优异的扩展能力。它包括从简单的小型控制器到具有过程计算机功能的大型控制器，可以配置各种输入/输出模块、编程器、过程通信和显示部件等。

西门子公司的 PLC 发展到现在已有很多系列产品，如 S5、S7 系列。其中 S5 - 90U 与

S5－95U 是两种小型控制器。S5－100 采用模块式结构，该机型有三种 CPU(100、102、103)可供选择，CPU 档次越高其附加功能越强。S5－115U 是一种中型 PLC，能完成各种要求比较高的控制任务，有多种 CPU 可满足不同的功能需要。S5－155U 是 S5 系列中最高档次的 PLC，它具有强大的内存能力与很短的运算扫描时间，而且有很强的编程能力，可以用来完成非常复杂的控制任务，它的几个 CPU 可以并行工作，可以实现各种操作和控制、回路调节以及所有过程的监视，可以插装各种智能输入/输出模块，与上位机和现场控制器联网形成网络系统。S7 系列 PLC 是在 S5 系列基础上研制出来的。它由微型 S7－200、中小型 S7－300、中大型 S7－400 组成，其中结构紧凑、价格低廉的 S7－200 适用于小型的自动化控制系统；紧凑型、模块化的 S7－300 适用于极其快速的过程处理或对数据处理能力有特别要求的中小型自动化控制系统。功能极强的 S7－400 适用于大中型自动控制系统。

4. 日本三菱(MITSUBISHI)公司的 PLC

1) F 系列

F 系列的 PLC 为整体式(单元式)结构，有基本单元、扩展单元和其他单元。它的输入/输出点数在 60 点以下。用户程序存储容量 10K 以下，属于小型低档系列，主要用于自动进料、自动装料、输送机等系统的控制。

2) F1、F2 系列

继 F 系列 PLC 后，三菱公司推出功能更强的小型 F1、F2 系列。它在 F 系列的基础上增加了许多应用指令及特殊单元，如位置控制单元、模拟量控制单元、高速计数单元等，提高了 PLC 的控制能力。F1、F2 系列 PLC 可以方便地组成 12~120 点输入/输出的控制系统。

3) FX 系列

三菱公司继 F1、F2 系列之后在 20 世纪 80 年代末推出了 FX 系列 PLC，其功能强大、组合灵活，可与模块式 PLC 相媲美。FX 系列有各种点数及各种输出类型的基本单元、扩展单元和扩展模块，它们可以自由混合配置，使系统构造更加灵活方便。

FX 系列 PLC 内部有高性能的 CPU 和专用逻辑处理器，执行、响应速度很快。

4) 其他系列

如 A 系列、AnS 系列、Q 系列、QnA 系列等为模块式大型 PLC。

以上产品中，日本三菱公司的产品和德国西门子公司的产品在我国的应用比较多，影响比较广。本书下面的内容将着重介绍日本三菱公司的 PLC 产品。

习　题

5－1　可编程序控制器(PLC)的定义是什么？

5－2　与传统继电器控制相比，PLC 有什么特点？

5－3　按结构形式分类，PLC 分为哪几种类型？各有什么特点？

5－4　PLC 及其控制系统为什么抗干扰能力强？可靠性高？

5－5　简述 PLC 的发展史。

5－6　简述 PLC 的发展方向。

第6章　可编程序控制器结构组成与工作原理

6.1　可编程序控制器的结构组成

6.1.1　PLC 的基本组成

三菱 PLC 硬件
结构介绍

可编程序控制器的结构多种多样，但其组成的一般原理基本相同。PLC 实质上是一种新型的工业控制计算机，是以微处理器为核心的结构，但比一般的计算机具有更强的与工业过程控制相连接的接口和更直接的适应于控制要求的编程语言。因此，PLC 与计算机的结构组成十分相似。

从硬件结构看，可编程序控制器主要由中央处理单元(CPU)、存储器(RAM、ROM)、输入/输出单元(I/O 接口单元)、电源和编程器等组成，其结构框图如图 6-1 所示。

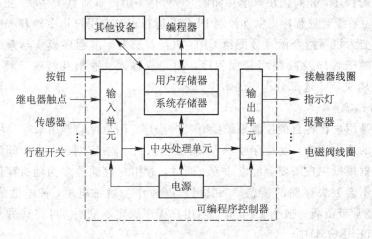

图 6-1　可编程序控制器结构框图

6.1.2　PLC 各组成部分作用

1. 中央处理单元(CPU)

中央处理单元(CPU)是 PLC 的核心，相当于人的大脑，它主要由控制电路、运算器和寄存器组成，其主要作用是按 PLC 中系统程序赋予的功能控制整个系统协调一致地运行，它解释并执行用户及系统程序，通过执行用户及系统程序完成所有控制、处理、通信以及其他功能。它的主要任务包括控制从编程器输入的用户程序和数据的接收与存储；用扫描方式通过 I/O 单元部件接收现场的状态或数据，并存入输入映象存储器或数据存储器中；

PLC 内部电路的故障和编程错误等的自诊断功能；在 PLC 运行状态中从用户程序存储器读取用户指令，并经解释后按指令规定的任务执行数据传送、逻辑运算或算术运算；根据运算结果，更新有关标志位状态及输出映象存储器内容，然后经输出单元部件实现输出或数据通信等功能。

PLC 中常用的 CPU 主要采用通用微处理器、单片机和双极型位片式微处理器三种类型。通用微处理器常用的有 8 位微处理器，如 Z80A、Intel8085、M6800 和 6502 等，16 位微处理器，如 Intel8086、M68000；单片机常用的有 8031、8051、8096 等；位片式微处理器常用的有 AM2900、AM2901 和 AM2903 等。

COU 的性能关系到 PLC 处理控制信号的能力和速度。PLC 的档次越高，CPU 的位数也越多，系统处理的信息量越大，运算的速度也越快，功能指令越强。随着芯片技术的发展，PLC 所用的 CPU 越来越高档，PLC 的性能也越来越先进。

2. 存储器(RAM、ROM)

存储器主要功能是存放程序和数据。程序是 PLC 操作的依据，数据是 PLC 操作的对象。根据存储器在 PLC 系统中的作用，可分为系统存储器(ROM)和用户存储器(RAM)。

1) 系统存储器

系统程序是指对整个 PLC 系统进行调度、管理、监视及服务的程序，它决定了 PLC 的基本智能，使 PLC 能完成设计者要求的各项任务。系统存储器用来存放这部分由 PLC 生产厂家编写的程序，并固化在只读存储器 ROM 内，用户不能直接存取、更改。其内容包括三部分：一为系统管理程序，主管控制 PLC 的运行；二为用户指令解释程序，它将所编写的程序语言变为机器指令语言分配给 CPU 执行；三为标准程序模块与系统调用，包括许多各种功能的子程序及其调用管理程序，如完成输入、输出及特殊运算等的子程序，PLC 的性能强弱决定于这部分程序的多少。

2) 用户存储器

用户程序是用户在各自的控制系统中开发的程序。用户存储器用来存放用户针对具体控制任务编制的用户程序，以及存放输入/输出状态、计数/定时的值、中间结果等。由于这些程序或数据根据用户需要会经常改变、调试，故用户存储器多为随机存储器(RAM)。为保证掉电时不会丢失存储的信息，一般用锂电池作为后备电池，锂电池的寿命一般为 5~10 年，若经常带负载一般为 2~5 年。当用户程序确定不变后，可将其写入可擦除可编程只读存储器(EPROM)中。

PLC 具备了系统程序，才能使用户有效地使用 PLC；PLC 系统具备了用户程序，通过运行才能发挥 PLC 的功能。一般系统存储器容量的大小决定系统程序的大小和复杂程度，也决定了 PLC 的功能。用户存储器容量的大小，关系到用户程序容量的大小和内部器件的多少，决定了用户控制系统的控制规模和复杂程度，是反映 PLC 性能的重要指标之一。

3. 输入/输出单元(I/O 接口单元)

可编程序控制器作为一种工业控制计算机，它的控制对象是工业过程，它与工业生产过程的联系就是通过输入/输出单元(I/O 接口单元)实现的，它是 PLC 与外界连接的接口。输入/输出单元的作用是将输入信号转换为 CPU 能够接收和处理的信号，将 CPU 送出的微弱信号转换为外部设备需要的强电信号。

　　通常，PLC 的制造厂家为用户提供多种用途的 I/O 单元。从数据类型上看有开关量和模拟量；从电压等级上看有直流和交流；从速度上看有低速和高速；从点数上看有多种类型；从距离上看可分为本地 I/O 和远程 I/O，远程 I/O 单元通过电缆与 CPU 单元相连，可放在距 CPU 单元数百米远的地方。由于采用了光耦合器隔离技术，输入/输出单元不仅能完成输入、输出接口电信号传递与转换，而且有效地抑制了干扰，起到与外部电源的隔离作用。

　　输入接口用来接收和采集两种类型的输入信号，一类是按钮、选择开关、继电器触点、接近开关、光电开关、行程开关、数字拨码开关等开关量输入信号；另一类是电位器、测速发电机和各种变送器等模拟量输入信号。输出接口一般分为继电器输出型、晶体管输出型和晶闸管输出型，用来连接被控对象中各执行元件，如接触器线圈、电磁阀线圈、指示灯、调节阀（模拟量）和调速装置（模拟量）等。

4. 电源

　　PLC 的供电电源是一般市电，也有用直流 24 V 供电的。PLC 对电源稳定度要求不高，一般允许电源电压额定值在 10% ～ −15% 的范围内波动。小型整体式可编程序控制器内部有一开关式稳压电源，一方面用于对 PLC 的 CPU 单元、I/O 单元或扩展单元供电（DC 5 V），另一方面提供 DC 24 V 可用作外部输入元件（传感器）的供电电源。

5. 编程器

　　编程器是 PLC 重要的外围设备。利用编程器可以将用户程序送入 PLC 的用户存储器，还可以利用编程器检查程序、修改程序；利用编程器还可以监视 PLC 的工作状态。

　　编程器按结构可分为三种类型：

　　1）手携式编程器

　　这种编程器又称为简易编程器，通常直接与 PLC 上的专用插座相连，由 CPU 提供电源给编程器。外形与普通计算器差不多，一般只能用助记符指令形式编程，通过按键将指令输入，并由显示器加以显示，它只能联机编程，对 PLC 的监控功能少，便于携带，适合于小型 PLC。图 6 - 2 为三菱公司 FX - 10P 和 FX - 20P 编程器，通过通信电缆与 PLC 相连。

FX-10P　　　　　　　　　　FX-20P

图 6 - 2　三菱公司 FX - 10P、FX - 20P 编程器

2）带有显示屏的编程器

这种编程器又称为图形编程器，具有 LCD 或 CRT 图形显示功能。图形显示屏用来显示编程内容，也可以提供各种其他必要的信息，如输入、输出、辅助继电器的占用情况、程序容量等。此外，在调试、检查程序时，也能显示各种信号、状态、错误提示等。

这种编程器既可联机编程，又可脱机编程，可用多种编程语言编程，特别是可以直接编写梯形图，十分直观，可与多种输出设备相连，且具有较强的监控功能，但价格较高，适用于大中型 PLC。

三菱公司该类产品有 A7PHP/A7HGP 图形编程器等，具有编程、监控、注释、打印等功能。

3）通用计算机作为编程器

在通用的个人计算机上添加适当的硬件接口和编程软件包，即可实现对 PLC 的编程，可以直接编制并显示梯形图。由于个人计算机相对比较普及，而 PLC 软件功能不断完善、强大，这种方式的编程越来越多被用户采纳，可以在线编程或离线编程，并便于进行监控。三菱公司 PLC 编程软件具有 SFC 编程功能，个人计算机与 PLC 之间借助编程软件，通过配有相应的通信电缆，从而实现数据的传递与交换。

6. 其他设备

PLC 还配有其他外围设备，如盒式磁带机、EPROM 写入器、存储器卡等。

6.2　可编程序控制器的编程语言

PLC 作为一种工业控制计算机，面临着不同的用户、不同的控制任务。不同的控制任务除了要求用户选择合适的 PLC 外，更体现在控制过程的千变万化。PLC 作为一种先进的工业自动化控制装置之所以备受青睐，其最大的一个特点"可编程序"功不可没。

PLC 提供了完整的编程语言，但不同的厂家、甚至不同型号的 PLC 的编程语言只能适应自己的产品。目前 PLC 常用的编程语言有四种：梯形图编程语言（LAD）、指令语句表编程语言（STL）、功能图编程语言（SFC）、高级编程语言。梯形图编程语言形象直观，类似电气控制系统中继电器—接触器控制电路图，逻辑关系明显；指令语句表编程语言虽然不如梯形图编程语言直观，但键入方便；功能图编程语言是一种较新的编程方法，适合于"步进控制"；高级编程语言需要比较多的计算机知识。

利用 PLC 编程语言，用户按照不同的控制要求编制不同的控制任务用户程序，相当于设计和改变继电器—接触器控制的"硬接线"控制线路，只不过这里采用了"软继电器"等逻辑部件以"软接线"来实现输入信号与输出被控对象之间的逻辑关系，这就是 PLC 的"可编程序"。程序既可由编程器方便地送入 PLC 内部存储器中，也能方便地读出、检查和修改。

6.2.1　梯形图编程语言（LAD）

该语言习惯上称作"梯形图"，它是在继电器—接触器控制系统中常用的接触器、继电器逻辑控制基础上演变而来的。PLC 梯形图与继电器—接触器控制系统原理图相呼应，在基本思想上是一致的，只是在表达方式、器件符号上有一定区别，如图 6-3 所示。PLC 梯形图使用其内部的"软器件"通过软件程序来实现。

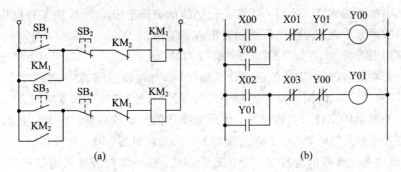

图 6-3 继电器—接触器控制系统原理图和 PLC 梯形图

(a) 继电器—接触器控制系统原理图；(b) PLC 梯形图

梯形图按"从左到右、自上而下"的顺序排列，最左边的竖线称为"起始母线"或"左母线"，然后按一定的控制要求和规则连接各个"软触点"，最后以继电器"软线圈"结束，称为一逻辑行或一"梯级"，一般在最右边还加上一条竖线，这一竖线称为"右母线"。通常一个梯形图中有若干逻辑行或梯级，形似梯子，如图 6-3(b) 所示，梯形图由此得名。其主要特点是形象直观、实用方便、修改灵活、深受技术人员厚爱，是目前使用最多的一种 PLC 编程语言，因此又被称为"用户第一语言"。

PLC 的梯形图是形象化的编程语言，虽然其基本思想与继电器—接触器控制系统原理图相似，但 PLC 梯形图左右两侧的母线不接任何电源。梯形图中并没有真实的物理电流流动，而仅仅是概念上的"电流"，或称之为假想电流。把 PLC 梯形图中左边母线假想为电源相线，右母线假想为电源地线，假想电流只能"从左向右"流动，层次只能"先上后下"。这里引入假想电流仅仅是用于说明如何理解梯形图各输出点的动作，实际上并不存在这种电流。PLC 梯形图编程原则如下：

(1) 梯形图中的触点为"软触点"，只有常开触点（—| |—）和常闭触点（—|/|—），它可以是与 PLC 输入端相连的外部开关（按钮、行程开关、传感器等）对应触点，但通常是 PLC 内部继电器触点或内部寄存器、计数器等的状态。PLC 内每种触点都有自己特殊的编号，以示区别。同一编号的触点有常开的和常闭的，可多次使用，便于编程。

(2) 梯形图中的输出线圈为"软线圈"，用圆圈（—○—）表示，它包括输出继电器线圈、辅助继电器线圈以及计数器、定时器逻辑运算结果。只有线圈接通后，对应的触点才动作。

(3) 梯形图中触点可以任意串联或并联，但线圈只能并联不可串联。

(4) 内部继电器、计数器、移位寄存器等均不能控制外部被控负载，只能作中间结果供 PLC 使用，只有输出继电器才能驱动外部负载。

(5) PLC 是按循环扫描的工作方式沿梯形图的先后顺序执行程序的，同一扫描周期中的结果保留在输出状态暂存器中，所以输出点的值在用户程序中可以当作条件使用。

(6) 程序结束时要有结束标志"END"。当利用通用计算机作为编程器进行梯形图编程时，只要按梯形图的先后顺序把逻辑行输入到计算机，最后用"END"结束符表示程序结束，计算机就可以自动地将梯形图转换成 PLC 所能接收的机器语言并存入内存单元。

6.2.2 指令语句表编程语言(STL)

指令语句表编程语言又称为助记符语言，是可编程序控制器最基础的编程语言。它类似于计算机中的汇编语言，采用一些容易记忆的助记符来表示 PLC 的某种操作，也是由操作符和操作数两部分组成，但比汇编语言更直观易懂。

操作符用助记符表示（如"LD"表示"取"，"OR"表示"或"，"AND"表示"与"等），用来执行要实现的功能，告诉 CPU 该进行什么操作，例如逻辑运算的"与""或""非"，算术运算的"加""减""乘""除"，时间或条件控制中的"计时""计数"和"移位"等功能。

操作数一般由标识符和参数组成，表示被操作的对象或目标。标识符表示操作数的类别，例如表明是输入继电器（X）、输出继电器（Y）、定时器（T）、计数器（C）、数据寄存器（D）等。参数表明操作数的地址或一个预先设定值。指令语句表是采用三菱公司 PLC 助记符语言，根据基本的逻辑运算"与""或""非"，加上输入、输出继电器编号组成的指令。与图 6 - 3(b)梯形图相应的指令语句表如表 6 - 1 所示。

表 6 - 1　指 令 语 句 表

步序	操作符（助记符）	操作数	步序	操作符（助记符）	操作数
0	LD	X00	6	OR	Y01
1	OR	Y00	7	ANI	X03
2	ANI	X01	8	ANI	Y00
3	ANI	Y01	9	OUT	Y01
4	OUT	Y00	10	END	
5	LD	X02			

指令语句表每条指令写一行，左边为步序号，中间为操作符（助记符），右边为器件编号或定时器、计数器的设定常数 K 值，器件的编号和 K 值合称为操作数。需要指出的是，不同厂家的 PLC 指令语句表使用的助记符并不相同，用户必须先弄清楚 PLC 的型号及内部器件编号、使用范围和每一条助记符的使用方法。本书中三菱公司的 PLC 具体指令的使用及说明将在后面的章节中详细介绍。

6.2.3　功能图编程语言（SFC）

功能图编程语言是一种较新的编程方法，目前国际电工协会（IEC）正在实施发展这种新的编程标准。它采用像控制系统流程图一样的功能图表达一个顺序控制过程，我们将在后面的内容中详细介绍这种方法。

不同厂家的 PLC 对这种编程语言所用的符号和名称也不一样，三菱 PLC 叫作功能图编程语言（见图 6 - 4(a)），而西门子 PLC 则叫控制系统流程图编程语言（见图 6 - 4(b)）。

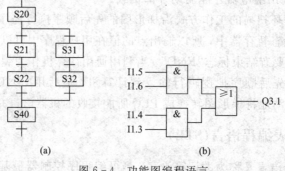

(a)　　　　　　　　　　　(b)

图 6 - 4　功能图编程语言

6.3　可编程序控制器的工作原理

6.3.1　PLC 的等效电路

PLC 的原理及组成

　　PLC 虽然是一种以微处理器为核心的工业控制计算机，在应用时却不必从计算机的角度去作深入的了解。从工作情况看，PLC 与继电器—接触器控制系统分析过程相似，但在 PLC 中，继电器、定时器和计数器等逻辑顺序控制是用编程的方法实现的。为了便于理解 PLC 的工作原理和工作过程，采用等效电路来表示可编程序控制器。图 6-5 为 PLC 等效电路简图。

　　PLC 等效电路主要由输入部分、输出部分和 PLC 内部控制电路组成。输入部分的作用是收集被控设备的信息或操作指令，图中若干个输入端外接按钮、开关等的触点通过硬接线与 PLC 输入端相连，而在 PLC 内部连接到输入继电器 X 的"软线圈"（图中 X1 为输入继电器）。输出部分的作用是驱动外部被控负载，PLC 输出端外部通过硬接线接到用户被控设备，而在 PLC 内部则连接输出继电器 Y 的"硬触点"（图中 Y0～Y3 为输出继电器）。内部控制电路的作用是对从输入部分得到的信息进行运算、处理，并判断哪些功能应输出，这部分建立起从 PLC 输入端信号到 PLC 输出端负载之间的联系，通过用户根据控制任务要求编写的用户程序来实现逻辑控制的"软接线"。图中 T0 为定时器，M1 为辅助继电器，PLC 内部还有计数器 C、状态器 S 等，将在以后的内容中具体说明。PLC 内部还有许多"软继电器"或继电器"软触点"和"软接线"，这些都是根据编程软件即"用户程序"来工作的。

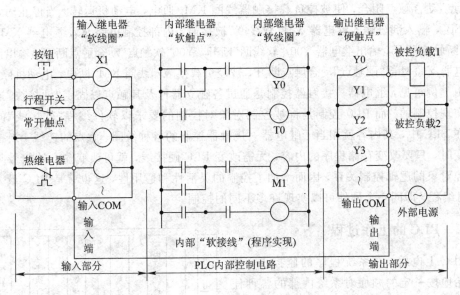

图 6-5　PLC 等效电路简图

　　下面以最简单的笼型三相异步电动机连续工作控制为例来说明继电器—接触器控制电气原理图（硬接线）与 PLC 硬接线、PLC 梯形图（软接线）的对应关系，如图 6-6 所示。

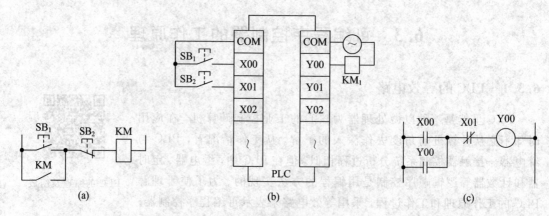

图 6-6　三相异步电动机的 PLC 控制

(a) 继电器—接触器控制电路；(b) PLC 的硬接线图；(c) PLC 梯形图程序(软接线)

图 6-6 中三相异步电动机的主电路未画，以接触器线圈 KM₁ 为执行元件。图 6-6(a)为继电器—接触器控制电路，图 6-6(b)为 PLC 的硬接线图，图 6-6(c)为实现该控制的 PLC 梯形图程序(软接线)。在输入端，启动按钮 SB₁ 接 X00，停止按钮 SB₂ 接 X01，均接到输入公共端 COM；在输出端，接触器线圈 KM₁ 接 Y00，输出公共端 COM 上接电源。

在图 6-6(a)中，SB₁ 为启动按钮，SB₂ 为停止按钮，系统通过硬接线实现逻辑控制。为了使采用 PLC 能实现三相异步电动机的连续工作控制，在 PLC 硬接线接好以后，用编程器将图 6-6(c)梯形图程序输入到 PLC 中，PLC 就可按照预定的控制方案工作。在输入部分，当按钮 SB₁ 被按下时，输入继电器 X00"软线圈"被接通；PLC 内部控制电路中，输入继电器 X00"软触点"动合触点闭合，输出继电器 Y00"软线圈"接通，内部控制电路中输出继电器 Y00"软触点"动合触点闭合进行自锁；同时在输出部分，输出继电器 Y00 外部"硬触点"动合触点闭合，使被控负载接触器线圈 KM₁ 通电，电动机运转。当停止时，按下按钮 SB₂，输入部分输入继电器 X01"软线圈"被接通，内部控制电路输入继电器 X01"软触点"动断触点断开，输出继电器 Y00"软线圈"断开，Y00"软触点"动合触点断开，输出部分输出继电器 Y00 外部"硬触点"动合触点断开，被控负载接触器线圈 KM₁ 断电，电动机停转。

由上例可见，继电器—接触器控制是通过各独立器件及其触点以固定"硬接线"连接方式来实现控制的。而 PLC 控制是将被控制对象对控制的要求以软件编程"软接线"的方式存储在 PLC 中，其内容就相当于继电器—接触器控制的各种线圈、触点的连线。当控制要求改变时，只要改变存储程序的内容，无需改变 PLC 硬接线，就可改变输入端信号与输出端被控对象的逻辑控制关系，因而增加了控制的灵活性和通用性，这也就是 PLC 最大的特点：可编程，即同一个硬件可以实现许多不同的控制。

6.3.2　PLC 的工作过程

PLC 上电后，在系统程序的监控下，周而复始地按一定的顺序对系统内部的各种任务进行查询、判断和执行，这个过程实质上是按顺序循环扫描的过程。PLC 采用循环扫描的工作方式，其扫描过程如图 6-7 所示，

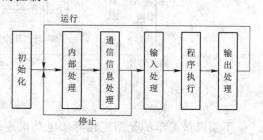

图 6-7　PLC 的工作过程

整个扫描过程分为初始化、内部处理、通信信息处理、输入处理、程序执行、输出处理几个阶段。执行一次全过程循环扫描所需要的时间称为扫描周期。

1. 初始化

PLC 上电后，进行系统初始化，清除内部继电器区，复位定时器等。

2. 内部处理阶段

PLC 在每个扫描周期都要进入内部处理阶段，主要完成 CPU 自诊断，对电源、PLC 内部电路、用户程序的语法进行检查；定期复位监控定时器等，以确保系统可靠运行。

3. 通信信息处理阶段

在每个通信信息处理扫描阶段，进行 PLC 之间以及 PLC 与计算机之间的信息交换；PLC 与其他带微处理器的智能模块通信，例如智能 I/O 模块；在多处理器系统中，CPU 还要与数字处理器（DPU）交换信息；响应编程器键入的指令，更新编程器的显示内容等。

4. 输入处理阶段

输入处理也叫输入采样。PLC 在此阶段，顺序读入所有输入端子的通、断状态，并将读入的信息存入内存中所对应的映像寄存器，此时输入映像寄存器被刷新。接着进入程序执行阶段，在程序执行时，输入映像寄存器与外界隔离，即使输入信号状态发生变化，其映像寄存器的内容也不会发生变化，只有在下一个扫描周期的输入处理阶段才能被读入新的状态信息。

5. 程序执行阶段

根据 PLC 梯形图程序扫描原则"先左后右、先上后下"逐句扫描，执行程序。但遇到程序跳转指令，则根据跳转条件是否满足来决定程序的跳转地址。当用户程序涉及输入/输出状态时，PLC 从输入映像寄存器中读出上一阶段采入的对应输入端子状态，从输出映像寄存器读出对应映像寄存器的当前状态；根据用户程序进行逻辑运算，运算结果再存入有关器件寄存器中。对每个器件而言，器件映像寄存器中所寄存的内容会随着程序执行过程而变化。

6. 输出处理阶段

程序执行完毕后，进入程序处理阶段，将输出映像寄存器即器件映像寄存器中的 Y 寄存器的状态，在输出处理阶段转存到输出锁存器，通过隔离电路，驱动功率放大电路，使输出端子向外界输出控制信号，驱动外部被控负载。

PLC 周而复始地循环扫描，执行上述整个过程，直至停机。图 6-8 为用户程序在 PLC 循环扫描工作方式下的工作过程，分为三个阶段：输入采样阶段、程序处理阶段和输出刷新阶段。

PLC 的扫描既可按固定的顺序进行，也可按用户程序所指定的可变顺序执行。这不仅因为有的程序不需每扫描一次就执行一次，而且也因为在一些大系统中需要处理的 I/O 点数多，通过安排不同的组织模块，采用分时分批扫描的执行方法，可缩短循环扫描的周期和提高控制的实时响应性。

循环扫描的工作方式是 PLC 的一大特点，也可以说 PLC 是"串行"工作的，这和传统

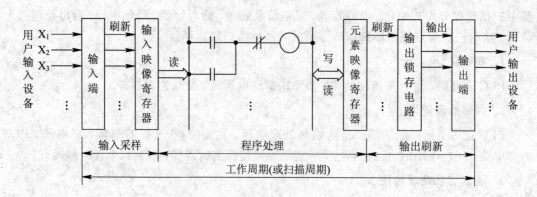

图 6-8　PLC 用户程序循环扫描工作过程

的继电器—接触器控制系统"并行"工作有质的区别。PLC 的串行工作方式避免了继电器—接触器控制系统中触点竞争和时序失配的问题，大大改善了系统的性能。

因 PLC 采用扫描工作方式，则输入/输出状态会保持一个扫描周期，或者说，全部输入/输出状态的改变，都需要一个扫描周期。扫描周期是 PLC 一个很重要的指标，小型 PLC 的扫描周期一般为十几毫秒到几十毫秒，PLC 的扫描时间取决于扫描速度和用户程序长短。毫秒级的扫描时间对于一般工业设备通常是可以接受的，PLC 的响应滞后是允许的。但是对于某些要求 I/O 快速响应的设备，则应采取相应的处理措施，如选用高速 CPU 提高扫描速度，采用快速响应模块、高速计数模块以及不同的中断处理等措施减少滞后时间。对于用户来说，选择合适的 PLC、合理地编制程序是缩短响应的关键。

6.4　三菱 FX₂ₙ 可编程序控制器简介

PLC 产品以面向工业控制的优越性能广受工业自动化控制领域的欢迎。特别是中小型 PLC 成功地取代了传统的继电器—接触器控制系统，大大提高了系统的可靠性，同时增强了系统的灵活性，使之更能适应现代化小批量、多品种的生产方式。日本三菱 PLC 产品在其中得到了广泛的应用，下面以 FX₂ₙ 系列为例来进行介绍。FX₂ₙ 可编程序控制器如图 6-9 所示。后面再补充新产品 FX₃ᵤ 系列可编程序控制器的内容。

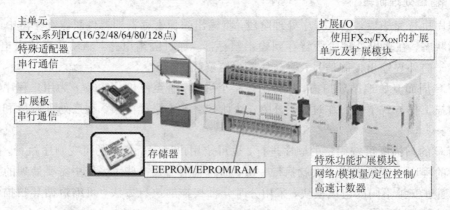

图 6-9　FX₂ₙ 可编程序控制器

6.4.1　FX₂N系列可编程序控制器的主要特点

1. 整体式结构

FX₂N采用一体化的整体式结构，具有体积小、成本低、便于安装等优点。

2. 扩展灵活

FX₂N系列产品由不同点数的基本单元和扩展单元构成。基本单元(M)又称主机，内有CPU与存储器，可以单独使用，FX₂N系列PLC基本单元的输入(I)与输出(O)点数比为1：1。扩展单元(E)又称扩展机，不可以单独使用，必须与基本单元组合使用，目的是增加I/O点数，满足系统的需要。扩展单元可以单独扩展输入点数或输出点数，也可以同时扩展输入和输出点数，以8为单位增加。FX₂N系列基本单元的最大I/O点数为256点。

另外，FX₂N系列PLC还吸收了模块式结构的优点，各种PLC产品(基本单元、扩展单元、扩展模块、特殊适配器等)都做成同宽同高的模块，组合拼装后就成为一个整齐的长方体结构，便于I/O等功能的扩展，构造适合用户自己的PLC。

3. 通信功能

为了构成点数更多的系统，还可以采用点对点通信方式，将两台PLC连接起来，构成总点数多一倍的系统。

4. 专用特殊功能单元

FX₂N系列PLC的一大特色还在于具有许多专用的特殊功能单元，包括模拟量I/O单元、高速计数单元、位置控制单元、凸轮控制单元、数据输入/输出单元等。大多数单元都是通过基本单元的扩展口与可编程序控制器主机相连(如模拟量I/O单元)，部分则通过可编程序控制器的编程器接口连接，还有的通过主机上并接的适配器接入，原系统的扩展不受其影响。

5. 编程语言

FX₂N系列PLC可以采用支持整个系列的3种编程语言：作为程序基础的指令表语言、在图形图像上进行阶梯信号作图编程的梯形图、依据机械动作的流程进行程序设计的功能图。而且这些程序可相互变换，指令表及梯形图程序也可按一定的规则编写，实现变为SFC图的逆变换。

6. 高速处理能力

1) 高速计数器

FX₂N系列可编程序控制器内置的高速计数器通过中断处理来自特定的输入端的高速脉冲，可进行数千赫兹计数，而与扫描时间无关。利用高速计数器的专用比较指令可立即输出计算结果。

2) 最新信号"输入/输出刷新"功能

以成批刷新方式动作的可编程序控制器的输入端信号，在0步运算前向输入数据存储器成批输入，而在执行"END"指令后，成批输出信号。若采用输入刷新指令，可在顺序扫描过程中得到最新信号，并立即输出运算结果。

3）时间常数变化用的"输入过滤调整"功能

在 PLC 输入继电器中设置的 10 ms 的 C‐R 滤波器,以防止输入信号的振动和噪声的影响。由于将数字滤波器用于输入继电器,因此可以利用程序改变滤波值。

4）脉冲捕捉功能

脉冲捕捉功能是输入短时脉冲的一种方法。在脉冲捕捉中,监视并输入来自特定的输入继电器的信号,同时在中断处理中设置辅助继电器。如果在脉冲捕捉中,脉冲宽度超过 $50 \mu s$,可以可靠地接收输入,其应用广泛。但是,在利用特定的触发信号,中断运算作优先处理时,可用下一项的"中断"功能。

5）短时脉冲接收与优先处理用的 3 种"中断"功能

（1）将外来信号用作触发"输入中断",监视来自特定的输入继电器的信号,通过输入的上升沿或下降沿所指定的中断程序作最优先的处理。

（2）"定时器中断"对各固定时间所指定的中断程序作最优先的处理。

（3）"计数器中断"利用内部的高速计数器的当前值对所指定的中断程序作最优先的处理。

7. 全面的应用指令

1）充实的基本指令

充实的基本指令采用力求实现"基本功能、高速处理、便于使用"的规范,FX_{2N} 系列 PLC 具有数据传送与比较、四则运算与逻辑运算、数据的循环与移位等基本指令;有输入/输出的刷新、中断、高速计数器专用的比较指令;有高速脉冲输出等高速处理指令以及在 SFC 控制方面将机械控制的规定动作脉冲化的初始状态指令等。

2）简化复杂的控制指令

简化复杂的控制指令备有将复杂的顺序控制变为程序包的方便指令,以减轻编程负担与节省输入/输出点数。再者,还提供可适应更复杂控制的浮点运算、PID 运算,及与各种外部设备通信的 RS‐232、RS‐485 连接端口。此外,还可作为从站与 A 系列可编程序控制器作为主站的 MELSECNET/MIN 连接,构成集中管理的分散控制结构。

3）主要指令

主要指令有"程序流程""传送比较""算术及逻辑运算""数据循环或移位""数据处理""高速处理""方便指令与外部设备指令""复杂控制"等一些类别。

6.4.2　FX_{2N} 系列可编程序控制器系统配置

1. FX 系列可编程序控制器型号说明

FX 系列可编程序控制器型号命名的基本格式为

$$FX \textcircled{1} — \textcircled{2} \textcircled{3} \textcircled{4} \textcircled{5}$$

说明:

①——可编程序控制器系列名称,其中① 为系列序号:0、2、0N、2C、2N、3U 等。

②——输入/输出总点数。

③——单元类型。M:基本单元;E:输入/输出混合扩展单元及扩展模块;EX:输入专用扩展模块;EY:输出专用扩展模块。

④——输出形式。R：继电器输出；T：晶体管输出；S：晶闸管输出。

⑤——特殊区别。若特殊区别一项无符号，说明通指 AC 电源，DC 输入，横式端子排。D：DC 电源，DC 输入；A：AC 电源，AC 输入；H：大电流输出扩展模块；V：立式端子排的扩展模块；C：接插口输入/输出方式；F：输入滤波器 1 ms 的扩展模块；L：TTL 输入型扩展模块；S：独立端子(无公共端)扩展模块。

2．FX$_{2N}$系列可编程序控制器概况

表 6 - 2 为 FX$_{2N}$系列 PLC 的基本单元一览表，表 6 - 3 为 FX$_{2N}$系列 PLC 的扩展单元一览表，表 6 - 4 为 FX$_{2N}$系列 PLC 的扩展模块一览表，表 6 - 5 为 FX$_{2N}$系列 PLC 的特殊扩展设备一览表。

表 6 - 2　FX$_{2N}$系列 PLC 基本单元一览表

输入/输出总点数	输入点数	输出点数	FX$_{2N}$系列		
			AC 电源　DC 输入		
			继电器输出	晶体管输出	晶闸管输出
16	8	8	FX$_{2N}$ - 16MR - 001	FX$_{2N}$ - 16MT - 001	—
32	16	16	FX2$_N$ - 32MR - 001	FX$_{2N}$ - 32MT - 001	FX$_{2N}$ - 32MS - 001
48	24	24	FX$_{2N}$ - 48MR - 001	FX$_{2N}$ - 48MT - 001	FX$_{2N}$ - 48MS - 001
64	32	32	FX$_{2N}$ - 64MR - 001	FX$_{2N}$ - 64MT - 001	FX$_{2N}$ - 64MS - 001
80	40	40	FX$_{2N}$ - 80MR - 001	FX$_{2N}$ - 80MT - 001	FX$_{2N}$ - 80MS - 001
128	64	64	FX$_{2N}$ - 128MR - 001	FX$_{2N}$ - 128MT - 001	

表 6 - 3　FX$_{2N}$系列 PLC 扩展单元一览表

输入/输出总点数	输入点数	输出点数	FX$_{2N}$系列		
			AC 电源　DC 输入		
			继电器输出	晶体管输出	晶闸管输出
32	16	16	FX$_{2N}$ - 32ER	FX$_{2N}$ - 32ET	—
48	24	24	FX$_{2N}$ - 48ER	FX$_{2N}$ - 48ET	—

表 6 - 4　FX$_{2N}$系列 PLC 扩展模块一览表

I/O 总点数	输入点数	输出点数	继电器输出	输入	晶体管输出	晶闸管输出	输入信号电压	连接形式
8(16)	4(8)	4(8)	FX$_{0N}$ - 8ER		—		DC 24 V	横端子排
8	8	0	—	FX$_{0N}$ - 8EX	—		DC 24 V	横端子排
8	0	8	FX$_{0N}$ - 8EYR	—	FX$_{0N}$ - 8YET		—	横端子排
16	16	0		FX$_{0N}$ - 16EX	—		DC 24 V	横端子排
16	0	16	FX$_{0N}$ - 16EYR	—	FX$_{0N}$ - 16YET		—	横端子排
16	16	0		FX$_{2N}$ - 16EX	—		DC 24 V	纵端子排
16	0	16	FX$_{2N}$ - 16EYR		FX$_{2N}$ - 16EYT	FX$_{2N}$ - 16EYS	—	纵端子排

表 6 - 5　FX₂N 系列 PLC 特殊扩展设备一览表

区分	型　号	名　称	占有点数		耗电
			输入	输出	DC 5V
特殊功能板	FX₂N - 8AV - BD	容量适配器	—		20 mA
	FX₂N - 422 - BD	RS422 通信板	—		60 mA
	FX₂N - 485 - BD	RS485 通信板	—		60 mA
	FX₂N - 232 - BD	RS232 通信板	—		20 mA
	FX₂N - CNV - BD	FXON 用适配器连接板	—		
特殊模块	FX₀N - 3A	2ch 模拟输入、1ch 模拟输出	—	8	—	30 mA
	FX₀N - 16NT	M - NET/M1N1 用（绞合导线）	8	8	20 mA
	FX₂N - 4AD	4ch 模拟输入	—	8	30 mA
	FX₂N - 4DA	4ch 模拟输出	—	8	30 mA
	FX₂N - 4AD - PT	4ch 温度传感器输入	—	8	30 mA
	FX₂N - 4AD - TC	4ch 温度传感器输入（热电偶）	—	8	30 mA
	FX₂N - 1HC	50 kHz 2 相计数器	—	8	90 mA
	FX₂N - 1PG	100 kpps 脉冲输出模块	—	8	55 mA
	FX₂N - 232IF	RS232C 通信接口	—	8	40 mA
	FX - 16NP	M - NET/M1N1 用（光纤）	16	8	80 mA
	FX - 16NT	M - NET/M1N1 用（绞合导线）	16	8	80 mA
	FX - 16NP - S3	M - NET/N1NT - S3 用（光纤）	8 8	8	80 mA
	FX - 16NT - S3	M - NET/N1NT - S3 用（绞合导线）	8 8	8	80 mA
	FX - 2DA	2ch 模拟输出	—	8	30 mA
	FX - 4DA	4ch 模拟输出	—	8	30 mA
	FX - 4AD	4ch 模拟输入	—	8	30 mA
	FX - 2AD - PT	2ch 温度输入（PT - 100）	—	8	30 mA
	FX - 4AD - TC	4ch 传感器输入（热电偶）	—	8	40 mA
	FX - 1HC	50 kHz 2 相高速计数器	—	8	—	70 mA
	FX - 1PG	100 kpps 脉冲输出单元	—	8	55mA
	FX - 1D1F	1D1F 接口	8 8	8	130 mA
特殊单元	FX - 1GM	定位脉冲输出单元（1 轴）	—	8	—	自给
	FX - 10GM	定位脉冲输出单元（1 轴）	—	8	—	自给
	FX - 20GM	定位脉冲输出单元（2 轴）	—	8	—	自给

6.4.3　FX₂ₙ系列可编程序控制器外围设备

适合 FX₂ₙ系列 PLC 使用的外围设备有：

1. 编程器

(1) 便携式编程器 FX－10P 或 FX－20P。

(2) 图形程序装置 A7PHP 或 A7HGP。

(3) 图形程序装置 A6GPP 或 A6PHP。

(4) 装有专用编程软件的个人计算机。

2. 文本显示器

FX₂ₙ系列 PLC 可配文本显示器 FX－10DU、FX－25DU、FX－40DU、FX－50DU 等显示系统信息的显示器。同时，文本显示器还是操作控制单元，利用面板上的按键，可以在执行程序的过程中修改某个量的数值，也可直接设置输入或输出量，进行参数设置和诊断。

3. 存储卡/写入器

为了保证程序及重要参数的安全性，可以利用程序存储卡进行存储，常用的存储卡有 FX－EEPROM－4、FX－EEPROM－8、FX－EEPROM－16，容量对应为 4K、8K、16K。

写入器功能是把 PLC 中 RAM 区程序通过写入器固化到 EPROM 中，或将程序从 EPROM 中传送到 PLC 的 RAM 区中，实现 PLC 与 EPROM 之间的程序传送。

FX₂ₙ系列可编程序控制器具体技术指标见产品说明书，这里不作赘述。

习　　题

6－1　PLC 由哪几部分组成？各有什么作用？

6－2　小型 PLC 有哪几种编程语言？

6－3　三菱 FX 系列 PLC 有哪几种开关量 I/O 接口形式，各有什么特点？

6－4　阐述 PLC 的扫描工作原理。

6－5　怎样计算 PLC 的扫描周期？

6－6　FX₂ₙ－48MR 型 PLC 有多少个输入继电器？多少个输出继电器？

第7章　可编程序控制器编程基本指令及编程

PLC 具备了系统程序，才能使用户有效地使用 PLC；PLC 系统具备了用户程序，通过运行才能发挥 PLC 的功能。因此，如何熟练地编制出优越的用户程序是使用好 PLC 的关键。梯形图和指令表是可编程序控制器最基本的编程语言。梯形图的符号及编制规则符合技术人员的读图思维习惯，形象直观、简单易懂，使用最为广泛。指令表则是可编程序控制器最基本的编程语言，它采用一些容易记忆的助记符来表示 PLC 的某种操作。本章以 FX_{2N} 系列 PLC 指令系统为例，来说明指令的含义、应用、梯形图的编制以及二者对应关系。

7.1　FX_{2N} 系列可编程序控制器编程器件

PLC 的内部有许多具有一定功能的编程器件，这些器件由电子电路和存储器组成。为了将其与普通的继电器区别，通常把它们称为"软继电器"。从编程的角度，我们可以不管这些器件的物理意义，只注重它们的功能，统一把它们称为"（软）元件"。按每种"元件"的功能定义一个名称，如输入继电器、输出继电器、定时器、计数器等。为了编程的需要，每一个元件都给定一个编号（或称地址）。

下面介绍 FX_{2N} 系列 PLC 的编程"元件"及其编号，FX_{2N} 系列可编程序控制器内的各种编程"元件"组成简图如图 7-1 所示。图 7-1 中箭头表示信号的传送。

7.1.1　输入继电器(X)

如图 7-2 所示，输入继电器是 PLC 专门用来接收从外部开关元件或敏感元件发来的信号的器件，符号为"X"。每一个输入继电器"软线圈"都与相应的 PLC 输入端子相连，它是一个经光电隔离的电子继电器，可以提供若干个（无限制）常开（动合）触点和常闭（动断）触点供编程时使用（实质为调用该元件的状态）。

输入继电器"软线圈"只能由外部信号（如按钮、行程开关、接触器触点、敏感元件等）来驱动，不能在程序内用指令驱动。输入点的状态在每次扫描开始时采样，采样结果以"1"或"0"方式写入输入映象寄存器，作为程序处理时输入点状态"通"或"断"的根据。

输入继电器用八进制数字进行编号，其数值根据使用的 PLC 型号是基本单元还是扩展单元而确定，具体编号为 X000～X007，X010～X017，X020～X027，…，FX_{2N} 的输入继电器最多可达 256 点。

在特定的输入继电器的输入滤波中采用数字滤波器，利用程序可以改变其滤波值。因此，在旨在高速接收的应用中，分配其输入继电器地址号。

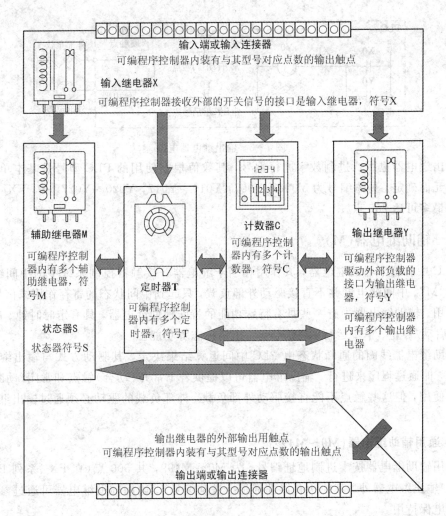

图 7 - 1　FX₂N系列 PLC 内编程器件

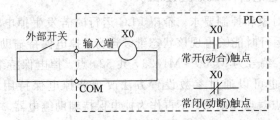

图 7 - 2　输入继电器电路

7.1.2　输出继电器(Y)

输出继电器是 PLC 用来传送信号到执行机构的元件,符号为"Y"。每一个输出继电器有且仅有一个外部输出触点(硬触点)连接到对应的 PLC 输出端子上,用于直接驱动外部负载,如图 7 - 3 所示。

输出继电器"软线圈"的通断状态由程序的执行结果决定。输出继电器可以提供无数对供编程使用的内部常开(动合)触点和常闭(动断)触点,使用次数不受限制。

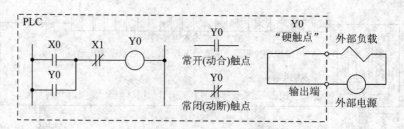

图 7 - 3　输出继电器电路

输出继电器也用八进制数字进行编号，其数值根据使用的 PLC 型号是基本单元还是扩展单元而确定，具体编号为 Y000～Y007，Y010～Y017，Y020～Y027，…，FX$_{2N}$的输出继电器最多可达 256 点。

7.1.3　辅助继电器(M)

PLC 中有若干辅助继电器，其作用相当于继电器—接触器控制系统中的中间继电器，符号为"M"。中间继电器并不直接驱动外部负载，只起到中间状态的寄存作用或信号转移、传递作用。辅助继电器中有一些具有特殊功能的特殊辅助继电器，具有定时时钟、进/借位标志、启动/停止、单步运行、通信状态、出错标志等功能。

辅助继电器线圈的通断状态由 PLC 中间运算结果决定，其驱动方式与输出继电器线圈相同，即通过程序来进行。辅助继电器可以提供若干常开(动合)触点和常闭(动断)触点供编程使用，但这些触点不能直接驱动外部负载，外部负载的驱动必须通过输出继电器来实现。

1. 通用辅助继电器(M0～M499)

通用辅助继电器按十进制地址编号，为 M0～M499，共 500 点(在 FX$_{2N}$系列 PLC 中，除输入/输出继电器外，其他所有器件都是十进制编号)。通用辅助继电器可通过参数设置改为掉电保持用。

2. 掉电保持辅助继电器(M500～M1023)

根据不同的控制对象和控制要求，希望 PLC 运行时若发生掉电能够保存掉电前的瞬间状态，并在复电再运行时能够再现该状态继续运行。掉电保持辅助继电器就是用于此场合下达到目的的期间，编号为 M500～M1023，共 524 点。掉电保持继电器由 PLC 内部的后备锂电池支持，它也可以通过参数设置方法改为非掉电保持用。两台 PLC 并联时，M800～M999 保留作点对点通信用，不再作为掉电保持辅助继电器。

图 7 - 4 所示为具有掉电保持功能的辅助继电器的应用。图 7 - 4 中 X0 接通后，M500 动作，常开触点闭合。其后在 PLC 不掉电情况下即使 X0 断开，M500 也能保持接通状态，这是因为电路具有自锁功能；如果 PLC 在运行时掉电，因为 M500 具有掉电保持功能，其掉电前瞬间状态(接通)被保留下来，即 M500 线圈保持接通，常开触点保持闭合，PLC 再复电

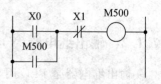

图 7 - 4　掉电保持电路

时，不需 X0 接通就可以使 M500 一直保持接通状态。如果 X1 断开，则 M500 复位，M500 线圈断开，常开触点也断开。

3. 掉电保持专用辅助继电器(M1024～M3071)

掉电保持专用辅助继电器编号为 M1024～M3071，共 2048 点，其掉电保持特性不可改变。

4. 特殊辅助继电器(M8000～M8255)

PLC 内有 256 个特殊辅助继电器，编号为 M8000～M8255，这些特殊辅助继电器各自具有特定的功能，通常分为下面两大类：

1) 只能利用其触点的特殊辅助继电器

线圈只能由 PLC 系统自动驱动，用户只可以利用其触点。

M8000 为运行(RUN)监控用，在 PLC 运行时 M8000 线圈自动接通。

M8002 为仅在运行开始瞬间接通的初始脉冲特殊辅助继电器。

M8012 为产生 100 ms 时钟脉冲的特殊辅助继电器。

2) 可驱动线圈型特殊辅助继电器

用户激励其线圈后，PLC 作特定动作。

M8030 为锂电池电压指示灯特殊辅助继电器，当锂电池电压跌落时，M8030 动作，指示灯亮，提醒维修人员，需要更换锂电池。

M8033 为 PLC 停止时输出特殊辅助继电器。

M8034 为禁止全部输出特殊辅助继电器。

M8039 为定时扫描特殊辅助继电器。

需要说明的是，未经定义的特殊辅助继电器不可在用户程序中使用。

7.1.4　状态器(S)

状态器是构成状态转移图的重要软器件，它与步进顺控指令 STL 在编程时配合使用，符号为"S"。通常状态器有以下 5 种类型，其中通用型与保持型 S 元件数的分配可以通过参数设置方式加以改变。

(1) 初始状态器(S0～S9)，共 10 点。

(2) 回零状态器(S10～S19)，共 10 点。

(3) 通用状态器(S20～S499)，共 480 点。

(4) 保持状态器(S500～S899)，共 400 点。

(5) 报警用状态器(S900～S999)，共 100 点；这 100 个状态器器件可作外部故障诊断输出。

图 7-5 为步进顺序控制图。工作过程为：启动信号 X0 接通，S20 置位，状态为 ON，S20 块的动作执行，即下降电磁阀 Y0 动作；下降到位，下限限位信号 X1 被触发，变为 ON，则状态器 S21 置位，同时 S20 复位，S21 块的动作执行，夹紧电磁阀 Y1 动作；夹紧到位后触发信号 X2 变为 ON，状态 S22 置位，同时 S21 复位，S22 块的动作执行，上升电磁阀 Y2 动作。如此过程，体现了控制过程的步进与顺序特点。

从上述例子看出，随着状态动作的转移，原来的状态器自动复位(下一状态经触发置位为 ON，则上一状态同时自动复位为 OFF)。各状态器的常开和常闭触点在 PLC 内可以自由使用，且使用次数不限。不用作步进顺控工序地址时，状态器与辅助继电器 M 一样，可作为普通的触点/线圈进行编程。

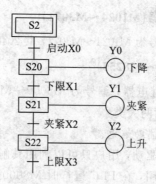

图 7-5　步进顺序控制图

7.1.5　定时器(T)

定时器在 PLC 中的作用相当于继电接触器控制系统中的时间继电器，可用于控制中"时间"的操作，符号为"T"。它有一个设定值寄存器(一个字长)、一个当前值寄存器(一个字长)以及无限个触点(一个位)。对于每一个定时器，这三个量使用同一个名称，但使用场合不一样，其所指也不同。通常在一个 PLC 中有几十至数百个定时器 T。

在 PLC 内的定时器是根据时钟脉冲累积计时的，时钟脉冲有 1 ms、10 ms、100 ms 三档，当所计时间到达设定值时，定时器输出触点动作。定时器可以由用户通过程序存储器内的常数 K 设置设定值，也可以用后述的数据寄存器 D 的内容作为设定值，这里所指的数据寄存器应具有断电保持功能。

1. 常规定时器(T0～T245)

100 ms 定时器 T0～T199 共 200 点，时间精度为 0.1 s，每个设定值范围为 0.1～3276.7 s；10 ms 定时器 T200～T245 共 46 点，时间精度为 0.01 s，每个设定值范围为 0.01～327.67 s。

定时器的工作原理如图 7-6 所示。

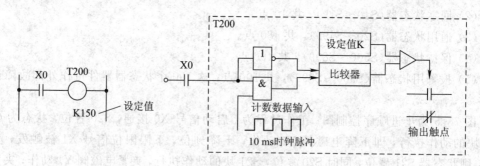

图 7-6　定时器的工作原理

当驱动输入 X0 接通时，地址编号为 T200 定时器中的当前值计数器对 10 ms 时钟脉冲进行累积计数，当该值与设定值 K150 相等时，定时器的输出触点就接通，即经 150×0.01 s$=1.50$ s 后，输出触点动作。驱动输入 X0 断开或发生断电时，计数器复位，则 T200 的输出触点也复位。

若在子程序和中断程序中使用定时器，则器件编号为 T192～T199，其他定时器在子程序中不能正确定时。这里的定时器，在执行 END 指令时计数值变更。当到达设定值后，在执行线圈指令或 END 指令时输出触点接通。

2. 积算定时器(T246～7255)

T246～T249 为 1 ms 积算定时器，共 4 点，每点设定值范围为 0.001～32.767 s；T250～T255 为 100 ms 积算定时器，共 6 点，每点设定值范围为 0.1～3276.7 s。图 7 - 7 为积算定时器工作原理应用举例。

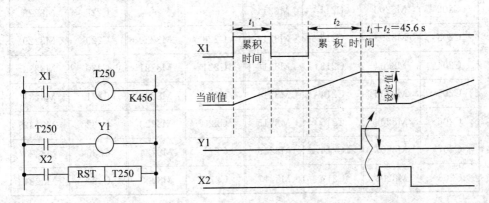

图 7 - 7　积算定时器工作原理

定时器 T250 线圈的驱动输入 X1 接通时，T250 的当前值计数器开始累积 100 ms 的时钟脉冲的个数，当该值与设定值 K456 相等时，定时器的输出触点接通。定时器 T250 为积算型，计数中途即使输入 X1 断开或发生断电，定时器当前值可保持；输入 X1 再接通或复电时，计数继续进行，当其累积时间为 $456 \times 0.1 = 45.6$ s 时定时器触点动作。当复位输入 X2 接通时，则计数器就复位，定时器输出触点也复位。

7.1.6　计数器(C)

1. 内部计数器的分类和元件号

内部计数器是在执行扫描操作时对内部元件(如 X、Y、M、S、T、C)的信号进行计数的计数器，符号为"C"。因此，其接通(状态 ON)时间和断开(状态 OFF)时间应比 PLC 的扫描周期略长，通常其输入信号频率大约为几个扫描周期/s。内部计数器的分类和元件号见表 7 - 1。

表 7 - 1　内部计数器的分类和元件号

	16 位顺计数器 0～32 767 计数		32 位增/减计数器 −2 147 483 648～2 147 483 647 计数	
	一般用	掉电保持用	一般用	特殊用
FX$_{2N}$，FX$_{2NC}$系列	C 0 ～ C99 100 点	C100～C199 100 点	C200～C219 20 点	C220～C234 15 点

表 7 - 1 中 32 位的增/减计数器 C200～C234 的计数方向(增计数或减计数)由特殊辅助继电器 M8200～M8234 设定，见表 7 - 2。

表 7 - 2　32 位增/减计数器计数方向设定对应表

计数器	方向切换	计数器	方向切换	计数器	方向切换	计数器	方向切换
C200	M8200	C209	M8209	C218	M8218	C226	M8226
C201	M8201	C210	M8210	C219	M8219	C227	M8227
C202	M8202	C211	M8211	—	—	C228	M8228
C203	M8203	C212	M8212	C220	M8220	C229	M8229
C204	M8204	C213	M8213	C221	M8221	C230	M8230
C205	M8205	C214	M8214	C222	M8222	C231	M8231
C206	M8206	C215	M8215	C223	M8223	C232	M8232
C207	M8207	C216	M8216	C224	M8224	C233	M8233
C208	M8208	C217	M8217	C225	M8225	C234	M8234

2. 内部计数器功能和动作原理

1) 16 位计数器功能和工作原理

16 位计数器功能和工作原理如图 7 - 8 所示，X11 为计数输入，X10 为计数复位。每次 X11 接通时，计数器当前值增 1，当计数器的当前值为 10，即计数输入达到设定值第 10 次时，计数器 C0 的输出触点接通，之后即使输入 X11 再接通，计数器的当前值都保持不变。当复位输入 X10 接通 (ON) 时，执行 RST 指令，计数器当前值复位为 0，输出触点也断开 (OFF)。

计数器的设定值除了可由常数 K 设定外，还可间接通过指定数据寄存器的元件号来设定，如指定 D10，而 D10 的内容为 123，则与设定 K123 等效。

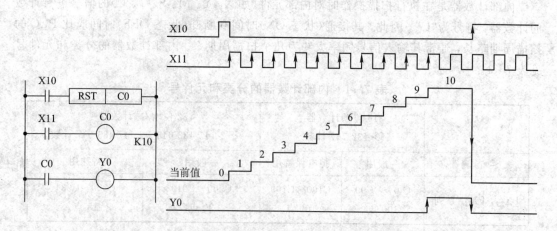

图 7 - 8　16 位计数器工作原理

2）32 位双向计数器功能和工作原理

32 位双向计数器功能和工作原理如图 7 - 9 所示。

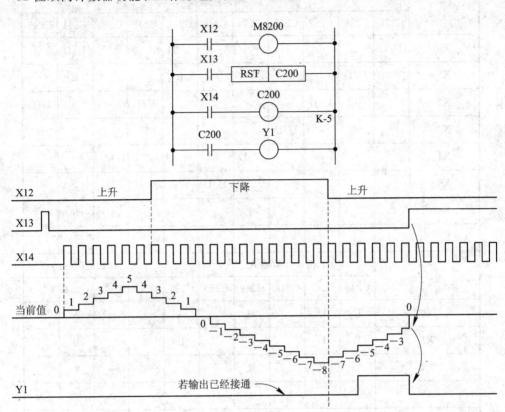

图 7 - 9　32 位双向计数器工作原理

X14 作为计数输入，驱动 C200 线圈进行加计数或减计数，当计数器的当前值由 -6 ～ -5 (增加) 时，其触点接通 (置 1)；由 -5 ～ -6 (减少) 时，其触点断开 (置 0)。

当前值的增减虽与输出触点的动作无关，但从 $+2\ 147\ 483\ 647$ 起再进行加计数当前值就成为 $-2\ 147\ 483\ 648$。同样从 $-2\ 147\ 483\ 648$ 起进行减计数，当前值就成为 $2\ 147\ 483\ 647$ (这种动作称为循环计数)。

当复位输入 X13 接通 (ON) 时，计数器的当前值就为 0，输出触点也复位。若使用掉电保持型计数器，其当前值和输出触点状态均能停电保持。

32 位计数器可用作 32 位数据寄存器，但不能用作 16 位指令中的操作元件。

3）高速计数器

高速计数器共 21 点，地址编号为 C235～C255，但适用高速计数器输入的 PLC 输入端只有 6 点 X0～X5。由于只有 6 个高速计数输入端，最多只能用 6 个高速计数器同时工作。

高速计数器的选择并不是任意的，它取决于所需计数的类型及高速输入端子。高速计数器均为 32 位双向计数器，见表 7 - 3。类型如下：单相无启动/复位端子高速计数器 C235～C240；单相带启动/复位端子高速计数器 C241～C245；单相 2 输入 (双方) 高速计数器 C246～C250；双相输入 (A、B 型) 高速计数器 C251～C255。

表 7–3　高速计数器表

	1相1计数输入										
	C235	C236	C237	C238	C239	C240	C241	C242	C243	C244	C245
X0	U/D						U/D			U/D	
X1		U/D					R			R	
X2			U/D					U/D			U/D
X3				U/D				R	U/D		R
X4					U/D				R		
X5						U/D					
X6										S	
X7											S

	1相2计数输入					2相2计数输入				
	C246	C247	C248	C249	C250	C251	C252	C253	C254	C255
X0	U	U		U		A	A		A	
X1	D	D		D		B	B		B	
X2		R		R		R			R	
X3			U		U			A		A
X4			D		D			B		B
X5			R		R			R		R
X6					S					S
X7					S					S

注：U—增计数输入；D—减计数输入；A—A 相输入；B—B 相输入；R—复位输入；S—启动输入

X6 和 X7 也是高速输入，但只能用作启动信号而不能用于高速计数。不同类型的计数器可同时使用，但它们的输入不能共用。

高速计数器是按中断原则运行的，因而它独立于扫描周期，选定计数器的线圈应以连接方式驱动以表示这个计数器及其有关输入连续有效，其他高速处理不能再用其输入端子。

高速计数器 C235～C255 计数方向控制用辅助继电器对应编号为 M8235～M8255。

7.1.7　数据寄存器(D)

在进行输入/输出处理、模拟量控制、位置控制时，需要许多数据寄存器存储工作数据和参数，数据寄存器符号为"D"。数据寄存器为 16 位，最高位为符号位，可用两个数据寄存器合并起来存放 32 位数据，最高位仍为符号位。数据寄存器的分类见表 7–4。

表 7－4　数据寄存器的分类

FX₂N、FX₂NC系列	一般用	掉电保持用	掉电保持专用	文件用	特殊用
FX_{2N}、FX_{2NC}系列	D0～D199 200 点	D200～D511 312 点	D512～D7999 7488 点	根据参数设定，可将 D1000 以后作文件寄存器	D8000～D8255 256 点

1. 通用数据寄存器（D0～D199）

通用数据寄存器共 200 点，编号为 D0～D199。该类数据寄存器只要不写入其他数据，已写入的数据不会变化，不过当 PLC 状态由运行（RUN）转换到停止（STOP）时，全部数据均清零。但是，值得注意的是，当特殊辅助继电器 M8031 置 1 时，PLC 由运行转换到停止时，数据可以保持。

2. 掉电保持数据寄存器（D200～D511）

掉电保持数据寄存器共 312 点，编号为 D200～D511。只要不改写其中数据，原有数据值就不会丢失。不论电源是否接通，PLC 运行与否，该类数据寄存器内的内容都不会变化。

在两台 PLC 作点对点的通信时，D490～D509 被用作通信操作。

3. 掉电保持专用数据寄存器（D512～D7999）

掉电保持专用数据寄存器共 7488 点，编号为 D512～D7999，参数设置无法改变其保持与否的性质。但通过参数设置可将 D1000 以后的最多 7000 点即 D1000～D7999 设为文件寄存器。

文件寄存器是一类专用数据寄存器，用于存储大量的数据，例如采集数据、统计计算数据、多组控制数据等。FX_{2N}系列 PLC 从 D1000 开始，以 500 点为一个单位，最多可设置 14 个。其中不作文件寄存器的部分，仍可作为一般使用的掉电保持型数据寄存器。

4. 特殊数据寄存器（D8000～D8255）

特殊数据寄存器共 256 点，编号为 D8000～D8255。这些数据寄存器供监控 PLC 中各种元件的运行方式用，其内容在电源接通时写入初始化值。未定义的特殊数据寄存器用户不能使用。

7.1.8　变址寄存器（V/Z）

顾名思义，变址寄存器通常用于修改器件的地址编号。FX_{2N}共有 V0～V7、Z0～Z7 八对变址寄存器，V 和 Z 都是 16 位的数据寄存器，可以像其他的数据寄存器一样进行数据的读与写。若进行 32 位操作，可将 V、Z 合并使用，指定 Z 为低位，分别成为（V0，Z0），（V1，Z1），（V2，Z2），…，（V7，Z7）。

7.1.9　指针（P/I）

指针用于分支与中断。

分支指令用指针"P"来指定 FNC00(CJ)条件跳转与 FNC01(CALL)子程序调用等分支

指令的跳转目标。在编程时,标号不能重复使用。

中断用的指针"I"指定输入中断、定时器中断与计数器中断的中断程序。中断用指针 I0□□~I8□□有三种类型,即输入中断、定时器中断和计数器中断。与应用指令 IRET 中断返回、EI 开中断和 DI 关中断一起配合使用。

使用中断指针时应当注意:

(1) 中断指针必须编在 FEND 指令后面作为标号。

(2) 中断点数不能多于 15 点。

(3) 中断嵌套级不多于 2 级。

(4) 中断指针中百位数上的数字不可重复使用。

(5) 用于中断的输入端子,就再也不能用于 SPD 指令或其他高速处理。

7.1.10 常数(K/H)

常数也可认为是器件,它在存储器中占用一定的空间。K 表示十进制整数值,如 18 表示成 K18;H 表示十六进制数值,如 18 表示为 H12。它们用作定时器与计数器的设定值与当前值,或应用指令的操作数。表 7-5 为 FX$_{2N}$ 系列 PLC 软元件一览表。

表 7-5　FX$_{2N}$ 系列 PLC 软元件一览表

	FX$_{2N}$-16M	FX$_{2N}$-32M	FX$_{2N}$-48M	FX$_{2N}$-64M	FX$_{2N}$-80M	FX$_{2N}$-128M	扩展单元
X	X000~X007 8 点	X000~X017 16 点	X000~X027 24 点	X000~X037 32 点	X000~X047 40 点	X000~X077 64 点	X000~X267 (X177) 184 点 (128 点)
Y	Y000~Y007 8 点	Y000~Y017 16 点	Y000~Y027 24 点	Y000~Y037 32 点	Y000~Y047 40 点	Y000~Y077 64 点	Y000~Y267 (Y177) 184 点 (128 点)
M	M0~M499 500 点 普通用途	【M500~M1023】 524 点供掉电保持用 供通信用时, 主→从:M800~M899 从→主:M900~M999		【M1024~M3071】 2048 点 供掉电保持用		M8000~M8255 256 点 特殊用途	
S	S0~S499 500 点普通用途 供初始状态用:S0~S9 供返回原点用:S10~S19		【S500~S899】 400 点 供掉电保持用		【S900~S999】 100 点 供信号报警器用		
T	T0~T199 200 点 100 ms 供例行程序用: T192~199		T200~T245 46 点 10 ms		【T246~T249】 4 点 1ms 累计		【T250~T255】 6 点 100 ms 累计

续表

FX₂ₙ-16M	FX₂ₙ-32M	FX₂ₙ-48M	FX₂ₙ-64M	FX₂ₙ-80M	FX₂ₙ-128M	扩展单元
	16 位增计数器		32 位可逆计数器		32 位高速可逆计数器	
C0～C99 100 点 普通用	【C100～C199】 100 点 供掉电保持用	C200～C219 20 点 普通用途	【C220～C234】 15 点 供掉电保持用	【C235～ C245】 1 相 1 输入	【C246～ C250】 1 相 2 输入	【C251～ C255】 2 相 2 输入

	FX₂ₙ-16M	FX₂ₙ-32M/48M	FX₂ₙ-64M	FX₂ₙ-80M/128M	扩展单元
D V Z	D0～D199 200 点 普通用途	【D200～D511】 312 点 供掉电保持用	【D512～D7999】 7488 点 供掉电保持用	D8000～D8255 256 点 特殊用途	V0～V7 Z0～Z7 16 点
嵌套指针	N0～N7 8 点 主控用	P0～P63 64 点 跳转、子程序用指针	I00 *～I50 * 6 点 输入中断用	I6 * *～I8 * * 3 点 定时器中断用	I010～I060 6 点 计数器中断用
K	16 位：－32 768～32 768			32 位：－2 147 483 648～2 147 483 647	
H	16 位：0～FFFFH			32 位：0～FFFFFFFFH	

注：(1)【内的软元件为掉电保持功能的软元件。(2)本书内容中元件编号 X0 等同于 X000，其他元件类推，如：Y0 等同于 Y000、X2 等同于 X002，Y2 等同于 Y002 等。

7.2　FX₂ₙ系列可编程序控制器编程基本指令

7.2.1　逻辑取及线圈驱动指令(LD、LDI、OUT)

LD：常开触点逻辑运算开始指令。

LDI：常闭触点逻辑运算开始指令。

OUT：线圈驱动指令。

图 7-10 所示梯形图及指令表表示上述三条基本指令的用法。

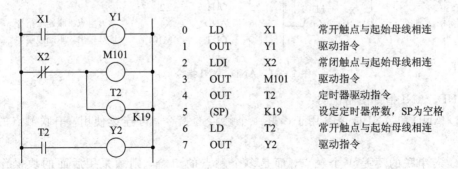

0	LD	X1	常开触点与起始母线相连
1	OUT	Y1	驱动指令
2	LDI	X2	常闭触点与起始母线相连
3	OUT	M101	驱动指令
4	OUT	T2	定时器驱动指令
5	(SP)	K19	设定定时器常数，SP为空格
6	LD	T2	常开触点与起始母线相连
7	OUT	Y2	驱动指令

图 7-10　LD、LDI、OUT 指令应用

LD、LDI、OUT 指令使用说明：

(1) LD、LDI 指令用于与起始母线相连的触点；此外，这些指令与后述的 ANB、ORB

指令配合使用于分支回路开始处。

（2）OUT 指令是驱动线圈的指令，用于驱动输出继电器 Y、辅助继电器 M、状态器 S、定时器 T、计数器 C，但不能用于输入继电器 X。输入继电器 X 的线圈只能由外部信号驱动。

（3）OUT 指令可以并联连接，如图 7-10 中的 OUT M101 和 OUT T2，后面还可以并联任意多个 OUT 指令，但不能串联使用。

（4）OUT 指令用于计数器 C、定时器 T 时必须紧跟常数 K 值。常数 K 值分别表示计数器的计数次数或定时器的延使时间，它也作为一个步序。表 7-6 是 K 值设定范围与步数值。

（5）LD、LDI 操作的器件：X、Y、M、S、T、C；OUT 操作的器件：Y、M、S、T、C。

表 7-6　K 值设定范围表

器件名称	类　型	K 值的设定范围	实际的设定值	步数
定时器	1 ms 定时器		0.001～32.767 s	3
	10 ms 定时器	1～32 767	0.01～327.67 s	3
	100 ms 定时器		0.1～3276.7 s	3
计数器	16 位计数器	1～32 767	1～32 767	3
	32 位计数器	－2 147 483 648～2 147 483 647	－2 147 483 648～2 147 483 647	5

7.2.2　触点串联指令（AND、ANI）

AND：常开触点串联连接指令。

ANI：常闭触点串联连接指令。

如图 7-11 所示，梯形图及指令表表示上述两条基本指令的用法。

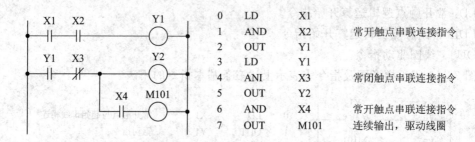

0	LD	X1	
1	AND	X2	常开触点串联连接指令
2	OUT	Y1	
3	LD	Y1	
4	ANI	X3	常闭触点串联连接指令
5	OUT	Y2	
6	AND	X4	常开触点串联连接指令
7	OUT	M101	连续输出，驱动线圈

图 7-11　AND、ANI 指令应用

AND、ANI 指令使用说明：

（1）AND 和 ANI 指令是用于串联 1 个触点的指令，可连续使用，串联触点的数量不限。

（2）若串联的不是 1 个触点，而是多个触点的组合，则须采用后面的块操作指令 ANB。

（3）图 7-11 中"OUT M101"所在的逻辑行与上一逻辑行的连接方式称为"连续输出"或"纵接输出"。"连续输出"是指在执行 OUT 指令后，通过触点对其他线圈执行 OUT 指令。只要电路设计顺序正确，"连续输出"的 OUT 指令可重复使用。要注意的是，"OUT Y2"必须放在 X4 的常开触点和 M101 线圈这一逻辑行上面，如果驱动顺序换成图 7-12 的形式，则必须用后述的栈操作 MPS 指令，这时程序步数增多，因此不推荐使用图 7-12 的形式。

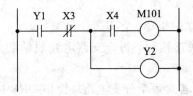

图 7-12　"连续输出"不合理电路

（4）串联触点数和顺序正确的"连续输出"次数不受限制，但使用图形编程设备和打印机时则有限制。

（5）AND、ANI 操作的器件：X、Y、M、S、T、C。

7.2.3　触点并联指令（OR、ORI）

OR：常开触点并联连接指令。

ORI：常闭触点并联连接指令。

如图 7-13 所示，梯形图及指令表表示 OR、ORI 基本指令的用法。

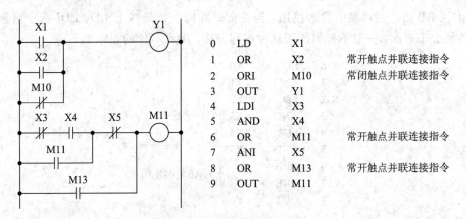

图 7-13　OR、ORI 指令应用

OR、ORI 指令使用说明：

（1）OR、ORI 是用于并联连接 1 个触点的指令。若要将两个以上触点的串联电路和其他回路并联时，须用后述的块操作并联指令 ORB。

（2）OR、ORI 指令引起的并联是从 OR、ORI 一直并联到前面最近的 LD、LDI 上，并联的数量不受限制，但使用图形编程设备和打印机时受限制。

（3）OR、ORI 操作的器件：X、Y、M、S、T、C。

7.2.4　串联电路块的并联指令（ORB）

ORB（OR Block）：分支电路的并联指令，又称为串联电路块的并联连接指令。

　　两个或两个以上的触点串联连接的电路称为"串联电路块"。在并联连接这种串联电路块时，在分支电路起点要用 LD、LDI 指令（生成新母线），而在该分支电路终点再用块操作指令 ORB 实现块并联连接。

　　图 7-14 表示 ORB 指令的用法。

　　ORB 指令使用说明：

　　(1) ORB 指令是一条独立的指令，它不带任何编号。

　　(2) 几个串联电路块并联连接时，每个支路电路块的起点用 LD、LDI 开始，终点用 ORB 结束。

　　(3) 有多个并联电路时，若对每个分支电路块使用 ORB 指令，则并联电路数可不受限制，如图 7-14 所示的编程。

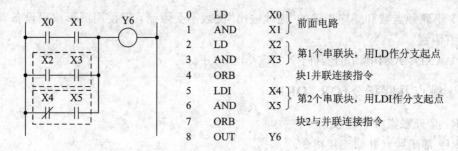

图 7-14　ORB 指令应用

　　(4) ORB 指令也可集中起来使用，但是此时在同一条母线上 LD、LDI 指令重复使用次数必须少于 8 次，一般不提倡使用这种编程方法。编程不佳的程序如下：

```
0    LD     X0
1    AND    X1
2    LD     X2
3    AND    X3
4    LDI    X4
5    AND    X5
6    ORB    ┐
7    ORB    ┘ ORB集中使用
8    OUT    Y6
```

7.2.5　并联电路块的串联指令（ANB）

　　ANB（AND Block）：将分支电路的始端与前一个电路串联连接的指令，即用于并联电路块的串联连接指令。

　　两个或两个以上触点并联连接的电路称为"并联电路块"。将并联电路块与前面电路串联连接时用 ANB 指令。在与前一个电路串联时，用 LD 或 LDI 指令作分支电路的始端（生成新母线）。再用 ANB 指令将并联电路块与前面电路串联连接前，应先完成并联电路组块。使用 ANB 后新母线自动消失。

　　图 7-15 表示 ANB 指令的用法。

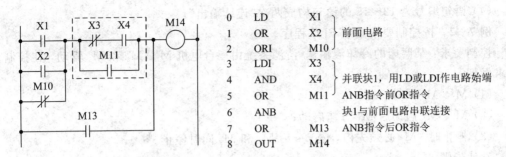

图 7-15 ANB 指令应用

ANB 指令使用说明:

(1) ANB 指令是一个独立的指令,它不带任何器件编号。

(2) 分支电路(并联电路块)与前面电路串联连接时,使用 ANB 指令。分支的起点用 LD、LDI 指令,并联电路块结束后,使用 ANB 指令,与前面电路串联。

(3) 如果有多个并联电路块顺次以 ANB 指令与前面电路连接,ANB 的使用次数可以不受限制。

(4) ANB 指令可以集中起来使用,和 ORB 指令一样,分支电路起点使用的 LD、LDI 指令数不超过 8 次。一般不提倡这种编程方法。

例 7-1 将图 7-16 所示梯形图改写成指令语句。

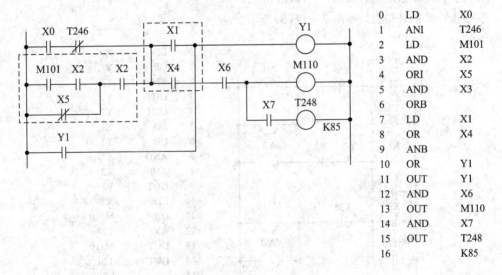

图 7-16 梯形图

右边的指令表为图 7-16 梯形图对应的程序。

说明:

(1) 语句编号为 6 的"ORB"指令,完成电路块的并联。

(2) 在"X1"与"X4"并联电路块的起始段要使用"LD"指令(语句编号为 7)。在使用"ANB"之前要先完成并联电路组块(7~8 句)。

(3) OR 或 ORI 指令在执行 ANB 指令之后,要并联到 ANB 前面的 LD 和 LDI 指令上(语句编号为 10)。

（4）语句编号为 12～15 的语句构成两次"连续输出"。

例 7－2　按控制要求编制 PLC 程序。

控制要求：某磨床的冷却液输送-清滤系统由三台电机 M_1、M_2 和 M_3 驱动，在控制上要求做到：

（1）M_1、M_2 同时启动；

（2）M_1、M_2 启动后 M_3 方能启动；

（3）停止时，M_3 必须先停，隔 2 s 后 M_1 和 M_2 同时停止。

设计步骤：

第一步：设置 I/O 点。

　　　　　输入：

　　　　　X0——电机 M_1、M_2 的启动按钮

　　　　　X1——电机 M_3 的启动按钮

　　　　　X2——电机 M_3 的停止按钮

　　　　　输出：

　　　　　Y1——M_1 接触器线圈

　　　　　Y2——M_2 接触器线圈

　　　　　Y3——M_3 接触器线圈

第二步：设计梯形图，如图 7－17(a)所示。

第三步：编制语句表，如图 7－17(b)所示。

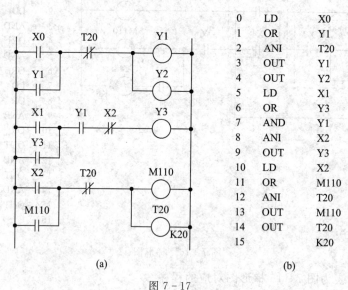

(a)　　　　　　　　　　　　　　　　(b)

图 7－17

(a) 梯形图；(b) 指令语句

7.2.6　置位与复位指令（SET、RST）

SET(Set)：置位指令（操作保持）。

RST(Reset)：复位指令（解除操作保持）。

图 7－18 表示 SET、RST 指令的用法。

SET、RST 指令使用说明：

（1）SET、RST 指令均为有"记忆力"的指令。使用 SET 指令时，被驱动的线圈具有保持功能。如图 7-18 中，当 X0 接通，Y0 就保持接通，即使 X0 断开，Y0 也保持接通。使用 RST 指令时，被驱动的线圈自保持的功能解除，在图中，X1 一旦接通，Y0 就保持断开，即使 X1 又断开了，Y0 仍保持断开。

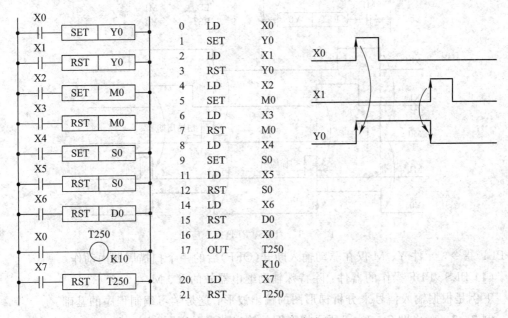

图 7-18 SET、RST 指令应用

（2）对同一元件可以多次使用 SET、RST 指令，顺序可任意，但最后执行者有效。

（3）要使数据寄存器 D，变址寄存器 X、Z 的内容清零时，也可使用 RST 指令（用常数为 K0 的传送指令也可得到相同的结果）。

（4）积算定时器 T246～T255 的当前值的复位和触点复位也可用 RST 指令；计数器的内容清零也可用 RST 指令。

（5）SET 操作的器件：Y、M、S；RST 操作的器件：Y、M、S、D、V、Z、T、C。

7.2.7 脉冲输出指令（PLS、PLF）

PLS：在输入信号上升沿产生脉冲输出。

PLF：在输入信号下降沿产生脉冲输出。

图 7-19 表示 PLS、PLF 指令的用法。

PLS、PLF 指令使用说明：

（1）PLS 能够在驱动输入接通后产生一脉冲信号，该脉冲的宽度等于一个扫描周期；而 PLF 指令在驱动输入断开后产生一宽度等于一个扫描周期的脉冲信号。

（2）PLS、PLF 指令只能用于 Y 和 M，但特殊辅助继电器不能用作目标元件。例如，在驱动输入接通时，PLC 运行（RUN）→停机（STOP）→运行（RUN）时，PLS M0 动作，但 PLS M600 不动作。这是因为 M600 是特殊保持继电器，即使在断电停机时其动作也能保持。

（3）使用 PLS 指令，元件 Y、M 仅在驱动输入接通（ON）后的一个扫描周期内动作；使

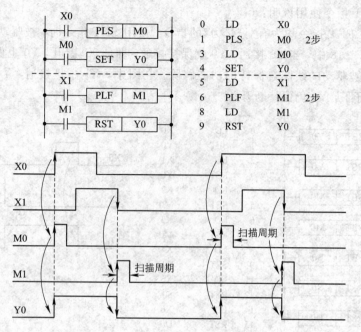

图 7-19　PLS、PLF 指令应用

用 PLF 指令，元件 Y、M 仅在驱动输入断开(OFF)后的一个扫描周期内动作。

（4）PLS、PLF 操作的器件：除特殊辅助继电器外的 Y、M。

下例是根据输入信号来分析梯形图的输出波形，这是学习编制程序的基础。

例 7-3　画出图 7-20(a)所示梯形图的输出波形时序图。

根据图 7-20(a)梯形图进行时序分析：

当 X0 第一次由"0"变"1"时，M100 产生一个输出脉冲，由于 M110 还没有被驱动，使得 M101 也接通一个扫描周期，进而 M110 在 SET 指令作用下保持接通，此时 Y0 由"0"变"1"并保持这一状态；当 X0 第二次由"0"变"1"时，由于 M110 是接通的状态，使得 M102 接通一个扫描周期，在 RST 指令作用下，M110 解除保持接通，Y0 在此时由"1"变"0"。如此循环，可知 Y0 的输出信号刚好是 X0 输入信号的二分频。输入、输出波形时序图如图7-20(b)所示。

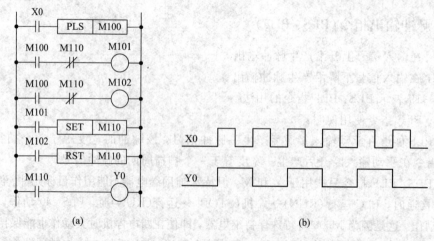

（a）　　　　　　　　　　　　　　　　　（b）

图 7-20　例 7-3 图

7.2.8 计数器、定时器操作指令(OUT/RST)

图 7-21 所示为计数器、定时器的 OUT、RST 指令应用梯形图及指令语句。

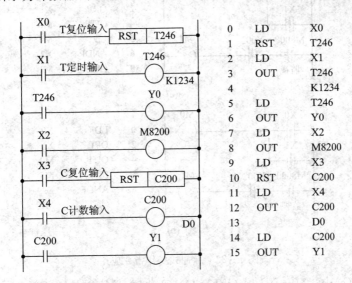

0	LD	X0
1	RST	T246
2	LD	X1
3	OUT	T246
4		K1234
5	LD	T246
6	OUT	Y0
7	LD	X2
8	OUT	M8200
9	LD	X3
10	RST	C200
11	LD	X4
12	OUT	C200
13		D0
14	LD	C200
15	OUT	Y1

图 7-21 计数器、定时器的 OUT、RST 指令应用

在图 7-21 中,当定时器复位输入 X0 接通时,输出触点 T246 复位,定时器的当前值也为 0;定时器定时输入 X1 接通期间,T246 接收 1 ms 时钟脉冲并计数,到达 1234 时 Y0 就动作。

32 位计数器 C200 根据 M8200 的开、关状态进行增计数或减计数,它对计数器计数输入 X4 触点的 OFF→ON 次数进行计数。输出触点的置位或复位取决于计数方向及是否达到 D1、D0 中存的设定值。

RST 指令对计数器的作用:

(1) 在计数器计数过程中,若 RST 指令接通(图 7-21 中的 X3 接通),计数器停止计数,并使当前值恢复到设定值。

(2) 当计数器计数结束,计数器的输出为"1"时,RST 指令接通,计数器的输出变为"0",其常数恢复到设定值。

(3) RST 指令在任何情况下都优先执行,当 RST 端保持输入时,计数器不能计数。

(4) 掉电保持功能的计数器,在不需要保持计数器先前原有计数状态时,要使用初始化脉冲,使程序一运行就给计数器复位。

7.2.9 脉冲式操作指令(LDP、LDF、ANDP、ANDF、ORP、ORF)

这是一组与 LD、AND、OR 指令相应的脉冲式操作指令,其用法说明如下:

(1) LDP、ANDP、ORP 指令是进行上升沿检测的触点指令,仅在指定位软元件上升沿时(由 OFF→ON 变化时)接通一个扫描周期,程序步数为 2;LDF、ANDF、ORF 指令是进行下降沿检测的触点指令,仅在指定位软元件下降沿时(由 ON→OFF 变化时)接通一个扫描周期,程序步数为 2。

图 7 - 22 表示了这组指令的用法。

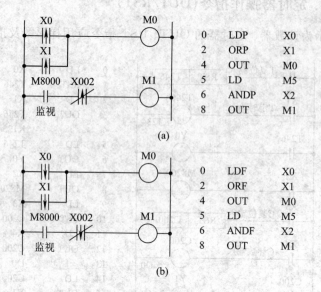

0	LDP	X0
2	ORP	X1
4	OUT	M0
5	LD	M5
6	ANDP	X2
8	OUT	M1

(a)

0	LDF	X0
2	ORF	X1
4	OUT	M0
5	LD	M5
6	ANDF	X2
8	OUT	M1

(b)

图 7 - 22　脉冲式操作指令应用

如图 7 - 22(a) 中，X0～X2 由 OFF→ON 变化时，M0 或 M1 接通一个扫描周期；图 7 - 22(b) 中，X0～X2 由 ON→OFF 变化时，M0 或 M1 接通一个扫描周期。

（2）这组脉冲式操作指令在某些场合为编程提供了许多方便，图 7 - 23 说明了等效的编程方法。

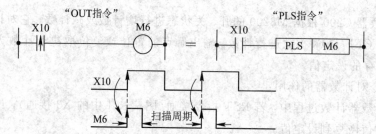

两种情况下，都在 X10 由 OFF→ON 变化时，M6 接通一个扫描周期

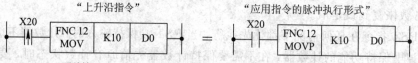

两种情况下，都在 X20 由 OFF→ON 变化时，只执行一次 MOV 指令

图 7 - 23　等效的编程方法

（3）在将 LDP、LDF、ANDP、ANDF、ORP、ORF 指令的软元件指定为辅助继电器（M）时，该软元件的地址号范围不同造成图 7 - 24 所示的动作差异。

图 7 - 24(a) 中，M0～M2799 作为脉冲式操作指令的操作软元件时，在 X0 为 ON 后，驱动 M0 接通，与 M0 对应的 ① ～ ④ 的所有触点都动作，其中 ① ～ ③ 执行 M0 的上升沿检测；④ 为 LD 指令，因此 M0 在接通过程中导通，所以 M50～M53 都为 ON。

图 7 - 24(b) 中，M2800～M3071 作为脉冲式操作指令的操作软元件时，由 X0 将

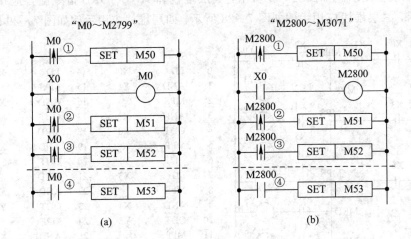

图 7-24　脉冲式操作指令操作软元件 M 的地址号不同的动作差异

M2800 驱动后,在其后一个扫描周期内,只有在其 OUT 线圈之后编程的、第一个碰到的上升沿(或下降沿)检测指令导通。即 ② 为 M2800 驱动后在其 OUT 线圈之后编程第一个碰到的上升沿检测,因此 M51 为 ON;而 ① 在其 OUT 线圈之前编程,③ 不是第一个碰到的上升沿检测(② 为第一个),因此 ① 、③ 都不执行,M50、M52 为 OFF;④ 为 LD 指令,因此 M2800 在接通过程中导通,M53 为 ON。

利用这一特性,可在步进顺序控制中"利用同一信号进行状态转移"进行高效率的编程。

7.2.10　逻辑堆栈操作指令(MPS、MRD、MPP)

MPS:进栈指令。

MRD:读栈指令。

MPP:出栈指令。

这三条指令都是无操作器件指令。这组指令用于多重输出电路,可将触点先存储,用于连接后面的电路,又称为多重输出指令。

FX$_{2N}$ 系列 PLC 中,有 11 个存储运算之间结果的存储器,被称为栈存储器,如图 7-25 所示。使用一次进栈指令 MPS,该时刻的运算结果就压入栈的第一层,再次使用 MPS 指令时,当时的运算结果压入栈的第一层,栈中原来的先压入数据依次向栈的下一层推移。使用出栈指令 MPP,各层数据依次向上移动,最上层的数据在读出后就从栈内消失。MRD 是最上层所存的最新数据的读出专用指令,读出时,栈内的数据不发生移动。

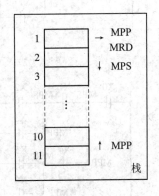

图 7-25　栈存储器

MPS 和 MPP 指令必须成对使用,而且连续嵌套使用时应少于 11 次。

一层堆栈应用示例如图 7-26 所示，一层堆栈和 ANB、ORB 指令配合应用示例如图 7-27 所示，二层堆栈应用示例如图 7-28 所示，四层堆栈应用示例如图 7-29 所示。

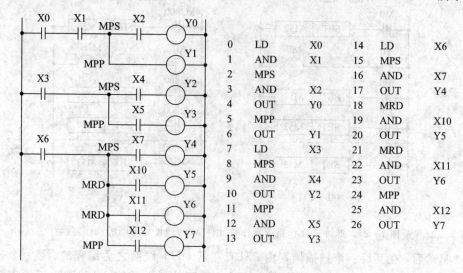

0	LD	X0	14	LD	X6
1	AND	X1	15	MPS	
2	MPS		16	AND	X7
3	AND	X2	17	OUT	Y4
4	OUT	Y0	18	MRD	
5	MPP		19	AND	X10
6	OUT	Y1	20	OUT	Y5
7	LD	X3	21	MRD	
8	MPS		22	AND	X11
9	AND	X4	23	OUT	Y6
10	OUT	Y2	24	MPP	
11	MPP		25	AND	X12
12	AND	X5	26	OUT	Y7
13	OUT	Y3			

图 7-26　一层堆栈的应用示例

0	LD	X0	11	ORB	
1	MPS		12	ANB	
2	LD	X1	13	OUT	Y1
3	OR	X2	14	MPP	
4	ANB		15	AND	X7
5	OUT	Y0	16	OUT	Y2
6	MRD		17	LD	X10
7	LD	X3	18	OR	X11
8	AND	X4	19	ANB	
9	LD	X5	20	OUT	Y3
10	AND	X6			

图 7-27　一层堆栈和 ANB、ORB 指令配合编程应用示例

0	LD	X0	9	MPP	
1	MPS		10	AND	X4
2	AND	X1	11	MPS	
3	MPS		12	AND	X5
4	AND	X2	13	OUT	Y2
5	OUT	Y0	14	MPP	
6	MPP		15	AND	X6
7	AND	X3	16	OUT	Y3
8	OUT	Y1			

图 7-28　二层堆栈应用示例

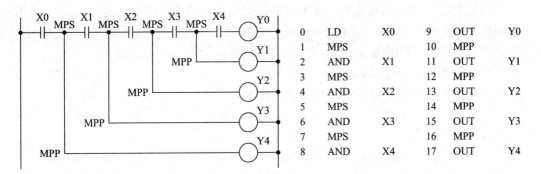

图 7 - 29　四层堆栈应用示例

7.2.11　主控及主控复位指令(MC、MCR)

MC(Master Control)：主控指令，用于公共串联触点的连接。MC 指令为 3 步。

MCR(Master Control Reset)：主控复位指令，用于 MC 指令的复位。MCR 指令为 2 步。

在编程时，经常遇到多个线圈同时受一个或一组触点控制的情况，如图 7 - 30(a)所示。如果在每个线圈的控制电路中串入同样的触点，将多占用存储单元，应用主控指令可以解决这一问题。图 7 - 30(b)、图 7 - 30(c)表示 MC、MCR 指令的用法。

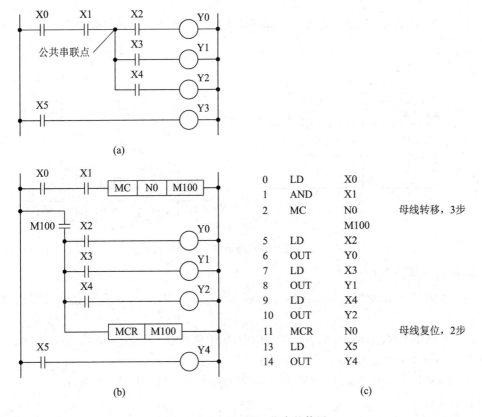

图 7 - 30　MC、MCR 指令的使用

当 MC 的条件状态为接通时，每个继电器的状态与没有 MC、MCR 指令时一样被执行。在图 7 - 30 中，当 X0、X1 断开时，公共串联触点 M100 断开，Y0、Y1、Y2 断开；当 X0、X1 均合上时，M100 触点接通，Y0~Y2 的状态由 X2~X4 触点决定。

MC、MCR 指令使用说明：

（1）用主控指令的触点（称为主控触点）来替代触点 X0、X1 成为公共串联触点。

（2）使用 MC 指令相当于在原母线上分支出一条新母线，在 MC 指令后的任何指令都需要以 LD 或 LDI 开头。

（3）MCR 指令实现主控复位，即母线复位，使各支路起点回到原来的母线上。

（4）在 MC 指令内再用 MC 指令嵌套使用时，嵌套级 N 的编号（0~7）顺次增大（按程序顺序由小到大，即从 N0→N1→N2→N3→N4→N5→N6→N7）。返回时用 MCR 指令，应从大的嵌套级开始解除（按程序顺序由大到小，即从 N7→N6→N5→N4→N3→N2→N1→N0）。

（5）MC、MCR 操作的器件是 Y、M，但不能使用特殊辅助继电器。

7.2.12　逻辑运算取反指令(INV)

INV：逻辑运算结果取反指令。

INV 指令是将即将执行 INV 指令之前的运算结果反转的指令，不需要指定软元件的地址号。

图 7 - 31 表示 INV 指令的用法。如果 X0 断开，则 Y0 接通；如果 X0 接通，则 Y0 断开。

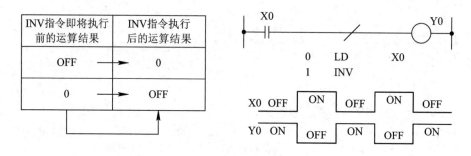

图 7 - 31　逻辑运算结果取反指令应用示例

INV 指令使用说明：

（1）使用 INV 指令时，在与能输入 AND 或 ANI、ANDP 或 ANDF 指令的相同位置处编程。

（2）不能像 OR、ORI、ORP、ORF 指令那样单独使用，也不能像 LD、LDI、LDP、LDF 那样与母线单独连接。

（3）INV 指令的功能是将 INV 指令前存在的 LD、LDI、LDP、LDF 指令以后的运算结果进行反转。

7.2.13　空操作指令(NOP)

NOP：使该步序(或指令)不起作用或空操作的指令。

NOP 指令是一条无动作、无操作器件的指令，故又称空操作指令。

图 7-32 表示 NOP 指令的用法。

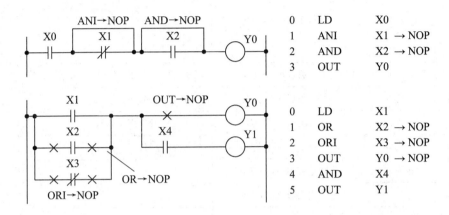

图 7-32　利用 NOP 指令修改电路

NOP 指令使用说明：

(1) 在将程序全部清除时，全部指令成为空操作。

(2) 若在普通指令与指令之间加入空操作(NOP)指令，则可编程序控制器可继续工作，不受影响。

(3) 预先在程序中插入 NOP 指令，当需要修改或增加程序时，可使步序号的更改减到最少。

(4) 可以用 NOP 指令在程序中替换已写入的指令，从而改变电路。

(5) 用 NOP 指令来修改电路时，有时会引起电路的组态发生重大变化，请务必注意。

7.2.14　程序结束指令(END)

END：程序的结束指令。

END 指令用在程序的结束，即表示程序终了，END 以后的程序步不再执行。

PLC 的工作方式为循环扫描工作方式，在循环周期内反复进行输入处理、程序执行、输出处理。加入 END 指令，则 END 指令之后的程序步就不再执行，可使程序在 $000 \sim$ END 之间反复执行，由此缩短了循环周期。

在程序调试过程中，可把程序分成若干段，将 END 指令插入各段程序之后，可以逐段调试程序；在该段程序调试完毕，删去 END，再进行下段程序的调试，直到程序调试完毕为止。需要注意的是，在执行 END 指令时，也刷新监视时钟。

表 7-7 为 FX_{2N} 系列 PLC 的基本指令一览表。

表 7 – 7　FX$_{2N}$系列 PLC 基本指令一览表

助记符	名称	功　　能	可操作的器件	程序步
LD	取	(a)触点运算开始	X、Y、M、S、T、C	1
LDI	取反	(b)触点运算开始	X、Y、M、S、T、C	1
OUT	输出	线圈驱动指令	Y、M、S、T、C	Y、M：1 S、特 M：2 T：3 C：3~5
AND	与	(a)触点串联连接	X、Y、M、S、T、C	1
ANI	与非	(b)触点串联连接	X、Y、M、S、T、C	1
OR	或	(a)触点并联连接	X、Y、M、S、T、C	1
ORI	或非	(b)触点并联连接	X、Y、M、S、T、C	1
ORB	电路块或	串联电路块的并联连接	—	1
ANB	电路块与	并联电路块的串联连接	—	1
SET	置位	动作保持	Y、M、S	Y、M：1 S、特 M：2
RST	复位	消除动作保持、 当前值及寄存器清零	Y、M、S、T、C、 D、V、Z	T、C：2 DVZ 特 D：3
PLS	脉冲	上升沿微分输出	Y、M(除特 M 外)	1
PLF	下降沿脉冲	下降沿微分输出	Y、M(除特 M 外)	1
LDP	取脉冲上升沿	上升沿检测运算开始	X、Y、M、S、T、C	1
LDF	取脉冲下降沿	下降沿检测运算开始	X、Y、M、S、T、C	1
ANDP	与脉冲上升沿	上升沿检测串联连接	X、Y、M、S、T、C	1
ANDF	与脉冲下降沿	下降沿检测串联连接	X、Y、M、S、T、C	1
ORP	或脉冲上升沿	上升沿检测并联连接	X、Y、M、S、T、C	1
ORF	或脉冲下降沿	下降沿检测并联连接	X、Y、M、S、T、C	1
MPS	进栈	进栈	—	1
MRD	读栈	读栈	—	1
MPP	出栈	出栈	—	1
MC	主控	公共串联触点的连接	Y、M(除特 M 外)	3
MCR	主控复位	公共串联触点的清除	N0~N7(嵌套等级)	2
INV	反转	运算结果的反转	—	1
NOP	空操作	无动作	—	1
END	结束	输入/输出处理 以及返回到 0 步	—	1

注：(a) 触点为常开触点(—| |—)，(b) 触点为常闭触点(—|/|—)。

7.3　可编程序控制器梯形图编程规则及方法

前面对 FX$_{2N}$ 系列 PLC 的基本指令做了详细介绍，现在讨论如何利用这些基本指令进行简单的编程。

7.3.1　梯形图编程的基本规则

梯形图编程的基本规则如下：

（1）梯形图每一行都从左母线开始，线圈直接与右母线相连，所有的触点不能放在线圈的右边，如图 7 - 33 所示。

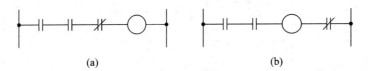

(a)　　　　　　　　　　　　(b)

图 7 - 33　编程规则
(a) 正确；(b) 不正确

（2）线圈不能直接接在左边的母线上，如需要的话，可通过常闭触点连接线圈，如图 7 - 34 所示。

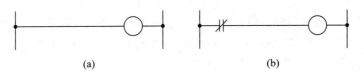

(a)　　　　　　　　　　　　(b)

图 7 - 34　编程规则
(a) 不正确；(b) 正确

（3）梯形图的触点应画在水平线上，不能画在垂直分支上，如图 7 - 35 所示。

图 7 - 35(a) 中触点 E 被画在垂直分支上，就难于正确识别它与其他触点间的关系，也难于判断通过触点 E 对输出线圈的控制方向。因此，应根据"自左至右、自上而下"的原则和对输出线圈的几种可能控制路径进行分析，画成图 7 - 35(b) 中的梯形图形式。

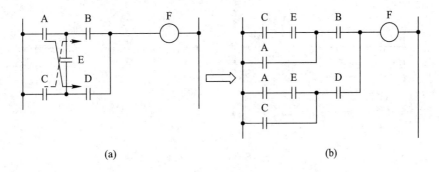

(a)　　　　　　　　　　　　(b)

图 7 - 35　编程规则

（4）在同一程序中，同一编号的线圈如使用两次称为双线圈输出，如图 7-36(a)所示。例如，图 7-36(a)中，取 X1＝ON、X2＝OFF，由于第一次的 Y3，其输入 X1 为 ON，其映象存储器为 ON，输出 Y4 也为 ON；但是，第二次的 Y3，其输入 X2 为 OFF，因此其映象存储器改写成 OFF；因此，实际的外部输出成为 Y3＝OFF、Y4＝ON。双重输出（用双线圈时），后者优先动作。双线圈输出容易引起误操作，应尽量避免线圈重复使用。可以将图 7-36(a)改写成图 7-36(b)的形式，避免双线圈输出。此时，若也取 X1＝ON、X2＝OFF，则最终实际输出为 Y3＝ON、Y4＝ON。另外，可以利用 SET、RST 指令，进行输出驱动，来处理双线圈输出问题。

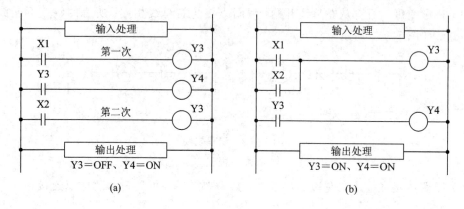

图 7-36　双线圈输出及处理

（5）在有几个串联电路相并联时，应将触点最多的电路放在梯形图最上面，如图 7-37 所示。在有几个并联电路相串联时，应将触点最多的电路放在梯形图最左面，如图 7-38 所示。这种安排所编制的程序简洁明了，指令较少。

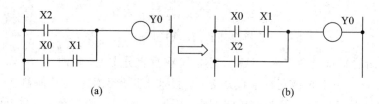

图 7-37　梯形图画法
（a）不合理；（b）合理

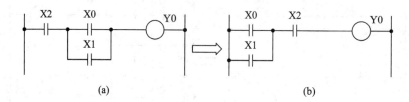

图 7-38　梯形图画法
（a）不合理；（b）合理

（6）梯形图应遵循"自左至右、自上而下"的原则进行编写。

7.3.2　常闭触点输入的处理

PLC 是继电器—接触器控制系统的理想代替物。在实际应用中，常遇到对老设备进行改造的问题，需要用 PLC 取代继电器—接触器控制系统(控制柜)。继电器—接触器控制系统电气原理图与 PLC 的梯形图相类似，我们可以将继电器—接触器控制系统电气原理图转变为相应的梯形图，但在转变时必须注意对作为输入的常闭触点的处理。

下面以用 PLC 实现对三相异步电动机启动、停止控制的控制电路为例。

实现"三相异步电动机启动、停止"的继电器—接触器控制系统电气原理图见图 7 - 39。图中 SB$_1$ 为启动按钮，SB$_2$ 为停止按钮，KM 为控制用接触器。

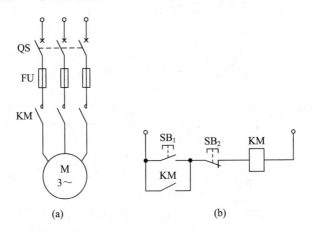

图 7 - 39　"三相异步电动机启动、停止"继电器—接触器控制系统电气原理图

现在采用 PLC 对三相异步电动机进行启动、停止控制。对于图 7 - 39(b)中常闭触点输入的处理有两种方法。

(1) PLC 外部接线中保留原有的常闭触点输入器件，在梯形图中将对应的常闭触点改为常开形式。

三相异步电动机进行启动、停止控制主电路仍为图 7 - 39(a)，用 PLC 进行控制的外部接线如图 7 - 40(a)所示，其中的常闭触点 SB$_2$ 仍保留，作为停止按钮。而此时的梯形图对应图 7 - 39(b)中常闭触点 SB$_2$ 的软触点必须改成常开触点，如图 7 - 40(b)所示。

图中 PLC 选用 FX$_{2N}$ - 16MR 就能满足控制系统要求。输入/输出(I/O)对应关系为

输入 I：　　　　　　　　　　　　　　输出 O：

X0——SB1，启动按钮　　　　　　　　Y1——KM 线圈，电动机动作控制用接触器

X2——SB2，停止按钮

大家通过图 7 - 40(b)与图 7 - 39(b)对比会发现，所设计的梯形图与原来的继电器—接触器电气原理图不一致，即在梯形图中用常开触点替换了原来的常闭触点。那么为什么要这样设计呢？

此时，PLC 外部接线中保留了原来的常闭输入触点 SB$_2$(见图 7 - 40(a))，那么 PLC 的输入继电器 X2 软线圈状态为接通，其对应的软触点动作也发生变化，即常开触点 X2 为接通、常闭触点 X2 为断开。如果梯形图中为了保持与原来的电气原理图的一致性，即设计成图 7 - 40(c)的形式，那么 PLC 一上电，常闭触点 X2 就为断开状态，运行时按下启动按钮

SB₁(X0)，则电路中无法实现"假想电流"通道，不能进行控制。反过来，在图 7-40(b)中，PLC 上电后其采用的常开触点 X2 为接通状态，运行时按下启动按钮 SB₁(X0)，则电路中"假想电流"通道完善，实现电动机的启动控制；当按下停止按钮 SB₂(X2)时，则 X2 软线圈也断开，其常开触点 X2 断开，电动机停止。

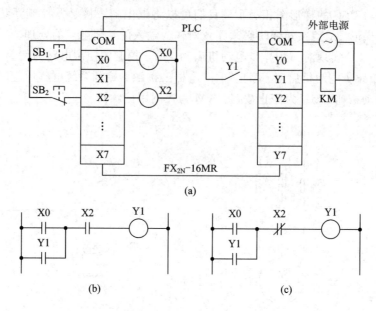

(a)

(b)　　　　　　　　　　　　　　　　　　(c)

图 7-40　用 PLC 实现"三相异步电动机启动、停止"控制(一)

这种方法中所编写的梯形图与原来的继电器—接触器控制电气原理图不一致，与技术人员原有的思维方式不统一，不符合常规的逻辑思维习惯，给阅读和理解带来一定的不便。而图 7-40(c)中的梯形图则与原来的继电器—接触器控制电气原理图完全一致，便于理解。这就要采用下面的方法来处理常闭触点输入问题。

(2) 保持梯形图与原有电气原理图一致性，在 PLC 外部接线中用常开触点输入器件替换常闭触点输入器件。

对于本例中情况，即梯形图设计成图 7-40(c)的形式，与图 7-39(b)电气原理图一致。而 PLC 外部接线中将 SB₂ 改为常开触点输入按钮，如图 7-41 所示。

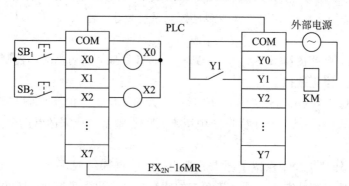

图 7-41　用 PLC 实现"三相异步电动机启动、停止"控制(二)

由此可见，如果输入为常开触点，编制的梯形图与继电器—接触器控制电气原理图一致；如果输入为常闭触点，编制的梯形图与继电器—接触器控制电气原理图不一致（相反）。通常为了与习惯相一致，在 PLC 中尽可能采用常开触点作为输入。

7.4　工程实例

7.4.1　瞬时接通延时断开电路

控制要求：当输入 X0 从 OFF→ON 时，则输出 Y0 也为 ON；当输入 X0 从 ON→OFF 时，则输出 Y0 延时一定时间后才为 OFF。

图 7-42 为满足上述控制要求的梯形图、时序图和指令语句表。

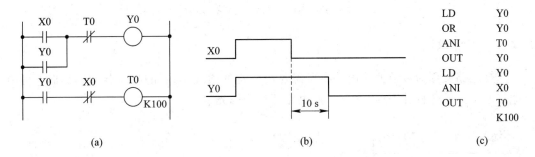

图 7-42　瞬时接通延时断开电路
(a) 梯形图；(b) 时序图；(c) 指令语句表

当 X0 的输入端外部输入信号从 OFF 接通为 ON 时，X0 软线圈接通，X0 的常开触点闭合、常闭触点断开，此时 Y0 线圈接通并由其常开触点自锁，即实现"瞬时输入，输出就接通"的控制要求。而定时器 T0 由于常闭触点 X0 断开，虽然常开触点 Y0 闭合也不能构成工作条件。

当 X0 的输入端外部输入信号从 ON 接通为 OFF 时，X0 的常闭触点复位为闭合状态，而 Y0 线圈由于自锁功能仍处于接通状态，其常开触点 Y0 闭合，因此定时器 T0 工作条件具备开始计时。到达延时时间 10 s(100×0.1 s＝10 s)后，定时器 T0 动作，其常闭触点 T0 断开使输出 Y0 断开为 OFF，即实现"输出延时断开"的控制要求。

7.4.2　延时接通延时断开电路

一些工作场合有这样的控制要求：当输入信号接通时，输出要延时一段特定的时间才接通；当输入信号断开时，输出要延时一段特定的时间才断开。对于这样的控制，就要用到延时接通延时断开电路，图 7-43 所示为该电路的梯形图、时序图和指令语句表。

这种控制电路需要两个定时器，当输入信号接通时，X0 常开触点闭合，定时器 T0 开始工作，到达延时时间 5 s(50×0.1 s＝5 s)后，定时器 T0 动作，其常开触点 T0 闭合，输出 Y0 接通，同时 Y0 常开触点闭合并实现自锁，实现"输入信号接通，输出延时接通"；当输入信号由接通变为断开时，X0 的常闭触点复位闭合，T1 工作条件具备开始计时，到达延时时间 10 s(100×0.1 s＝10 s)后，定时器 T1 动作，其常闭触点 T1 断开使输出 Y0 断开变为 OFF，实现"输入信号断开，输出延时断开"的控制要求。

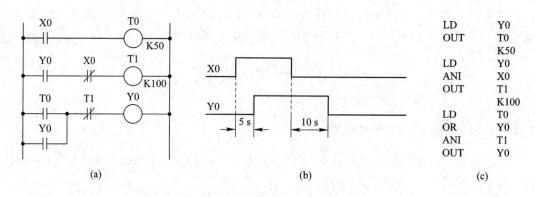

图 7-43　延时接通延时断开电路
(a) 梯形图；(b) 时序图；(c) 指令语句表

7.4.3　闪烁电路

闪烁电路又称为多谐振荡电路。当需要按特定的通/断间隔的时序脉冲输出时，可由此电路产生。电路如图 7-44 所示，此电路可用作闪光报警。

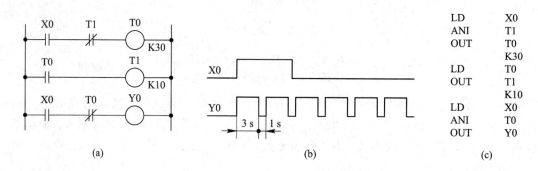

图 7-44　闪烁电路
(a) 梯形图；(b) 时序图；(c) 指令语句表

图 7-44 中，当输入 X0 接通时，输出 Y0 接通，定时器 T0 开始计时，到达延时时间 3 s 后 T0 常闭触点断开，Y0 断开；与此同时，T0 常开触点闭合，定时器 T1 开始计时，到达延时时间 1 s 后 T1 常闭触点断开，定时器 T0 线圈断开复位，而 T0 常闭触点又复位闭合，输出 Y0 再次接通。如此反复执行，输出 Y0 就按特定的通/断间隔时序动作。Y0 的接通时间由定时器 T0 的设定值决定，断开时间由定时器 T1 的设定值决定，可根据需要调整。

7.4.4　单脉冲电路

1. 上升沿触发单脉冲电路

当要求对某个输入信号由断到通瞬时作出响应，而由通到断瞬时不予理睬时，可用 PLS 指令在辅助继电器上得到脉冲宽度为一个扫描周期的上升沿脉冲，如图 7-45 所示。

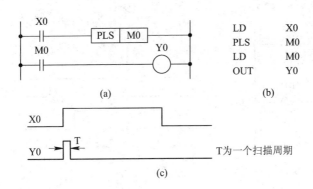

图 7-45 上升沿触发单脉冲电路
(a) 梯形图;(b) 指令语句表;(c) 时序图

2. 下降沿触发单脉冲电路

当要求对某个输入信号由通到断瞬时作出响应,而由断到通瞬时不予理睬时,可用图 7-46 所示电路。

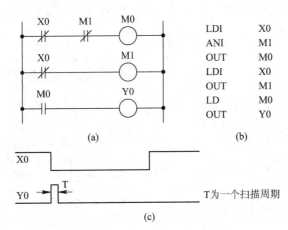

图 7-46 下降沿触发单脉冲电路
(a) 梯形图;(b) 指令语句表;(c) 时序图

在 PLC 第一次扫描时,输入 X0 由接通变为断开,X0 的常闭触点复位闭合,则辅助继电器 M0、M1 接通;M0 的常开触点闭合,则输出 Y0 线圈接通。虽然 M1 线圈已接通,但处于第一行的 M1 常闭触点并不动作,仍为闭合,因为该行在这次扫描中已经扫描过了。等到第二次扫描时,M1 的常闭触点才断开,使得 M0 线圈断开,M0 常开触点复位断开,输出 Y0 线圈也就断开。输出 Y0 的接通时间为一个扫描周期。

3. 脉冲宽度可调的单脉冲电路

在 PLC 控制系统中,若希望得到脉冲宽度准确的输出,可利用图 7-47 所示的电路来保持输出信号具有恒定的接通时间。

图 7-47 中,当输入 X0 接通时,辅助继电器 M0 线圈接通并自锁,M0 的常开触点闭合,输出 Y0 接通,这时即使 X0 输入消失,Y0 仍接通。延时 2 s(20×0.1 s=2 s)后,定时器 T0 的常闭触点断开,则输出 Y0 断开。该电路中输出 Y0 的脉冲宽度取决于定时器 T0 的设定值,不受 X0 输入接通时间影响。

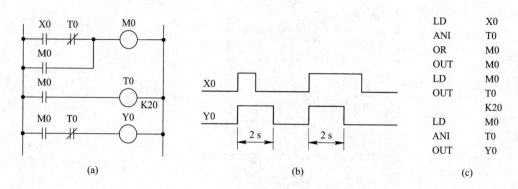

图 7-47　脉冲宽度可调的单脉冲电路
(a) 梯形图；(b) 时序图；(c) 指令语句表

7.4.5　报警电路

控制系统发生故障时，应能及时报警，通知操作人员，采取相应的措施。我们可以用程序来代替常规闪光报警继电器。图 7-48 所示电路可以在发生故障情况下，产生声音和灯光报警。

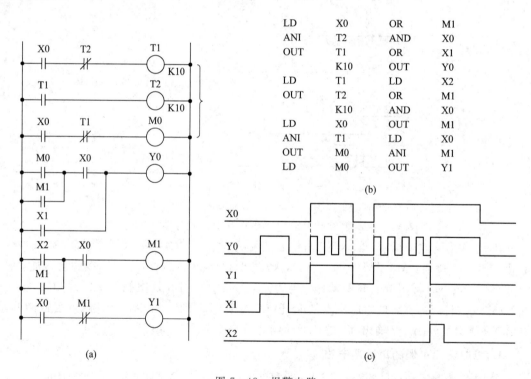

图 7-48　报警电路
(a) 梯形图；(b) 指令语句表；(c) 时序图

在图 7-48 中，X0 为报警条件输入信号、X1 为报警灯手动测试输入、X2 为蜂鸣器复位输入、Y0 为报警指示灯输出、Y1 为蜂鸣器输出。

图 7-48(a) 中，梯形图的第 1 行到第 3 行为闪烁电路，M0 得到通/断间隔为 2 s 的脉冲信号。当有报警条件信号输入时，X0 常开触点闭合，由于 M0 触点的作用，输出 Y0 产

生间隔为 2 s 的断续信号，接在 Y0 输出端的报警指示灯闪烁；同时，输出 Y1 线圈接通，接在 Y1 输出端的蜂鸣器发出报警声音。此后按下蜂鸣器复位按钮，X2 有输入，M1 线圈接通并自锁，M1 常闭触点断开，则 Y1 线圈断开，蜂鸣器停响；M1 常开触点闭合，Y0 持续接通，报警指示灯亮。只有报警条件信号 X0 消失，X0 的常开触点断开，Y0 线圈才断开即报警指示灯才熄灭。

为了平常检查报警电路是否处于正常工作状态，设置有手动检查按钮接在 X1 输入端。当按下检查按钮时，X1 的常开触点闭合，Y0 线圈接通，报警指示灯应亮，从而确定报警指示灯是否完好。

7.4.6　智能抢答器

1. 控制要求

（1）主持人读题过程中随时抢答。主持人一个开关控制三个抢答桌。主持人读题目，谁先按按钮，谁的桌子上的灯即亮。这时主持人按按钮后灯才熄灭，否则一直亮着。三个抢答桌的按钮是这样安排的：一个抢答桌上是儿童，桌上有两只按钮，是并联形式，无论按哪一只，桌上的灯都亮；大人组的桌子上也有两只按钮，是串联形式，只有两只按钮都按下，桌上的灯才亮；中学生组桌上只有一个按钮，且只有一个人，一按灯既亮。

（2）主持人控制时间抢答。当主持人将转换开关处于闭合状态时，10 s 之内若有人抢答按按钮，电铃响，该人属犯规，主持人取消其该次抢答资格。

2. PLC 输入、输出分配及外部接线

抢答器装置采用 FX_{2N} 系列可编程序控制器进行控制。具体的输入、输出地址分配及 PLC 外部接线如图 7-49 所示。根据输入/输出点数及性能，可选用 FX_{2N}-16MR。

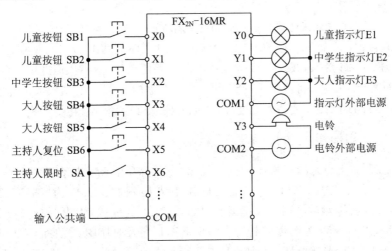

图 7-49　智能抢答器 PLC 输入/输出分配及外部接线

3. 程序设计

根据控制工艺要求和输入/输出端子地址分配设计的抢答装置梯形图及指令语句表如图 7-50 所示。

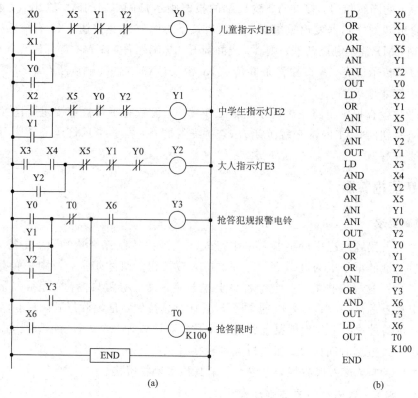

图 7 - 50　智能抢答器梯形图及指令语句表

(a) 梯形图；(b) 指令语句表

4. 工作过程分析

X0 或 X1 接通时，Y0 接通并自锁，E_1 灯亮；若 Y1 或 Y2 先动作，Y0 就不能动作。X2 接通时，Y1 接通并自锁，E_2 灯亮；若 Y0 或 Y2 先动作，Y1 就不能动作。X003 和 X004 同时接通时，Y2 接通并自锁，E_3 灯亮；若 Y0 或 Y1 先动作，Y2 就不能动作。主持人通过复位输入 X5 将 Y0、Y1、Y2X 线圈断开。主持人将转换开关 SA 处于闭合状态时，10 s 之内若有人抢答按下按钮，Y3 接通并自锁，电铃响，报警；主持人通过将 SA 断开使 Y3 线圈断开，电铃停响。

7.4.7　笼型三相异步电动机"Y - △"启动

用 PLC 控制，实现笼型三相异步电动机"Y - △"降压启动。电动机主电路接线原理图如图 7 - 51(a) 所示，其中 KM_1 为电动机电源引入接触器、KM_2 为"Y"形接法接触器、KM_3 为"△"形接法接触器，而 KR 为热继电器。PLC 的输入/输出分配及外部接线如图 7 - 51(b) 所示，图 7 - 52 为满足控制要求的梯形图程序及时序图。工作过程如下：

当按下启动按钮 SB_1 时，X0 的常开触点闭合，辅助继电器 M0 线圈接通，M0 的常开触点闭合，Y0、Y1 线圈接通，即接触器 KM_1、KM_2 的线圈通电，电动机以"Y"形启动；同时定时器 T0 开始计时，当启动时间达到 T0 设定时间 t_1 秒时，T0 的常闭触点断开，Y1 断开，接触器 KM_2 线圈断电；T0 的常开触点闭合，定时器 T1 开始计时，经过 T1 设定时间 t_2 秒延时后，Y2 线圈接通，即接触器 KM_3 线圈通电，电动机转接成"△"形接法。启动完毕，电动机以"△"形接法运转。定时器 T1 的作用是使主电路中 KM_2 断开 t_2 秒后 KM_3 才闭合，避免电源短路。

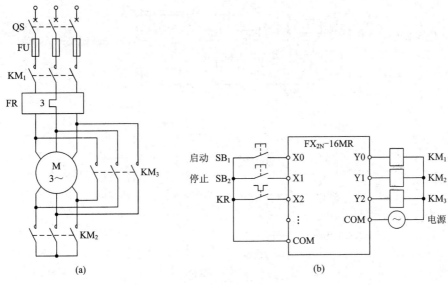

图 7-51　笼型三相异步电动机"Y-△"降压启动

（a）主电路；（b）PLC I/O 分配及外部接线

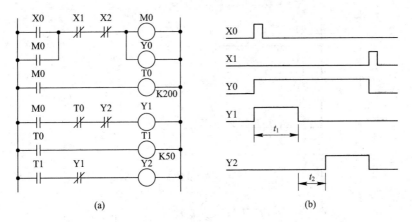

图 7-52　笼型三相异步电动机机"Y-△"降压启动

（a）梯形图；（b）时序图

　　当按下停止按钮 SB₂ 时，X1 的常闭触点断开，M0、T0 线圈断开，M0、T0 的常开触点断开，Y0、Y2 线圈断开，接触器 KM₁、KM₃ 线圈断电，电动机停止运转。同理，当电动机过载时，X2 的常闭触点断开，Y0、Y2 线圈断开，KM₁、KM₃ 线圈断电，电动机也停止运转。Y1、Y2 的常闭触点起到互锁作用，T0、T1 的设定时间可根据启动的要求选择合适的数值。

7.4.8　送料小车自动循环控制

　　采用 PLC 控制送料小车自动循环过程。送料小车工作示意图如图 7-53(a)所示，小车由电动机拖动，电动机正转，小车前进，电动机反转，小车后退。对送料小车自动循环控制要求为：第一次按动送料按钮，预先装满料的小车前进送料，达到卸料处（SQ₂）自动卸料，经过卸料所需设定时间 t_2 延时后，小车则自动返回到装料处（SQ₁），经过装料所需设定时间 t_1 延时后，小车自动再次前进送料。卸完料后，小车又自动返回装料，如此自动循环装料、卸料过程。

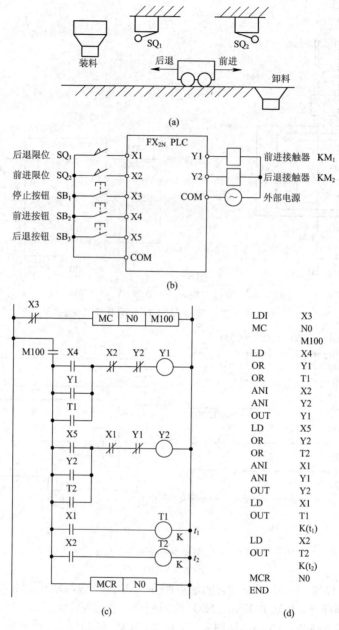

图 7 - 53　送料小车自动循环控制

（a）送料小车工作示意图；（b）PLC 外部接线及 I/O 分配；（c）梯形图；（d）指令语句表

PLC 外部接线及 I/O 分配见图 7 - 53(b)，梯形图、指令语句表见图 7 - 53(c)、(d)。工作过程如下。

按下前进送料按钮 SB₂，输入 X4 线圈接通，X4 常开触点闭合使 Y1 线圈接通并自锁，即电机正转接触器(前进接触器)KM₁ 线圈通电，小车前进至卸料处；到位后前进限位开关 ST₂ 动作，输入 X2 常闭触点断开使 Y1 线圈断开，即 KM₁ 断电，电机停下，开始卸料；同时 X2 常开触点闭合，定时器 T2 开始卸料计时，卸料所需延时时间 t_2 到，T2 常开触点闭合，接通 Y2 线圈，则电机反转接触器(后退接触器)KM₂ 通电，小车后退返回；小车返回装料处到位，后退限位开关 ST$_1$ 动作，X1 常闭触点断开，切断 Y2 线圈通路，KM$_2$ 断电，电机停下来进行装料；与此同时，X1 常开触点闭合，定时器 T1 开始装料计时，装料所需延时时间 t_1 到，T1 常开触点使 Y1 线圈接通，KM$_1$ 通电，电机又正转，小车又前进送料。上述过程循环执行。

按下停止按钮 SB$_1$，X3 常闭触点断开，M100 断开，进而断开 Y1 和 Y2 线圈，KM$_1$ 或 KM$_2$ 断电释放，电机停转，小车停止工作。为了使小车开始时处于装料位置，可以通过后退按钮 SB$_3$ 操作使小车后退实现。工作过程中装料、卸料的延时时间 t_1、t_2 由用户根据需要设定定时器 K 值。

7.4.9　交通信号灯控制

1. 控制要求

采用 PLC 控制十字路口交通信号灯，交通信号灯示意图如图 7-54(a)所示。交通信号灯工作分为白天段和夜晚段，具体控制要求为：

(1) 白天段。白天时间段交通信号灯由一个按钮 SB$_1$ 开启运行，运行时要求：

① 南北绿灯、东西绿灯不能同时亮。

② 南北红灯亮并维持 25 s；在南北红灯亮的同时，东西绿灯亮并维持 20 s；东西绿灯亮到 20 s 时，东西绿灯闪亮；闪亮 3 s 后东西绿灯熄灭，东西黄灯亮并维持 2 s；到 2 s 时东西黄灯熄灭，东西红灯亮，与此同时，南北红灯熄灭，南北绿灯亮。

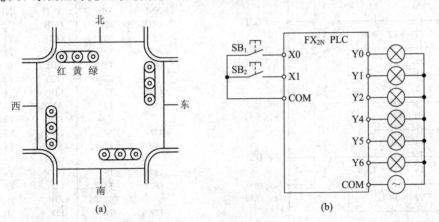

图 7-54　交通信号灯控制
(a) 交通信号灯示意图；(b) PLC 外部接线及 I/O 分配

③ 接着，东西红灯亮并维持 30 s，南北绿灯亮并维持 25 s 后闪亮 3 s 再熄灭，同时南北黄灯亮并维持 2 s 后熄灭，这时，南北红灯亮，东西红灯熄灭，东西绿灯亮。

④ 循环执行②的过程，周而复始。

(2) 夜晚段。交通信号灯通过一个按钮 SB$_2$ 可以转换为夜晚时间段工作模式，此时为南北、东西双向黄灯闪烁信号。

2. PLC 输入/输出分配及外部接线

采用 FX$_{2N}$ 系列可编程序控制器进行控制。具体的输入/输出地址分配及 PLC 外部接线如图 7-54(b)所示。其中 Y0～Y2 分别为东西方向绿、黄、红灯，Y4～Y6 分别为南北方向绿、黄、红灯。

3. 程序设计

根据交通信号灯的控制要求，设计的梯形图程序和指令语句表如图 7 - 55 所示。

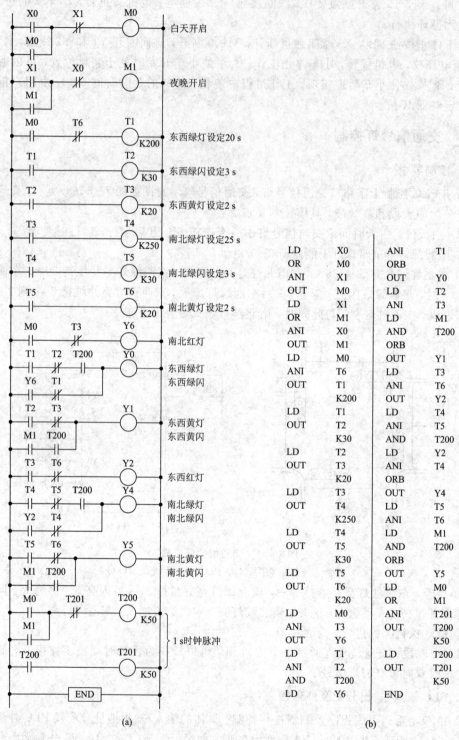

(a)

LD	X0	ANI	T1
OR	M0	ORB	
ANI	X1	OUT	Y0
OUT	M0	LD	T2
LD	X1	ANI	T3
OR	M1	LD	M1
ANI	X0	AND	T200
OUT	M1	ORB	
LD	M0	OUT	Y1
ANI	T6	LD	T3
OUT	T1	ANI	T6
	K200	OUT	Y2
LD	T1	LD	T4
OUT	T2	ANI	T5
	K30	AND	T200
LD	T2	LD	Y2
OUT	T3	ANI	T4
	K20	ORB	
LD	T3	OUT	Y4
OUT	T4	LD	T5
	K250	ANI	T6
LD	T4	LD	M1
OUT	T5	AND	T200
	K30	ORB	
LD	T5	OUT	Y5
OUT	T6	LD	M0
	K20	OR	M1
LD	M0	ANI	T201
ANI	T3	OUT	T200
OUT	Y6		K50
LD	T1	LD	T200
ANI	T2	OUT	T201
AND	T200		K50
LD	Y6	END	

(b)

图 7 - 55　交通信号灯控制程序

(a) 梯形图；(b) 指令语句表

习　题

7-1　有一台 FX$_{2N}$-32MR 型 PLC，它最多可接多少个输入信号？接多少个负载？它适用于控制交流与直流负载吗？

7-2　FX$_{2N}$系列 PLC 主要有哪些编程元件？各有什么功能和用途？

7-3　状态器有什么特点？它主要适用于哪一类控制？

7-4　FX$_{2N}$系列 PLC 的中断有哪几种？使用时应注意什么事项？

7-5　FX$_{2N}$系列 PLC 的定时器是通电延时型还是断电延时型？当定时时间到，其常开触点和常闭触点如何变化？

7-6　FX$_{2N}$系列 PLC 的计数器有哪几种类型？当达到设定的计数次数时，其常开触点和常闭触点如何变化？

7-7　OUT 指令与 SET 指令有何区别？

7-8　OR 和 ORB 指令有何区别？AND 和 ANB 指令有何区别？

7-9　主控指令和栈处理指令有何异同？

7-10　画出下面的指令表程序对应的梯形图。

(1)
LD	X0	OR	M113
OR	X1	ANB	
ANI	X2	ORI	M101
OR	M100	OUT	Y5
LD	X3	END	
AND	X4		

(2)
LD	X0	ORB	
AND	X1	ANB	
LD	X2	LD	M100
ANI	X3	AND	M101
ORB		ORB	
LD	X4	AND	M102
AND	X5	OUT	Y4
LD	X6	END	
AND	X7		

(3)
LDI	X4	ANB	
ANI	M5	OR	X15
ORP	X24	MPS	
LD	Y13	INV	
OR	T10	OUT	M34
ANI	X12	MPP	
LDF	X7	ANI	X17
AND	M37	OUT	T21
ORB			K100
ORI	X22	END	

(4)
LD	X2	MC	N0
ANI	M3		M10
LDI	C10	LD	X3
AND	T27	OUT	Y1
ORB		LD	X21
LDP	X7	PLS	Y6
AND	X1	MCR	N0
ORF	X15	LD	X21
ANB		OUT	Y10
ORI	X34	END	

7-11　写出图 7-56 所示梯形图的指令表程序。

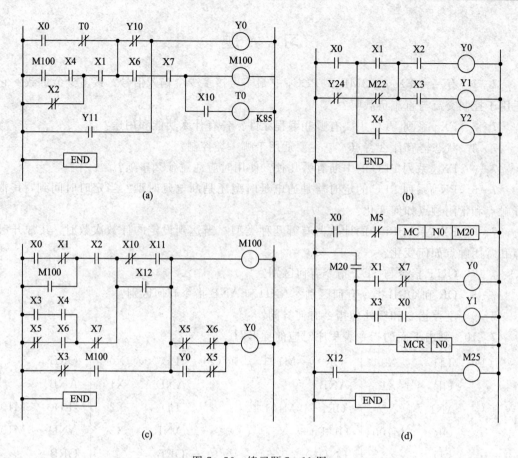

图 7-56　练习题 7-11 图

7-12　画出图 7-57 所示梯形图的输出波形。

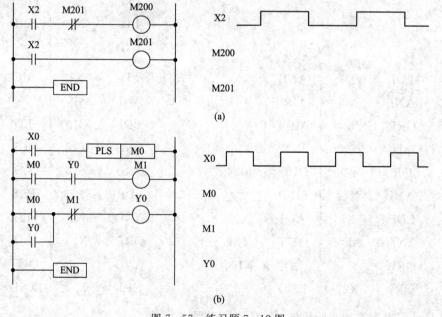

图 7-57　练习题 7-12 图

7-13　将图 7-58 所示梯形图画成用主控指令编程的梯形图。

7-14　指出图 7-59 中的错误。

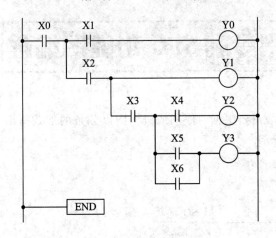

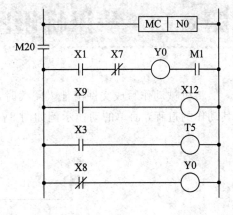

图 7-58　练习题 7-13 图　　　　　　　图 7-59　练习题 7-14 图

7-15　用接在 X0 输入端的光电开关检测传送带上通过的产品，有产品通过时 X0 为 ON，如果在 10 s 内没有产品通过，由 Y0 发出报警信号，用 X1 输入端外接的开关解除报警信号，画出梯形图，并将它转换为指令表程序。

第8章 步进梯形图指令和 SFC 功能图编程

将机械动作写成文件给他人阅读时,一般需要根据时序图或机构图以分条的形式写出其动作的过程,简单的动作示例如图 8 - 1 所示。

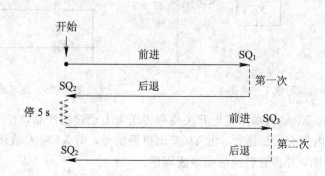

图 8 - 1 机械工作简单示例

图 8 - 1 中动作过程描述如下:

(1) 按下启动按钮 SB,台车第一次前进,前进到极限位置,限位开关 SQ₁ 动作,SQ₁ 由接通状态转为断开状态,台车马上后退。

(2) 台车后退到原点位置,限位开关 SQ₂ 动作,停 5 s 后再次前进,直到限位开关 SQ₃ 动作位置,台车则马上后退。

(3) 台车再次后退到原点位置,限位开关 SQ₂ 动作,这时驱动台车的电机停转。

对于复杂的机械动作,如果仍像上述那样用文字来描述的话,将是很困难的事情,必须由机械技术人员和电气技术人员密切配合才可能实现。在此基础上,电气技术人员再根据机械动作顺序进行程序设计。

但是,像图 8 - 1 那样实现工序步进动作的机械顺控设计相当复杂,设计人员必须具备较丰富的经验,并且要花费很长的时间。另外,要看懂此类机械顺控动作,则要求顺控程序设计人员必须懂得机械过程本身。

而采用 SFC(Sequential Function Chart,状态转移,IEC 标准)图的编程方式就是针对这样的问题而提出的。SFC 图编程对电气技术人员的机械专业知识要求甚少,便于对步进顺序控制回路进行程序设计。

SFC 语言在 IEC1131 - 3 中定义为一种通用的流程图语言。三菱公司的小型 PLC 在基本逻辑指令之外,增加了两条简单的步进梯形图指令:STL/RET,编程时配合大量状态元件就可以用类似于 SFC 语言的状态转移图方式来进行。本章将详细介绍步进梯形图指令内容及功能图编程方法。

8.1　步进梯形图指令及其应用

8.1.1　步进梯形图指令(STL、RET)说明

步进梯形图指令(STL)是利用内部软元件 S 在顺序控制程序上面进行工序步进式控制的指令。返回(RET)是指状态(S)流程结束,用于返回主程序(母线)的指令。根据后面内容中讲到的一定规则编写的步进梯形图回路也可作为状态转移图(SFC 图)处理。反过来,从状态转移 SFC 图也可形成步进梯形图回路。

步进梯形图指令(STL/RET)见表 8-1。

表 8-1　步进梯形图指令(STL/RET)

助记符	名称	功能	可操作的器件	程序步
STL	步进梯形图	步进梯形图开始	S	1
RET	返回	步进梯形图结束	—	1

8.1.2　步进梯形图指令(STL、RET)应用

1) 状态的动作与输出的重复使用

(1) 状态的地址号不能重复使用。

(2) 如果 STL 触点接通,则与其相连的回路动作;如果 STL 触点断开,则与其相连的回路停止动作。但是在一个扫描周期以后,不再执行指令(跳转状态)。

(3) 如图 8-2 所示,在不同的步之间,可给同样的输出软元件(Y2)编程。在这种场合下,状态 S21 或 S22 接通时,输出 Y2 动作。但是在前面的普通继电器梯形图内容中提到,双重线圈输出时其处理、动作比较复杂,建议避免双线圈输出编程。在这里,由于在不同的状态元件(分别在 S21 和 S22 状态下输出 Y2 线圈)下,则不存在刚才所说的"双线圈输出"问题。但是,如果在主程序上给予状态内的输出线圈相同的软元件(如 Y2)编程,或者是在一个状态内给相同的输出线圈编程,则与普通继电器梯形图中"双重线圈"一样看待,编程时请务必注意。

2) 输出的互锁

在状态的转移过程中,仅在瞬间(一个扫描周期)两种状态同时接通。因此,为了避免不能同时接通的一对输出同时接通,需要根据各自可编程序控制器的"使用手册"在可编程序控制器外部设置互锁。此外,如图 8-3 所示,同时要在相应的程序上设置互锁。

3) 定时器的重复使用

如图 8-4 所示,定时器线圈与输出线圈一样,也可在不同状态下对同一软元件编程。但是,在相邻状态下则不能编程。如果在相邻状态下编程,则工序转移时定时器线圈不断开,当前值不能复位。

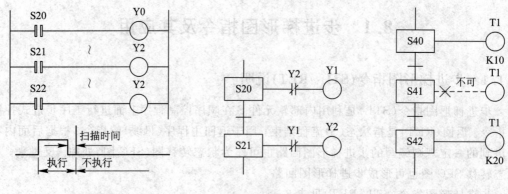

图 8-2　输出的重复使用　　图 8-3　输出的互锁　　图 8-4　定时器使用

4) 输出的驱动方法

如图 8-5(a)所示，从状态内的母线(即 STL 内的母线)，一旦写入 LD 或 LDI 指令后，对不需要触点的指令就不能再编程。需要按图 8-5(b)将输出位置变更或按图 8-5(c)插入常闭触点(一旦 PLC 处于 RUN 运行状态，M8000 常开触点就闭合)的方法改变这样的回路。

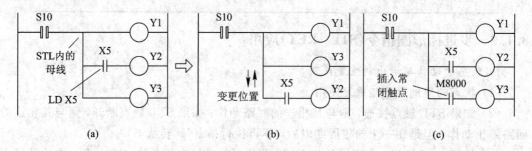

图 8-5　输出的驱动方法
(a) 不正确的输出；(b) 变更位置法；(c) 插入常闭触点

5) MPS、MRD、MPP 指令的位置

在状态内，不能从 STL 内的母线中直接使用 MPS、MRD、MPP 指令。编程时需要按图 8-6 所示，在 LD 或 LDI 指令之后编制程序。

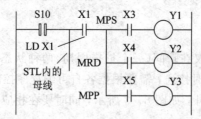

图 8-6　MPS、MRD、MPP 指令位置

6) 状态的转移方法

OUT 指令与 SET 指令对于 STL 指令后的状态(S)具有同样的功能，都将自动复位转移源。此外，还有自保持功能。但是，使用 OUT 指令时，在 SFC 图中用于向分离的状态转

移，如图 8-7 所示。

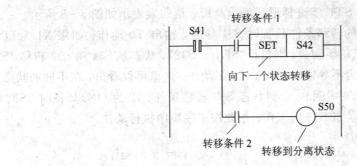

图 8-7　状态的转移方法

7）可在状态内处理的顺控指令

可在状态内处理的顺控指令见表 8-2。

表 8-2　可在状态内处理的顺控指令一览表

状态 ＼ 指令		LD/LDI/LDP/LDF AND/ANI/ANDP/ANDF OR/ORI/ORF、INV、OUT SET/RST、PLS/PLF	ANB/ORB MPS/MRD/MPP	MC/MCR
初始状态/一般状态		可使用	可使用	不可使用
分支、 汇合状态	输出处理	可使用	可使用	不可使用
	转移处理	可使用	不可使用	不可使用

（1）在中断程序与子程序中，不能使用 STL 指令。

（2）在 STL 指令内不禁止使用跳转指令，但其动作复杂，建议不要使用。

8.2　步进梯形图指令的动作与 SFC 图关系

8.2.1　步进梯形图指令的作用

FX$_{2N}$ 系列可编程序控制器内置有利用 SFC 图的顺控功能。由 SFC 图可编制指令语句表程序，也可以将指令语句表或梯形图表示的程序转变为 SFC 图，该指令就是步进梯形图指令（STL）。编程时通过步进梯形图指令（STL/RET）配合其软元件状态器 S（S0～S999）可构成状态转移图。其中 S0～S9 共 10 点为初始状态器，是状态转移图中的起始状态；S10～S19 共 10 点为回零状态器；S20～S499 共 480 点为通用状态器；S500～S899 共 400点为掉电保持状态器；S900～S999 共 100 点为报警用状态器。

1. 步进梯形图指令的 STL 梯形图及指令语句表表示

在步进梯形图中，将状态 S 看作一个控制工序，从中将输入条件与输出控制按顺序编程。这种控制最大的特点是在工序进行时，与前一工序不接通，以各道工序的简单顺序即可控制设备动作。

步进梯形图指令本身的 STL 步进梯形图表示及指令语句表表示如图 8-8 所示。

其动作为，当状态 S31 的转移条件具备时 S31 导通，输出 Y0 动作；如果 X1 为 ON，即状态 S32 转移条件具备（X1 为 ON），则执行"SET　S32"，状态从 S31 向 S32 转移，S32 导通，同时 S31 状态自动变为不导通，输出 Y0、Y2 动作。这里可以看出，在不同的状态下可对输出线圈重复编程（如 Y0 线圈），直到状态 S33 转移条件（X2 为 ON）具备时，S32 状态自动变为不导通，转移到状态 S33 内工作。如此按工序顺序执行动作。

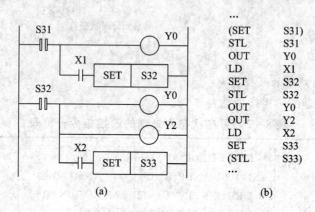

图 8-8　步进梯形图及指令语句表表示
(a) 步进梯形图（STL 图）；(b) 指令语句表

2. 步进梯形图回路的 SFC 图表示

如果以 SFC 图表示图 8-9(a)所示的步进梯形图回路，则 SFC 图如图 8-9(b)所示。

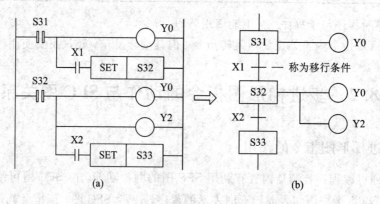

图 8-9　步进梯形图回路的 SFC 图表示
(a) 步进梯形图（STL 图）；(b) SFC 图

在 SFC 图中，每道工序中设备所起的作用以及整个控制流程都能表示得通俗易懂，顺序控制设计由此变得容易，因此有利于维护、修改和故障排除等。

SFC 图与步进梯形图指令都按一定的规则编程，可相互转换。因此其实质内容全都是一样的，也可使用大家熟悉的继电器梯形图。使用 SFC 图时需要前述的相应的外围设备与编程软件。

8.2.2 步进梯形图指令动作与 SFC 图对应关系

如前所述，步进梯形图指令与 SFC 图，其实质内容相同。STL 图最终是继电器梯形图风格的表现形式，而 SFC 图则基于状态（工序）的流程，以机械控制的流程来表示的形式。

步进梯形图指令动作与 SFC 图对应关系用实际的程序表示，如图 8-10 所示。图中 STL 图的右母线可以不画出，本书以后的内容中梯形图经常采用这种方式。

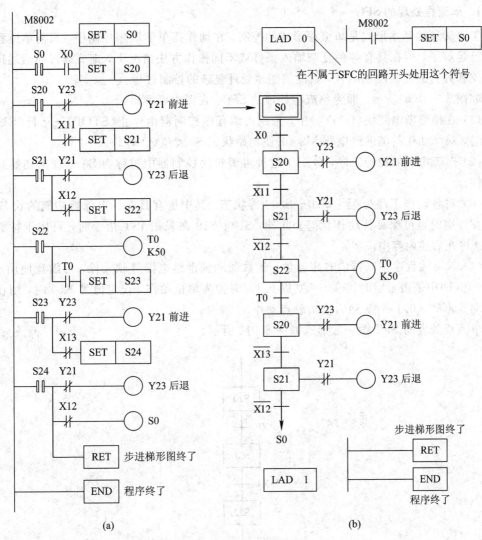

图 8-10 步进梯形图指令动作与 SFC 图对应关系

(a) STL 图；(b) SFC 图

8.2.3 SFC 图编程用设备

利用个人计算机或 A7PHP/HGP 等备有图像画面的外围设备以及与此对应的编程软件进行 SFC 图的编程，此外，因为利用 SFC 图编写的顺序控制程序也可以采用指令语句形式保存在可编程序控制器中，因此，可以使用以指令为基础的 FX-10P 或 FX-20P 等外围设备来实现 SFC 图编程。

8.3　SFC 流程的形态及编制 SFC 图的预备知识

8.3.1　SFC 图的形态

1. 单流程处理的 SFC

工序转移的基本形式是单流程形式的控制。在动作简单的顺序控制中，只需单流程控制就已足够了，但在具有各种复杂输入条件或不同操作方法情况下，则要通过与后述选择性分支和并行分支流程相结合，就能简便地处理复杂的控制过程。

如图 8－10(b)所示，即为单流程处理的 SFC。在图中可看出：

(1) 在梯形图电路块(LAD 0)中，采用可编程序控制器由停止(STOP)→运行(RUN)转换时，瞬间动作的辅助继电器 M8002 使初始状态 S0 置位(ON)。

(2) 对于机械的初始工序，分配了这种可编程序控制器中被称为 S0～S9 的初始状态软元件。

(3) 对各动作工序分配了 S20～S899 等状态。其中也有具有掉电保持功能的状态 S，即使在停电时也可保存其动作状态。此外，S10～S19 在采用 IST 指令时，可用于特殊目的，这将在后述内容中说明。

(4) 在可编程序控制器内有定时器、计数器和辅助继电器等软元件，可随意使用。在图 8－10(b)中采用了定时器 T0，T0 以 0.1 s 时钟为单位动作，设定值为 K50 时，则在线圈驱动 5 s(50×0.1 s＝5 s)后输出触点动作。

单流程处理的 SFC 图一般形式如图 8－11 所示。

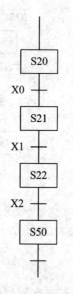

图 8－11　单流程处理的 SFC

2. 多项工序的选择性分支处理与并行分支处理 SFC 图

如图 8-12 所示，选择执行多项流程中的某一项称为"选择性分支"。如图 8-13 所示，多项流程同时进行的分支称为"并行分支"。

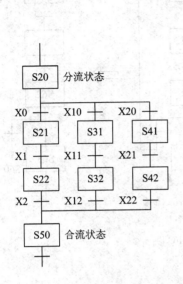

图 8-12　多项工序的选择性分支 SFC 图　　　　图 8-13　多项工序的并行分支 SFC 图

3. 跳转与重复流程 SFC 图

如图 8-14 所示，向下面的状态直接转移或向系列外的状态转移称为"跳转"，以符号"↓"表示转移的目标状态。

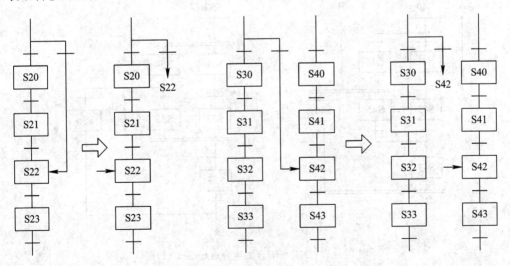

图 8-14　跳转流程 SFC 图

如图 8-15 所示，向上面的状态转移称为"重复"，同样用符号"↓"表示转移的目标状态。

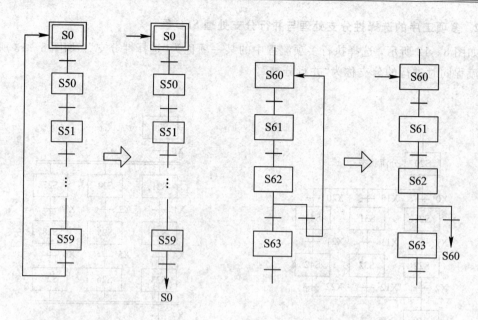

图 8-15　重复流程 SFC 图

4. 分支与汇合的组合流程 SFC 图

图 8-16 和图 8-17 为分支与汇合的组合流程 SFC 示意图。

图 8-16 中的流程都是可能的。B 的流程没有问题,但在 A 流程的情况下,在并行汇合处有等待动作的状态,请务必注意。

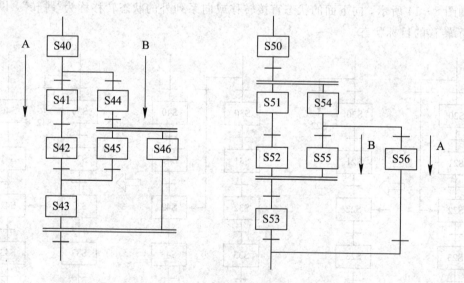

图 8-16　分支与汇合的组合流程 SFC(1)图

图 8-17(a)不能作流程交叉的 SFC 图,需要按图 8-17(b)所示流程重新编程。利用它可实现以指令为基础的程序向 SFC 图的逆转换。

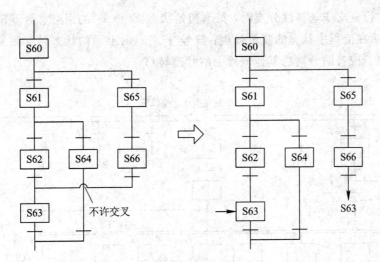

图 8-17　分支与汇合的组合流程 SFC(2)图

8.3.2　编制 SFC 流程的预备知识

1. 流程的分离

具有多个初始状态的 SFC 图的程序,要按各初始状态分开编程。

如图 8-18 所示,从属于初始状态的 S3 的状态 S20～S39 相对应的 STL 指令程序全部结束之后,再编写与下一个初始状态 S4 有关的程序。但是,在自身的程序中,能够以 STL 以外的指令使用对方的状态号,图 8-18 中在初始状态 S3 的程序中包含"OUT S41"的指令;在初始状态 S4 的程序中包含"LD　S39"的指令。关键是不要混杂 STL 指令。

此外,在分离的程序流程中,用 OUT 指令代替 SET 指令可以实现相互间的跳转。

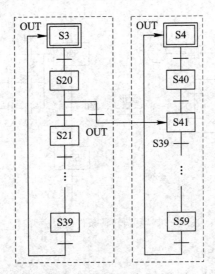

图 8-18　流程的分离

2. 分支回路数的限制

如图 8-19 所示,在每一个分支点下的并行分支或选择性分支回路数限制在 8 条以下；有多条并行分支或选择性分支时，每个初始状态（S0～S9）的回路总数不超过 16 条。图中符号"↓"表示在流程中状态的复位处理；符号"↓"表示向上面的状态转移重复或向下面的状态转移跳转，或者向分离的其他流程上的状态转移。

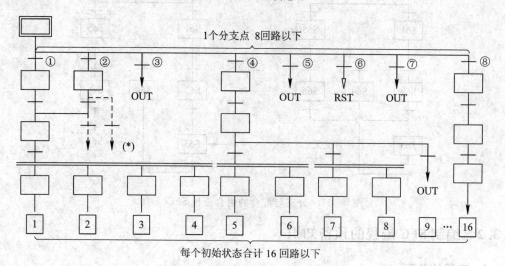

图 8 - 19 分支回路数的限制

注意，图 8 - 19 中所示的"（＊）"，不允许直接从汇合线或汇合前的状态开始向分离状态转移处理或复位处理，此时一定要设置虚拟状态来执行上述状态的转移或复位处理。

3. 复杂转移条件的程序编制

在转移条件回路中，不能使用 ANB、ORB、MPS、MRD、MPP 指令。对于复杂转移条件的程序，按图 8 - 20 所示要领进行变形后再编制程序。

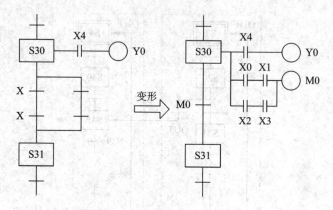

图 8 - 20 复杂转移条件的程序编制

4. 状态复位和输出禁止

（1）状态的区间同时复位。用 FNC 40 ZRST 指令进行状态的区间同时复位操作。如图 8 - 21（a）所示，从 S0～S50 的 51 点状态一次性进行复位处理。

（2）禁止运行状态中有任何输出。如图 8 - 21（b）所示回路，可以禁止运行状态中有任何输出。

（3）将 PLC 的所有输出继电器（Y）断开。如图 8-21（c）所示回路，可以将 PLC 的所有输出继电器（Y）断开。在特殊辅助继电器 M8034 为 ON 时，顺控程序继续运算，但是输出继电器（Y）都处于断开状态。

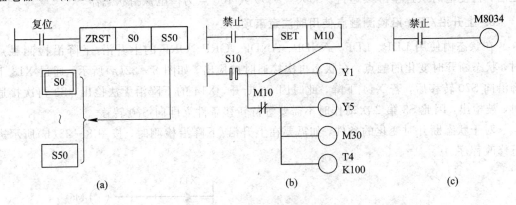

图 8-21　状态复位和输出禁止

5. 特殊辅助继电器

为有效地编写 SFC 图，需要采用数种特殊辅助继电器，其主要内容如表 8-3 所示。

表 8-3　特殊辅助继电器

编　号	名　称	功　能　和　用　途
M8000	RUN 监视	可编程序在运行过程中，需要一直接通的辅助继电器，可作为驱动的程序输入条件或可编程序控制器运行状态的显示来使用
M8002	初始脉冲	在可编程序控制器由 STOP→RUN 时，仅在瞬间（一个扫描周期）接通的辅助继电器，可用于程序的初始设定或初始状态的复位
M8040	禁止转移	驱动该辅助继电器，则禁止在所有状态之间转移，然而，即使在禁止转移状态下，由于状态内的程序仍然动作，因此，输出线圈等不会自动断开
M8046	STL 动作	任一状态接通时，M8046 自动接通，可用于避免与其他流程同时启动或用作工序的动作标志
M8047	STL 监视有效	驱动该辅助继电器，则编程功能可自动读出正在动作中的状态并加以显示

6. RET 指令的作用

RET 指令在一系列的 STL 指令最后编写。执行此指令，意味着步进梯形图回路的结束。在希望中断一系列的工序而在主程序编程时，同样需要 RET 指令。

RET 指令可多次编程。

在 STL 指令的最后，没有编写 RET 指令时，会出现"程序出错"，可编程序控制器不能运行。

7. 掉电保持用状态 S

掉电保持用状态 S 用锂电池作为后备电池保持其动作状态。在机械动作中途发生停电之后，再复电时从这里继续运行。S500～S899 共 400 点为掉电保持状态器。

8. 上升沿/下降沿检测触点使用时注意事项

在状态内使用 LDP、LDF、ANDP、ANDF、ORP、ORF 的上升沿/下降沿检测触点时，状态断开时变化的触点，在状态再次接通时被检出。如图 8 - 22(a)所示，通过 X13 下降沿向 S70 转移后，若 X14 下降，此时因 S3 断开，X14 的下降沿无法检出，S3 再次接通时，被检出，因此 S3 第 2 次动作时不需要等待转移条件立即向 S70 转移。

对于状态断开时变化的条件，如需要在上升沿/下降沿检测时，按图 8 - 22(b)所示进行修改程序。

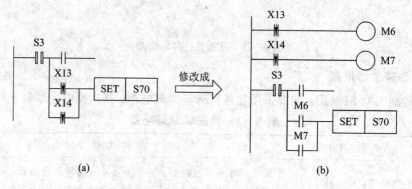

图 8 - 22 上升沿/下降沿转移条件的回路及修改

8.4 SFC 基本编程

8.4.1 初始状态编程

1. 初始状态的使用方法

将在 SFC 图起始位置，通过 STL 指令以外的触点驱动的状态称为初始状态。

(1) 初始状态位于 SFC 图的最前面，可使用状态号 S0～S9。

(2) 初始状态也可通过其他状态元件(如 S23)驱动，需要在运行开始时利用其他方法事先进行驱动(如使 S23 置位为 1)。

(3) 利用在可编程序控制器由 STOP→RUN 切换时瞬间动作的特殊辅助继电器 M8002 来驱动，如图 8 - 23 所示。

(4) 初始状态以外的一般状态元件，一定要通过在其他状态后使用 STL 指令才能驱动，不能从状态以外用其他方法驱动。

(5) 初始状态必须在其他状态之前编程，对应初始状态的 STL 指令必须在其之后的一系列 STL 指令之前编程。

(6) 程序在一系列 STL 指令的最后必须有 RET 指令。

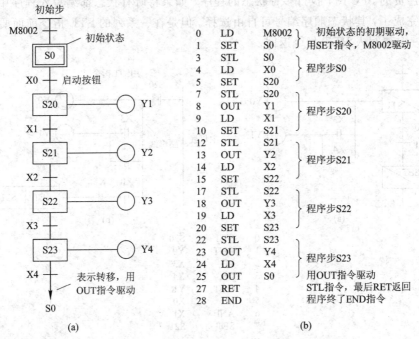

图 8-23 初始状态编程方法示例

(a) SFC 图；(b) 指令语句表

2. 初始状态的作用

(1) 作为逆变换的识别软元件。在从指令语句表向 SFC 图进行逆变换时，需要识别流程的起始段。因此，要将 S0～S9 用作初始状态。若采用其他编号，就不能进行逆变换。

此外，用于初始状态的 STL 指令要比用于其后状态的一系列的 STL 指令先编程，最后再编写 RET 指令。由此产生独立的多个流程时，要相互分离编程。

(2) 如何防止双重启动。如图 8-23 示例所示。例如在状态 S21 动作时，即使再按下启动按钮，也是无效的，因为此时 S0 不工作。由此，防止了双重启动。

8.4.2 中间状态编程

1. 没有分支与汇合的一般流程

图 8-24(a) 为从 SFC 图中抽出来的具有代表性的一个状态。每个状态具有驱动负载、指定转移目标以及指定转移条件三种功能。

图 8-24(b) 为使用继电器顺控方式表示 SFC 图时的步进梯形图。

程序用 SFC 图或用步进梯形图均可编写，编程顺序为先进行负载的驱动处理，接着进行转移处理。当然，如果是不需要驱动负载的状态，则不需要进行负载的驱动处理。SFC 图的优点是可以让编程者每次只考虑一个状态，而不用考虑其他的状态，使编程更容易。

图 8-24(c) 为程序的指令语句表。STL 指令为与主母线连接的状态常开触点指令，接着就可以在副母线上直接连接线圈，或者可以通过触点驱动线圈。连接在副母线上的触点用 LD 或 LDI 指令。若要返回原来的主母线，则使用返回指令 RET。通过 STL 触点驱动状态 S，在该 S 移动前的那个状态自动复位。用于状态的 SET、RST 指令为 2 步指令。

对于连贯的 SFC 图，执行多种状态的程序，如果将所有状态都编写入程序中，则编程工作也就完成了，其状态顺序编号可自由选择。但是在一系列的 STL 指令前面要有初始状态，最后一定要写入 RET 指令返回。

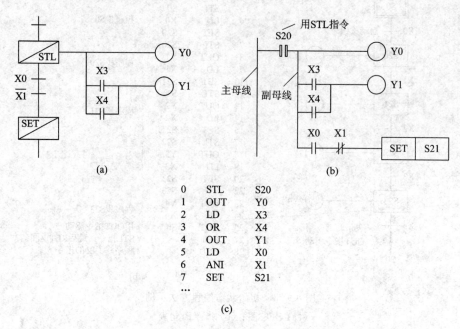

```
0   STL   S20
1   OUT   Y0
2   LD    X3
3   OR    X4
4   OUT   Y1
5   LD    X0
6   ANI   X1
7   SET   S21
...
```
(c)

图 8-24　一般流程的编程
(a) SFC 图；(b) 步进梯形图；(c) 指令语句表

2. 带有跳转与重复的一般状态

如图 8-25 所示分别为：向上方状态的转移(重复)、向下方状态的转移(跳转)、向流程外的跳转及复位处理。

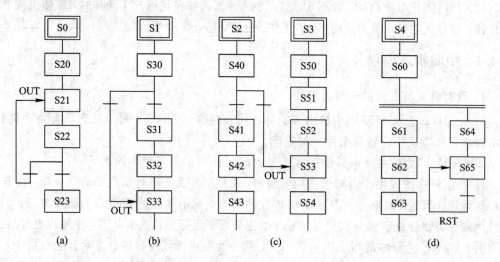

图 8-25　跳转、重复转移及复位处理流程
(a) 重复；(b) 跳转；(c) 向流程外跳转；(d) 复位处理

如前面内容所述那样，用符号"↓"表示转移的目标状态，用"OUT"指令编程，对于交叉流程的情况也是如此。

图 8 - 26 所示为向流程外跳转程序示例。从 S40 开始通过 X3 驱动 S52 时，使用 OUT 指令；S52 在自己保持动作的同时，移行源 S40 被自动复位。

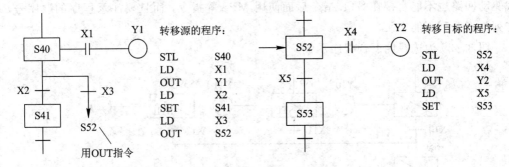

图 8 - 26　向流程外跳转程序示例

图 8 - 27 所示为复位处理程序示例。图中所示为从 S65 开始，通过 X7 复位 S65 的情况。

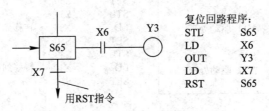

图 8 - 27　复位处理程序示例

如果从 S65 开始，其他状态（例如：S70）被复位，其情况与上述一样。但此时因为并不是转移动作，所以 S65 不被复位。

8.4.3　分支与汇合状态的编程

1. 选择性分支与汇合状态的编程

1）选择性分支示例

与一般状态的编程一样，选择性分支编程时先进行驱动处理，然后进行转移处理。所有的转移处理按顺序从左到右进行，如图 8 - 28 所示。

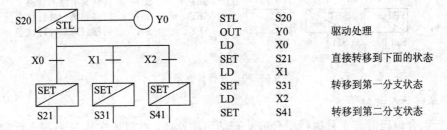

图 8 - 28　选择性分支示例

2）选择性汇合示例

选择性汇合编程时首先只进行汇合前状态的驱动处理，然后向汇合状态转移，按顺序从左到右依次进行。这是为了能向 SFC 画面进行逆变换的必要规则。务必注意的是，在分支与汇合的转移处理程序中，不能用 MPS、MRD、MPP、ANB、ORB 指令。此外，即使负载驱动回路也不能直接在 STL 指令后面使用 MPS 等指令，而且要注意程序的顺序号，分支列与汇合列不能交叉。

图 8-29 为选择性汇合程序示例。

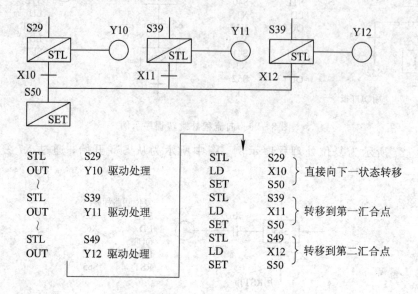

图 8-29 选择性汇合示例

2. 并行分支与汇合状态的编程

1）并行分支示例

与一般状态的程序一样，并行分支编程时首先进行驱动处理，然后进行转移处理，所有的转移处理按顺序从左到右依次进行。

图 8-30 所示为并行分支程序示例。

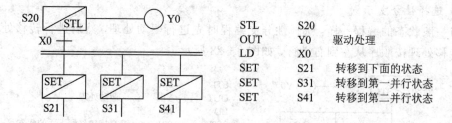

图 8-30 并行分支示例

2）并行汇合示例

并行汇合编程时首先只执行汇合前状态的驱动处理，然后依次从左到右执行向汇合状态的转移处理。

图 8-31 所示为并行汇合程序示例。连续的 STL 指令表示并行汇合的意思,并行的分支限制在 8 路以下。

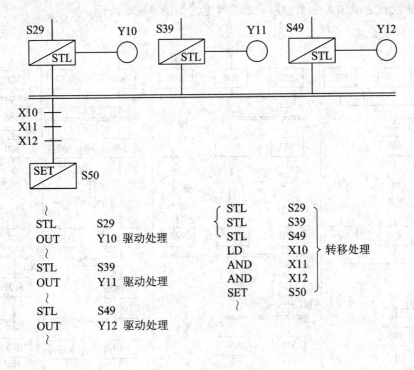

STL	S29
OUT	Y10 驱动处理
STL	S39
OUT	Y11 驱动处理
STL	S49
OUT	Y12 驱动处理

```
⎧ STL    S29 ⎫
⎪ STL    S39 ⎪
⎪ STL    S49 ⎪
⎨ LD     X10 ⎬ 转移处理
⎪ AND    X11 ⎪
⎪ AND    X12 ⎪
⎩ SET    S50 ⎭
```

图 8-31 并行汇合示例

在并行分支与汇合中不允许图 8-32(a)中所示符号"﹡"或符号"﹡﹡"的转移条件,需要修改为图 8-32(b)中的形式来进行处理。

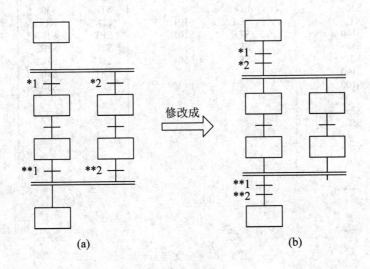

图 8-32 并行分支与汇合转移条件注意事项

3. 分支与汇合的组合编程

分支与汇合的组合流程编程中，如果从汇合线转移到分支线时没有中间状态，而为直接连接，建议在之间加入一个虚拟状态，其方法如图 8-33 所示。

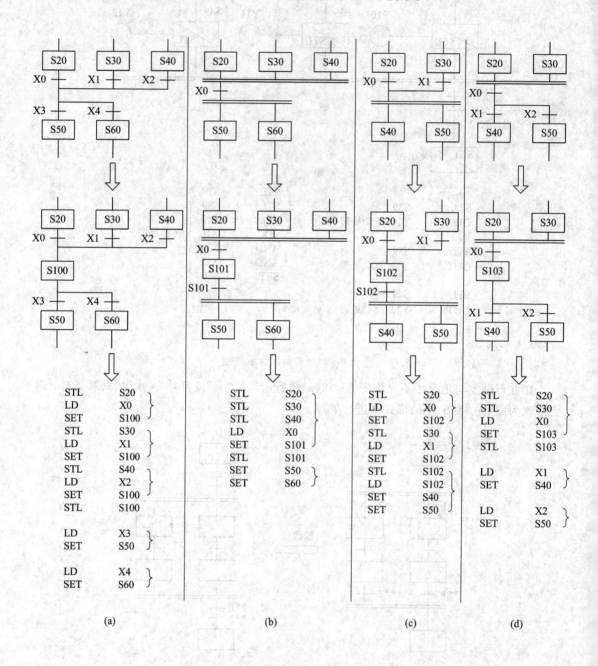

图 8-33　分支与汇合示例

另外，在分支与汇合的组合流程中，编程时应注意图 8 - 34 中的一些问题。

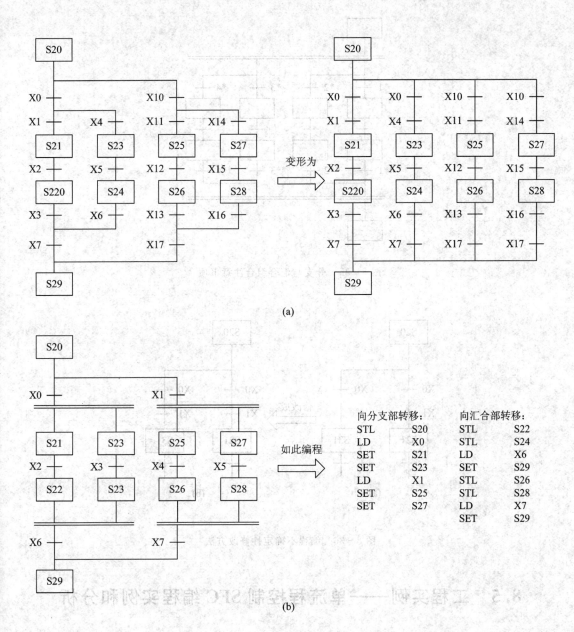

图 8 - 34　分支与汇合注意问题

分支与汇合的组合流程在编程中也应注意一些事项，如图 8 - 35 所示。在并行分支后面，不允许使用选择转移条件"∗"；在转移条件"∗∗"后不允许并进汇合。

如图 8 - 36(a)所示，如果 X0 动作，X1 不动作，则执行状态 S31；但如果 X0、X1 都动作，则可能会出现混乱的转移，这样的流程不能确定它是选择性分支还是并行分支。这时，需修改成图 8 - 36(b)的形式进行编程，从而来确定流程的转移确定性。

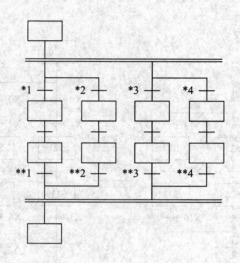

图 8-35　分支与汇合组合注意事项

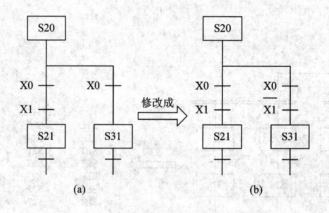

图 8-36　编程不确定性修改方法

8.5　工程实例——单流程控制 SFC 编程实例和分析

8.5.1　闪烁回路 SFC 编程示例

图 8-37 为闪烁回路 SFC 编程示例。

若可编程序控制器运行，则利用初始脉冲 M8002 驱动状态 S3；在状态 S3 中输出 Y0，1 s 以后向状态 S20 转移；在状态 S20 中输出 Y1，1.5 s 后返回状态 S3；如此循环动作。

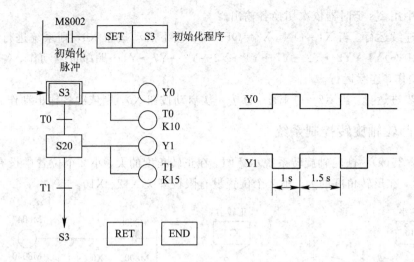

图 8-37　闪烁回路 SFC 编程示例

8.5.2　喷泉喷水控制系统

图 8-38 为喷泉喷水控制系统 SFC 编程实例。

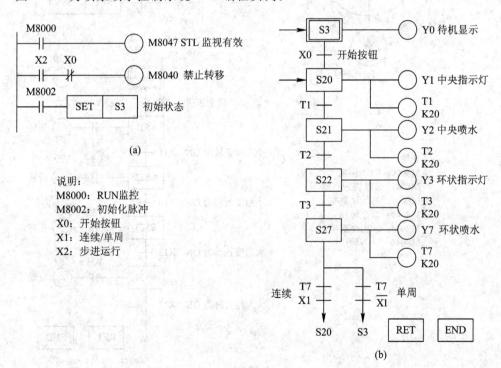

说明：
M8000：RUN监控
M8002：初始化脉冲
X0：开始按钮
X1：连续/单周
X2：步进运行

图 8-38　喷泉喷水控制系统 SFC 编程实例

(a) 初始化程序；(b) 控制程序

图 8-38 中 SFC 程序，可以实现以下控制：

(1) 单周期运行。当 X1＝OFF、X2＝OFF 时，按下启动按钮 X0，则系统进行单周期运行，即按照（Y0→）Y1→Y2→Y3→Y7→Y0 的顺序动作，动作一个单周后返回到待机状态。程序中用 2 s 定时器依次切换各输出。

（2）连续运行。当 X1＝ON，X2＝OFF 时，按下启动按钮 X0，则系统进行连续运行，即按照（Y0→）Y1→Y2→Y3→Y7→Y1→Y2→Y3→Y7→Y1…顺序重复动作，各输出 Y1～Y7 重复动作，连续运行。

（3）步进运行。当 X2＝ON 时，每按一次启动按钮 X0，则依次各输出动作。

8.5.3 凸轮轴旋转控制系统

图 8 - 39(a)为凸轮轴旋转系统示意图。在正转角度的大、小 2 个位置中设有限位开关 X13、X11，在反转角度的大、小 2 个位置设有限位开关 X12、X10。

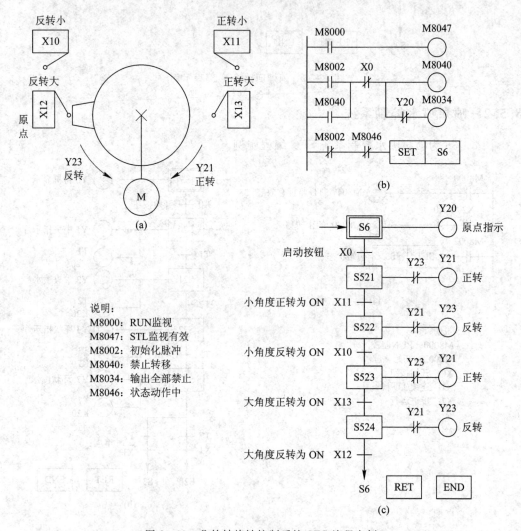

图 8 - 39 凸轮轴旋转控制系统 SFC 编程实例
(a) 凸轮轴旋转系统示意图；(b) 控制系统初始化程序；(c) 控制程序

图 8 - 39(b)、图 8 - 39(c)为凸轮轴旋转控制程序，其中图 8 - 39(b)为控制系统初始化程序。控制系统实现的动作过程为：按下启动按钮，执行"正转小→反转小→正转大→反转大"的动作，然后停止。

限位开关 X10～X13 一直处于 OFF 状态，在达到凸轮轴所设定的角度时，变为 ON。

在初始化程序图 8-39(b) 中，若 M8047 动作，则动作状态监视有效，同时 S0～S899 中只有一个动作，在执行 END 指令后，M8046 就动作。

在该 SFC 图中，其状态采用掉电保持型。在动作期间，即使发生停电，只要等复电时再按下启动按钮，则会从停电处工序开始继续动作。但是，在按下启动开关之前，除 Y20 以外的所有输出被禁止。

辅助继电器 M8034 动作，即使可编程序控制器仍然运行，但是向外部的所有输出都断开，即 M8034 作用为输出全部禁止。

8.5.4　多台电动机顺序启动与停止控制系统

多台电动机顺序启动与停止系统示意图如图 8-40 所示，四台电动机 M1～M4 带动输送带进行物料的输送。工作时按下启动按钮后电动机按 M1→M2→M3→M4 顺序依次启动；停止时按下停止按钮，电动机则按照 M4→M3→M2→M1 顺序依次停止。

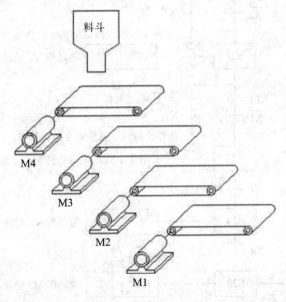

图 8-40　多台电动机顺序启动与停止系统示意图

图 8-41 所示为多台电动机顺序启动与停止控制系统 SFC 编程实例。其中 X0 为启动输入，X1 为停止输入。程序中利用定时器来实现电动机 M1～M4 的依次动作要求。

这种 SFC 流程以单流程为基础进行状态的跳转。该例所示为该 SFC 图根据条件，跳过一部分流程向后面的状态转移。

图 8-41 所示的单流程处理跳转流程也可用如图 8-42 所示的选择性分支与汇合流程来表示。流程的流向必须是从上到下，除分支、汇合线外，不能交叉。

图 8-42 中，在分支线上设置了三个虚拟状态 S30、S31、S32。例如，在状态 S20 动作时，若按下停止按钮使 X1 接通，则状态 S32 动作，接着其触点 S32 动作，从而直接跳转到状态 S27。在分支线上一定要有以上的状态，所以需设置虚拟状态。

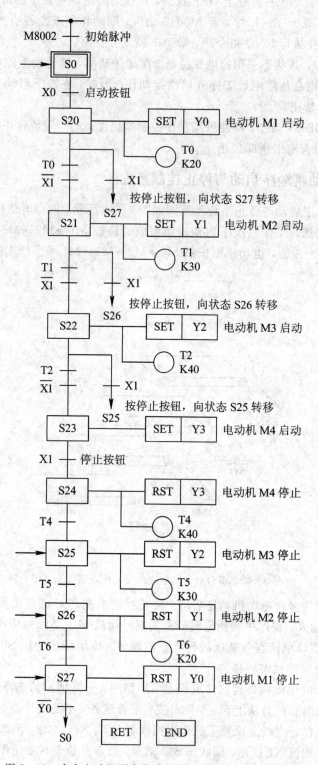

图 8-41 多台电动机顺序启动与停止单流程 SFC 编程实例

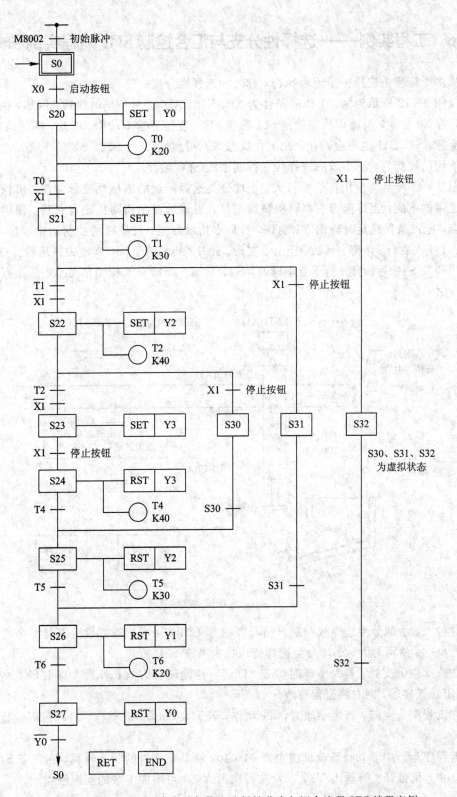

图 8-42　多台电动机顺序启动与停止选择性分支与汇合流程 SFC 编程实例

8.6　工程实例——选择性分支与汇合控制 SFC 编程实例和分析

从多个流程中选择一个流程执行,称之为选择性分支。

以图 8-12 所示为例,工作时条件为 X0、X10、X20 必须不同时接通。例如,在 S20 动作时,若 X0 接通,则动作状态就向 S21 转移,S20 复位变为不动作,因此,即使以后 X10、X20 接通,S3、S41 也不会动作。而汇合状态 S50 可以被 S22、S32、S42 中任意一个驱动。

下面的实例为大、小球的选择传送控制系统 SFC 编程。

图 8-43 所示为使用传送带将大、小球分类选择传送的机械系统示意图。机械臂固连在传送带的下侧,当传送带右移则机械臂左行,当传送带左移则机械臂右行。图中左上方为原点,原点条件满足时输出 Y7 动作,且原点指示灯亮。机械臂的控制动作顺序为下降、吸住、上升、右行、下降、释放、上升、左行。此外,机械臂下降,当电磁铁压着大球时,下限限位开关 ST2 为断开;当压着小球时,ST2 接通。而球有无检测信号 X0 是原点应具备的条件之一。

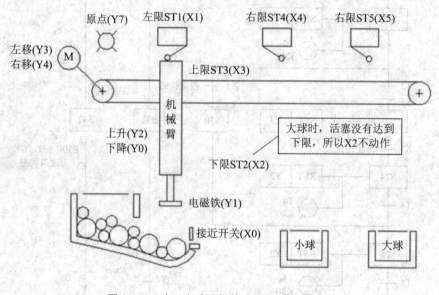

图 8-43　大、小球选择传送机械系统示意图

这种大、小球分类选择或判别合格与否的 SFC 图,可采用选择性分支与汇合的流程形态。图 8-44 所示为大、小球分类选择传送控制系统 SFC 程序。

在选择性分支处,若为小球时(X2=ON),左侧流程有效;若为大球时(X2=OFF),X2 常闭触点接通,则右测流程有效。

在流程汇合点前,若为小球时,X4 动作,若为大球时,X5 动作,然后向汇合状态 S30 转移。

若程序运行中驱动特殊辅助继电器 M8040,则禁止所有的状态转移。在状态 S24、S27 与 S33 中,机械臂右行输出 Y3,以及左行输出 Y4 中可增加串联的互锁触点。

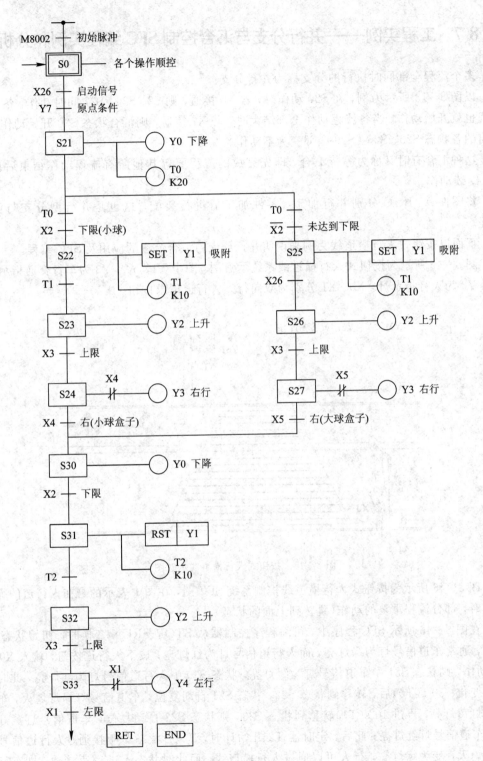

图 8-44　大、小球分类选择传送控制系统 SFC 编程实例

8.7　工程实例——并行分支与汇合控制 SFC 编程实例和分析

多个流程全部同时执行的分支称为并行分支。

以图 8-13 所示为例，在 S20 动作时，若 X0 接通，则 S2、S24、S27 同时动作，各分支流程也就开始动作。当各流程动作全部结束时，若 X7 接通，则汇合状态 S30 开始动作，转移前的各状态 S23、S26、S29 全部变为不动作。

这种汇合有时又称为等待汇合，即先完成的流程要等其他所有流程动作结束后再汇合，继续动作。

将零件 A、B、C 分别并行加工，零件加工后进行装配，这也是并行型分支与汇合流程。

下面以按钮式人行横道线为例来说明并行分支与汇合流程的应用及 SFC 编程。

图 8-45 所示为按钮式人行横道线系统示意图。图中 Y1、Y2、Y3 为车行交通指示灯，Y5、Y6 为人行指示灯，X0、X1 分别为双向行人人行道请求按钮。

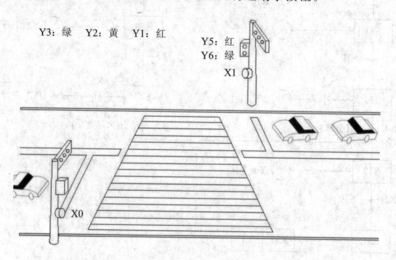

图 8-45　按钮式人行横道线示意图

图 8-46 所示为按钮式人行横道线控制系统 SFC 图，在图中表示的是在人行道的绿灯闪灯时，部分流程重复的动作（跳转到上面的状态）。

在图 8-46 所示 SFC 程序中，可编程序控制器从 STOP→RUN 变换时，初始状态 S0 动作，通常车道信号灯为绿灯亮，而人行道信号灯为红灯亮；按下人行道按钮，输入 X0 或 X1 动作，则状态 S21 中车道信号灯为绿灯亮，状态 S30 中人行道信号灯为红灯亮，此时状态无变化；30 s（T0）后，转移到状态 S22，状态 S21 自动复位，车道信号灯绿灯熄灭，车道信号灯黄灯亮；再过 10 s（T1）转移到状态 S23，则状态 S22 自动复位，车道信号灯黄灯熄灭，车道信号灯红灯亮；此后，定时器 T2 开始计时，5 s 后状态 S31 接通，人行道信号灯黄灯熄灭，变为绿灯亮，行人可以通过人行横道线，而此时状态 S23 一直接通，即车行信号灯一直处于红灯亮状态等待，S23 之所以在 S31 接通后不复位是因为这里并不存在从 S23 到 S31 的转移；15 s 后，人行道信号灯绿灯开始闪烁（S32＝灭，S33＝亮），闪烁中状态

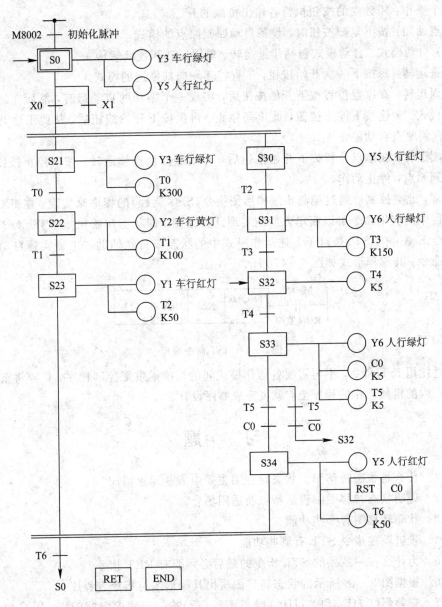

图 8-46　按钮式人行横道线控制系统 SFC 图

S32、S33 反复动作，计数器 C0(设定值为 5 次)触点一接通，动作状态就向 S34 转移；在 S34 中人行道信号灯变为红灯，计数器复位；5 s 后 T6 动作，返回到初始状态 S0。在上述动作过程中，即使再次按动人行道请求按钮，输入 X0 或 X1 也无效，不会影响整个流程的动作状态。

8.8　状态初始化命令(FNC 60 IST)简介

设备的运转模式一般如下所述，工作中可以使用其中一部分或全部模式。

(1) 手动模式。手动模式包括各个操作和原点回归。

各个操作：用独立的按钮执行各输出负载的开/关模式。

原点回归：按下复归按钮时，设备自动回归原点的模式。

（2）自动模式。自动模式包括步进运转、单周运转和连续运转。

步进运转：每按下一次开始按钮，工程将逐一向前推进的模式。

单周运转：在原点位置按下开始按钮后，实现一个循环的自动运转，然后在原点停止运作的模式。中途按下停止按钮，此工序停止。再次按下开始按钮后，从此工序开始继续运作，直到原点自动停止。

连续运转：在原点位置按下开始按钮后，开始重复地连续运转。按下停止按钮后，一直运转到原点，停止动作。

通常，此类控制可通过编制步进梯形图指令（SFC 流程）的程序来实现。在 FX 可编程序控制器中的应用命令可以简单方便地实现此类控制，即状态初始化指令 IST（FNC 60）。应用指令 FNC 60（IST）是对于上述运作模式中的状态或特殊辅助继电器实施自动控制的一整套命令。其编程形式如图 8-47 所示。

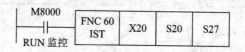

图 8-47　IST 命令编程

通过使用 IST 命令，不再需要各运作模式间的切换或重复控制程序，只要将重点放在编制状态内的机械动作的程序上，就可完成顺序设计。

习　题

8-1　什么是状态转移图？状态转移图主要由哪些元素组成？

8-2　说明状态转移图编程的特点及适用场合。

8-3　状态转移图有哪些功能？

8-4　步进顺控指令 STL 有哪些功能？

8-5　为什么在一系列的 STL 指令的最后必须要有 RET 指令？

8-6　根据图 8-48 所示的状态转移图写出其梯形图与指令表程序。

8-7　三盏彩灯 HL_1（红）、HL_2（绿）、HL_3（黄）按一定顺序定时闪烁。PLC 投入运行后，按下启动按钮，$HL_1 \sim HL_3$ 按下列顺序定时闪烁：HL_1 亮 1 s、灭 1 s→HL_2 亮 1 s、灭 1 s→HL_3 亮 1 s、灭 1 s→HL_1、HL_2、HL_3 全灭 1 s→HL_1、HL_2、HL_3 全亮 1 s→HL_1 亮 1 s、灭 1 s→……重复上一次的过程，PLC 停止运行时，彩灯的自动闪烁也停止。试用步进指令进行控制。

8-8　粉末冶金制品压制机如图 8-49 所示，装好粉末后，按下启动按钮（X0），冲头下行（Y0）。将粉末压紧后，压力继电器（X1）接通。保压延时 5 s 后，冲头上行（Y1）至上限位开关（X2）接通。然后模具下行（Y2）至下限位开关（X3）接通。取走成品后按下按钮（X5），模具上行（Y3）至限位开关（X4）接通，系统返回初始状态。画出状态转移图，设计出梯形图。

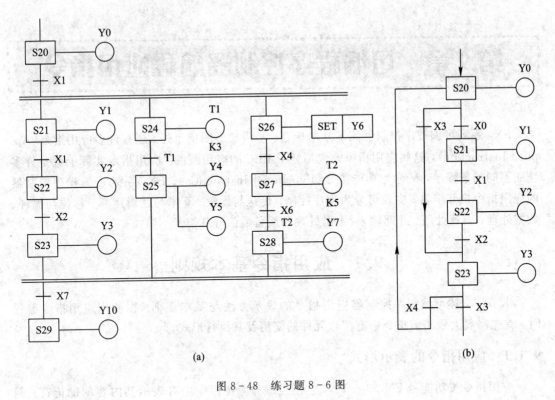

(a) (b)

图 8-48 练习题 8-6 图

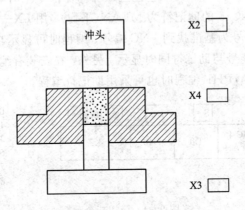

图 8-49 练习题 8-8 图

第9章　可编程序控制器编程应用指令

FX$_{2N}$系列可编程序控制器除了基本指令、步进梯形图指令外，还有许多应用指令（Applied Instruction），这些应用指令大大拓宽了 PLC 的应用范围。应用指令实际上就是许多功能不同的子程序，又称为功能指令（Functional Instruction）。FX$_{2N}$系列可编程序控制器的应用指令极其丰富，主要可分为程序控制、传送与比较、算术与逻辑运算、移位与循环、数据处理、高速处理、外部输入/输出处理和设备通信等几类。

9.1　应用指令基本规则

本节将叙述可编程序控制器应用指令的表示方法与基本规则。在使用应用指令编程时，首先需要大致了解指令中有关软元件的使用及其执行形式。

9.1.1　应用指令的表示形式

应用指令按功能号 FNC00～FNC□□□编排，各指令中有表示其内容的助记符。例如，如图 9-1 所示，FNC45 的助记符为 MEAN（平均）。用 FX-10P/20P 写入程序时，可以利用 HELP 功能以符号为基准找到 FNC 编号。编程时可显示功能号与对应助记符的清单，在读出程序时，功能号与助记符同时显示。另外，在安装有编程软件的个人计算机上，或利用 A6GPP/PHP、A7PHP 编程时也可采用助记符编程。

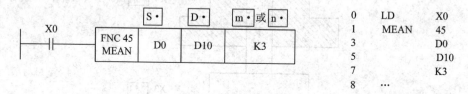

0	LD	X0
1	MEAN	45
3		D0
5		D10
7		K3
8	...	

图 9-1　应用指令示例

FX$_{2N}$系列可编程序控制器的应用指令格式采用梯形图和助记符相结合的形式。有些应用指令仅使用指令段（FNC 编号），但更多应用指令在指定功能号的同时还必须指定操作数。

图 9-1 所示为取平均值的应用指令梯形图和指令语句表。图中的 X0 为指令执行条件，X0 为 ON 时执行该指令；当 X0 为 OFF 时不执行该指令。图 9-1 中：

$\boxed{S}$：表示其内容不随指令执行而变化的源（Source）操作数；在可利用变址功能修改软元件编号的情况下，以符号$\boxed{S \cdot}$表示；当源的数量不止一个时，以符号$\boxed{S_1 \cdot}$、$\boxed{S_2 \cdot}$…表示。

$\boxed{D}$：表示其内容随指令执行而变化的目标（Destination）操作数；同样，若可利用变址功能时，以符号 $\boxed{D \cdot}$ 表示；当目标的数量不止一个时，以符号 $\boxed{D_1 \cdot}$、$\boxed{D_2 \cdot}$…表示。

$\boxed{m \cdot}$、$\boxed{n \cdot}$：以 $\boxed{m \cdot}$ 或 $\boxed{n \cdot}$ 表示既不做源，也不做目标的操作数，可以指定取值的个数。这样的操作数数量很多时，以符号 $\boxed{m_1 \cdot}$、$\boxed{m_2 \cdot}$、$\boxed{n_1 \cdot}$、$\boxed{n_2 \cdot}$…表示。

应用指令的指令段功能号和助记符占 1 个程序步；操作数根据是 16 位指令还是 32 位指令，占 2 或 4 个程序步。

在图 9-1 中，D0 是源操作数的首元件，K3 是指定取值个数为 3，D10 是指定计算结果存放的数据寄存器地址。图中这条平均值指令的含义是：

$$\frac{(D0) + (D1) + (D2)}{3} \rightarrow (D10)$$

这里要注意的是，某些应用指令在整个程序中只能出现一次，即使使用跳转指令使其分处于两段不可能同时执行的程序中也不允许，但可利用变址寄存器多次改变其操作数。

9.1.2 应用指令的可用软元件、数据长度与指令类型

1. 操作数的可用软元件

FX₂ₙ系列 PLC 中，应用指令可处理的数据类型包括位（bit）、字节（byte）、字（1W = 2byte）和双字（1DW = 4byte）。像 X、Y、M、S 等只处理 ON/OFF 信息的软元件被称为位元件；与此相对，T、C、D 等处理数值的软元件被称为字元件。

应用指令操作数可使用 X、Y、M、S 等软（位）元件。通过将这些元件组合，由 Kn 加首元件号来表示，以 KnX□、KnY□、KnM□、KnS□等形式也可进行数值处理。

应用指令可处理数据寄存器 D、定时器 T 或计数器 C 的当前值。数据寄存器 D 为 16 位，在处理 32 位数据时使用一对数据寄存器的组合实现。例如，将数据寄存器 D0 指定为 32 位指令的操作数时，处理（D1，D0）32 位数据（D1 为高 16 位，D0 为低 16 位）。T、C 的当前值寄存器也可作为一般寄存器，处理方法相同。但是 C200～C255 的 32 位计数器的每点可处理 32 位的数据，不能指定为 16 位指令的操作数使用。

2. 数据长度与指令类型

根据处理数值的大小，应用指令可分为"16 位指令"和"32 位指令"，相对应的数据长度为 16 位和 2 位。此外，根据指令各自的执行形式，有"连续执行型"与"脉冲执行型"两种形式。

应用指令可将这些形式组合使用或单独使用。

如图 9-2 所示，上面一行指令助记符为 MOV，功能为：将 D10 的内容传送到 D12 中，为 16 位指令；下面一行指令助记符为 DMOV，功能为：将（D21，D20）的内容传送到（D23，D22）中，为 32 位指令。在 32 位指令中，通常用 D 符号表示，例如图 9-2 中的 DMOV 或 FNC D 12（FNC 12 D 也一样）等。32 位指令中，指定软元件使用偶数或奇数均可，与其后续编号的软元件组合使用。但为避免错误，元件对的首元件建议统一用偶数编号。

图 9-3(a)所示为脉冲执行型应用指令示例，指令总是只在 X0 从 OFF→ON 变化时，执行一次，其他时刻不执行。因为在不执行时的处理时间快，尽量采用脉冲执行型指令。脉冲执行型指令用符号 P 表示。

图 9-3(b)所示为连续执行型应用指令示例，X1 接通时，指令在各扫描周期都被重复执行。

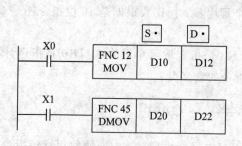

图 9-2　16 位/32 位应用指令示例

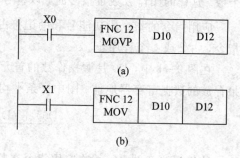

图 9-3　脉冲执行型/连续执行型示例

9.1.3　应用指令内的数据处理

1. 位元件的组合

位元件每 4 位为一组组合成单元。KnM0 中的 n 是组数，16 位数操作时为 K1～K4，32 位数操作时为 K1～K8。例如，K2M0 表示由 M0～M7 组成的 8 位数据；K4M10 表示由 M25 到 M10 组成的 16 位数据，M10 是最低位。

如图 9-4 所示，当一个 16 位的数据传送到 K1M0、K2M0 或 K3M0 时，则长度不足的高位部分不被传送，只传送相应的低位数据。32 位数据传送时也一样。

在作 16 位数（或 32 位）操作时，参与操作的位元件由 K1～K4（或 K1～K8）来指定，若仅由 K1～K3（或 K1～K7）指定，不足部分的高位通常视为 0 处理，这意味着通常将其作为正数处理（符号位为 0）。

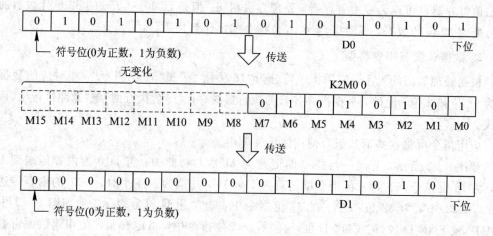

图 9-4　数据的传送

例如：

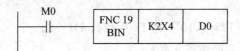

表示由 X4～X13 组成的 BCD 码 2 位数据转换成二进制码后向 D0 传送。被组合的位元件的编号可以是任意的，没有特别的限制，一般可自由指定。但是为了避免混乱，建议在 X、Y 的场合最低位尽可能设定为 0(X0、X10、X20…；Y0、Y10、Y20…)；在 M、S 的场合，理想的设定值为 8 的倍数，避免混乱建议尽量设定为 M0、M10、M20 等。

　　另外，要特别注意连续字的指定：以 D1 为开头的一系列数据寄存器就是 D1、D2、D3、D4 等。通过位指定，在字的场合也可将其作为一系列的字处理，其指定格式如下所示：

　　　　K1X0　　K1X4　　K1X10　　K1X14　…，　K2Y10　K2Y20　K2Y30 …
　　　　K3M0　K2M12　K3M24　K3M36　…，　　K4S16　K4S32　K4S48 …

也就是说，不要跳过软元件，元件按 4 个为一组（二进制的以位）连续编号，如上述所示使用软元件。但是，若将"K4Y0"用在 32 位运算中，则将高 16 位作"0"处理，在需要 32 位数据时，需要用"K8Y0"。

2. 浮点运算的数据处理

1) 整数

在可编程序控制器内部采用二进制（BIN）的整数值，可以用 16 位或 32 位位元件来表示整数，其中最高位为符号位，"0"表示正数，"1"表示负数。负数以补码方式表示。16 位整数可表示的范围为 $-32\ 768 \sim 32\ 768$，32 位整数可表示的范围为 $-2\ 147\ 483\ 648 \sim 2\ 147\ 483\ 647$。

在整数的除法中，例如 $40 \div 3 = 13$ 余 1 的答案；在整数的开方运算中，舍去小数点。在 FX_{2N} 系列可编程序控制器中，为更精确地进行这些运算，采用浮点数运算。浮点数运算功能对以下指令有效：FNC 49(FLT)、FNC 110(DECMP)、FNC 111(DEZCP)、FNC 118(DEBCD)、FNC 119(DEBIN)、FNC 120(DEADD)、FNC 121(DESUB)、FNC 122(DEMUL)、FNC 123(DEDIV)、FNC 127(DESQR)、FNC 129(INT)。

2) 实数的科学记数格式

整数除了表示的范围受限制外，在进行科学运算时产生的误差也较大，需要引入实数。在可编程序控制器内部实数的处理采用科学记数格式，这是一种介于 BIN 与浮点格式之间的表示方法。

科学记数格式表示实数需占用 32 位，十进制浮点数用科学记数格式表示，通常利用编号连续的一对数据寄存器来处理，其中序号小的一侧为尾数段，其指数范围为 $\pm(1000 \sim 9999)$ 或 0，应以不带小数的 4 位有效数字表示；序号大的为以 10 为底的指数段，其指数范围为 $-41 \sim 35$。十进制浮点式实数的处理范围如下所示：最小绝对值：1175×10^{-41}；最大绝对值：3402×10^{35}。

例如，使用数据寄存器(D1, D0)时，使用 MOV 指令向(D1, D0)写入，则：

10 进制浮点数 ＝ ［尾数 D0］ $\times 10^{[指数 D1]}$

尾数 D0＝±(1000~9999)或 0

指数 D1＝−41~35

$1.234×10^6$ 应表示成 $1234×10^3$，即 D0＝124，D1＝3。

3）实数的浮点格式（二进制浮点数）

实数的浮点格式（二进制浮点数）也采用连续的一对数据寄存器来处理。例如（D11，D10）的场合，结果如图 9−5 所示。

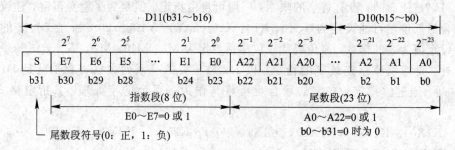

图 9−5 实数的浮点格式

实数值＝S・(1・A)($2^{E−127}$)

$$=\dfrac{±(2^0+A22×2^{-1}+A21×2^{-2}+\cdots+A0×2^{-23})×2^{(E7×2^7+E6×2^6+\cdots+E0×2^0)}}{2^{127}}$$

例如：A22＝1、A21＝0、A20＝1、A19~A0＝0；E7＝1、E6~E1＝0、E0＝1，代入得实数值＝$±1.625×2^2$，其中正负是由 b31 决定的，不是补码处理。

零(M8020)、借位(M8021)、进位(M8022)在浮点运算中的各种标志动作如下：

零标志：结果为 0 时置 1。

借位标志：结果未达到最小单位但不是 0 时置 1。

进位标志：结果的绝对值超过处理的可能数值时置 1。

在个人计算机等外围设备中，可将二进制浮点数转化为十进制浮点数进行监视，但是软件的版本必须要采用 PC9800(NEC 制造)用的 V3.00、Windows 用 V1.00 以后的版本。在 FX−10P、FX−20P、A6GPP、A6GHP 中无上述功能，因此要通过程序将其转化为十进制浮点数进行监视。

在下列指令中有效：

二进制浮点数→十进制浮点数：FNC 118(DEBCD)。

十进制浮点数→二进制浮点数：FNC 119(DEBIN)。

9.1.4 变址寄存器 V、Z

变址寄存器 V、Z 在传送、比较指令中用来修改操作对象的元件号。其操作方法除了与普通的数据寄存器一样外，在应用指令的操作数中，还可以同其他的软元件编号或数值组合使用，可在程序中改变软元件编号或数值内容。变址寄存器 V0~V7、Z0~Z7 共16 个。

图 9−6 所示表示从 KnY 到 V、Z 都可作为功能指令的源操作数。在 D・ 中的"・"表示可以加入变址寄存器，对 32 位指令，V 为高 16 位，Z 为低 16 位。32 位指令中用到变址寄存器时只需指定 Z，这时 Z 就代表了 V 和 Z。在 32 位指令中，V、Z 自动组对使用。

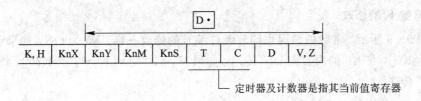

图 9 - 6　应用指令源操作数

1. 16 位指令操作数的修改

如图 9 - 7 所示，将 K0 或 K10 的内容向变址寄存器 V0 传送。X1 接通，当 V0＝0 时（D0＋0＝D0），则 K500 的内容向 D0 传送。若 V0＝10 时［D0＋10＝D10］，则 K500 的内容向 D10 传送。

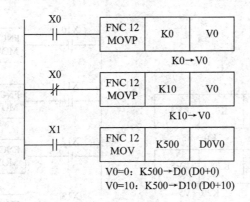

图 9 - 7　16 位指令操作数的修改

2. 32 位指令操作数的修改

图 9 - 8 中，因为 DMOV 指令是 32 位的指令，因此在该指令中使用的变址寄存器也有必要指定为 32 位。在 32 位指令中指定了变址寄存器的 Z 侧（Z0～Z7）时，包含了与此组合的 V 侧（V0～V7），将它们作为 32 位寄存器动作。即使 Z0 中写入的数值不超过 16 位的数值范围（0～32 767），也必须用 32 位的指令将 V、Z 两方改写。如果只写入 Z 侧，则在 V 侧留有其他数值，会使数值产生很大运算错误。

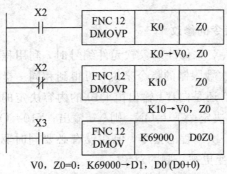

图 9 - 8　32 位指令操作数的修改

3. 常数 K 的修改

如图 9-9 所示，常数的情况也同软元件编号的修改一样。X5 为 ON，如果 V5＝0 时，[K6＋0＝K6]，将 K6 的内容向 D10 传送。如果 V5＝20 时，[K6＋20＝K26]，将 K26 的内容向 D10 传送。

4. 输入/输出继电器的修改

利用变址修改 X、Y、KnX、KnY 的八进制软元件编号时，对应软元件编号的变址寄存器的内容经八进制换算后相加。

如图 9-10 所示，用 MOV 指令输出 Y7～Y0，通过变址修改输入，使其变换成 X7～X0、X17～X10、X27～X20。这种变换是将变址值 0、8、16 通过[X0＋0＝X0]、[X0＋8＝X10]、[X0＋16＝X20]的八进制换算，然后软元件编号相加，使输入端子发生变化。

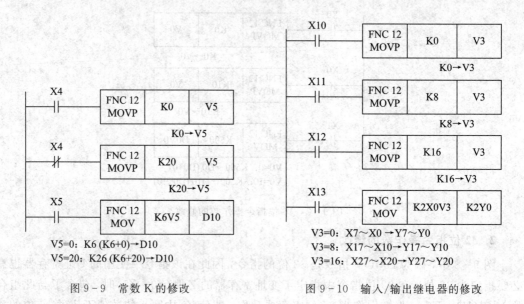

图 9-9　常数 K 的修改　　　　　　　　图 9-10　输入/输出继电器的修改

5. 定时器当前值的修改

用于显示定时器 T0～T9 当前值的顺序控制，可利用变址寄存器简单地构成，如图 9-11 所示。

6. 使用次数及限制指令的修改

如果用变址寄存器 V、Z 来修改对象软元件编号时，利用程序可修改对象软元件的编号。这种方法对于有使用次数限制的指令来说，可得到和同一指令多次编程相同的效果。

图 9-12 所示为向 Y0 还是向 Y1 输出由 D10 的内容决定的脉冲宽度。这种 Y0 或 Y1 输出的切换由 X10 的状态决定（X10＝ON，则 Y0 输出；X10＝OFF，则 Y1 输出）。

FNC 58 是只能执行一次编程的指令，但在没有必要同时驱动多个输出的情况下，可用修改输出编号的方法来变更被控制的对象。

此外，在指令执行中，即使 Z 变化，上述的切换也无效。为了使切换有效，将指令的驱动置为 OFF 一次。

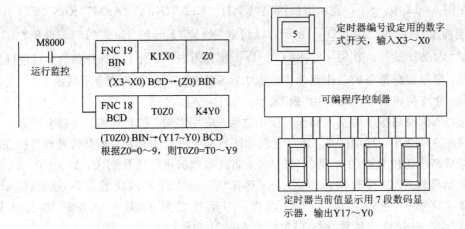

图 9 - 11　定时器当前值的修改

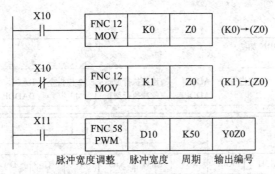

图 9 - 12　使用次数及限制的指令的修改

9.2　应用指令一览表及指令阅读方法

9.2.1　应用指令一览表

三菱 FX₂ₙ系列 PLC 应用指令种类一览表见附录 1、附录 2。附录 1 中应用指令按功能号顺序排列，附录 2 中应用指令按指令字母顺序排列。

9.2.2　应用指令阅读方法

图 9 - 13 为应用指令的表示形式。

阅读方法说明：

①：应用指令编号(功能号)与指令助记符。

②：指令名称。

③：使用 32 位指令的指令表示，符号为 D。

④：使用脉冲执行型指令的指令表示，符号为 P。

⑤：表示 16 位指令、32 位指令、各自的指令形态与程序步数。

⑥：连续执行时，各运算周期的目标内容有变化，因此需要注意指令的表示。

⑦：表示指令的操作数中可指定的软元件。

在图 9 - 13 中，$\boxed{S2\cdot}$ 表示可以指定 "K，H""KnX""KnY""KnM""KnS""T"（当前值）"C"（当前值）"D""V，Z"，$\boxed{D\cdot}$ 表示可以指定 "KnY""KnM""KnS""T"（当前值）"C"（当前值）"D""V，Z"。此外，像 $\boxed{S1\cdot}$、$\boxed{S2\cdot}$、$\boxed{D\cdot}$ 那样附加 "·" 标志的操作数表示可进行变址。

⑧：显示根据指令的动作而动作的标志，不具有直接标志的指令不显示。

⑨：在支持该指令的场合用 "●" 表示。

⑩：依次说明指令的基本动作与使用方法、应用实例、扩张功能、注意事项等。

在图 9 - 13 中，其功能是：用二进制加法将两个源数据相加，结果传送到目标元件中。各数据最高位的位为正（0）、负（1）符号位，将这些数据进行代数加法，如 $5+(-8)=-3$。当运算结果为 0 时，标志 M8020 置 ON；运算结果超过 32 767（16 位运算）或 2 147 483 647（32 位运算）时，进位标志 M8022 动作；当运算结果未满 -32 768（16 位运算）或 -2 147 483 648（32 位运算）时，借位标志 M8021 动作。

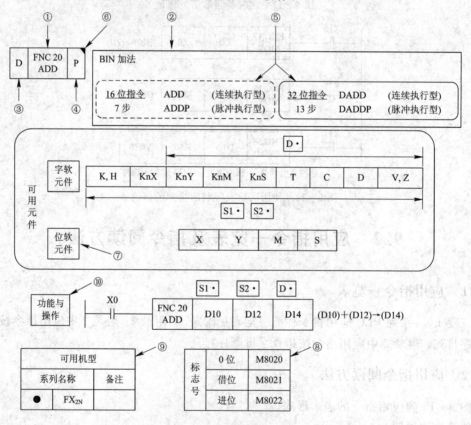

图 9 - 13　应用指令表示形式

9.3　程序流程应用指令（FNC 00 ～ FNC 09）

9.3.1　条件跳转指令

1. 条件跳转指令

条件跳转指令格式：

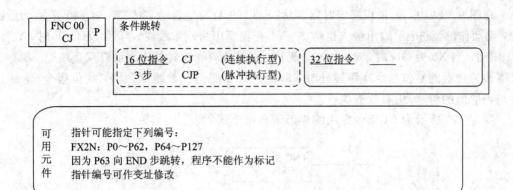

| FNC 00 CJ | P | 条件跳转 |

16 位指令　CJ　（连续执行型）　　　　32 位指令　　————
3 步　　CJP　（脉冲执行型）

| 可用元件 | 指针可能指定下列编号：
FX2N：P0～P62，P64～P127
因为 P63 向 END 步跳转，程序不能作为标记
指针编号可作变址修改 |

CJ 和 CJP 指令用于跳过顺序控制流程中不需执行的程序，可缩短运算周期，并可使用"双重线圈"。图 9-14 所示为条件跳转指令应用示例。若 X0 接通，则从 1 步向 36 步(标号 P8 的下一步)跳转；X0 断开时，不执行跳转指令，由 1 步到 4 步按程序原顺序向下执行。跳转时，被跳过的那部分的指令不执行，即使跳转过程中状态变化，线圈的状态也不变，见图 9-14 中的表。

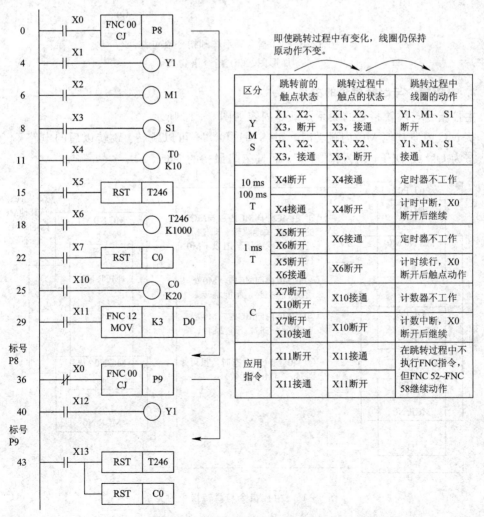

即使跳转过程中有变化，线圈仍保持原动作不变。

区分	跳转前的 触点状态	跳转过程中 触点的状态	跳转过程中 线圈的动作
Y M S	X1、X2、 X3，断开	X1、X2、 X3，接通	Y1、M1、S1 断开
	X1、X2、 X3，接通	X1、X2、 X3，断开	Y1、M1、S1 接通
10 ms 100 ms T	X4断开	X4接通	定时器不工作
	X4接通	X4断开	计时中断，X0 断开后继续
1 ms T	X5断开 X6断开	X6接通	定时器不工作
	X5断开 X6接通	X6断开	计时续行，X0 断开后触点动作
C	X7断开 X10断开	X10接通	计数器不工作
	X7断开 X10接通	X10断开	计数中断，X0 断开后继续
应用 指令	X11断开	X11接通	在跳转过程中不 执行FNC指令， 但FNC 52～FNC 58继续动作
	X11接通	X11断开	

图 9-14　条件跳转指令应用示例

在图 9 - 14 中，如果程序定时器 T192～T199 与高速计数器 C235～C255 在驱动后跳转，则动作继续进行，输出触点也动作。Y1 在程序中为双重线圈，当 X0 为 OFF 时，Y1 由 X1 驱动；当 X0 为 ON 时，Y1 由 X12 驱动；在跳转内和跳转外不允许有双重线圈。积算定时器和计数器的复位指令在跳转外时，即使计时线圈与计数线圈跳转，复位指令(返回触点与当前值的清除)仍有效被执行。

图 9 - 15 所示为 CJ 指令应用的梯形图和指令语句表。

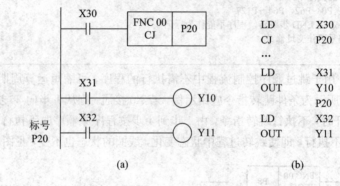

图 9 - 15　CJ 指令梯形图和指令语句表
(a) 梯形图；(b) 指令语句表

2. 主控指令与跳转指令的关系

主控指令与跳转指令的关系及动作内容如图 9 - 16 所示。

从 MC 内向其他 MC 内跳转时，如果 M1"ON"，可以跳转。跳转以后的电路不论 M2 的状态为 ON 或 OFF，均视作"ON"。而且忽略最初的 MCR N0。

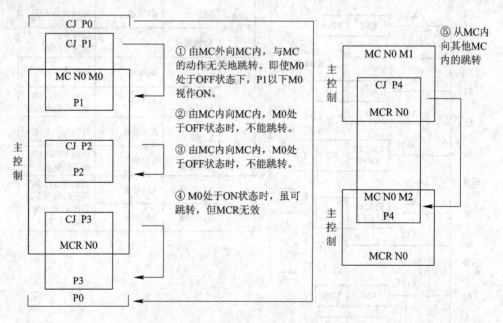

图 9 - 16　主控指令与跳转指令的关系

9.3.2 子程序调用指令与返回指令

子程序调用指令与返回指令格式：

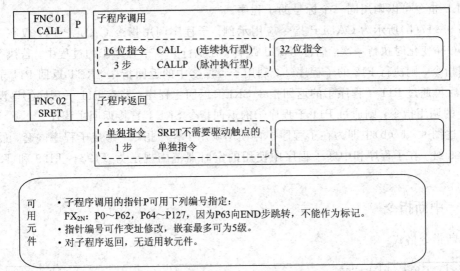

因为在使用 FNC 00(CJ)指令时 P63 变为 END 跳转，所以不作为 FNC 01(CALL)指令的指针动作。

指针编号可作为变址修改，嵌套最多可为 5 级。子程序返回指令无操作软元件。

图 9-17(a)所示为子程序调用指令 CALL 与返回指令应用示例。若 X0 接通，则执行

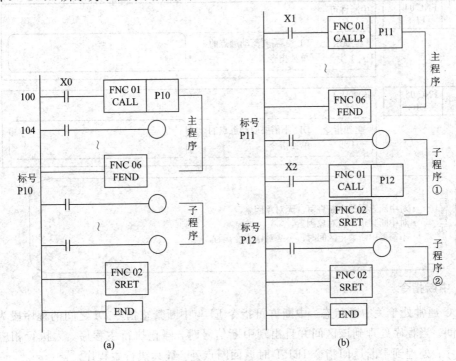

图 9-17 子程序调用指令与返回指令应用示例
(a) CALL 指令应用；(b) CALLP 指令应用

调用指令，向标号 P10 的步跳转。在这里执行子程序之后，通过执行 SRET 指令，返回原来的步 104 处。标号应在主程序结束指令 FEND 之后编程，同一标号不能重复使用，也就是说，同一标号不能出现多于一次，而且 CJ 指令中用过的标号不能重复再用，但不同位置的 CALL 指令可以调用同一个标号的子程序。

图 9-17(b) 所示为 CALLP 指令应用示例。子程序调用指令 CALLP P11 仅在 X1 由 OFF→ON 变化时执行一次，向标号 P11 跳转。在执行 P11 子程序①的过程中，若执行 P12 的调用指令，则执行 P12 的子程序②，利用子程序②中的返回指令 SRET 返回 P11 子程序①，然后再通过 P11 子程序①的返回指令 SRET 返回主程序；若在 P11 子程序①里没有执行 P12 的调用指令，则通过 P11 子程序①的返回指令 SRET 直接返回主程序。

上述图 9-17(b) 中即为在子程序中再使用调用子程序指令，形成子程序嵌套，最多嵌套可为 5 级。在子程序和中断子程序中使用的定时器范围规定为 T192～T199 和 T246～T249。

9.3.3 中断指令

中断指令格式：

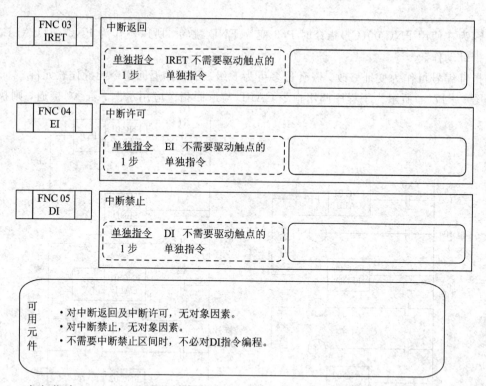

FNC 03 IRET	中断返回
	单独指令 IRET 不需要驱动触点的
	1 步 单独指令

FNC 04 EI	中断许可
	单独指令 EI 不需要驱动触点的
	1 步 单独指令

FNC 05 DI	中断禁止
	单独指令 DI 不需要驱动触点的
	1 步 单独指令

可用元件
- 对中断返回及中断许可，无对象因素。
- 对中断禁止，无对象因素。
- 不需要中断禁止区间时，不必对 DI 指令编程。

1. 中断指令

PLC 通常处于关中断状态。中断许可指令 EI 与中断禁止指令 DI 之间的程序段为允许中断区间。当程序处理到该区间并且出现中断信号时，停止执行主程序，去执行相应的中断子程序；处理到中断返回指令 IERT 时返回断点处，继续执行主程序。

中断指令的应用示例如图 9-18 所示。当程序处理到允许中断区间时，X0 或 X1 为 ON 状态，则转而处理相应的中断子程序①或②，利用 IRET 指令返回原来的主程序。

如果将关中断用的特殊辅助继电器 M805△
驱动，则即使是开中断范围，相应的中断子程序
也不能执行。在图 9-18 中，X10 接通时，即使中
断输入 X0 从 OFF→ON，也不执行 I001 的中断。

中断用的指针（I＊＊）在 FEND 指令后用作
标号编程。

在执行一个中断程序的过程中，其他中断被
禁止。但是，在 FX$_{2N}$ 中断程序中，通过 EI、DI 指
令编程可实现 2 级中断嵌套。在多项中断依次发
生的场合，先发生的中断优先；中断完全同时发
生时，中断指针号较低的优先处理。

在 DI～EI 指令间（关中断区间）即使发生中
断，将其存储起来，在 EI 指令之后执行（特殊辅
助继电器 M805△被驱动的中断除外）。如果禁止
区间的时间长，则中断接收的时间长。

当不需要关中断时，只给 EI 指令编程，不一
定要给 DI 指令编程。

在子程序或中断子程序中可用定时器为
T192～T199 和 T246～T249。

2. 中断用的指针

中断的指针类型为输入中断、定时器中断及
高速计数器中断三种，如图 9-19 所示。

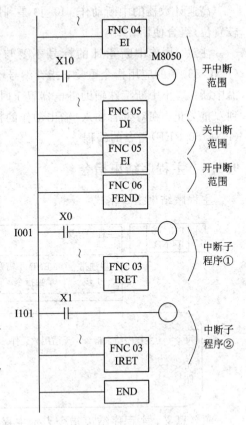

图 9-18　中断指令应用示例

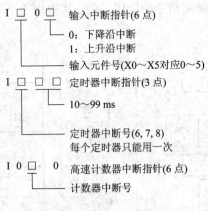

图 9-19　中断用的指针

输入中断动作：例如 I001 在输入 X0 由 OFF→ON 变化时，对利用该指针的标号之后
程序执行中断，利用 IRET 指令返回原来的状态。

定时器的中断动作：例如在 I610 的场合，每隔 10 ms，在标号 I610 之后对程序执行中
断，利用 IRET 指令返回原来的状态。定时器中断用于高速处理或每隔一定时间执行的程
序等。

高速计数器的中断动作：I0□0 是利用高速计数器的当前值的中断，与 HSCS 指令（比较置位）组合使用。

注意，用作中断指针的标号不要与采用相同的输入范围的高速计数器或脉冲密度（FNC 56）等的应用指令重复；指针编号不可重复使用，同一输入点不可同时用上升/下降沿中断；禁止中断特殊辅助继电器置 1 时，禁止相应的中断子程序的执行；多重中断动作到双重为止。在对带有输入/输出动作的控制进行中断处理的场合，也需要输入/输出刷新（FNC 50 REF）指令的编程。

9.3.4 主程序结束指令

主程序结束指令格式：

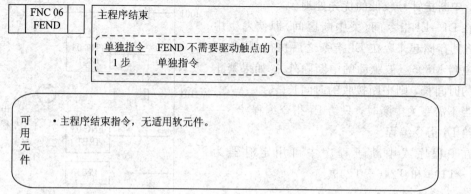

顾名思义，主程序结束指令表示主程序结束。虽然此指令表示主程序的结束，但若程序执行到 FEND 指令时，则与 END 指令一样，进行输出处理、输入处理、监视定时器刷新，完成以后返回到第 0 步。

图 9-20 所示为主程序结束指令的应用示例。从中也不难看出 CJ 指令与 CALL 指令之间的区别。

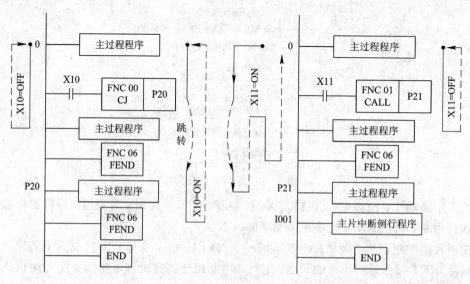

图 9-20 主程序结束指令应用示例

子程序应写在主程序结束指令 FEND 之后，即 CALL、CALLP 指令对应的标号应写在 FEND 之后，且一定要用子程序返回 SRET 指令作结束；同理，中断子程序也要写在 FEND 指令之后，中断子程序必须以 IRET 指令结束。

若 FEND 指令在 CALL 或 CALLP 指令执行之后，SRET 指令执行之前出现，则程序出错；或者在 FOR 指令执行后，在 NEXT 指令执行之前执行了 FEND 指令，则程序也出错。

在使用多个 FEND 指令的情况下，请在最后的 FEND 指令与 END 指令之间编写子程序或中断子程序。

9.3.5　监视定时器指令

监视定时器指令格式：

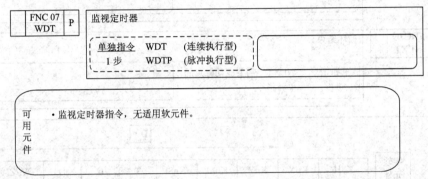

监视定时器指令 WDT 用于程序监视定时器的刷新。如果可编程序控制器的扫描周期（从 0 步到 END 或 FEND 指令）超过 200 ms，PLC 的 CPU－E 发光二极管发亮，PLC 将停止运行。在这种情况下，应将 WDT 指令插到合适的程序步中刷新监视定时器，以使程序继续执行到 END。

图 9-21 所示为监视定时器指令应用示例。图中将一个扫描时间为 240 ms 的程序分为两个 120 ms 的程序，在这两个程序之间插入 WDT 指令，使 WDT 指令前后两个部分扫描时间都在 200 ms 以下。

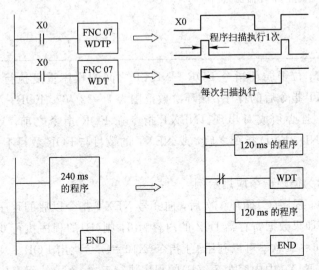

图 9-21　监视定时器指令应用示例

如果希望每次扫描的时间超过 200 ms，可用后述的 FNC 12 MOV 指令改写特殊数据寄存器 D8000 的值实现。

WDT 指令可用于 FOR - NEXT 循环之中。当与条件跳转指令 CJ 对应的标号的步序低于 CJ 指令步序号时，在标号后可用 WDT 指令。

9.3.6 循环指令

循环指令格式：

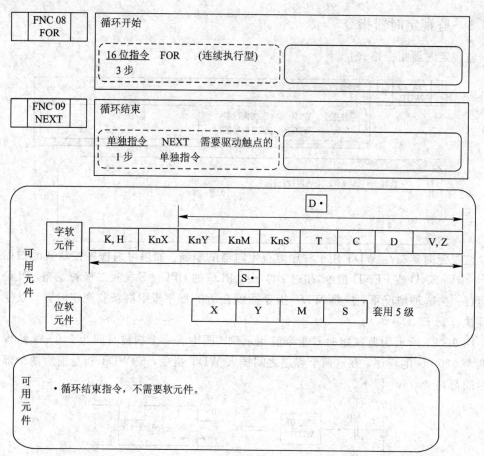

在程序运行时，位于循环指令 FOR - NEXT 之间的程序重复执行 n 次（由操作数确定）后再执行 NEXT 指令后的程序，循环次数范围为 1~32 767。FOR - NEXT 循环指令最多允许 5 级嵌套，且必须成对出现。NEXT 指令在 FOR 指令之前，或没有 NEXT，或 NEXT 指令在 FEND、END 指令之后，或 NEXT 的数目与 FOR 数目不一致，程序会出现错误。

图 9 - 22 所示为循环指令应用示例。

在图 9 - 22 中，程序（C）循环 4 次后，向③号 NEXT 指令以后的程序转移。在（C）的程序执行 1 次期间，如果数据寄存器 D0Z 的内容为 6，则（B）的程序执行 6 次，因此，（B）的程序总共执行 4×6＝24 次。可以利用 CJ 指令（X10＝ON）跳出 FOR - NEXT 循环体（A）。如果 X10 为 OFF，K1X0 中内容为 7，（B）的程序执行 1 次，（A）的程序执行 7 次，则（A）的

程序总共执行 $4 \times 6 \times 7 = 168$ 次。

在循环重复次数多、运算时间长的情况下，会出现监视定时器误差，务必请注意。

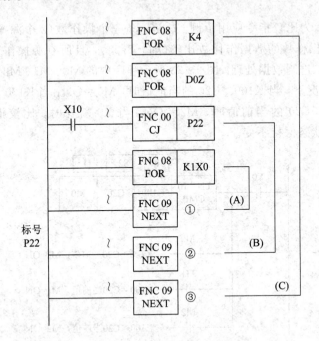

图 9 - 22 循环指令应用示例

9.4 传送与比较应用指令(FNC 10~FNC 19)

9.4.1 比较指令

比较指令格式：

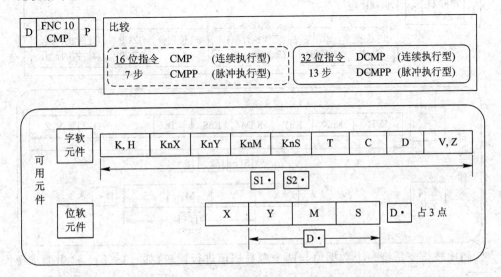

　　比较指令是将源操作数 $\boxed{S1\cdot}$ 和源操作数 $\boxed{S2\cdot}$ 的内容(数据)作代数比较,结果送到目标操作数 $\boxed{D\cdot}$ 中。

　　图 9-23 所示为比较指令应用示例。这是一条三个操作数(2 个源操作数,1 个目标操作数)的指令。源操作数的数据作代数比较(如-2<1),且所有源操作数的数据和目标操作数的数据均作二进制数据处理。图 9-23 所示程序中的 M0、M1、M2 根据比较的结果动作。在 X0 接通情况下,当 K100>C20 的当前值时,M0=ON;当 K100=C20 的当前值时,M1=ON;K100<C20 的当前值时,M2=ON。当 X0 断开时,比较指令 CMP 不执行,M0、M1、M2 的状态保持不变。

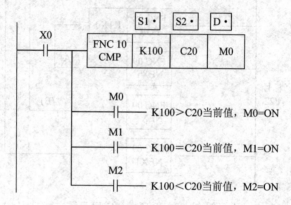

图 9-23　比较指令应用示例

　　当比较指令的操作数不完整(若只指定一个或两个操作数)、或者指定的操作数的元件号超出了允许范围等情况,用比较指令 CMP 编制的程序将会出错。

9.4.2　区间比较指令

　　区间比较指令格式:

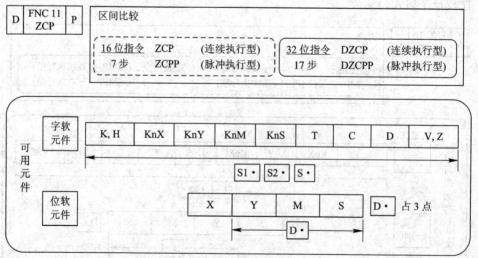

　　区间比较指令是将一个数据值与两个源数据值进行比较(如-1<2)。这里要求源操作数 $\boxed{S1\cdot}$ 的数据不能大于源操作数 $\boxed{S2\cdot}$ 的值。例如,如果 $\boxed{S1\cdot}$ =K100,$\boxed{S2\cdot}$ =K90,则

执行 ZCP 指令时就看作 $\boxed{S2 \cdot}$ ＝K100 来执行。

图 9 - 24 所示为区间比较指令应用示例。源操作数数据的比较是代数比较，M3、M4、M5 的状态取决于比较的结果，在 X0 接通情况下，当 K100＞C30 当前值时，M3＝ON；K100≤C30 当前值≤K120 时，M4＝ON；C30 当前值＞K120 时，M5＝ON。在 X0 断开情况下，ZCP 指令不执行，M3、M4、M5 的状态保持不变。在不执行 ZCP 指令拟清除比较结果时，用复位指令 RST 或批次复位指令 ZRST。

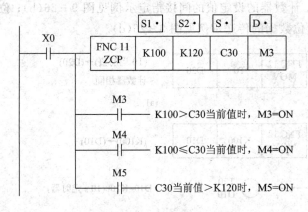

图 9 - 24　区间比较指令应用示例

9.4.3　传送指令

传送指令格式：

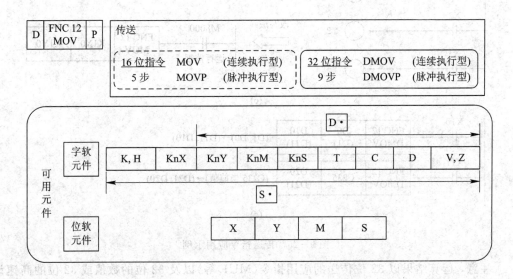

传送指令将源操作数 $\boxed{S \cdot}$ 的数据传送到指定目标操作数 $\boxed{D \cdot}$。图 9 - 25 所示为传送指令应用示例。在 X0 断开时，MOV 指令不执行，数据保持不变。当 X0 接通，传送指令执行，源操作数 $\boxed{S \cdot}$ 的数据常数 K100 自动转换成二进制数，并传送到目标操作数 $\boxed{D \cdot}$ D10 中去，即（K100）→（D10）。

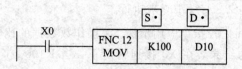

图 9-25 传送指令应用示例

图 9-26 所示为传送指令应用的一些情况。定时器、计数器当前值读出示例见图 9-26(a)；定时器、计数器的设定值的间接指定示例见图 9-26(b)；位软元件的传送示例见图 9-26(c)；32 位数据的传送示例见图 9-26(d)。

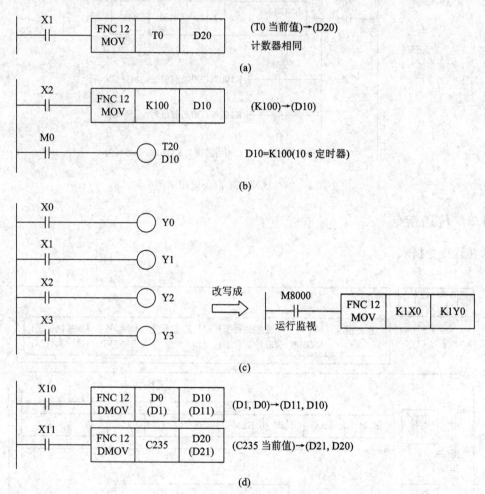

图 9-26 传送指令应用示例

注意，运算结果以 32 位传送的应用指令（MUL 等）以及 32 位的数值或 32 位的高速计数器的当前值等的传送一定要采用 D 指令。

9.4.4 移位传送指令

移位传送指令格式：

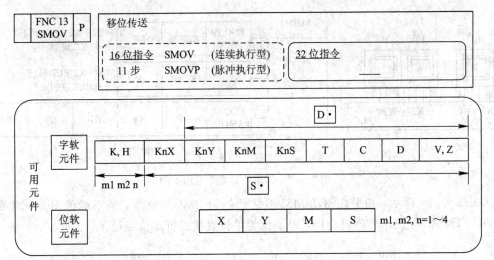

移位传送指令是将数据进行分配与组合的指令。其中 m1、m2、n＝1～4。

该指令的应用如图 9－27 所示。首先源数据（二进制）被转换成 BCD 码，然后将 BCD 码移位传送。源数据 BCD 码右起第 4 位(m1＝4)开始的 2 位(m2＝2)移到目标的以右起第 3 位(n＝3)为开头的位置，即目标的第 3 位和第 2 位；目标中的 BCD 码将自动转换成二进制数。目标中没有被移位的位(如第 1 位和第 4 位)不受移位传送指令的影响。

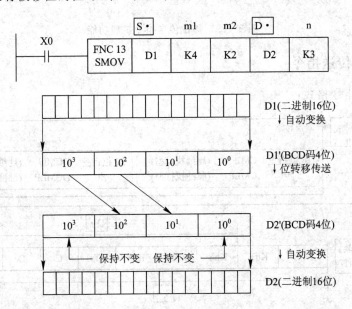

图 9－27 移位传送指令应用示例

当 BCD 码的值若超越 0～9999 的范围则会出错；此外，源的数据为负值时也会出现错误。

图 9－28 所示为移位传送指令的应用示例，将连接在不连续的 PLC 输入端子上的 3 个数字开关(见图 9－28(a))的数据进行组合。

图 9－28(b)所示程序可将 D1 的 1 位(BCD 码)传送到 D2 的第 3 位(BCD 码)，并自动转换为二进制。按上述顺序将 3 位的数字开关的数据组合，以二进制存储于 D2 中。

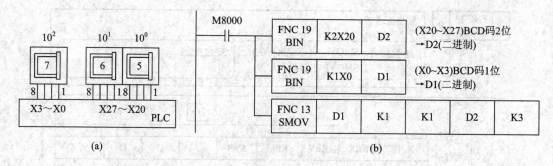

图 9-28　移位传送指令应用示例

如图 9-29 所示，如果在驱动 M8168 之后执行 SMOV 指令，就不能像图 9-27 例中的 D1′、D2′那样进行 BCD 码变换，以 4 位为单位直接进行多位传送。

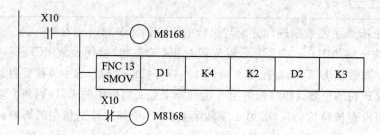

图 9-29　移位传送指令扩展功能

9.4.5　取反传送指令

取反传送指令格式：

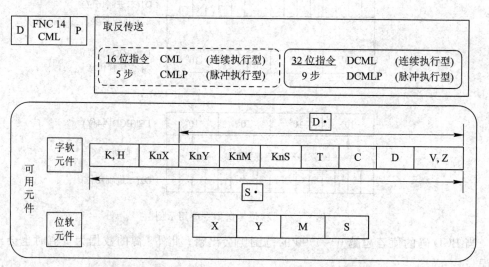

取反传送指令是将源数据逐位取反（0→1，1→0）再传送到指定目标。若源数据为常数 K，则自动进行二进制转换。CML 指令用于使可编程序控制器获得逻辑取反输出。

图 9-30 所示为取反传送指令应用示例。

图 9-31 所示为取反输入的接收顺序控制程序用 CML 指令表示。

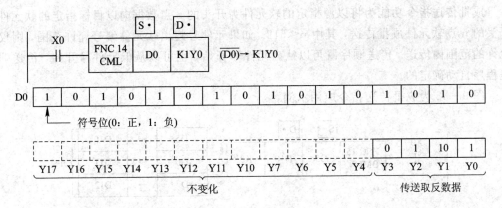

图 9-30   取反传送指令应用示例

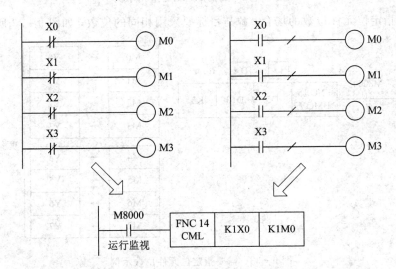

图 9-31   取反输入的接收顺序控制程序用 CML 指令表示

9.4.6   成批传送指令

成批传送指令格式：

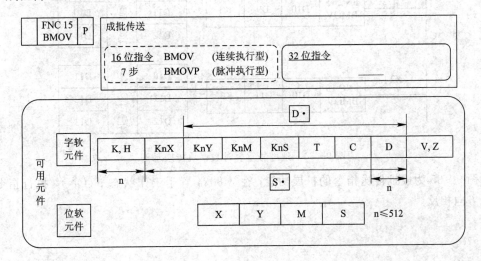

成批传送指令功能为将以源指定的软元件为开头的 n 点数据向以目标指定的软元件为开头的 n 点软元件成批传送，其中 n≤512。如果元件号超出软元件编号允许范围，则仅在允许的范围内传送。传送顺序既可以从高元件号开始，也可以从低元件号开始，传送顺序是程序自动确定的。

图 9-32 为成批传送指令应用示例。

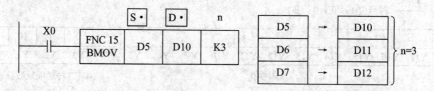

图 9-32　成批传送指令应用示例

在需要指定位元件位数的场合，源与目标要采用相同的位数，如图 9-33 所示。

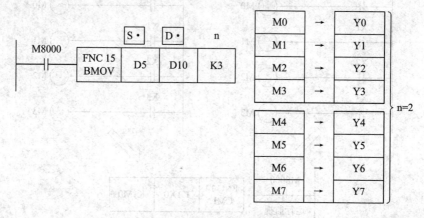

图 9-33　需要指定位元件位数示例

如图 9-34 所示，在传送地址号范围重叠的场合，为了防止输送源数据没传送就改写，可以通过将地址号重叠的方法，按①～③的顺序自动传送。

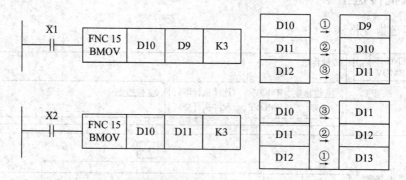

图 9-34　地址号重叠时数据块传送示例

图 9-35 为成批传送指令的扩展功能，在 M8024 置于工作状态下（ON），执行指令时传送方向相反。

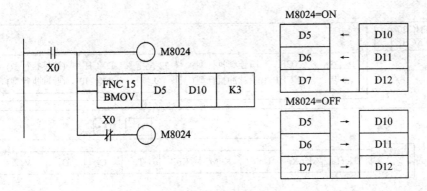

图 9 - 35　成批传送指令的扩展功能

9.4.7　多点传送指令

多点传送指令格式：

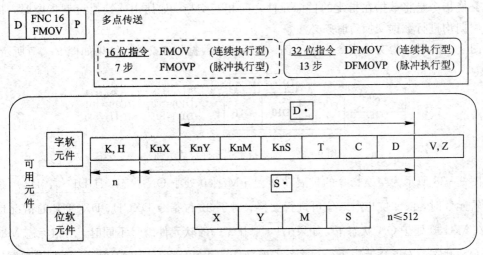

多点传送指令是将源元件中的数据传送到指定目标开始的 n 个元件中，这 n 个元件中的数据完全相同。如果元件号超出了正常元件号的范围，数据仅传送到允许范围的元件中去。

图 9 - 36 所示为多点传送指令应用示例，将 K0（源元件数据）传送至从 D0（指定目标）开始的 10（n＝10）个元件即 D0～D9 中去，D0～D9 中的数据都相同。

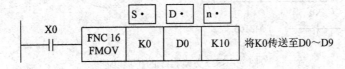

图 9 - 36　多点传送指令应用示例

9.4.8　交换指令

交换指令格式：

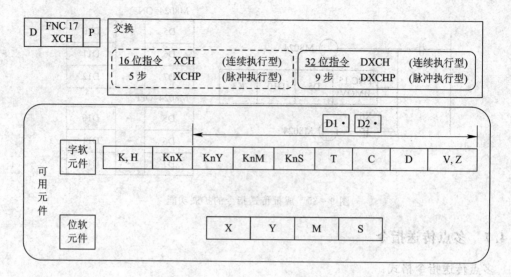

交换指令是将数据在指定的目标元件之间相互交换。如使用连续执行型指令时，每个扫描周期均进行数据交换，请务必注意。

图 9 – 37 所示为交换指令应用示例。目标间的数据相互交换，结果如图 9 – 37 所示。

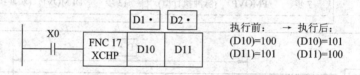

图 9 – 37　需要指定位元件位数示例

图 9 – 38 所示为交换指令的扩展功能。当 M8160 处于 ON 状态，且 D1·、D2· 是同一个软元件时，低 8 位与高 8 位可进行交换；对于 32 位指令 DXCH、DXCHP 的情况也一样。在 M8160 处于 ON 状态下，如果 D1·、D2· 的软元件编号不同时，出错标志 M8067 变为 ON 状态，该指令无法执行。这个扩展功能与 FNC 147(SWAP)指令的动作相同，通常情况下使用 FNC 147(SWAP)指令实现该操作。

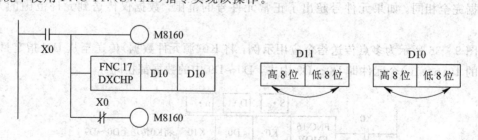

图 9 – 38　交换指令的扩展功能

9.4.9　BCD 交换指令

BCD 交换指令格式：

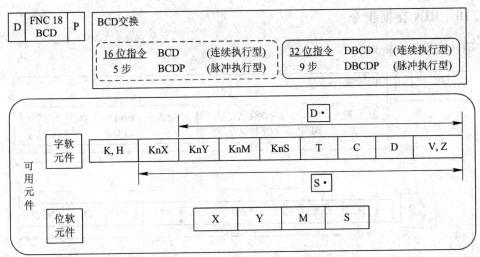

BCD 交换指令是将源元件中的二进制数转换成 BCD 码并送到目标元件中去。图 9 - 39 为 BCD 交换指令应用示例。

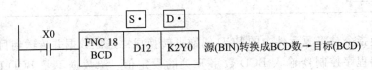

图 9 - 39　BCD 交换指令应用示例

使用 BCD、BCDP 指令时，如 BCD 转换结果超出 0～9999 范围，则会出错；当使用 DBCD、DBCDP 指令时，如 BCD 转换结果超出 0～99 999 999 范围，则会出错。

可将可编程序控制器内的二进制数据变为七段码显示等的 BCD 码而供外部输出时使用。BCD 输入/输出的操作如图 9 - 40 所示。

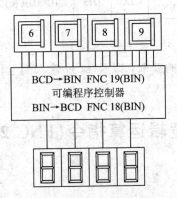

图 9 - 40　BCD 输入/输出的操作

四则运算（＋、－、×、÷）与增量指令、减量指令等可编程序控制器内的运算都用 BIN 码计算。因此可编程序控制器获取 BCD 的数字开关信息时要使用 FNC 19（BCD→BIN）转换传送指令；另外，向 BCD 的七段码显示器输出时要使用 FNC 18（BIN→BCD）转换传送指令。当然，后述的 FNC 72（DSW）、FNC 74（SEGL）、FNC 75（AEWS）等的特殊指令能自动地进行 BCD/BIN 转换。

9.4.10 BIN 交换指令

BIN 交换指令格式:

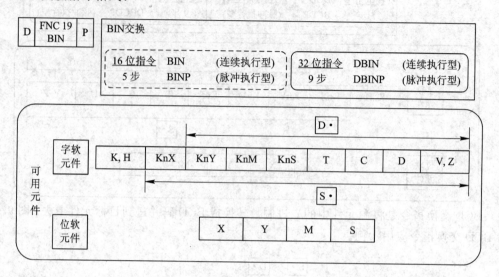

BIN 交换指令是将源元件中的 BCD 码数据转换成二进制数据并传送到目标元件中去,可用于向可编程序控制器输入 BCD 数字开关的设定值。源数据不是 BCD 码时,会发生 M8067 运算错误,M8068 运算错误锁存不工作。因为常数 K 自动地转换成二进制数,所以不成为这个指令的适用软元件。有效数值范围:0~9999 或 0~99 999 999,否则出错。

图 9-41 所示为 BIN 交换指令应用示例。

图 9-41　BIN 交换指令应用示例

关于 BCD 输出数字开关的获取,以及 BCD 输入的七段码显示器的使用见"9.4.9 BCD 交换"节内容。

9.5　四则逻辑运算指令(FNC 20~FNC 29)

9.5.1　BIN 加法指令

BIN 加法运算指令是将指定的两个源元件中的二进制数相加,结果送到指定的目标元件中去。各数据的最高位作为符号位(0 为正,1 为负),该运算为代数运算。

图 9-42 为 BIN 加法指令应用示例。当 X0 状态为 ON 时,两个源元件 $\boxed{S1 \cdot}$、$\boxed{S2 \cdot}$ 二进制数相加,结果送到指定目标 $\boxed{D \cdot}$ 中,即(D10)+(D12)→(D14)。

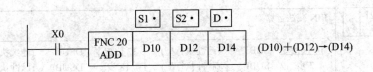

图 9 - 42　BIN 加法指令应用示例

BIN 加法指令格式：

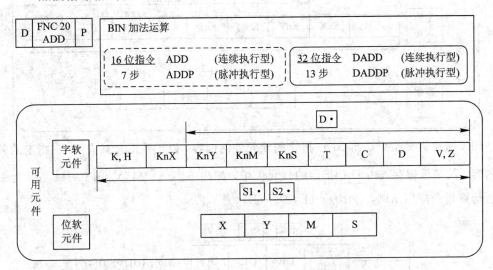

运算结果为 0 时，零标志 M8020 会动作，置 1；如运算结果超过 32 767(16 位运算)或 2 147 483 647(32 位运算)时，进位标志 M2022 会动作，置 1；如运算结果小于－32 768 (16 位运算)或－2 147 483 648(32 位运算)时，借位标志 M2021 会动作，置 1。

进行 32 位运算时，指定的字软元件是低 16 位，紧接着上述软元件编号后的软元件即为高 16 位元件。为了防止编号重复，建议将操作软元件指定为偶数编号。

可以将源和目标指定为相同的软元件编号。这种情况下，如使用连续执行型指令 (ADD、DADD)，则每个扫描周期的加法运算结果都会变化。

图 9 - 43 所示为脉冲执行型 ADDP 指令应用示例。在每出现一次 X1 由 OFF→ON 变化时，D0 的内容被加 1，即(D0)+1→(D0)。这和后述的 INCP 指令相似。在图 9 - 43 的情况下，不同运算结果下零位、借位、进位的标志会动作。

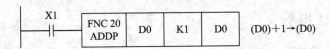

图 9 - 43　脉冲执行型 ADDP 指令应用示例

9.5.2　BIN 减法指令

BIN 减法指令格式：

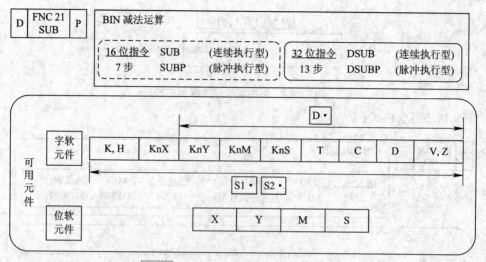

BIN 减法运算指令是将 $\boxed{S1\cdot}$ 指定的软元件的内容，以代数形式减去 $\boxed{S2\cdot}$ 指定的软元件内容，其结果被存入由 $\boxed{D\cdot}$ 指定的软元件中，如 $(9-(-8)=17)$。图 9-44 所示为 BIN 减法运算指令应用示例，$(D10)-(D12)\rightarrow(D14)$。

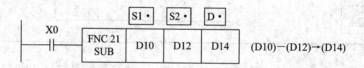

图 9-44　BIN 减法运算指令应用示例

BIN 减法运算指令 SUB 中各种标志的动作、32 位运算软元件的指定方法、连续执行型和脉冲执行型的差异等，均与 BIN 加法运算指令 ADD 相同。

图 9-45 所示示例中实现的功能与后述的 DDECP 指令相似，但在用 SUB 指令时可得到标志的状态。

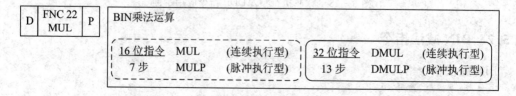

图 9-45　32 位脉冲执行型 DSUBP 指令应用示例

9.5.3　BIN 乘法指令

BIN 乘法指令格式：

D	FNC 22 MUL	P	BIN乘法运算

16 位指令　MUL　　　（连续执行型）　　　　32 位指令　DMUL　　　（连续执行型）
7 步　　　MULP　　（脉冲执行型）　　　　13 步　　　DMULP　　（脉冲执行型）

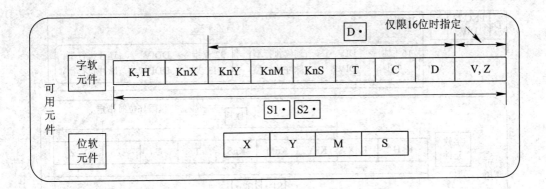

1. 16 位乘法运算

16 位乘法运算中，各源指定的软元件内容相乘，乘积以 32 位的数据形式存入目标指定的软元件(低位)和紧接其后的软元件(高位)中。结果的最高位是符号位(0 正，1 负)。

图 9-46 所示为 16 位乘法运算应用示例，当(D0)＝8、(D2)＝9 时，(D5，D4)＝72。

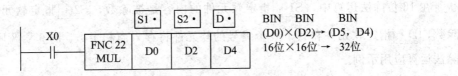

图 9-46　16 位乘法运算应用示例

$\boxed{D\cdot}$ 是位元件时，可以进行 K1～K8 的位指令，指定为 K4 时，只能求得乘积运算的低 16 位。

2. 32 位乘法运算

32 位乘法运算中，如果目标地址使用位软元件，则乘积只能得到低 32 位的结果，不能得到高 32 位的结果，在这种情况下，需要先将数据移入字元件再进行计算，如图 9-47 所示。

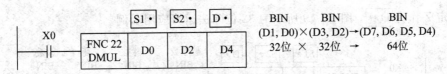

图 9-47　32 位乘法运算应用示例

即使使用字元件时，也不能一下子监视 64 位数据的运算结果。这种情况下最好进行浮点运算，不能指定 Z 作为 $\boxed{D\cdot}$。运算结果最高位为符号位(0 正，1 负)。

9.5.4　BIN 除法指令

BIN 除法指令格式：

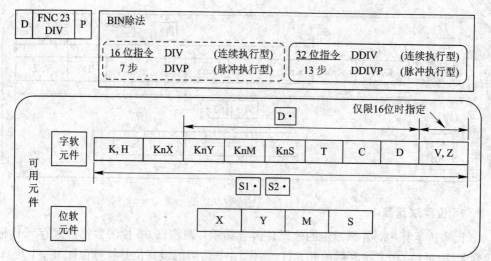

1. 16 位除法运算

在 16 位除法运算中，$\boxed{S1\cdot}$ 指定软元件的内容是被除数，$\boxed{S2\cdot}$ 指定软元件的内容是除数，$\boxed{D\cdot}$ 指定软元件和其下一个编号的软元件将存入商和余数。图 9 - 48 所示为 16 位除法运算应用示例。

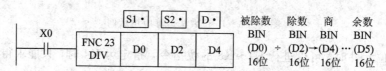

图 9 - 48 16 位除法运算应用示例

2. 32 位除法运算

在 32 位除法运算中，$\boxed{S1\cdot}$ 指定软元件及其下一个元件组成被除数，$\boxed{S2\cdot}$ 指定软元件及其下一个元件组成除数，商和余数存放在以 $\boxed{D\cdot}$ 指定软元件开始的 4 个连续元件中，不能指定 Z 作为 $\boxed{D\cdot}$。图 9 - 49 所示为 32 位除法运算应用示例。

图 9 - 49 32 位除法运算应用示例

另外，要注意以下事项：

（1）除数为 0 时发生运算错误，不能执行指令。

（2）将位软元件指定为 $\boxed{D\cdot}$ 时，无法得到余数。

（3）商和余数的最高位是符号位（0 正，1 负）。当被除数或除数中的一方为负数时，商则为负；当被除数为负时，余数则为负。

9.5.5　BIN 加 1 运算和 BIN 减 1 运算指令

BIN 加 1 运算和 BIN 减 1 运算指令格式：

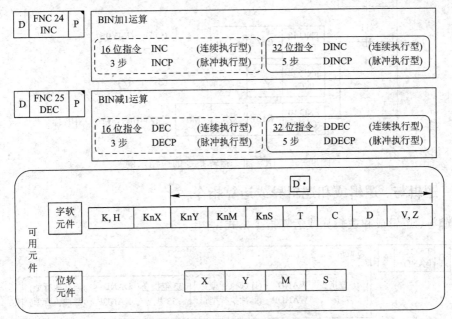

图 9-50 所示为 BIN 加 1 运算脉冲执行型指令应用示例。每当 X0 接通时，将 $\boxed{D\cdot}$ 所指定的软元件的内容加 1。在连续执行型指令中，每个扫描周期都将执行加 1 运算。

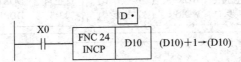

图 9-50　BIN 加 1 运算脉冲执行型指令应用示例

16 位运算时，如 32 767 加 1 变为 −32 768，但标志并不动作；32 位运算时，如果 2 147 483 647 加 1 变为 −2 147 483 648，标志也不动作。

图 9-51 所示为 BIN 减 1 运算脉冲执行型指令应用示例。X1 每置 ON 一次，将 $\boxed{D\cdot}$ 所指定的软元件的内容减 1。在连续执行型指令中，每个扫描周期都将执行减 1 运算。

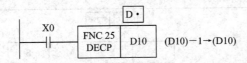

图 9-51　BIN 减 1 运算脉冲执行型指令应用示例

16 位运算时，如 −32 768 减 1 变为 32 767，但标志并不动作；32 位运算时，如果 −2 147 483 648 减 1 变为 2 147 483 647，标志也不动作。

图 9-52 为 BIN 加 1 运算指令的应用示例。将计数器 C0～C9 的当前值转换成 BCD 向 K4Y0 输出；预先通过复位输入 X10 清除 Z；X11 每导通一次时，依次输出 C0，C1，…，C9 的当前值。

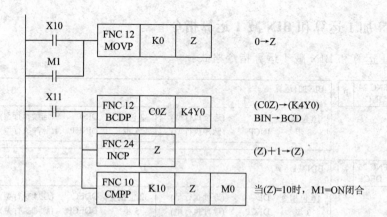

图 9-52　BIN 加 1 运算指令的应用示例

9.5.6　逻辑与、逻辑或和逻辑异或运算指令

逻辑与、逻辑或和逻辑异或运算指令格式：

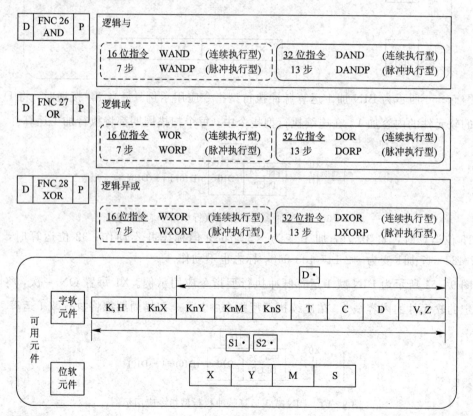

1. 逻辑与

逻辑与指令对各位进行逻辑"与"运算：$1 \wedge 1=1$、$0 \wedge 1=0$、$1 \wedge 0=0$、$0 \wedge 0=0$。

2. 逻辑或

逻辑或指令对各位进行逻辑"或"运算：$1 \vee 1=1$、$0 \vee 1=1$、$1 \vee 0=1$、$0 \vee 0=0$。

3. 逻辑异或

逻辑异或指令对各位进行逻辑"异或"运算：$1 \forall 1 = 0$、$0 \forall 1 = 1$、$1 \forall 0 = 1$、$0 \forall 0 = 0$。

图 9-53(a)～(c)所示分别为逻辑与、逻辑或、逻辑异或的应用示例。图 9-53(d)中将 WXOR 指令与 FNC 14(CML)指令组合使用，也能进行异或非逻辑(XOR NOT)运算。

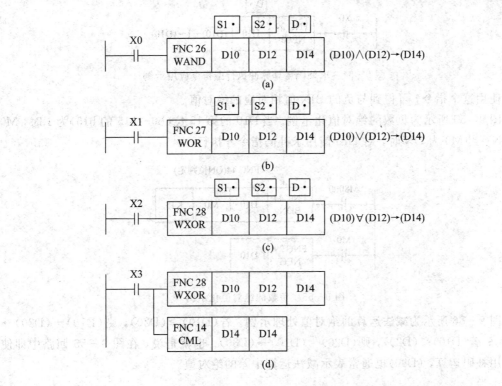

图 9-53　逻辑与、逻辑或、逻辑异或的应用示例

9.5.7　求补码运算指令

求补码运算指令格式：

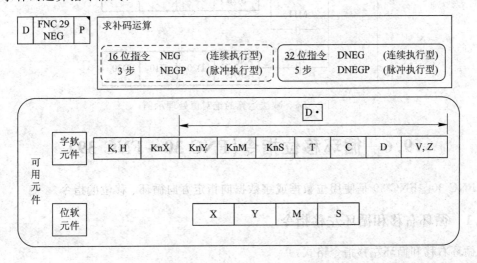

求补码运算指令将 $\boxed{\text{D} \cdot}$ 所指定软元件的内容中各位取反（0→1，1→0），然后再加 1，将结果再存入原先的软元件中。使用连续执行型指令则在每一个扫描周期执行该运算指令。图 9 - 54 为求补码运算脉冲执行型指令应用示例。

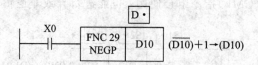

图 9 - 54 求补码运算脉冲执行型指令应用示例

使用这个指令，可得到与负的 BIN 值相对应的绝对值。

图 9 - 55 所示为负数的绝对值化示例。当 D10 的第 15 位（b0～b15 的 b15）为 1 时，M0 置 ON；当 M0 为 ON 时，对 D10 使用求补码指令才执行。

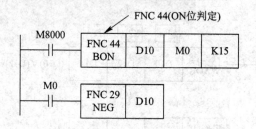

图 9 - 55 负数的绝对值化示例

图 9 - 56 所示为减法运算的绝对值处理示例。若（D10）≥（D20），则（D10）－（D20）→（D30）；若（D10）<（D20），则（D20）－（D10）→（D30）。也就是说，在图 9 - 55 回路中即使不使用补码运算，（D30）也通常表示减法运算中差的绝对值。

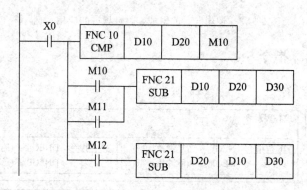

图 9 - 56 减法运算的绝对值处理示例

9.6 循环移位指令（FNC 30～FNC 39）

FNC 30～FNC 39 是使用位数据或字数据向指定方向循环、移位的指令。

9.6.1 循环右移和循环左移指令

循环右移和循环左移指令格式：

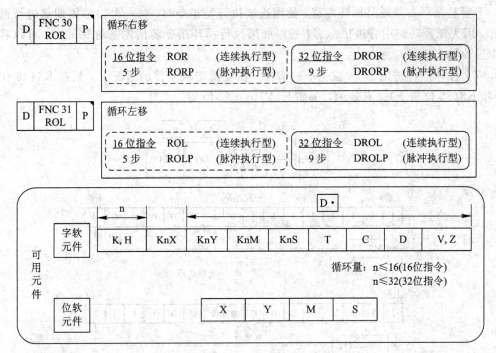

1. 循环右移

循环右移 ROR 指令是使 16 位或 32 位数据的各位信息循环右移的指令。图 9 - 57 所示为循环右移指令应用示例。当 X0 由 OFF→ON 时，各位数据向右移 n 位，最后移出位的状态存入进位标志 M8022 中。

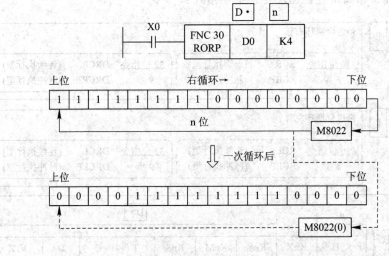

图 9 - 57　循环右移指令应用示例

2. 循环左移

循环左移 ROL 指令是使 16 位或 32 位数据的各位信息循环左移的指令。图 9 - 58 所示为循环左移指令应用示例。当 X1 由 OFF→ON 时，各位数据向左移 n 位，最后移出位的状态存入进位标志 M8022 中。

　　不管是循环右移还是循环左移，使用连续执行型指令时，每一个扫描周期都进行循环运算。因为循环环路中有进位标志，所以如果执行循环指令前预先驱动 M8022，可以将循环中进位标志送入目标。

　　以上操作同样适用于 32 位指令的情况。在位指定软元件的情况下，只有 K4(16 位指令)和 K8(32 位指令)是有效的，例如 K4Y10、K8M0 等。

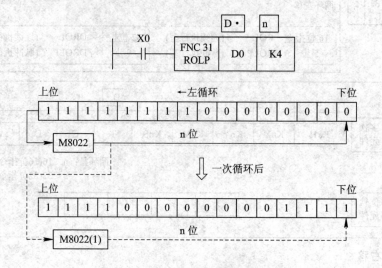

图 9-58　循环左移指令应用示例

9.6.2　带进位循环右移和带进位循环左移指令

　　带进位循环右移和带进位循环左移指令格式：

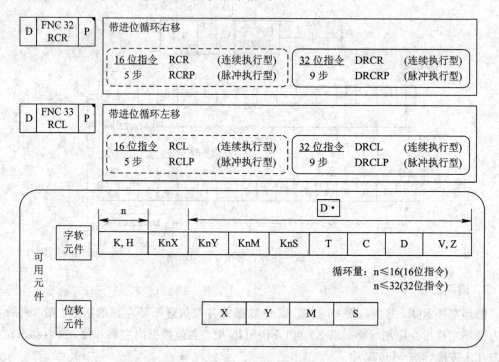

这两个指令分别使 16 位或 32 位数据连同进位一起向右或向左循环移位。

图 9-59 所示为带进位循环右移指令应用示例。每当 X0 由 OFF→ON 变化时,各位数据向右循环移动 n 位。

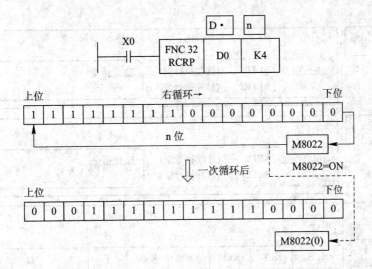

图 9-59　带进位循环右移指令应用示例

图 9-60 所示为带进位循环左移指令应用示例。每当 X1 由 OFF→ON 变化时,各位数据向左循环移动 n 位。

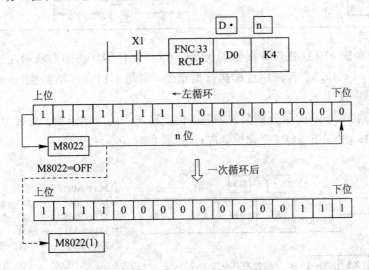

图 9-60　带进位循环左移指令应用示例

使用该指令的连续执行型指令中,每一个扫描周期都进行循环运算。在循环环路中有进位标志,所以如果执行循环指令前预先驱动 M8022,可以将循环中进位标志送入目标。

以上操作同样适用于 32 位指令的情况。在未指定软元件的情况下,只有 K4(16 位指令)和 K8(32 位指令)是有效的,例如 K4Y10、K8M0 等。

9.6.3 位右移和位左移指令

位右移和位左移指令格式：

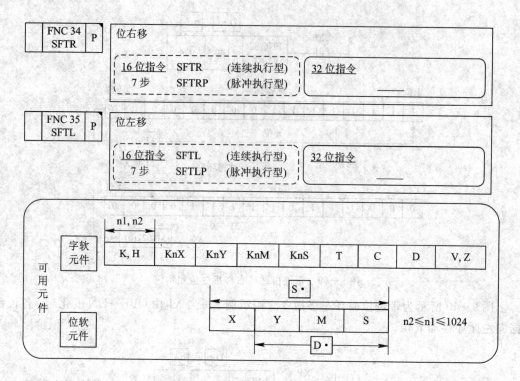

这两个指令使 n1 位（移位寄存器的长度位）的位元件的状态向右或向左进行 n2 位的移动，其中 n2 < n1 < 1024。若采用连续执行型指令，则每个扫描周期都执行一次。若每移动一次移 1 位，则 n2 为 K1。

图 9-61、图 9-62 所示分别为位右移、位左移指令的应用示例。当采用脉冲执行型指令时，每当 X10 由 OFF→ON 变化时，进行 n2 位的移位。

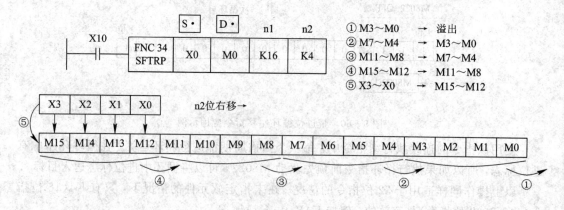

图 9-61 位右移指令应用示例

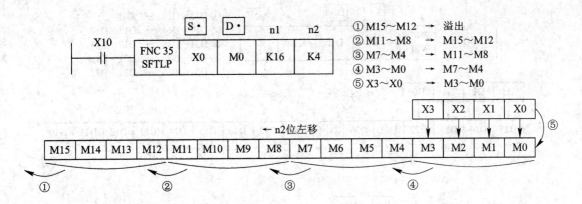

图 9 - 62 位左移指令应用示例

9.6.4 字右移和字左移指令

字右移和字左移指令格式：

FNC 36 WSFR	P	字右移
		16 位指令 WSFR (连续执行型) 9 步 WSFRP (脉冲执行型)	32 位指令 ——

FNC 37 WSFL	P	字左移
		16 位指令 WSFL (连续执行型) 9 步 WSFLP (脉冲执行型)	32 位指令 ——

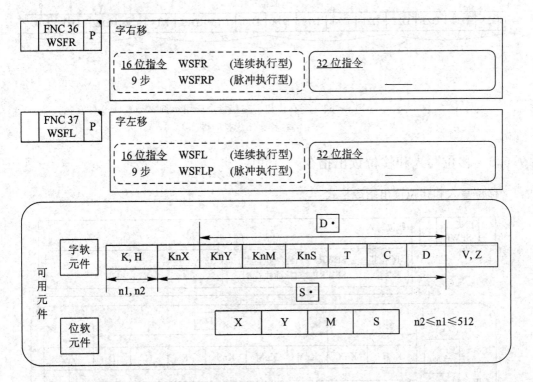

这两个指令是以字为单位，对 n1 个字的字软元件进行 n2 个字的右移或左移的指令。由 n1 指定字元件长度，n2 指定移位字数，$n2 \leqslant n1 \leqslant 512$。

图 9 - 63 所示为这两指令采用脉冲执行型指令应用示例，当驱动输入 X0 每次从 OFF→ON 变化时就执行 n2 个字的移动。

若采用连续执行型指令，则每个扫描周期都执行一次。

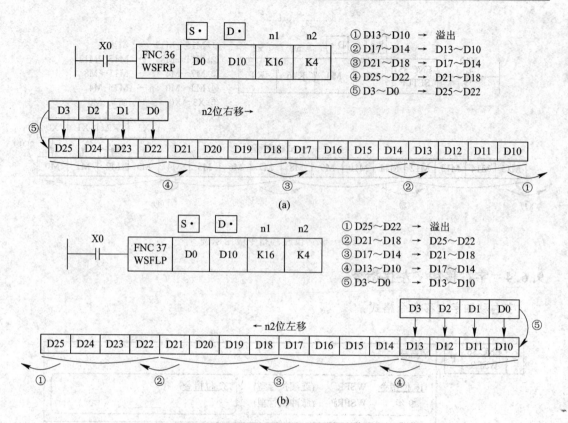

图 9-63 字右移和字左移指令应用示例

(a) 字右移；(b) 字左移

9.6.5 移位写入和移位读出指令

移位写入和移位读出指令格式：

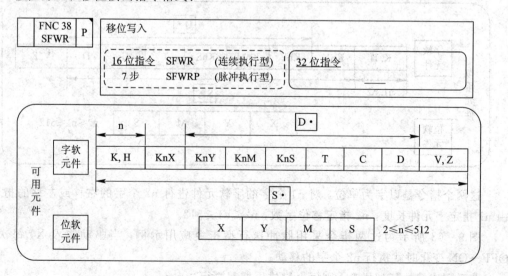

1. 移位写入

移位写入指令为按先进先出原则进行控制的数据写入指令。

图 9-64 所示为脉冲执行型指令 SFWRP 应用示例。当 X0 由 OFF→ON 变化时，将源操作数元件 D0 中的内容写入 D2，而指针 D1 变为 1。这里指针 D1 必须先清零。若 X0 再次从 OFF→ON 变化时，则 D0 的数据写入 D3，D1 的数据变为 2，其余类推，源元件 D0 中的数据依次写入寄存器。

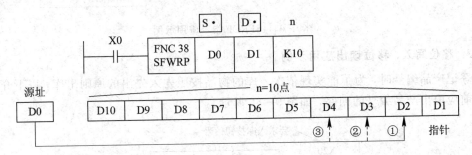

图 9-64　SFWRP 指令应用示例

数据存入的顺序是从最右边的寄存器开始，源数据写入的次数存入 D1，所以 D1 称作指针。当 D1 的内容达到 n-1 后，则上述处理不再执行，进位标志 M8022 动作置 1。

对于连续执行型指令，在每个扫描周期按上述原则执行一次数据的写入。

2. 移位读出

移位读出指令是按先进先出原则进行控制的数据读出指令。

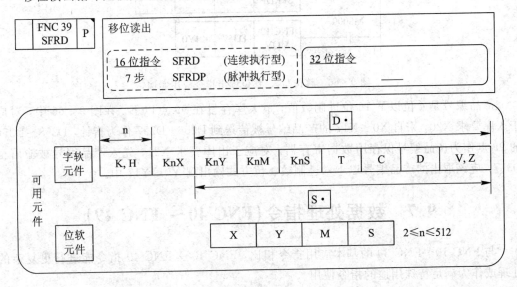

图 9-65 所示为脉冲执行型指令 SFRDP 应用示例。当 X1 由 OFF→ON 变化时，将 D2 中的数据送到 D20，同时指针 D1 减 1，从 D3 到 D10 的数据逐次向右移一字。数据总是从 D2 读出，当指针 D1 为 0 时不再执行上述操作，同时零标志 M8020 动作置 1。执行本指令的过程中 D10 的数据保持不变。若用连续执行型指令，则每个扫描周期数据右移一位。

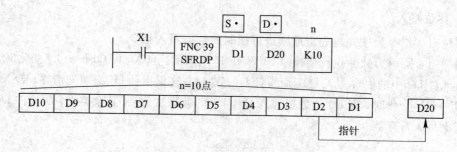

图 9 - 65　SFRDP 指令应用示例

3. 移位写入、移位读出应用示例

登记产品编号时，为了能实现依次入库的物品按照先入先出的原则出库，以下介绍输出当前应取出产品编号的回路，如图 9 - 66 所示。

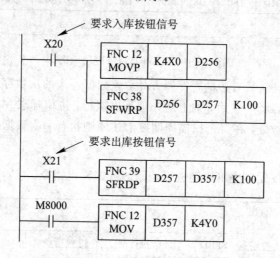

图 9 - 66　移位写入、移位读出指令应用实例

产品编号是 4 位以下 16 位进制数值，最大库存量在 99 点以下。在图 9 - 66 中，对应于入库要求 X20，来自 X0～X17 的产品编号被传送到 D256。D257 作为指针，D258～D356 的 99 点作为产品编号保存用数据寄存器。对应于出库要求 X21，先入产品编号被输出至 D357，应该取出的产品编号以十六进制数 4 位方式输出到 Y0～Y17 中。

9.7　数据处理指令(FNC 40～ FNC 49)

与 FNC 10～FNC 39 的基本应用指令相比，FNC 40～ FNC 49 指令能进行更复杂的处理或作为满足特殊用途的指令使用。

9.7.1　成批复位指令

成批复位指令格式：

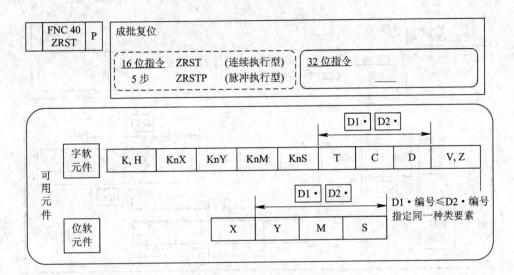

成批复位指令也叫区间复位指令。D1·、D2·指定的应为同一种类的软元件，且 D1·编号≤D2·编号。如果 D1·编号＞D2·编号，则仅复位 D1·中指定的软元件。

图 9-67 所示为成批复位指令应用示例。

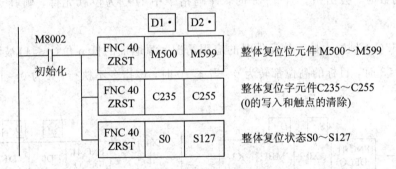

整体复位位元件 M500～M599

整体复位字元件 C235～C255 (0的写入和触点的清除)

整体复位状态 S0～S127

图 9-67　成批复位指令应用示例

这个指令作为 16 位指令执行处理，但是 D1·、D2·可指定 32 位计数器，此时不能混合指定，即不能一个指定为 16 位计数器，另一个指定为 32 位计数器。如 D1·为 16 位计数器，而 D2·为 32 位计数器，这种情况不允许。

作为软元件的单独复位指令，对于位元件 Y、M、S 和字元件 T、C、D，可使用 RST 指令；作为常数 K0 的成批写入指令有 FNC 16(FMOV)指令，可以把 0 写入 KnY、KnM、KnS、T、C、D 的软元件中。

9.7.2　译码和编码指令

1. 译码

译码指令格式：

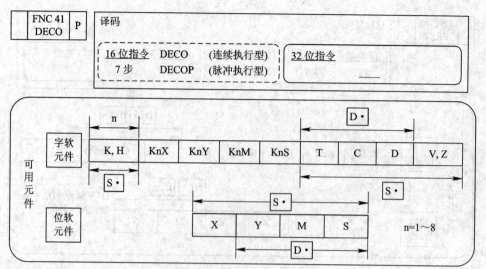

译码指令有脉冲执行型和连续执行型两种形式,有 16 位运算和 32 位运算。

图 9－68(a)为 $\boxed{D\cdot}$ 是位软元件时的应用情况。源地址为 1＋2＝3,因此从 M10 起第 3 位的元件 M13 被置 1;若源全部为 0 时,则 M10 被置 1。当 n＝0 时,该指令不执行;n 为 0～8 以外的数时,会出错。当 n＝8 时,译码指令中 $\boxed{D\cdot}$ 为位软元件,则其点数为 $2^8 =$ 256 点。

图 9－68(b)为 $\boxed{D\cdot}$ 是字软元件时的应用情况。源地址的低 n 位(n≤4)被译码至目标地址。当 n≤3 时,目标的高位都转为 0。当 n＝0 时,该指令不执行;n 为 0～4 以外数时,会出错。

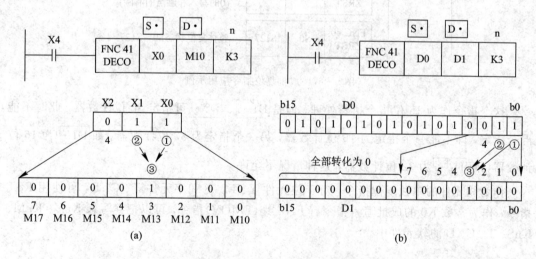

图 9－68 译码指令应用示例

(a) $\boxed{D\cdot}$ 是位软元件;(b) $\boxed{D\cdot}$ 是字软元件

当 n＝8 时,译码指令中 $\boxed{D\cdot}$ 为位软元件,则其点数为 $2^8＝256$ 点。

当执行条件即驱动输入为 OFF 时,指令不执行,正在动作的译码输出保持动作。

2. 编码

编码指令格式：

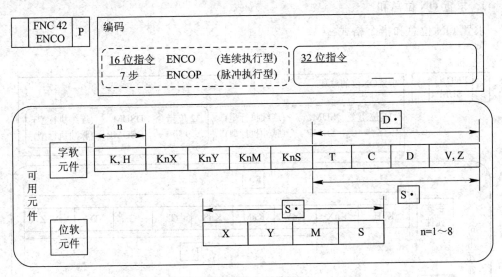

编码指令的应用示例如图 9-69 所示。$\boxed{S\cdot}$ 是位软元件时，n 为 1~8；$\boxed{S\cdot}$ 是字软元件时，n 为 1~4。当 n=0 时，该指令不执行；n 为 0~8 以外的数时，会出错。

若指定源地址内的多个位是"1"时，忽略低位侧，只有最高位的"1"有效；若指定源地址中所有位都为"0"，则会出现运算错误。

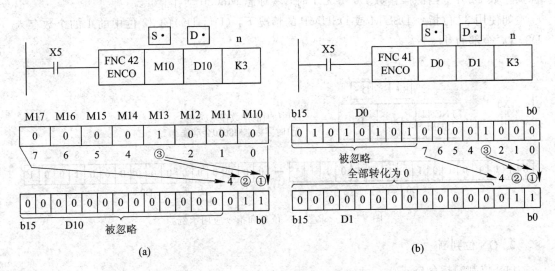

图 9-69 编码指令应用示例

(a) $\boxed{S\cdot}$ 是位软元件；(b) $\boxed{S\cdot}$ 是字软元件

当 n=8 时，译码指令中 $\boxed{S\cdot}$ 为位软元件，则其点数为 $2^8=256$ 点。

当执行条件即驱动输入为 OFF 时，指令不执行，编码输出不变化。

9.7.3 求置 ON 位总和与 ON 位判断指令

1. 求置 ON 位总和

求置 ON 位总和指令格式：

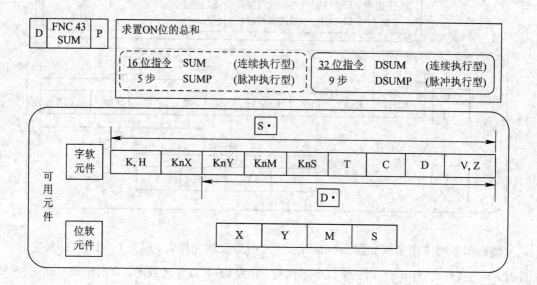

求置 ON 位总和指令应用示例如图 9-70 所示，将源操作数 D0 中的 1 的个数存入目标操作数 D2 中；当源操作数 D0 中无 1 时，零标志 M8020 动作置 1。

如使用 32 位指令 DSUM 或 DSUMP 的情况下，(D1，D0)的 32 位中的 1 的个数存入 D2，D3 全部为 0。

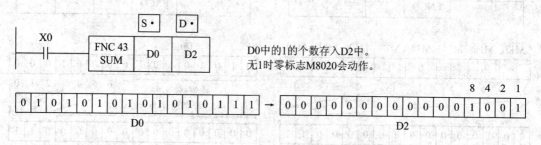

图 9-70 求置 ON 位总和指令应用示例

2. ON 位判断

ON 位判断指令格式：

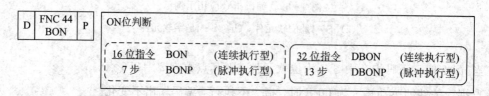

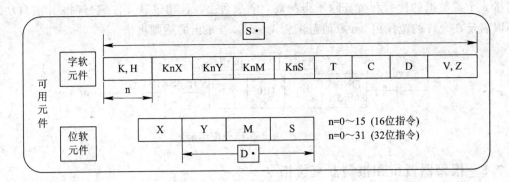

ON 位判断指令应用示例如图 9-71 所示。若 D10 中的第 15 位(n 为 K15)为 1(ON)时，则 M0 动作。驱动输入 X0 为 OFF 时 M0 不变化。

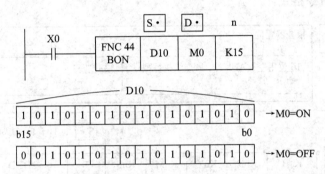

图 9-71　ON 位判断指令应用示例

进行 16 位运算时，n＝0～15；进行 32 位运算时，n＝0～31。

9.7.4　平均值指令

平均值指令格式：

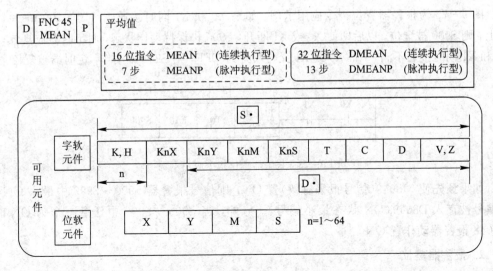

如图 9-72 所示，平均值指令功能是将 n 个源数据的平均值存入指定目标中。平均值

是指 n 个源数据的代数和被 n 除所得的商，余数舍去。若超过软元件编号时，n 值自动缩小以满足在允许的范围内。n 取值范围为 1～64，若超出的话则出错。

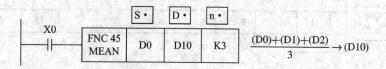

图 9 - 72　平均值指令应用示例

9.7.5　报警器置位和报警器复位指令

1. 报警器置位

报警器置位指令格式：

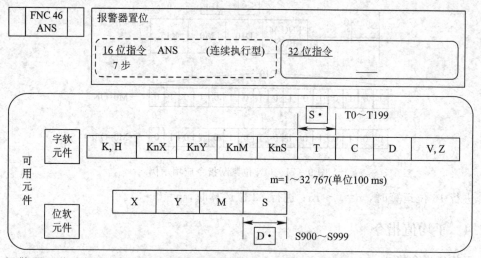

报警器置位为用于驱动信号报警的方便指令。

图 9 - 73 为报警器置位指令应用示例。如果 X0 和 X1 同时接通 1 s（10×100 ms＝1 s）以上，则 S900 被置位，以后即使 X0 或 X1 断开，S900 仍保持动作状态，而定时器被复位；若 X0 和 X1 同时接通不满 1s 而 X0 或 X1 又再断开为 OFF，则 S900 不动作，定时器被复位。

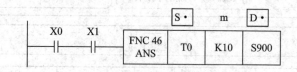

图 9 - 73　报警器置位指令应用示例

如果预先使 M8049（信号报警有效）置 ON，则信号报警器 S900～S999 中最小 ON 状态编号被存入 D8049（ON 状态最小编号）。另外，当 S900～S999 中任意一个为 ON 时，M8048 报警器动作置 ON。

2. 报警器复位

报警器复位格式指令：

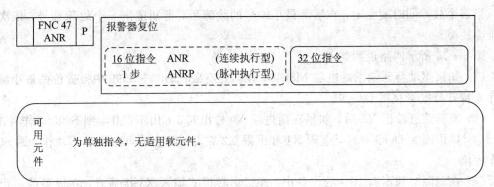

图 9-74 为报警器复位脉冲执行型指令 ANRP 应用示例。如果 X3 接通，则信号报警器 S900～ S999 中正在动作的报警点被复位。如果同时有多个 报警点动作，则复位元件号最小的那个报警点。若 将 X3 再次接通，则下一被置位的状态报警点复位。

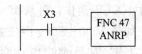

图 9-74 报警器复位指令应用示例

如果采用连续执行型指令 ANS，则在每个扫描周期中按顺序逐个将信号报警器复位。

3. 应用实例

图 9-75 所示为外部故障诊断回路，如果监视特殊数据寄存器 D8049 的内容，则可显 示 S900～S999 中所有动作状态的最小编号，即显示被置位的最小编号的信号报警器。

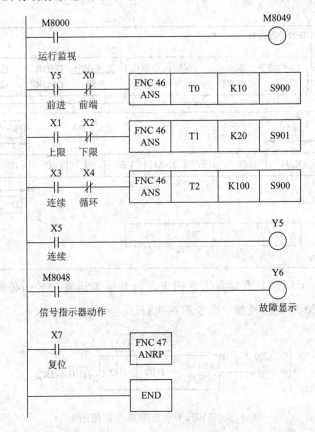

图 9-75 外部故障诊断回路

当多个故障同时发生时，在解除最小编号的故障后，可知道下一个故障编号，依次逐个排除故障。

图 9 - 75 所示回路说明如下：

(1) 如果驱动特殊辅助继电器 M8049，则监控有效；S900～S999 中被置位的最小编号被存入特殊数据寄存器 D8049。

(2) 驱动前进输出 Y5 后，如果在前进端 X0 检出其 1 s 内不工作，则 S900 动作置位。

(3) 如果因为 DOG 异常，上限 X1 和下限 X2 在 2 s 以上时间内同时不动作，则 S901 动作置位。

(4) 在间隔时间不满 10 s 的设备中，连续运转模式输入 X3 接通时，在设备的一个周期运转中，X4 不动作，则 S902 动作置位。

(5) 如果 S900～S999 中任意一个为 ON 时，特殊辅助继电器 M8048 动作，故障显示输出 Y6 工作。如果 M8049 被驱动，则状态 S900～S999 中任意一个动作，M8048 就动作。

(6) 通过外部故障诊断程序，用复位按钮 X7 使动作的状态为 OFF，X7 每从 OFF→ON 接通一次，则动作置位的状态被依次逐个复位。

9.7.6　BIN 开方运算和 BIN 整数向二进制浮点数转换指令

1. BIN 开方运算

BIN 开方运算指令格式：

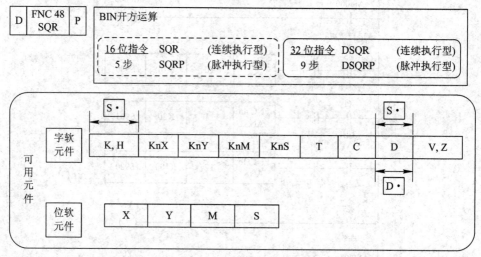

如图 9 - 76 所示，BIN 开方运算指令用于进行开平方运算。$\boxed{S \cdot}$ 必须为正数，如为负数时运算错误标志 M8067 会动作，指令不被执行。

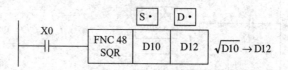

图 9 - 76　BIN 开方运算指令应用示例

运算结果舍去小数部分，取整后送入指定目标。舍去时，借位标志 M8021 会动作。运算结果若为 0，则零标志 M8020 会动作，即 M8020＝ON。

2．BIN 整数向二进制浮点数转换

BIN 整数→二进制浮点数转换指令格式：

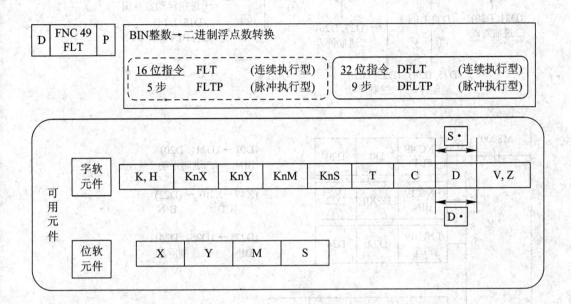

如图 9-77 所示，该指令功能是将二进制整数转换成二进制浮点数。常数 K、H 在进行浮点运算指令中自动转换，不需要使用本指令。该指令的逆变换指令为 FNC 129(INT)，即浮点数转换成整数的指令。

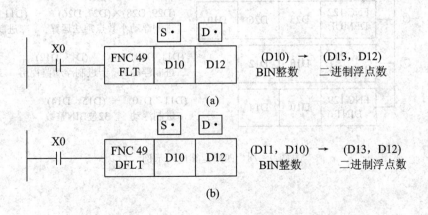

图 9-77 BIN 整数→二进制浮点数转换指令应用示例

3．应用示例

图 9-78 所示为将一个二进制整数转换为二进制浮点数及四则运算的应用示例。

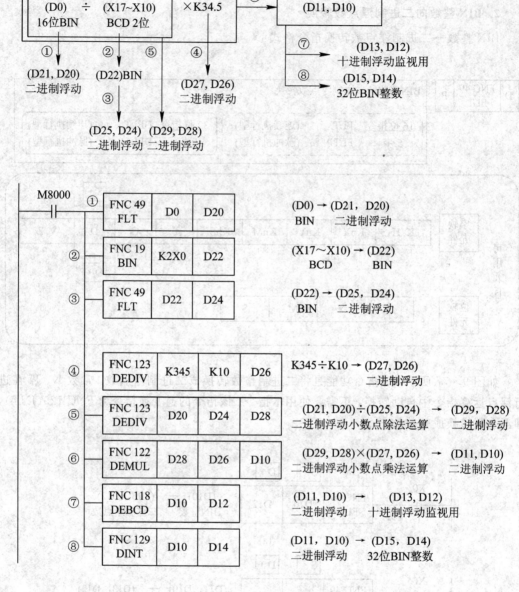

图 9 - 78　四则运算应用示例

9.8　高速处理指令(FNC 50～FNC 59)

高速处理指令 FNC 50～FNC 59 中,可以用最新的输入/输出信息进行顺序控制,还有高速处理指令,能有效利用可编程序控制器的高速处理能力进行中断处理。

9.8.1　输入/输出刷新指令

输入/输出刷新指令格式：

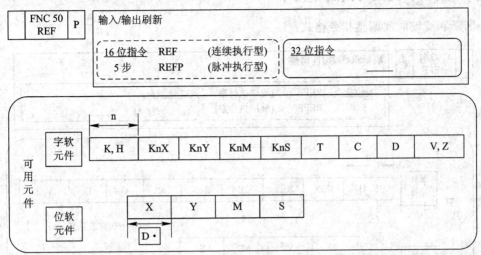

该系列可编程序控制器采用输入/输出批次刷新方式，输入端信息在 0 步运算前存入输入映象寄存器；输出端在执行 END 指令后，由输出映象寄存器通过输出锁存寄存器输出到输出端子。

但是，在运算过程中，要最新的输入信息以及希望立即输出运算结果时，需要用输入/输出刷新指令来进行。输入/输出刷新指令起始软元件号 $\boxed{D\cdot}$ 必须如 X0、X10、X20…，Y0、Y10、Y20…一样指定，将最低位编号置为 0；刷新点数"n"应为 8，16，…，256 一样是 8 的倍数，如 K8(H8)，K16(H10)，…，K256(H100)，除此以外的数值会出错。图 9-79 为输入/输出刷新指令应用示例。

图 9-79(a) 为输入刷新的应用，在多个输入中，只刷新 X10～X17 的 8 点；如果在该指令执行前约 10 ms(输入滤波应答滞后时间)，置 X10～X17 为 ON 时，该指令执行时输入映象寄存器 X10～X17 变为 ON。

图 9-79(b) 为输出刷新的应用，在多个输出中，Y0～Y7、Y10～Y17、Y20～Y27 的 24 点被刷新。Y0～Y27 中的任何一点若为 ON，该指令执行时输出锁存寄存器的该输出也变为 ON。

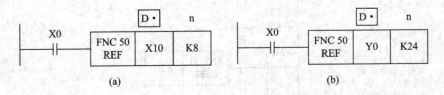

图 9-79　输入/输出刷新指令应用示例
(a) 输入刷新；(b) 输出刷新

输入/输出刷新指令可用在 FOR—NEXT 指令之间，或者用在标号(新步号)与 CJ 指令之间。在执行有输入/输出动作的中断处理中，可在中断子程序中进行输入/输出刷新，获取最新的输入信息，并且及时输出运算结果。输出刷新中的输出触点将在输出继电器应答时间后动作，继电器输出型的应答滞后时间约为 10 ms，晶体管输出型约为 0.2 ms 以下。

9.8.2 刷新和滤波时间调整指令

刷新和滤波时间调整指令格式：

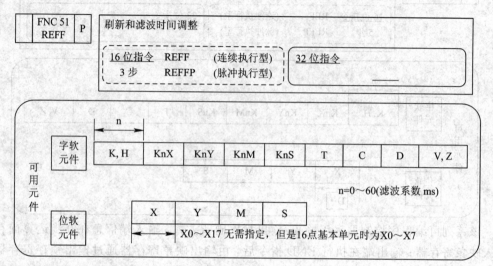

通常可编程序控制器的输入为防止输入接点的振动或噪声的影响，设置了约 10 ms 的 C - R 滤波器。

FX$_{2N}$ 系列可编程序控制器的输入 X0～X17 采用了数字式滤波器，通过指令可将其值改变为 1～60 ms。但实际上这些输入设有最小的 C - R 滤波器，其最小滤波时间不小于 50 μs。刷新和滤波时间调整指令应用示例如图 9 - 80 所示。在该指令执行前，输入滤波时间为 10 ms，当 X10 为 ON 时，输入滤波器时间为 1 ms，刷新输入 X0～X17 的映像寄存器。从 0 步到该指令前，输入滤波为 10 ms，在 REFF K20 指令执行之后，到 END 或 FEND 指令输入滤波时间为 20 ms。

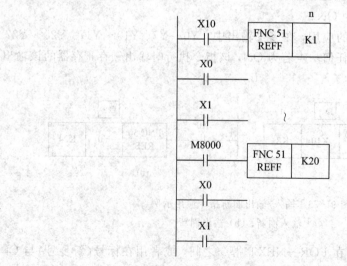

图 9 - 80　刷新和滤波时间调整指令应用示例

使用连续执行型 REFF 指令，当 X10 为 ON 时，每个扫描周期执行一次。脉冲执行型 REFFP 指令则仅在 X10 由 OFF 变为 ON 时执行。

当 X10 为 OFF 时，本指令不执行，X0～X7 的输入滤波时间仍为 10 ms。

X0～X17 的输入滤波时间初始值（10 ms）存在 D8020 中，可通过 MOV 指令改写 D8020 的值，从而改变 X0～X17 的输入滤波时间。

当 X0～X7 用作高速计数输入，或使用 FNC 56（SPD）指令（速度检测），或用作中断输入时，输入滤波器的滤波时间常数自动设置为 50 μs，但在一般程序中采用这些输入 X0～X7 触点时，滤波时间变为 10 ms 或 REFF 指令的指定时间。

9.8.3　矩阵输入指令

矩阵输入指令格式：

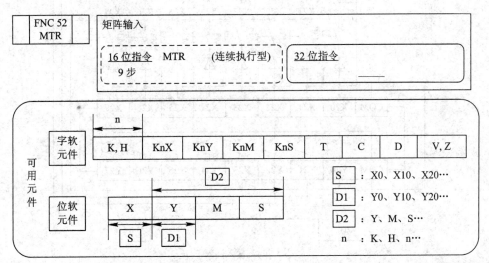

利用矩阵输入指令，可用连续排列的 8 点输入与 n 点输出组成 8 列×n 行的输入矩阵。以 $\boxed{S}$ 指定的输入为起始，占有 8 点输入；以 $\boxed{D1}$ 指定的输出为起始，占有 n 点的晶体管输出。

图 9-81 所示为矩阵输入指令应用示例。由于 n=3，则三个输出点 Y20、Y21、Y22 依次反复接通为 ON；当 Y20 接通时，读入第一行的输入状态，存入 M30～M37；当 Y21 接通时，读入第二行的输入状态，存入 M40～M47；依次类推，当 Y22 接通时，读入第三行的输入状态，存入 M50～M57；如此反复执行。

考虑到输入滤波应答延迟 10 ms，各输出按每 20 ms 顺序中断，进行即时输入/输出处理。处理时序图如图 9-81 所示。

将驱动输入 M0 常置为 ON 状态，初次操作反复后，则执行完成标志 M8029 置位。若本指令的执行条件 M0 为 OFF 状态，则 M30～M57 的状态保持不变，标志 M8029 复位。

利用本指令可以通过 8 点输入和 8 点晶体管输出获得 64 点的输入，但是此时所有的输入的读取需要 20 ms×8 列＝160 ms 时间，不适应高速输入操作。当使用输入 X0～X17 时，则每列的读入时间减少至 10 ms，64 点的读入时间减少至总计约 80 ms，不过此时必须安装负载电阻。

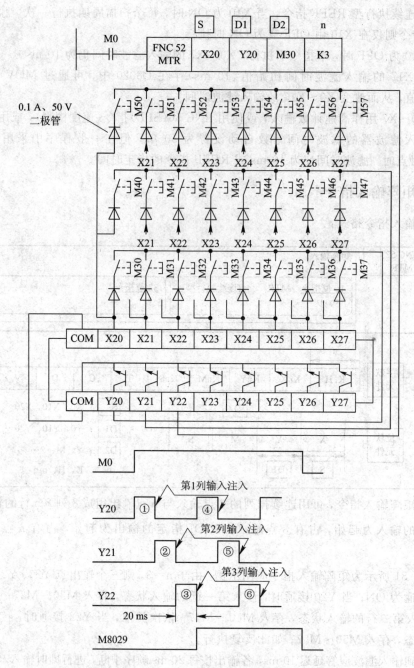

图 9 - 81 矩阵输入指令应用示例

9.8.4 比较置位(高速计数器)、比较复位(高速计数器)和

区间比较(高速计数器)指令

1. 比较置位(高速计数器)

比较置位指令格式:

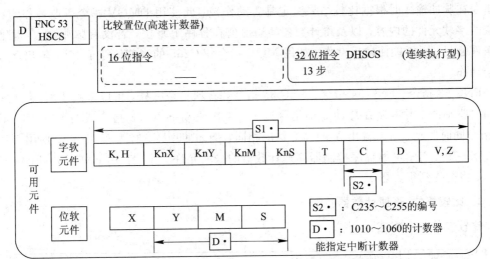

高速计数器是根据计数器输入的 OFF→ON 以中断方式进行计数。当计数器的当前值等于设定值时，计数器的输出触点立即工作。但像图 9 - 82(a)所示那样，向外部输出与顺控程序有关，受到扫描周期的影响。使用 FNC 53（DHSCS）指令，能以中断方式立即处理设置和输出，所以图 9 - 82(b)所示的示例中，计数器 C255 的当前值由 99 变为 100 或由 101 变为 100 时，输出 Y10 立即动作置位。

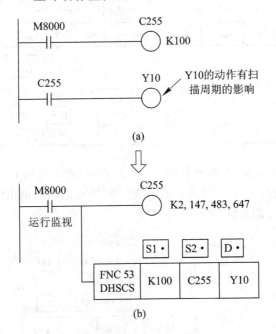

图 9 - 82　比较置位指令应用示例

在希望立即向外输出高速计数器的当前值比较结果时，使用 FNC 53 指令。但是，$\boxed{D \cdot}$ 指定的软元件向外部输出若依靠程序，就与上述图 9 - 82(a)中情况一样，受扫描周期的影响，在 END 处理后驱动输出。

需要注意的是，FNC 53 指令与 FNC 54 指令、FNC 55 指令，都是 32 位专用指令；这些指令在脉冲输入时根据比较结果决定是否动作，因此使用 DMOV 指令等改写作为比较对象的字软元件的内容，以及将计数器的当前值在程序上复位，若没有脉冲输入，即使比较条件满足，也不能使输出动作。如用 MOV 指令使 C255 的当前值等于 100，输出 Y10 并不会动作。

FNC 53 指令、FNC 54 指令、FNC 55 指令和普通指令一样，可以多次使用，但这些指令同时驱动的个数限制在总计 6 个指令以下。多次驱动 FNC 53 指令或与 FNC 54、FNC 55 指令同时驱动，对象输出 Y 的高 2 位应相同，例如使用 Y0 时为 Y0～Y7；使用 Y10 时为 Y10～Y17 等。可编程序控制器高速计数器的最大允许频率，若用 FNC 53～FNC 55 等命令，将会受到很大影响。

2. 比较复位(高速计数器)

比较复位指令格式：

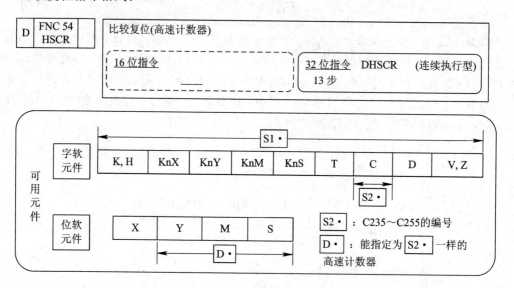

图 9 - 83 所示为比较复位(高速计数器)指令应用示例。采用 FNC 54 指令，由于比较、外部输出采用中断处理，不受扫描周期的影响，当 C255 的当前值由 199 变成 200 或 201 变成 200 时，输出 Y10 立即复位。

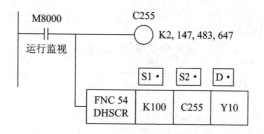

图 9 - 83　比较复位指令应用示例

图 9 - 84 所示为自行复位回路示例。当 C255 的当前值变为 400，C255 立即复位，当前值复位为 0，输出触点不工作。

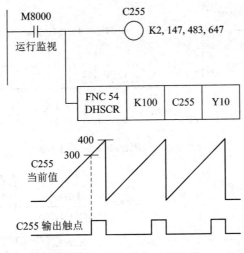

图 9-84　自行复位回路示例

3. 区间比较(高速计数器)

区间比较指令格式：

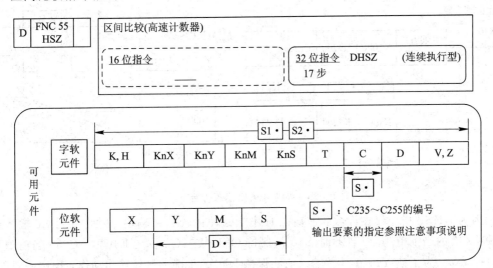

区间比较(高速计数器)指令的应用示例如图 9-85 所示，$S1 \cdot$ 和 $S2 \cdot$ 的内容应满足 $S1 \cdot \leqslant S2 \cdot$。当 K1000＞C251 当前值时，Y0＝ON；当 K1000≤C251≤K2000 时，Y1＝ON；当 K1000＜C251 时，Y2＝ON。此外，当 C251 的当前值变为 999→1000 或 1999→2000 时，输出 Y1 或 Y2 立即为 ON，这些输出不受扫描周期的影响。

需要注意的事项如下，该指令为 32 位专用指令，必须作为 DHSZ 指令输入；该命令仅在脉冲输入时才能执行，并且计数、比较、外部输出均以中断方式处理。输出软元件的高 2 位应相同。

图 9-86 所示为高速区域比较的初始驱动示例。输出 Y10～Y12 的动作为：当 K1000＞C235 当前值时，Y10＝ON；当 K1000≤C235≤K1200 时，Y11＝ON；当 K1200＜C235 当前值时，Y12＝ON。

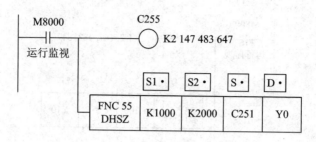

图 9-85　区间比较指令应用示例

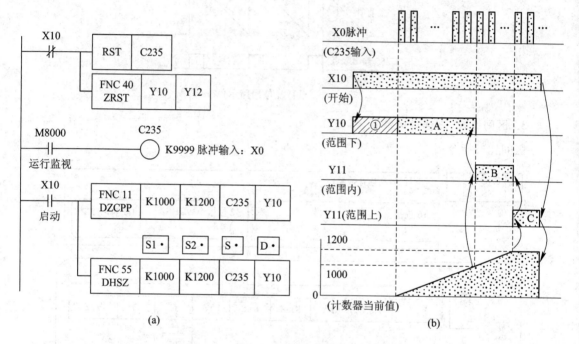

(a)　　　　　　　　　　　　　　　　(b)

图 9-86　高速区域比较的初始驱动示例

　　因为 DHSZ 指令仅在计数脉冲输入时才能驱动比较结果输出，因此在无 X0 输入时，即使 C235 的当前值为 0，启动时 Y10 仍保持 OFF 状态(应该为 K1000＞C235 当前值时，Y10＝ON)。为了使 Y10 在计数输入前能保持 DHSZ 正确的比较输出动作，采用一般的区间比较指令 DZCPP，通过仅在第一扫描周期发生在启动时的 OFF→脉冲，将 C235 的当前值和 K1000、K1200 进行比较，来驱动输出 Y10，见图 9-86(b)动作波形图中符号"①"部分。Y10 的此比较输出状态一直保持到有计数脉冲 X0 输入，从而使指令 DHSZ 进行比较操作为止，随后根据比较结果驱动 Y10～Y12 的输出，如图 9-86(b)中符号"A""B""C"部分所示。

9.8.5　脉冲密度和脉冲输出指令

1. 脉冲密度

脉冲密度指令格式：

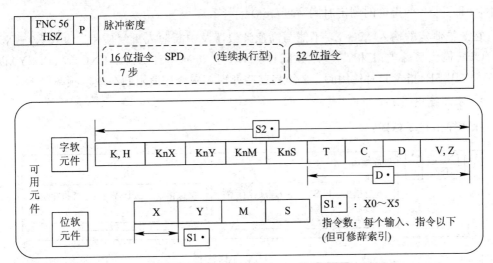

脉冲密度指令的功能是将 $\boxed{S1 \cdot}$ 指定的输入脉冲在 $\boxed{S2 \cdot}$ 指定时间（单位为 ms）内计数，将其结果存入 $\boxed{D \cdot}$ 指定的软元件中。

通过反复操作 $\boxed{D \cdot}$ 得到脉冲密度（即与旋转速度成比例的值）。$\boxed{D \cdot}$ 占有三点的软元件。

图 9－87 所示为脉冲密度指令应用示例。当 X10 置 ON 时，D_1 对输入 X0 脉冲的 OFF→ON 上升沿动作计数，100 ms 后将计数结果存入到 D_0 中；结果存入 D_0 时 D_1 随之复位，再次对输入 X0 脉冲的 OFF→ON 上升沿动作计数。D_2 用于测定剩余时间。

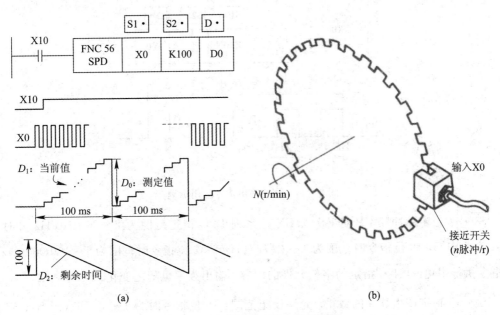

图 9－87　脉冲密度指令应用示例

D_0 的值与旋转速度 N(r/min) 成正比，即

$$N = \frac{60(D_0)}{nt} \times 10^3$$

式中，t 即为 $\boxed{S2\cdot}$ 指定的测定时间宽度(ms)。

在此被测定的输入 X0～X5 不能与高速计数器及中断输入重复使用。输入 X0～X5 的 ON/OFF 最大频率与 1 相高速计数同样处理；且与高速计数器、FNC 57(PLSY)以及 FNC 59(PLSR)指令同时使用时，必须将这些处理频率合计值限制在规定频率以下。

2. 脉冲输出

脉冲输出指令格式：

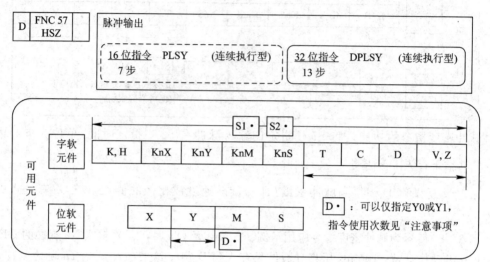

脉冲输出指令是以指定的频率产生定量的脉冲的指令，如图 9-88 所示。

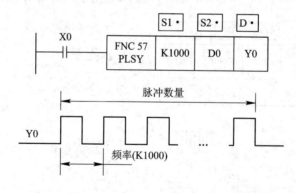

图 9-88　脉冲输出指令应用示例

$\boxed{S1\cdot}$ ：指定脉冲频率。对 FX$_{2N}$、FX$_{2NC}$ 系列 PLC 指定范围为 2～20 000(Hz)；对于 FX$_{1S}$ 系列 PLC，16 位指令时范围为 1～32 767(Hz)；32 位指令时范围为 1～100 000(Hz)；在指令执行中更改 $\boxed{S1\cdot}$ 指定的字软元件的内容，输出频率也随之变化。

$\boxed{S2\cdot}$ ：指定产生脉冲的数量。允许设定范围：16 位指令时为 1～32 767(PLS)；32 位指令时为 1～2 147 483 647(PLS)。将该值指定为 0 时，则对产生的脉冲不受限制。若用 DPLSY 指令，则脉冲的数量由(D1, D0)来设定。在指令执行过程中，变更 $\boxed{S2\cdot}$ 指定的软元件的内容后，将从下一个指令驱动开始执行变更内容。

$\boxed{\text{D} \cdot}$：指定输出脉冲的 Y 编号。仅限于 Y0 或 Y1 有效，且为晶体管型输出方式。在 FX_{2N}、FX_{2NC} 系列 PLC 中，为了输出高频脉冲，可编程序控制器的输出晶体管上必须是额定负载的电流。

在图 9-88 中，若 X0 变为 OFF，则脉冲输出中断；X0 再次置 ON 时，再次脉冲输出，但脉冲计数从初始状态开始计算。若在发出连续脉冲时，X0 变为 OFF，则 Y0 也变为 OFF。

脉冲的占空比为 50%。采用中断方式处理，输出控制不受扫描周期的影响。设定脉冲发完后，执行结束标志 M8029 动作。

从 Y0 或 Y1 输出的脉冲数将保存在以下特殊数据寄存器中：

D8140（低位）┐输出至 Y0 的脉冲总数
D8141（高位）┘（FNC59(PLSR)、FNC 57(PLSY)指令的输出脉冲总数）

D8142（低位）┐输出至 Y1 的脉冲总数
D8143（高位）┘（FNC59(PLSR)、FNC 57(PLSY)指令的输出脉冲总数）

D8136（低位）┐输出至 Y0、Y1 的脉冲总数
D8137（高位）┘

各个数据寄存器的内容可用"DMOV　K0　D81□□"执行清除。

注意事项：

（1）可编程序控制器必须使用晶体管输出方式。FX_{2N}、FX_{2NC} 系列 PLC 执行高频脉冲输出时，必须使用下列所述的可编程序控制器输出晶体管规定的负载电流。

晶体管的 OFF 时间在低负载时较长。类似 PLSY 和 PWM 指令那样，要求高速应答的晶体管输出，负载较低时，需要并联虚拟电阻，设计输出晶体管上的流动电流达到 100 mA。

（2）负载电压和应答时间。FX_{2N}、FX_{2NC} 系列 PLC 外部负载电源的电压和输出晶体管应答时间的关系如下所述：

DC 5 V　0.1 A 时：20 kHz 以下；

DC 12 V～24 V　0.1 A 时：10 kHz 以下。

对应于输出脉冲频率，设计加在负载和输出晶体管上的电压。

（3）关于指令的使用次数限制。

① 使用 FX_{1S}、FX_{1N}、FX_{2N}（V2.11 以上版本）、FX_{2NC} 可编程序控制器时：

• 在编程过程中，可同时使用 2 个 FNC 57(PLSY)指令或者 2 个 FNC 59(PLSR)指令，在 Y0 和 Y1 的输出端得到各自独立的脉冲输出。

• 在编程过程中，可同时使用 1 个 FNC 57(PLSY)指令和 1 个 FNC 59(PLSR)指令，在 Y0 和 Y1 的输出端得到各自独立的脉冲输出。

• 在 FN_{2N}、FX_{2NC} 可编程序控制器中，使用组合 FNC 55(HSZ)指令和 FNC 57(PLSY)指令的"频率控制模式"时，仅能在 Y0 或 Y1 输出间任意使用一点。另外，在编程中使用 FNC 57(PLSY)或 FNC 59(PLSR)指令无法同时得到两点脉冲输出。

② 使用 FX_{2N}（V2.11 以下版本）可编程序控制器时，FNC 57（PLSY）和 FNC 59(PLSR)指令限于任何一个只编程一次。

③ 使用 FX_{1S}、FX_{1N} 可编程序控制器时，本指令是可以在程序中反复使用的应用指令，但是在设计驱动指令时，必须注意以下内容。

• 使用同一个输出继电器(Y0 或 Y1)的脉冲输出指令不能同时驱动。同时驱动会产生双重线圈现象，无法正常工作。

• 在以下条件成立的基础上执行指令驱动触点 OFF 状态后的再启动。条件：前次驱动的脉冲输出指令的"脉冲输出中监视(Y0：M8147；Y1：M8148)"处于 OFF 状态后，必须经过 1 个以上演算周期方能再次执行。这是由于脉冲输出指令的再次驱动必须经过 1 次以上的 OFF 运算。若在上述条件指定时间前执行再次驱动，将在最初指令执行扫描时发生"运算错误"，在第二次指令执行扫描时开始输出用于再驱动的脉冲。

• 需要同 FNC 156～ FNC 159 的定位指令同时编程时，必须满足相应的编程注意事项，见后述内容。

(4) 由 FNC 58(PWM)指令指定的输出编号不得重复使用。

(5) 同其他高速处理指令合并使用时应注意以下事项。

① 高速计数器和 FNC 56(SPD)指令合并使用时，其处理频率的总数低于规定频率。

② 执行 FNC 57(PLSY)或 FNC 59(PLSR)指令的两点同时输出时，无法与高速计数器和 FNC 56(SPD)指令合并使用。

9.8.6 脉宽调制和带加减速脉冲输出指令

1. 脉宽调制

脉宽调制指令格式：

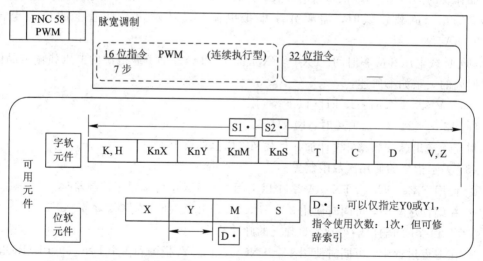

脉宽调制指令用来产生的脉冲宽度和周期是可以控制的。

$\boxed{S1 \cdot}$：指定脉冲宽度 t，范围 0～32 767 ms。

$\boxed{S2 \cdot}$：指定周期 T_0，范围 1～32 767 ms，但 $\boxed{S1 \cdot} \leqslant \boxed{S2 \cdot}$。

$\boxed{D \cdot}$：指定输出脉冲 Y 的元件编号。仅限于 Y0 或 Y1 有效，且为晶体管型输出方式。该输出的 ON/OFF 状态可用中断方式控制。

图 9-89 所示为脉宽调制指令应用示例。D10 的值从 0～50 变化时，Y0 的平均输出为 0～100％。D10 中的内容超过 50 时，会出现错误。当 X10 置于 OFF 时，Y0 也为 OFF。

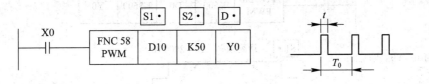

图 9-89　脉宽调制指令应用示例

注意事项：

（1）可编程序控制器采用晶体管输出方式；此外，为了进行高频率脉冲输出，需使可编程序控制器的输出晶体管中流过规定的负载电流。

（2）FNC 57（PLSY）或 FNC 59（PLSR）指令指定的输出元件不能重复使用。

2. 带加减速脉冲输出

带加减速脉冲输出指令格式：

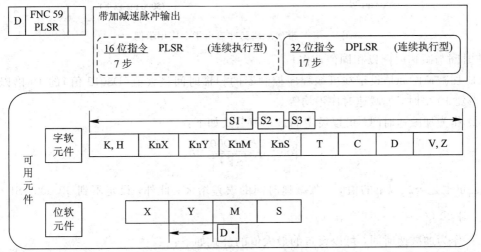

带加减速脉冲输出指令为带有加减速功能的定尺寸传送用的脉冲输出指令。针对 $S1\cdot$ 指定的最高频率，进行定加速，在达到 $S2\cdot$ 所指定的输出脉冲数后，进行定减速，如图 9-90 所示。

各操作数的设定内容如下：

$S1\cdot$：最高频率（Hz）。可设定范围：10～20 000（Hz）；频率以 10 的倍数指定；最高频率中指定值的 1/10 可作为减速时的一次变速量（频率），须设定在步进马达等不失调的范围内。

$S2\cdot$：总输出脉冲数（PLS）。可设定范围：16 位指令时为 110～32 767（PLS）；32 位指令时为 110～2 147 483 647（PLS）；设定值不满 110 时，脉冲不能正常输出；使用 DPLSR 指令时，如上例中（D1，D0）作为 32 位设定值处理。

$S3\cdot$：加减速度时间（ms）。可设定范围：5000 ms 以下，但须遵照以下三个条件进行

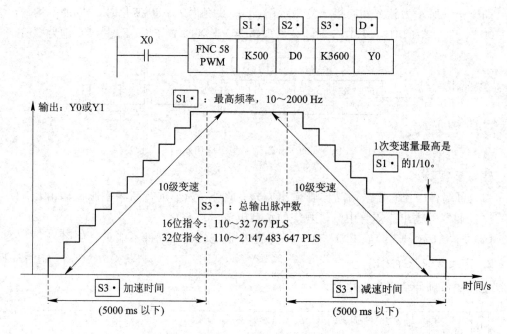

图 9 - 90 带加减速脉冲输出指令应用示例

（加速时间与减速时间以相同值动作）：

① 加减速时间请设定在可编程序控制器的扫描时间最大值（D8012 值）的 10 倍以上，指定不到 10 倍时，加减速时序不均等。

② 作为加减速时间，可以设定的最小值公式如下：

$$\boxed{S3 \cdot} \geqslant \frac{90\,000}{\boxed{S1 \cdot}} \times 5$$

设定上述公式以下的值时，加减速时间的误差增大；此外，设定不到 90 000/ $\boxed{S1 \cdot}$ 的值时，对 90 000/ $\boxed{S1 \cdot}$ 四舍五入运行。

③ 作为加减速时间，可以设定的最大值的公式如下：

$$\boxed{S3 \cdot} \leqslant \frac{\boxed{S2 \cdot}}{\boxed{S1 \cdot}} \times 818$$

④ 加减速时的变速次数（段数）固定在 10 次，在不能按这些条件设定时，降低最高频率。

$\boxed{D \cdot}$：脉冲输出元件。仅限于 Y0 或 Y1 有效，且必须为晶体管型输出方式。

该命令的输出频率为 10～20 000 Hz，最高速度、加减速时的变速速度超过此范围时，自动在范围内调低或进位。

输出控制不受扫描周期影响，进行中断处理。

对于图 9 - 89 示例，当 X10 为 OFF 时，中断输出；X10 再度置 ON 时，从初始状态动作开始。

在指令执行中即使改写操作数，运转也不反映，变更内容从下一次指令驱动开始有效。

$\boxed{\text{S2·}}$：设定的脉冲输出完毕时，执行完成标志 M8029 置 ON。

自 Y0 或 Y1 输出的脉冲数存入以下特殊数据寄存器：

D8140（低位）⌉对 Y0 的输出脉冲数的累计
D8141（高位）⌋FNC59（PLSR）、FNC 57（PLSY）指令的总输出脉冲数

D8142（低位）⌉对 Y1 的输出脉冲数的累计
D8143（高位）⌋FNC59（PLSR）、FNC 57（PLSY）指令的总输出脉冲数

D8136（低位）⌉对 Y0 和 Y1 的输出脉冲数累计
D8137（高位）⌋

各数据寄存器的内容可以通过"DMOV　K0　D81□□"进行清除。

9.9　方便指令（FNC 60～ FNC 69）

FNC 60～FNC 69 备有利用最简单的顺控程序进行复杂控制的方便指令。

9.9.1　状态初始化指令

状态初始化指令格式：

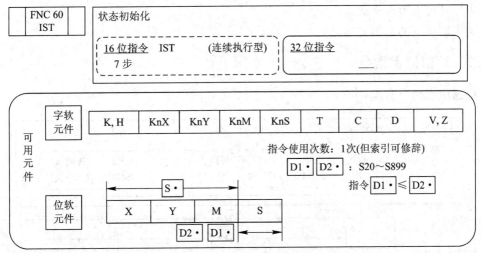

状态初始化指令为用于步进阶梯控制中的状态初始化和特殊辅助继电器的自动控制指令。图 9 - 91 所示为状态初始化指令应用示例。

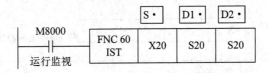

图 9 - 91　状态初始化指令应用示例

$\boxed{\text{S·}}$：指定运行模式的起始输入。在图 9 - 90 的指令中：

X20：各个操作　　　　　　X21：原点复归　　　　　X22：单步运行

X23：单周期运行　　　X24：连续运行　　　X25：原点复归启动

X26：自动运行启动　　X27：停止

须选用旋转选择开关，来避免 X20～X24 同时接通。

D1·：指定自动操作模式中，实际使用状态的最小序号。

D2·：指定自动操作模式中，实际使用状态的最大序号。

如果图 9-90 中指令执行条件为 ON，则驱动该指令，下列元件被自动切换控制。但是如果驱动输入处于 OFF 状态，则不变化。

M8040：转移禁止；M8041：转移开始；M8042：启动脉冲；M8047：STL 监控有效。

S0：各个操作的初始状态；S1：原点复归的初始状态；S2：自动运行的初始状态。

使用该指令，则 S10～S19 可作为原点复归用，因此在编程中不能将这些状态作为普通状态使用。另外，S0～S9 作为初始状态处理，S0～S2 作为如上述的各个操作、原点复归以及自动运行初始状态使用。而 S3～S9 可自由使用。

该指令必须比状态 S0～S2 等一系列的 STL 电路优先编程，即 IST 指令必须在 STL 指令之前，也就是在 S0～S2 之前编程。

原点复归完成（M8043）未动作时，如果在各个操作（X20）、原点复归（X21）、自动（X22、X23、X24）之间进行切换时，则所有输出进入 OFF 状态。并且，自动运行在原点复归结束后才可以再次驱动。

关于本指令的应用实例见第 8 章内容。

9.9.2 数据检索指令

数据检索指令格式：

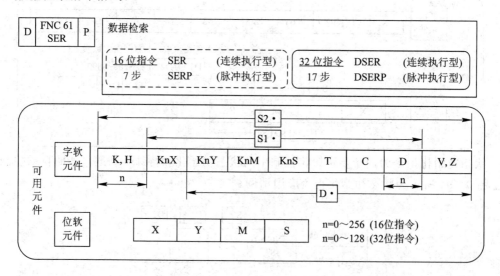

数据检索指令功能是在指定的范围内查找相同值、最大值及最小值，并将结果存入指定单元中。图 9-92 所示为查找数据指令应用示例，检索表的构成和数据例如表 9-1 所示，检索结果表见表 9-2。

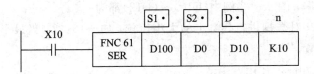

图 9-92　查找数据指令应用示例

表 9-1　检索表的构成和数据例

被检索元件	被检索数据例	比较数据	数据位置	最大值	相同值	最小值
D100	(D100)=K100		0		相同	
D101	(D101)=K111		1			
D102	(D102)=K100		2		相同	
D103	(D103)=K98		3			
D104	(D104)=K123	D0=K100	4			
D105	(D105)=K66		5			最小
D106	(D106)=K100		6		相同	
D107	(D107)=K95		7			
D108	(D108)=K210		8	最大		
D109	(D109)=K88		9			

其中，D100 为 S1· 指定起始元件序号；n(K10)指定被检索的数据个数为 10，即 D100～D109；D0 为 S2· 指定检索数据的元件，其内容(D0)=K100 为检索的数据。

表 9-2　检索结果表

元件号	内容	备　注
D10	3	相同数据个数
D11	0	相同数据位置(初始)
D12	6	相同数据位置(最终)
D13	5	最小值最终位置
D14	8	最大值最终位置

D10 为 D· 指定的起始元件序号，占用连续 5 点元件，分别存入不同的数据检索结果。

对于以 S1· 为起始的 n 个软元件，检索与 S2· 数据相同的数据，并将其个数存入 D· 中。

在以 D· 为起始的 5 个元件中，如表 9-4 所示，存入相同数据及最小值、最大值的位置；不存在相同数据，图 9 - 92 例中(D10)～(D12)都为 0。

数据检索时，是对数据进行代数上的大小比较，如－10＜2；当最小值、最大值有多个时，显示后面的位置。

DSER 指令中的 D・ 使用双字节。

9.9.3 绝对值式凸轮控制指令

绝对值式凸轮控制指令格式：

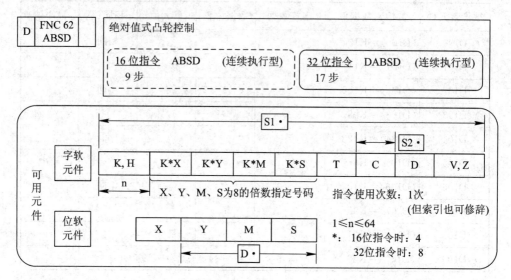

绝对值式凸轮控制指令功能为对应计数器当前值产生多个输出波形的指令。

图 9 - 93 所示为绝对值式凸轮控制指令应用示例，在旋转台旋转一周期间，辅助继电器 M0～M3 的 ON/OFF 状态变化受程序控制。下面说明该指令的应用情况。

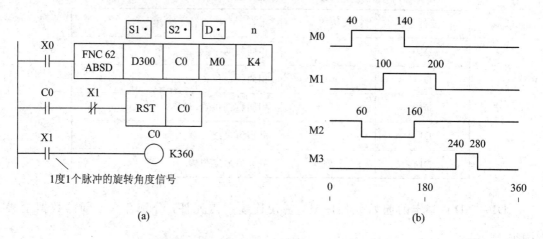

图 9 - 93　绝对值式凸轮控制指令应用示例

预先使用传送指令将表 9 - 3 中数据写入 D300～D307 中。例如，上升点数据存入偶数元件中，下降点数据存入奇数元件中。

表 9 - 3　传送数据值

上升点	下降点	对象输出
D300＝40	D301＝140	M0
D302＝100	D303＝200	M1
D304＝160	D305＝60	M2
D306＝240	D307＝280	M3

当执行驱动条件 X0 为 ON 状态时，M0～M3 状态变化如图 9 - 92(b)所示，各上升点下降点可根据 D300～D307 的数据的更改而变更。由 n 值决定输出对象的点数，即使 X0 置于 OFF 状态，输出点状态也保持不变。

在 DABSD 指令中，也可以在 $\boxed{S2\cdot}$ 指定高速计数器。但在这种情况下，对于计数器的当前值，输出波形会由于扫描循环影响而造成响应滞后；需要响应及时，使用 HSZ 指令进行高速比较功能处理。

9.9.4　增量式凸轮控制指令

增量式凸轮控制指令格式：

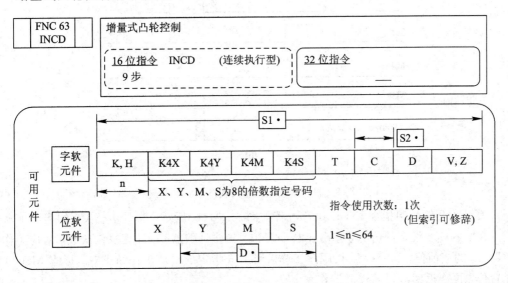

增量式凸轮控制指令为用一对计数器产生多个输出波形的指令。该指令的应用示例如图 9 - 94 所示。

图 9 - 94(a)示例中为程序控制 4(n＝ 4)点即 M0～M3 的状态变化，下面对该指令应用情况予以说明。

预先使用传送指令将下列数据写入 $\boxed{S1\cdot}$ 中。

(D300)＝20；(D301)＝30；(D302)＝10；(D303)＝40

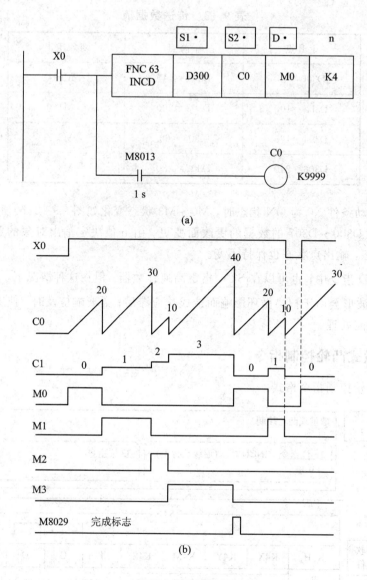

图 9 - 94　增量式凸轮控制指令应用示例

增量式凸轮控制指令 INCD 执行过程如图 9 - 94(b)所示。当计数器 C0 的当前值达到按 D300～D303 设定的值时，按顺序自动复位。工作计数器 C1 计算复位次数。对应工作计数器 C1 的当前值，M0～M3 按顺序工作。当由 n 指定的最后工作结束时，标志 M8029 动作置位，再次返回进行同样的工作。

若 X0 置于 OFF 状态时，C0、C1 被清除，M0～M3 也将 OFF。当再次将 X0 置于 ON 状态时，从初始状态重新开始工作。

9.9.5　示教定时器指令

示教定时器指令格式：

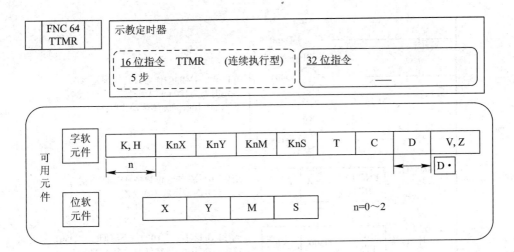

示教定时器指令的功能是可将按钮按下的时间乘以一个系数后作为定时器的预设定值。图 9-95 所示为示教定时器指令应用示例,用 D301 测定按钮 X10 的按下时间,并乘以由 n 指定的倍率,将结果存入 D300 中,由此通过按钮可以调整定时器的设定时间。

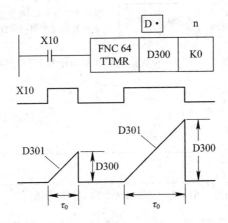

图 9-95 示教定时器指令应用示例

按钮 X10 的按下时间为 τ_0 s 时,根据 n 的值,实际 D300 的值见表 9-4。

表 9-4 n 与 D300 对应值

n	D300
K0	τ_0
K1	$10\tau_0$
K2	$100\tau_0$

当 X10 为 OFF 时,D301 复位,D300 保持不变。

图 9-96 所示为由 10 种数据寄存器写入示教时间的例子。

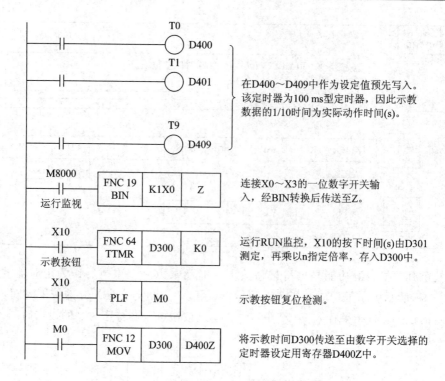

图 9 - 96　10 种数据寄存器写入示教时间示例

9.9.6　特殊定时器指令

特殊定时器指令格式：

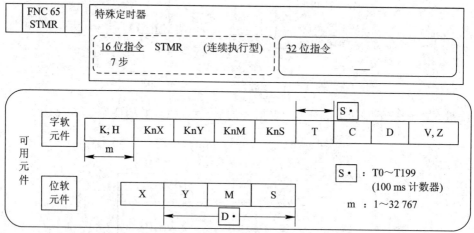

特殊定时器指令可简单制作延时定时器、单触发定时器和闪烁定时器。图 9 - 97 所示为该指令的执行过程示例。m 指定的值为 $\boxed{S \cdot}$ 指定的定时器的设定值，此例中为 10 s。M0 为延时定时器；M1 为输入 ON→OFF 后的单触发定时器；M2、M3 为闪烁用。

若 M3 连接成图 9 - 98 中所示那样，则 M2、M1 为闪烁输出。当 X0 置于 OFF 状态，设定时间后 M0、M1、M3 变为 OFF，T10 也复位。

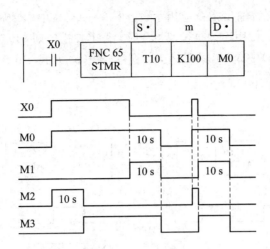

图 9 - 97 特殊定时器指令应用示例

在这里用到的定时器在其他一般的电路中不要重复使用。

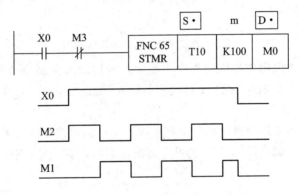

图 9 - 98 特殊定时器指令闪烁电路

9.9.7 交替输出指令

交替输出指令格式：

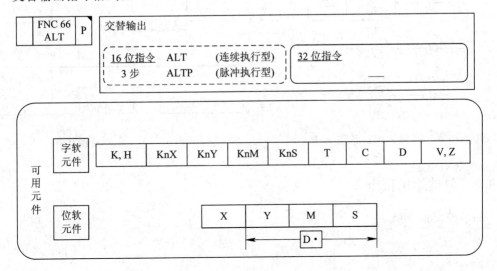

图 9-99 所示为交替输出指令应用示例。图 9-99(a) 中驱动输入 X0 每次由 OFF→ON 变化时，M0 反向；使用连续执行型指令时，每个扫描周期 M0 都反向动作。

如果以图 9-99(a) 中 M0 作为输入，如图 9-99(b) 所示，用 ALTP 指令驱动 M1 时，就能得到多级的分频输出。

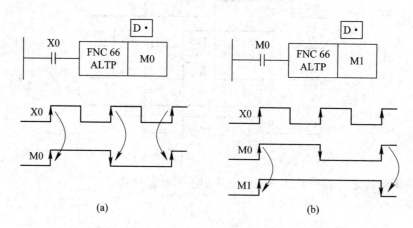

图 9-99 交替输出指令应用示例

图 9-100 所示为采用交替输出指令实现一个按钮输入控制启动和停止的例子。按下输入 X0 的按钮，启动输出 Y1 动作；再次按下输入 X0 的按钮时，停止输出 Y0 动作。反复交替执行。

图 9-101 所示为采用交替输出指令产生闪烁动作的电路，输入 X6 置于 ON 时，定时器 T2 的触点每隔 5 s 瞬时动作；T2 的触点每次接通时，输出 Y7 交替 ON/OFF。

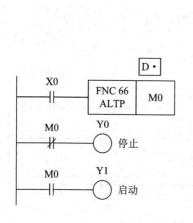

图 9-100 一个输入控制启动/停止示例

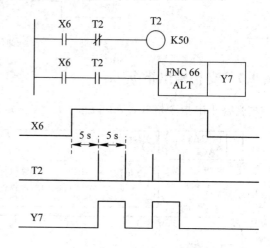

图 9-101 闪烁动作电路

9.9.8 斜坡输出指令

斜坡输出指令格式：

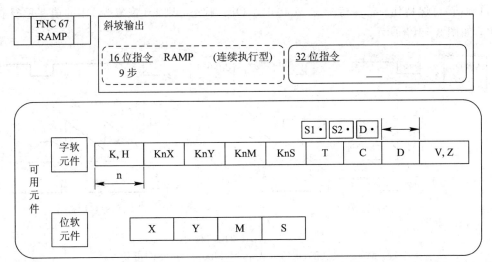

斜坡输出指令用来产生斜坡输出信号。图 9-102 所示为斜坡输出指令应用示例，预先将设定的初始值和目标值分别写入 D1(初始值)、D2(目标值)中，若 X0 置于 ON 时，D3 的内容从 D1 的值到 D2 的值慢慢变化，其变化时间为由 n 指定的 n 个扫描周期，其中扫描次数存储在 D4 中。

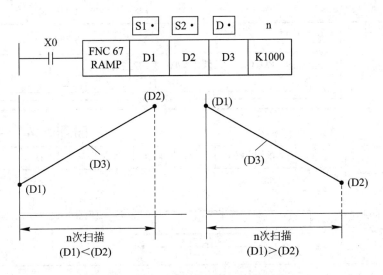

图 9-102　斜坡输出指令应用示例

把所设定的扫描时间(稍长于实际程序扫描时间)写到 D8039 中，并驱动 M8039，则可编程序控制器为恒定扫描运行模式。例如，当扫描时间设定为 20 ms 时，则上例中经 20 s 的时间 D3 中的值从 D1 的值变化到 D2 的值。

若在运行过程中 X0 置于 OFF 时，成为运行中断状态，斜坡输出停止；再次将 X0 置于 ON 时，D4 被清除，斜坡输出重新从 D1 值开始。

执行完毕后，标志 M8029 置 ON，D3 的值恢复到 D1 的值。

将该指令与模拟输出相结合，可以输出缓冲启动/停止指令。

X0 在 ON 的状态下 RUN 开始时，如 D4 为掉电保持状态，则 D4 要预先清零。

斜坡输出有保持和重复两种方式。若保持标志 M8026 为 ON 状态，则斜坡输出的最终值(目标值)可保持住；若保持标志 M8026 为 OFF 状态，则 D3 恢复为 D1 的值并重复斜坡输出，如图 9 - 103 所示。

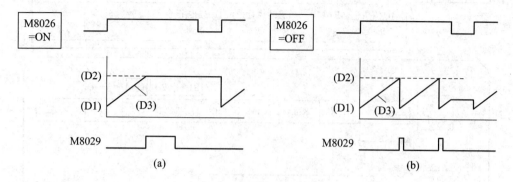

图 9 - 103　斜坡输出两种方式
(a) M8026 为 ON,保持方式；(b) M8026 为 OFF,重复方式

9.9.9　旋转工作台控制指令

旋转工作台控制指令格式：

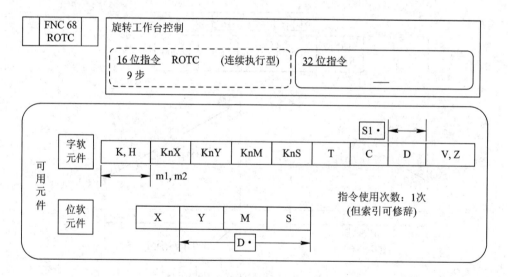

旋转工作台控制指令可使旋转工作台上被指定的工件以最短的路径转到出口处。

图 9 - 104 所示为旋转工作台控制指令应用示例。旋转工作台上有 m1＝10 个位置，按照要求取放指定工件以最短路径转到出口处。

使用旋转工作台控制指令所必需的条件如下：

(1) 回转检测信号。需要设置为检测工作台正转/反转旋转方向用的 2 相开关；0 点位置检测开关 X2，当 0 号工件到达 0 号位置时 X2 接通。回转检测信号如图 9 - 105 所示。

(2) 计数用寄存器的指定。若 $\boxed{\text{S} \cdot}$ 指定 D200，就表示它作为计算第几号工件是否转到 0 号位置的检测计数器。

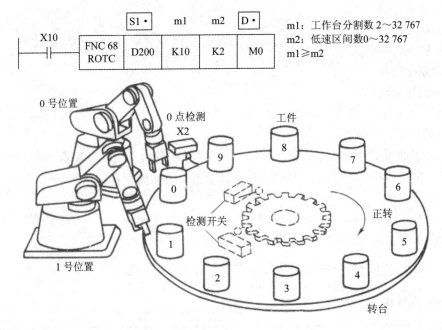

图 9 - 104　旋转工作台控制指令应用示例

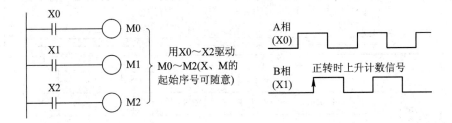

图 9 - 105　回转检测信号

（3）分割数（m1）和低速区（m2）。需要指定工作台的分割数 m1（图 9 - 103 例中为 10）及低速运行区间 m2（图 9 - 104 例中为 2 个位置）。

（4）指定调用条件的指定寄存器。若 $\boxed{S \cdot}$ 指定 D200，在 D200 之后的 D201 中设定希望调用的位置号码，此外，在 D201 之后的 D202 中设定需调用的工件号码。

指定好上述条件后，根据已指定的元件可以得到正转/反转、高速/低速/停止等输出。

图 9 - 104 所示示例中所指定的元件如下：

D200：作为计数寄存器使用

D201：调用位置号码设定
D202：调用工件号码设定 ｝ 在传送指令前预先设定

M0：A 相信号
M1：B 相信号 ｝ 预先创建由输入 X 驱动的回路
M2：0 点检测信号

M3：高速正转
M4：低速正转
M5：停止　　{ X10 置于 ON 驱动此指令时，可以自动得到 M3～M7 的结果
　　　　　　{ X10 置于 OFF 时，M3～M7 为 OFF
M6：高速反转
M7：低速反转

当 X10 为 ON、0 点检测信号（M2）为 ON 时，计数用寄存器 D200 的内容清零，需要预先进行该清除操作后再开始运行。

回转检测信号（M0、M1）若在 1 个工件区间内脉冲数为 10，则分割数、调用位置号码、工件号码的设定都必须设为 10 的倍数值。由此，低速区间的设定值也可以设定为分割量的中间值。例如，以 10 分割工作台、回转检测信号为 100 脉冲/转时，则图 9 - 104 例中应为 m1＝100；工件号码和调用位置号码必须设定为 0，10，20，…，90；要使低速区间为工件间距的 1.5 倍时，设定 m2＝15。

9.9.10　列表数据排序指令

列表数据排序指令格式：

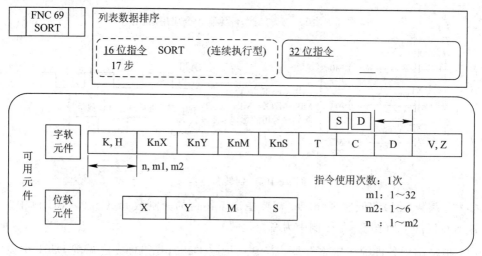

列表数据排序指令把源数据表格中由 n 个指定的列中的数据，按从小到大的顺序重新排列后，送到目标数据表中存放。S 和 D 分别指定源和目标数据表格的首个数据寄存器。表格有 m1 行、m2 列，占用 m1×m2 个数据寄存器。

图 9 - 106 所示为列表数据排序指令应用示例。当输入 X10 为 ON 时，开始数据排序；执行完毕后标志 M8029 置位。动作执行中不要改变操作数与数据的内容。再次运行时，须将 X10 置于 OFF 一次。

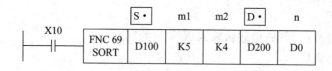

图 9 - 106　列表数据排序指令应用示例

9.10　外部设备 I/O 指令(FNC 70～FNC 79)

　　FNC 70～ FNC 79 主要为使用可编程序控制器的输入(I)、输出(O)与外部设备进行数据交换的指令。这些指令通过最小的程序与外部布线,可以简单地进行复杂的控制。由此,具有与上述方便指令相似的特性。此外,为了控制特殊单元与特殊模块,不可少的 FROM、TO 指令也包含在内。

9.10.1　十键输入指令

　　十键输入指令格式:

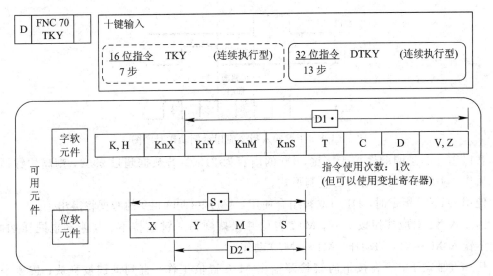

　　十键输入指令是用 10 个键输入十进制数的功能指令。该指令中 S· 指定输入元件, D1· 指定存储元件, D2· 指定读出元件。

　　图 9 - 107 所示为十键输入指令应用示例,其中包含了 10 个数字键(0～9)与可编程序控制器的连接情况。图 9 - 108 所示为键输入及其对应的辅助继电器的动作时序图。

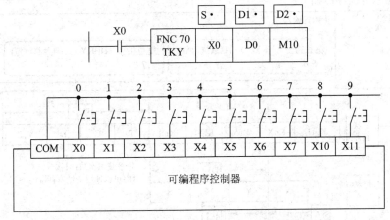

图 9 - 107　十键输入指令应用示例

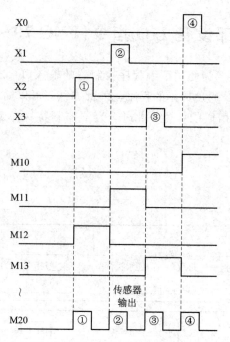

图 9 - 108　十键输入指令应用示例动作时序图

若以①②③④的顺序按十字键，D0 的内容为 2130。若数据超过 9999，则高位数据溢出并丢失，实际 D0 的内容为二进制形式。

使用 DTKY 指令时，D1、D0 被组合使用，超过 99 999 999 的数据将溢出。

当输入 X2 对应按钮按下后，M12 置位并保持到另一键被按下。其他键也同样如此，对应于输入 X0～X11 的动作，M10～M19 动作。

任一键被按下，只在按下时键检测输出 M20 置位工作，直到该键被释放；按多个键时，只有最先按的键有效。

当驱动输入 X30 为 OFF 时，D0 中数据保持不变，但 M10～M20 全部变为 OFF。

9.10.2　十六键输入指令

十六键输入指令格式：

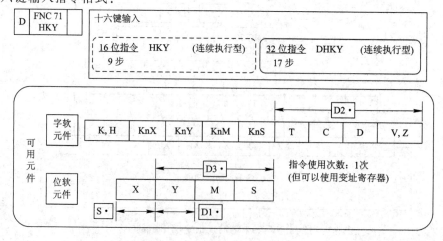

十六键输入指令能通过键盘上数字键和功能键输入的内容来完成输入的复合运算过程,是用十六键键盘写入数值和输入功能的指令。该指令中 $\boxed{S\cdot}$ 指定 4 个输入元件, $\boxed{D1\cdot}$ 指定 4 个扫描输出元件, $\boxed{D2\cdot}$ 指定键输入的存储元件, $\boxed{D3\cdot}$ 指定读出元件。

图 9-109 所示为十六键输入指令应用示例,其中包含了十六进制键与 PLC 的连接情况。如图 9-109(b)所示,十六键键盘包括数字键和功能键。

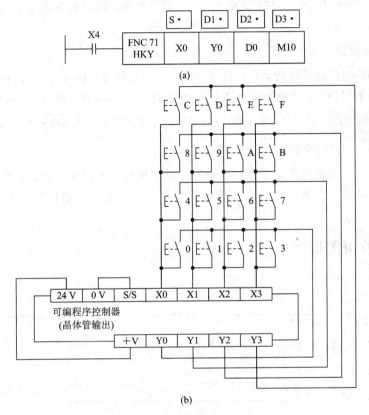

图 9-109　十六键输入指令应用示例

1. 数字键

每次键入的数字以 BIN 码形式存入 D0,大于 9999 的数据溢出,如图 9-110(a)所示。

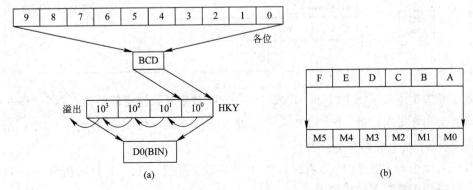

图 9-110　十六键键盘输入与存储

(a) 数字键;(b) 功能键

使用 DHTY 指令时,可在 D1、D0 组合中存放 0～99 999 999 的数据。

按下多个键时,只有最先按下的键有效。

Y0～Y3 一次循环动作后,执行完毕标志 M8029 动作置位。

2. 功能键

功能键 A～F 与 M0～M5 对应,其关系如图 9–110(b)所示。按下 A 键时,M0 动作保持;按 D 键时,M0 为 OFF,M3 动作并保持。其他类推。同时按下多个键时,最先按下的键有效。

3. 键检测输出

按下 A～F 的任意一键时,只在按下期间 M6 工作置位;按下 0～9 的任意一键,只在按下期间 M7 工作置位。当驱动输入 X4 为 OFF 时,D0 不变化,而 M0～M7 变化为 OFF。

预先将 M8167 置于 ON,然后将 0～F 的十六进制数据写入 D2· 中。例如,"123BF"输入后, D2· 中以 BIN 形式存储"123BF"。

此指令可以与可编程序控制器的扫描时间同期执行。16 键全部扫描完毕需要 8 个扫描周期,为防止键输入的滤波延迟所造成的存储错误,须使用恒定扫描模式和定时器中断处理。

9.10.3 数字开关指令

数字开关指令格式:

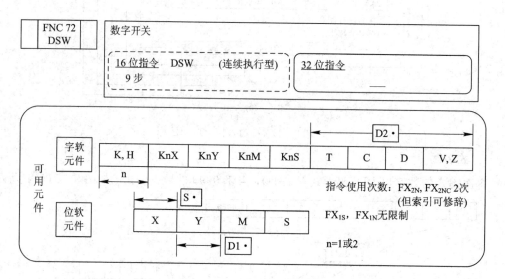

数字开关指令为 4 位 1 组(n=1)或 2 组(n=2)数字开关设定值的读入指令。图 9–111 为数字开关指令应用示例,指令中 S· 指定输入元件, D1· 指定选通元件, D2· 指定数据存储元件,n 指定数字开关的组数。

每组开关由 4 个拨盘组成,有时也叫 BCD 码数字开关,图 9–111(b)所示为 BCD 数字开关与可编程序控制器的接线图。

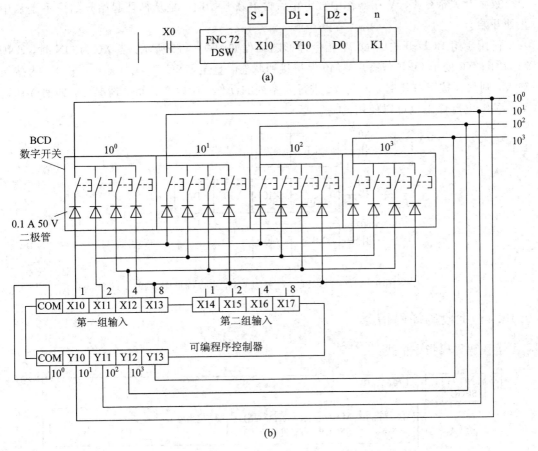

图 9 - 111 数字开关指令应用示例

第一组 BCD 码 4 位数字开关接到 X10～X13，根据 Y10～Y13 顺序读入，数据以 BIN 码形式存入 D0 中。

当 n＝2 时，则第二组 BCD 码 4 位数字开关接到 X14～X17，也根据 Y10～Y13 顺序读入，数据以 BIN 码形式存入 D1 中。

当 X0 置于 ON 时，Y10～Y13 顺序工作，一次循环工作结束后，执行完毕标志 M8029 动作置位，时序图如图 9 - 112 所示。

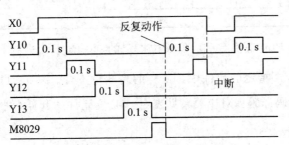

图 9 - 112 动作时序图

为了连续存入 DSW 的值，务必采用晶体管输出的可编程序控制器。通过设定 DSW 读入输入，即使是用继电器输出可编程序控制器也可以使用。

数字开关指令 DSW 在操作中被中止后再重新开始时,是从循环起始开始而不是从中止处开始。

使用 1 组 BCD 开关的 DSW 指令梯形图编程如图 9-113 所示。当 X0 为 ON 时,FNC 72 动作;X0 处于 OFF 状态后,M0 保持接通状态,直至 FNC 72 执行结束。若 X0 为按钮输入,则只在按下按钮时,FNC 72 进行一系列的动作,所以在此指令情况下,即使 Y10~Y13 是继电器输出也可以使用。

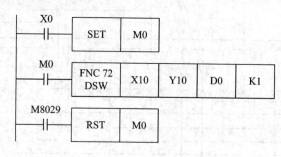

图 9-113 1 组 BCD 开关的 DSW 指令梯形图编程

9.10.4 七段码译码指令

七段码译码指令格式:

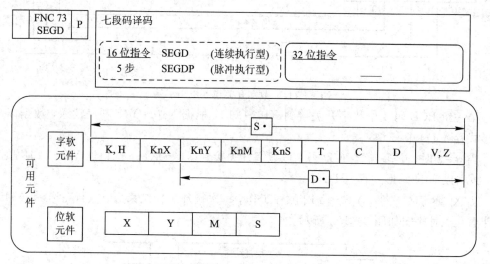

七段码译码指令功能是将 $\boxed{S \cdot}$ 的低 4 位指定的 0~F(十六进制数)的数据译成七段码显示的数据,存入 $\boxed{D \cdot}$ 指定的元件中,$\boxed{D \cdot}$ 的高 8 位不变。图 9-114 所示为七段码译码指令应用示例。七段码译码表对应关系见表 9-5,位元件的起始(例如 Y0)或字元件的最后位为 B0。

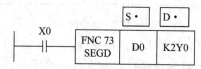

图 9-114 七段码译码指令应用示例

表 9 – 5　七段码译码表

源		七段组合数字	预设定								表示的数字
十六进制数	位组合		B7	B6	B5	B4	B3	B2	B1	B0	
0	0000		0	0	1	1	1	1	1	1	0
1	0001		0	0	0	0	0	1	1	0	1
2	0010		0	1	0	1	1	0	1	1	2
3	0011		0	1	0	0	1	1	1	1	3
4	0100		0	1	1	0	0	1	1	0	4
5	0101		0	1	1	0	1	1	0	1	5
6	0110		0	1	1	1	1	1	0	1	6
7	0111		0	0	1	0	0	1	1	1	7
8	1000		0	1	1	1	1	1	1	1	8
9	1001		0	1	1	0	1	1	1	1	9
A	1010		0	1	1	1	0	1	1	1	A
B	1011		0	1	1	1	1	1	0	0	B(b)
C	1100		0	0	1	1	1	0	0	1	C
D	1101		0	1	0	1	1	1	1	0	D(d)
E	1110		0	1	1	1	1	0	0	1	E
F	1111		0	1	1	1	0	0	0	1	F

七段组合数字图示：B0（上）、B5（左上）、B1（右上）、B6（中）、B4（左下）、B2（右下）、B3（下）

9.10.5　带锁存七段码显示指令

带锁存七段码显示指令格式：

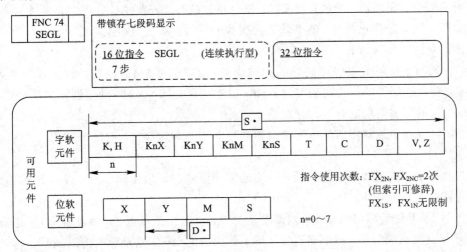

带锁存七段码显示指令为用于控制 4 位 1 组或 2 组的带锁存七段码显示的指令。图 9 - 115 所示为带锁存七段码显示指令应用示例，其中图 9 - 115(b)所示为七段码显示器与可编程序控制器的连接线图。

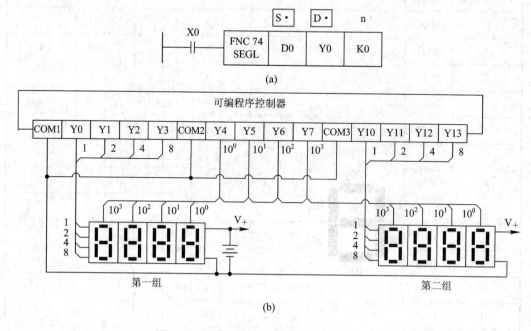

图 9 - 115　带锁存七段码显示指令应用示例

图 9 - 115(a)所示中指令 SEGL 为进行 4 位(1 组或 2 组)的七段码显示，需要运算周期 12 倍的时间来完成，4 位数输出结束后，执行完毕标志 M8029 动作置位。

4 位 1 组时，n ＝0～3，D0 中的数据(BIN 码)转换成 BCD 码(范围 0～9999 有效)依次送到 Y0～Y3 输出，由选通脉冲信号 Y4～Y7 依次锁存 4 位 1 组的带锁存七段码。

4 位 2 组时，n ＝4～7，D0 中的数据(BIN 码)转换成 BCD 码(范围 0～9999 有效)依次送到 Y0～Y3 输出，D1 中的数据(BIN 码)转换成 BCD 码(范围 0～9999 有效)依次送到 Y10～Y13 输出，选通脉冲信号与各组一同使用 Y4～Y7。

当该指令的驱动输入 X0 为 ON 时，指令反复执行。若在执行过程中驱动输入条件 X0 变为 OFF，则指令停止执行。驱动输入再次为 ON 时，从初始动作开始执行。

该指令注意事项如下：

(1) 该指令与可编程序控制器的扫描周期(运算周期)同时执行。为执行一系列的显示，可编程序控制器的扫描周期需要 10 ms 以上；不足 10 ms 时，使用恒定扫描模式，使用 10 ms 以上的扫描周期定时运行。

(2) 可编程序控制器的晶体管输出的 ON 电压约为 1.5 V，七段码使用与此相应的输出电压。

参数 n 为对应七段码的数据输入、选通脉冲信号的正负逻辑以及 4 位 1 组的控制或 2 组的控制应选择的号码。

在 NPN 晶体管输出类型中，内部逻辑为 1 时，输出为低电平，将此称为"负逻辑"；在 PNP 晶体管输出类型中，内部逻辑为 1 时，输出为高电平，将此称为"正逻辑"。

七段码显示器逻辑见表 9 - 6。

表 9 - 6　七段码显示器逻辑

区分	正逻辑	负逻辑
数据输入	以高电平变为 BCD 数据	以低电平变为 BCD 数据
选通脉冲信号	以高电平保持锁存的数据	以低电平保持锁存的数据

参数 n 根据可编程序控制器与七段码的正负逻辑是否一致进行选择，如表 9 - 7 所示。

表 9 - 7　参数 n 的选择

• 4 位 1 组时			• 4 位 2 组时		
数据输入	选通脉冲信号	n	数据输入	选通脉冲信号	n
一致	一致	0	一致	一致	4
一致	不一致	1	一致	不一致	5
不一致	一致	2	不一致	一致	6
不一致	不一致	3	不一致	不一致	7

例如，可编程序控制器为负逻辑、七段码显示器的数据输入为负逻辑、七段码显示器的选通脉冲信号为正逻辑时，若为 4 位 1 组，则 n=1；若为 4 位 2 组，则 n=5。

9.10.6　方向开关指令

方向开关指令格式：

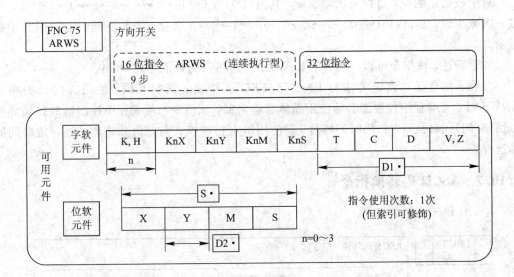

方向开关指令为用于通过位移动与各位数值增减用的方向开关输入数据和显示用的指令。图 9 - 116 所示为方向开关指令应用示例。

方向开关有 4 个，如图 9 - 116(b) 所示。进位键和退位键用来指定要输入的位，增加键和减少键用来设定指定位的数值。带锁存的七段码显示器可以显示当前数值，显示器与可编程序控制器输出端的连接如图 9 - 116(c)所示。

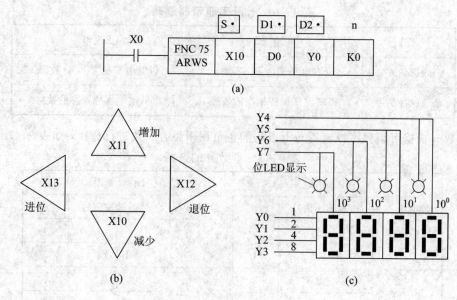

图 9 - 116　方向开关指令应用示例

D0 中存储的数据虽然是 16 位二进制数，但是为了方便起见，以下说明均以 BCD 码 $(0\sim9999)$ 表示。

当驱动输入 X0 置于 ON 时，指定位为 10^3 位，每按一次退位键，指定位按以下顺序移动变化：$10^3 \rightarrow 10^2 \rightarrow 10^1 \rightarrow 10^0 \rightarrow 10^3$；按进位键时，指定位移动顺序如下：$10^3 \rightarrow 10^0 \rightarrow 10^1 \rightarrow 10^2 \rightarrow 10^3$；指定位可以根据选通脉冲信号 $(Y4\sim Y7)$ 用 LED 表示。

对于被指定的位，每按一次增加键，其值(D0)按 $0\rightarrow1\rightarrow2\rightarrow\cdots\rightarrow8\rightarrow9\rightarrow0\rightarrow1$ 变化；每按一次减少键，其值(D0)按 $0\rightarrow9\rightarrow8\rightarrow7\rightarrow\cdots\rightarrow1\rightarrow0\rightarrow9$ 变化；当前值可由七段码显示器显示。

如上所述，该指令可以一边看着显示器，一边将目的数值写入 D0 中。

参数 n 的选择和设定方法与 FNC 74(SEGL)参数 n 选择相同。使用方向开关指令 ARWS 时，可编程序控制器必须使用晶体管输出型，该指令与可编程序控制器的扫描周期（运算时间）同时执行。扫描时间短时，需使用恒定扫描模式与定时器中断，按一定时间间隔运行。

9.10.7　ASCII 码转换指令

ASCII 码转换指令格式：

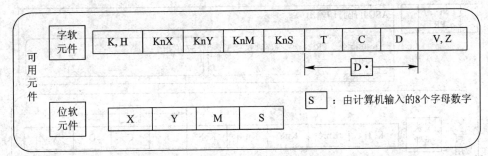

ASCII 码转换指令是将字符转换成 ASCII 码并存放在指定元件中。图 9 - 117 所示为 ASCII 码转换指令应用示例，将字母 A～H 转换成 ASCII 码后传送到 D300～D303 中。

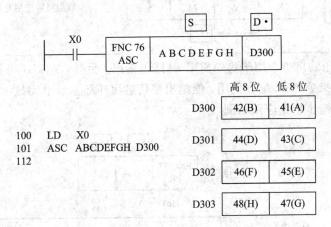

图 9 - 117　ASCII 码转换指令应用示例

该指令适用于在外部显示器上选择显示出错等信息。

如将 M8161 置于 ON 后执行该指令时，向 D· 只传送低 8 位，占有与传送字符（8 个字符）相同数量的元件，此时高 8 位为零，见表 9 - 8。

表 9 - 8　ASCII 码转换指令扩展功能

	高 8 位	低 8 位	
D300	00	41	A
D301	00	42	B
D302	00	43	C
D303	00	44	D
D304	00	45	E
D305	00	46	F
D306	00	47	G
D307	00	48	H

9.10.8　ASCII 码打印输出指令

ASCII 码打印输出指令格式：

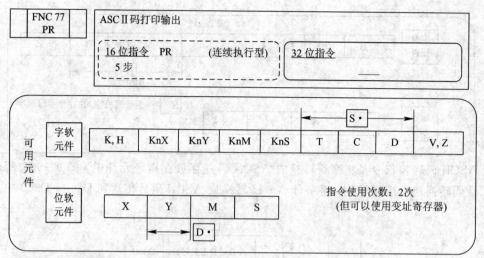

ASCII 码打印输出指令用于将 ASCII 码打印输出。另外，ASCII 码打印输出指令 PR 和 ASCII 码转换指令 ASC 配合使用，能把出错信息用外部显示单元显示。图 9 - 118 所示为 ASCII 码打印输出指令应用示例。

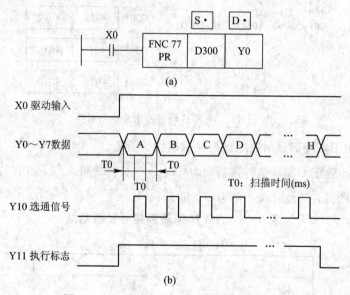

图 9 - 118　ASCII 码打印输出指令应用示例

(a) 梯形图；(b) 执行过程

若图 9 - 117 例所述的 ASCII 码存放在 D300～D303 中，则发送的顺序以 A 开始，即按 A～H 的顺序送出 ASCII 码，ASCII 码发送输出为 Y0(低位)～Y7(高位)，其他选通脉冲信号 Y10，正在执行标志 Y11 动作，图 9 - 118(b) 所示为 ASCII 码打印输出指令执行过程。

图 9 - 118 所示示例中，若驱动输入 X0 在指令执行过程中被置于 OFF 时，则传送操作即被中断。当 X0 再次置于 ON 时，从初始状态开始动作。

ASCII 码打印输出指令 PR 在程序中只能使用一次，且必须为晶体管输出型可编程序控制器。

当 16 位操作运行时，需要标志 M8027 为 ON（M8000 作为驱动输入）。ASCII 码打印输出指令 PR 一旦执行，它将所有 16 位字节的数据送完。

9.10.9　读特殊功能模块指令

读特殊功能模块指令格式：

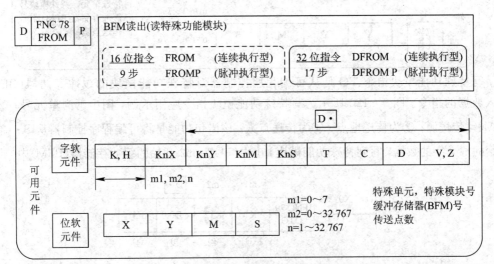

读特殊功能模块指令 FROM 用于将增设的特殊单元缓冲存储器（BFM）的内容读到可编程序控制器中。图 9 - 119 所示为读特殊功能模块指令应用示例，图中①为单元号；②为 BFM3♯传送源；③为传送地点；④为传送点数。该语句功能是将编号为 m1 的特殊单元模块内，从缓冲存储器（BFM）号为 m2 开始的 n 个数据读入基本单元，并存放在从 $\boxed{D \cdot}$ 开始的 n 个数据寄存器中。

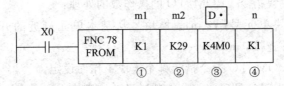

图 9 - 119　读特殊功能模块指令应用示例

对于图 9 - 119 中示例，当驱动输入 X0 为 ON 时，执行读出操作；当 X0 为 OFF 时，不执行传送，传送地点的数据不变化。脉冲指令执行后也一样。

9.10.10　写特殊功能模块指令

写特殊功能模块指令格式：

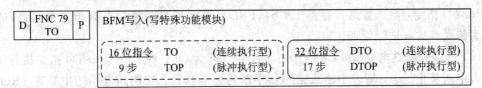

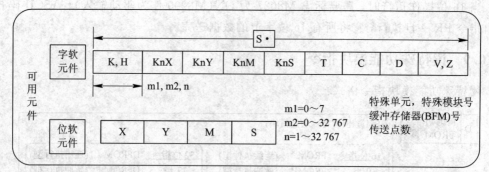

写特殊功能模块指令 TO 是从可编程序控制器对特殊功能模块的缓冲存储器（BFM）写入数据的指令。图 9 - 120 所示为写特殊功能模块指令应用示例，图中①为单元号；②为 BFM3♯传送源；③为传送地点；④为传送点数。该语句功能是将可编程序控制器从 $\boxed{S\cdot}$ 单元开始的 n 个字的数据，写到特殊功能模块 m1 中编号为 m2 开始的缓冲存储器（BFM）中。

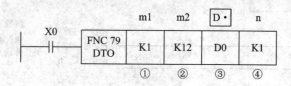

图 9 - 120　写特殊功能模块指令应用示例

图 9 - 120 中示例为对特殊功能模块 No.1 的缓冲存储器（BFM）♯13、♯12 写入可编程序控制器（D1，D0）的 32 位数据。当驱动输入 X0 为 ON 时，执行写入操作；X0 为 OFF 时，不执行传送，传送地点的数据不变化。脉冲指令执行后也如此。位元件的数应指定为 K1～K4（16 位指令）、K1～K8（32 位指令）。

读/写特殊功能模块指令 FROM/TO 的操作数的处理：

（1）特殊功能模块单元号码：m1。模块号从基本单元最近的开始编号，按 No.0→No.1→No.2→…顺序连接，m1＝0～7。

模块号用于以 FROM/TO 指令指定哪个模块工作而设定。

（2）缓冲存储器（BFM）号码：m2。特殊增设功能模块中内藏了 32 点 16 位 RAM 存储器，这就叫缓冲存储器。缓冲存储器号为♯0～32 767，其内容根据各模块的控制目的而决定。

用 32 位指令对 BFM 处理时，指定的 BFM 为低 16 位，其后续编号的 BFM 为高16 位。

（3）传送点数：n。用 n 指定传送的字点数。16 位指令的 n＝2 和 32 位指令的 n＝1 为相同含义。

在特殊辅助继电器 M8164（FROM/TO 指令的传送点数可变模式）ON 时，执行 FROM/TO 指令，特殊数据寄存器 D8164（FROM/TO 指令的传送点数指定寄存器）的内容作为传送点数 n 进行处理。

（4）特殊辅助继电器 M8028 的作用。当 M8028 为 OFF 时，FROM/TO 指令执行时自动进入中断禁止状态，输入中断或定时器中断将不能执行。这期间发生的中断在 FROM/TO 指令完成后立即执行。另外，FROM/TO 指令也可以在中断程序中使用。

　　当 M8028 为 ON 时，FROM/TO 指令执行时如发生中断则执行中断程序，但是中断程序中不可使用 FROM/TO 指令。

　　在应用中，如连接多台定位、凸轮开关、ID 接口、链接、模拟量等特殊增设模块时，可编程序控制器缓冲存储器运行时的初始化时间会变长，运算时间会延长。另外，执行多个 FROM/TO 指令或传送多个缓冲存储器数据时，运算时间也会延长。为了防止这种情况引起的监视定时器超时，可在起始步附近加入如下程序延长监视定时器时间，或者错开 FROM/TO 指令的执行时间。

　　另外，关于特殊增设模块的连接方法、可连接台数及输入/输出编号等内容，可参阅可编程序控制器硬件手册和各模块附带的说明书。本书第十一章后提供的二维码中对特殊功能模块作了描述。

　　由于篇幅有限，其余指令有关内容请扫描二维码获取。

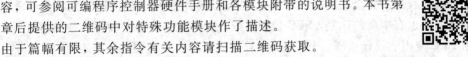

其他应用指令

习　　题

　　9-1　什么是应用指令？FX$_{2N}$系列 PLC 应用指令共有几大类？

　　9-2　什么是"位"元件？什么是"字"元件？有什么区别？

　　9-3　应用指令有哪些使用要素？并说明其使用意义。

　　9-4　两数相减之后得一绝对值，试编写该程序。

　　9-5　某报时器有春冬季和夏秋季两套报时程序，请设计两种程序结构，安排这两套程序。

　　9-6　用 X0 控制接在 Y0～Y17 上的 16 个彩灯是否移位，每一秒移一位，用 X1 控制左移或右移，用 MOV 指令将彩灯的初值设定为十六进制数 H000F（仅 Y0～Y3 为 1），设计出该梯形图。

　　9-7　用 CMP 指令实现功能：X0 为脉冲输入，当脉冲数大于 5 时，Y1 为 ON，反之 Y0 为 ON，编写该梯形图。

　　9-8　三台电动机相隔 5 s 启动，各进行 10 s 停止。循环往复，使用传送比较指令完成控制要求。

　　9-9　设计一台计时精确到秒的闹钟，每天早上 6 点 30 分 00 秒提醒你按时起床。

　　9-10　用 DEMO 指令实现某喷水池喷水控制：第一组喷嘴 6 s→第二组喷嘴 3 s→均停 2 s→重复上述过程。

　　9-11　如何用双按钮控制 5 台电动机的 ON/OFF。

　　9-12　设计一个时间中断子程序，每 20 ms 读取输入口 K2X0 数据一次，1 s 计算一次平均值，并送 D110 存储。

　　9-13　试用比较指令设计一密码锁控制电路。密码锁有 8 个按钮，分别接入 X0～X7，其中 X0～X3 代表第一个十六进制数，X4～X7 代表第二个十六进制数。若按下的密码与 H12 相符，2 s 后，开照明；按下的密码与 H56 相符，3 s 后，开空调。

　　9-14　试编写一个数字钟的程序，要求有时、分、秒的输出显示，并具有启动、清除功能；进一步考虑时间调整功能。

第 10 章 可编程序控制器系统设计

PLC 的工作方式和通用微机不完全一样，因此，用 PLC 设计自动控制系统与微机控制系统开发过程也不完全相同，需要根据 PLC 的特点进行系统设计。PLC 与继电器—接触器控制系统也有本质的区别，PLC 控制系统设计一大特点就是硬件和软件可分开。本章将介绍 PLC 应用的设计步骤、硬件设计、软件设计以及设计中应注意的问题。

可编程序控制器控制系统设计的基本原则如下：

(1) 最大限度地满足被控对象的控制要求。设计前，应深入现场进行调查研究，搜索资料，并与机械部分的设计人员和实际操作人员密切配合，共同拟定电气控制方案，协同解决实际中出现的各种问题。

(2) 在满足控制要求的前提下，力求使控制系统简单、经济、使用和维护方便。

(3) 保证控制系统的安全、可靠。

(4) 考虑到生产的发展和工艺的改进，在选择 PLC 容量时，应适当留有裕量。

10.1 可编程序控制器系统总体方案设计

在利用 PLC 构成应用系统时，首先要明确对控制对象的要求，然后根据实际需要确定控制类型和系统工作时的运行方式，这些就是总体方案设计的内容。

10.1.1 PLC 控制系统类型

一般说来，由 PLC 构成的单机控制系统有以下几种类型。

1. 由 PLC 构成的单机控制系统

这种系统的被控对象往往是一台机器或一条生产流水线，如注塑机、机床、皮带运输机、简易生产流水线等。其是用一台 PLC 来实现对被控对象的控制，如图 10 - 1 所示。这种系统对 PLC 的输入/输出点数要求较少，存储器的容量要求较小，控制系统的构成简单明了。此种系统在选用 PLC 时，不宜将功能和 I/O 点数、存储器容量选择过大，以免造成浪费。同时，还应考虑到将来是否需要进行通信联网，有必要的话应选择具有通信功能的 PLC。

图 10 - 1　单机控制系统

2. 由 PLC 构成的集中控制系统

这种系统的被控对象是由数台机器或数条流水线构成的，该系统是用一台 PLC 控制多台被控设备，每个被控对象与 PLC 的指定 I/O 相连接，如图 10 - 2 所示。由于采用一台

PLC 控制，因此，被控对象之间的数据、状态的变换不需要另设专门的通信线路。该控制系统多用于被控对象所处的地理位置比较接近且相互之间的动作有一定联系的场合。如果被控对象相距较远，而且大多数输入、输出线都要引入控制器，这种情况下建议采用远程 I/O 控制系统。集中控制系统虽然比单机系统经济，但当某一控制对象变更程序或

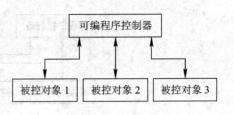

图 10 - 2 集中控制系统

PLC 系统故障时，必须停止整个系统中的所有被控设备，这是集中控制系统的最大缺点。所以，对于大型的集中控制系统，可以采用冗余系统克服上述缺点。将 I/O 点数和存储容量选择大一些，以便增加被控对象的功能。

3. 由 PLC 构成的分布式控制系统

这类系统的被控对象比较多，它们分布在一个较大的区域内，相互之间距离较远，而且各被控对象之间要求经常交换数据和信息。这种系统的控制由若干个相互之间具有通信联网功能的 PLC 构成，系统的上位机可以采用 PLC，也可以采用计算机，如图 10 - 3 所示。

在分布式控制系统中，每一台 PLC 控制一个被控对象，各控制器之间可以通过信号传递进行内部连锁、响应或请求等，或由上位机通过数据总线进行通信。分布式控制系统多用于多台机械生产线的控制，各生产线之间有数据交换。由于各控制对象都有自己的 PLC，当某一台 PLC 停止时，不需要停止其他的 PLC。与集中控制系统相比，虽然多用了 PLC，但系统的维护性、功能扩展方面得到了增强，灵活性大大改善。

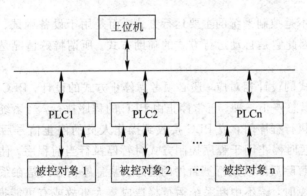

图 10 - 3 分布式控制系统

4. 用 PLC 构成远程 I/O 控制系统

远程 I/O 控制系统实际上是集中控制系统的特殊情况。远程 I/O 系统就是 I/O 模块不与 PLC 放在一起，而是远距离地放在被控对象附近，远程 I/O 通道与 PLC 之间通过同轴电缆传递信息，如图 10 - 4 所示。远程 I/O 控制系统适用于被控对象远离集中控制室的场合。一个控制系统需要多少个远程 I/O 通道，要根据被控对象的分散程度和距离而定，同时也受所选 PLC 的驱动 I/O 通道数能力限制。

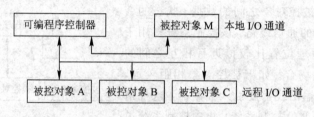

图 10 - 4　远程 I/O 控制系统

10.1.2　系统的运行方式

用 PLC 构成的控制系统有三种运行方式，即自动、半自动和手动。

1. 自动运行方式

自动运行方式是控制系统的主要运行方式。这种运行方式的主要特点是在系统工作过程中，系统按给定的程序自动完成被控对象的动作，不需要人工干预，如煤矿的主井提升设备的控制系统。系统的启动可由 PLC 本身的启动系统进行，也可由操作人员根据 PLC 提示信号确认并按下启动按钮来实现。

2. 半自动运行方式

这种运行方式的特点是系统在启动和运行过程中的某些步骤需要人工干预才能进行下去。半自动方式多用于检测手段不完善，需要人工判断或某些设备不具备自控条件，需要人工参与控制的场合。

3. 手动运行方式

手动运行方式不是控制系统的主要运行方式，而是用于设备调试、系统调整和特殊情况下的运行方式，因此它是自动运行方式的辅助方式。所谓特殊情况是指系统在故障情况下运行。

与系统运行方式的设计相对应，还必须考虑停止方式的设计。PLC 的停止方式有正常停止、暂时停止和紧急停止三种。正常停止由 PLC 的程序执行，当系统的运行步骤执行完且不需要重新启动执行程序时，或 PLC 接收到操作人员的停止信号后，PLC 按规定的步骤停止系统运行。暂时停止用于程序控制方式时暂停执行当前程序，使所有输出都设置为 OFF 状态，待暂停解除后继续执行被暂停的程序。紧急停止方式是在系统运行过程中设备出现异常情况或故障时，若不中断系统运行将造成重大事故或有可能损坏设备，此时必须使用紧急停止按钮使整个系统立即停止运行，它是既没有连锁条件也没有延迟时间的停止方式。紧急停止时，所有设备都必须停止，且程序控制被解除，控制内容复位到原始状态。

10.1.3　可编程序控制器系统设计一般流程

可编程序控制器系统设计流程如图 10 - 5 所示。设计时按以下步骤进行。

（1）熟悉控制对象，确定控制范围。全面详细了解被控对象的特点和生产工艺过程，归纳出工作循环图或状态流程图，与继电器—接触器控制系统和工业控制计算机进行比较后加以选择。如果控制对象是工业环境差，而安全性、可靠性要求高，系统工艺复杂，输入/输出点数较多，工艺流程又要经常变动的场合，则可考虑选用 PLC 进行控制。

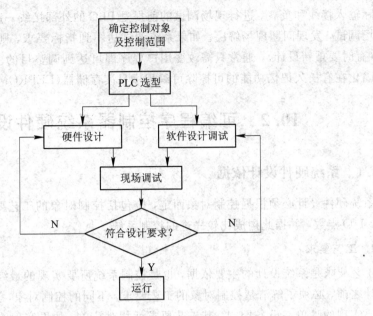

图 10 - 5　PLC 系统设计流程图

对确定了的控制对象，还要明确控制任务和设计要求。要了解工艺过程和机械运动与电气执行元件之间的关系和对电气控制系统的要求。例如，机械运动部件的传动与驱动、液压气动的控制、仪表及传感器的连接与驱动等。最后归纳出电气执行元件的动作节拍表，PLC 的根本任务就是正确实现该动作节拍表。状态流程图和电气执行元件的动作节拍表是 PLC 控制系统的设计依据。

（2）制定控制方案，进行 PLC 选型。根据生产工艺和机械运动的控制要求，确定电气控制系统的工作方式，是手动、半自动还是全自动；是单机运行还是多机联线运行等。此外，还要确定电气控制系统的其他功能，例如紧急处理功能、故障显示与报警功能、通信联网功能等。通过研究工艺过程和机械运动的各个步骤和状态，来确定各种控制信号和检测反馈信号的相互转换和联系，并且确立哪些信号需要输入 PLC，哪些信号要从 PLC 输出或者哪些负载要由 PLC 驱动，统计出各输入/输出量的性质和参数，根据所得结果，选择合适的 PLC 型号并确定各种硬件配置。

（3）硬件和软件设计。PLC 选型和 I/O 配置是硬件设计的主要内容。设计出合理的 PLC 外部接线图也很重要。对 PLC 的输入/输出进行合理的地址编号，会给 PLC 系统的硬件设计、软件设计和系统调整带来很多方便。输入/输出地址编号确定后，硬件设计和软件设计工作可同时进行。所谓软件设计，即编写 PLC 程序，可以为梯形图或语句表等形式。

（4）模拟调试。将设计好的程序输入 PLC 后应仔细检查与验证，改正程序设计的语法错误，之后在实验室里进行用户程序的模拟运行和程序调试，观察各输入量、输出量之间的变化关系及逻辑状态是否符合设计要求，发现问题及时修改，直到满足工艺流程和状态流程图的要求。

在程序设计和模拟调试时，可同时开展控制系统其他部分的工作，例如，PLC 外部电路和电气控制柜、控制台的设计、装配、安装和接线等。

（5）现场运行调试。模拟调试好的程序传送到现场使用的 PLC 存储器中，接入 PLC

的实际输入接线和负载。进行现场调试的前提是 PLC 的外部接线一定要准确无误。反复进行现场调试，发现问题现场解决。如果系统调试达不到指标要求，则可对硬件和软件进行调整(有时要重新设计)，通常只需改变用户程序即可达到调整目的。现场调试后，一般将程序固化在有长久记忆功能的可擦除可编程序只读存储器(EEPROM)中长期保存。

10.2　可编程序控制器系统硬件设计

10.2.1　系统硬件设计依据

系统硬件设计必须根据控制对象而定，应包括控制对象的工艺要求、设备状况、控制功能、I/O 点数，并据此构成比较先进的控制系统。

1. 工艺要求

工艺要求是系统设计的主要依据，也是控制系统所要实现的最终目的，所以在进行系统设计之前，必须了解清楚控制对象的工艺要求。不同的控制对象，其工艺要求也不相同。如果要实现的是单一设备控制，其工艺要求就相对简单；如果实现的是整个车间或全厂的控制，其工艺要求就会比较复杂。

2. 设备状况

工艺要求清楚后，还要掌握控制对象的设备状况，设备状况应满足整个工艺要求。对控制系统来说，设备又是具体的控制对象，只有掌握了设备状况，对控制对象的设计才有了基本的依据。在实际应用中，既有新产品或新的生产流水线控制系统的设计，又有老系统的改造设计，因此在掌握设备状况时，既要掌握设备的种类、多少，也要掌握设备的新旧程度。

3. 控制功能

根据工艺要求和设备状况就可提出控制系统应实现的控制功能。控制功能也是控制系统设计的重要依据。只有掌握了要实现的控制功能，才能据此设计系统的类型、规模、机型、模块、软件等内容。常见的控制功能有连续操作、单周期操作、单步操作、手动操作、复位操作等，其中连续操作、单周期操作、单步操作属于自动操作，分别满足不同情况下的动作要求。

4. I/O 点数

根据工艺要求、设备状况和控制功能，可以对系统硬件设计形成一个初步的方案。但要进行详细设计，则要对系统的 I/O 点数和种类有一个精确的统计，以便确定系统的规模、机型和配置。在统计 I/O 点数时，要分清输入和输出、数字量和模拟量、各种电压电流等级等方面。I/O 点数的确定按实际需要的 I/O 点数再加上 20%～30%的备用量确定。

5. 系统的先进性

在系统设计中，除了要考虑上述部分的内容外，还要考虑所构成的控制系统的先进性，以满足系统扩展灵活、性能优越的需要。

10.2.2　可编程序控制器的选型

PLC 的选用与继电器—接触器控制系统的元件选用不同，继电器—接触器控制系统元件的选用必须在设计结束后才能确定出各种元件的型号、规格和数量以及确定控制台、控制柜的大小等。而 PLC 的选用则在系统设计的开始即可根据提供的资料及工艺要求等预先进行。

在选择 PLC 的信号时一般从以下几个方面来考虑。

1．功能合理

PLC 的选型基本原则是满足控制系统的功能需要。控制系统需要什么功能，就选择具有什么样功能的 PLC，兼顾维修、备件的通用性。

对于小型单机，仅需要开关量控制的设备，一般的小型 PLC 都可以满足控制要求。

到了 20 世纪 90 年代，小型、中型和大型 PLC 已普遍进行 PLC 与 PLC、PLC 与上位机的通信与联网，具有数据处理、模拟量控制等功能，例如三菱 FX 系列 PLC。因此在功能选择方面要着重注意特殊功能的需要，就是要选择具有所需功能的 PLC 主机和根据需要选择相应的模块，例如开关量的输入/输出模块、模拟量的输入/输出模块、定位控制模块、高速计数模块、通信联网模块和人机界面模块等。

2．I/O 点数

准确地统计出被控设备对输入/输出点数的总需求量是 PLC 选型的基础。把各输入设备和被控设备详细列出，然后在实际统计出 I/O 点数的基础上加上 20%～30% 的备用量，以便以后系统调整和扩展。

多数小型 PLC 为整体式，除了按点数分成许多档次外，还有扩展单元。FX_{2N} 系列 PLC 主机分为 16、32、48、64、80、128 点六挡，还有多种扩展模块和单元。

模块式结构的 PLC 采用主机模块和输入/输出模块、功能模块组合使用的方法。根据需要，选择和灵活组合使用主机和 I/O 模块。

3．输入/输出信号性质

除决定好 I/O 点数外，还要注意输入/输出信号的性质、参数等。如输入信号电压的类型、等级和变化率；信号源是电压输出型还是电流输出型；是 NPN 输出型还是 PNP 输出型等，还要注意输出端的负载特点，选择相应的机型和模块。

4．响应时间要求

对于大多数应用场合来说，PLC 的响应时间不是主要的问题。响应时间包括输入滤波时间、输出滤波时间和扫描周期。PLC 的顺序扫描工作方式使它不能可靠地接收持久时间小于扫描周期的输入信号。为此，需要选取扫描速度高的 PLC。FX_{2N} 系列 PLC 中基本指令处理时间为 0.08 μs/指令，应用指令处理时间为 1.52 至几百 μs/指令。

5．程序存储器容量

PLC 的程序存储器容量通常以字或步为单位。PLC 的程序步是由一个字构成的，即每个程序步占一个存储器单元。

系统设计时可以预先估计用户程序存储器的容量。对于开关量控制系统，用户程序存储器的字数等于 I/O 信号总数乘以 8；对于有模拟量输入/输出的系统，每一路模拟量信号大约需 100 字的存储器容量。

大多数 PLC 的存储器采用模块式的存储器卡盒，同一型号的 PLC 可以选配不同容量的存储器卡盒，实现可选择的多种用户存储器的容量。

此外，还应根据用户程序的使用特点来选择存储器的类型。当程序要频繁修改时，应选用 CMOS - RAM；当程序长期不变和长期保存时应选用 EEPROM 或 EPROM。

6. 编程器与外围设备

小型 PLC 控制系统通常都选用价格便宜的简易编程器，如 FX$_{2N}$- 10P - E、FX$_{2N}$- 20P - E。如果系统大，用 PLC 多，选一台功能强、编程方便的图形编程器也不错；如果有现成的个人计算机，也可选用能在个人计算机上运行的编程软件包，如 FX - PCS/WIN - C 编程软件。

7. 其他方面

关于 PLC 的选型问题，还应考虑到 PLC 的联网通信功能、价格、系统可靠性等方面的因素。

10.2.3 系统硬件设计文件

一般系统的设计应包括系统硬件配置图、模块统计表、PLC I/O 接口图和 I/O 地址表。

1. 系统硬件配置图

系统硬件配置图应完整地给出整个系统硬件组成，它应包括系统构成级别（设备控制级和过程控制级）、系统联网情况、网上可编程序控制器的站数、每个可编程序控制器站上的主单元和扩展单元组成情况、每个可编程序控制器中的各种模块构成情况。对于具体的控制对象，过程站和设备站都有不同的个数，每个站的构成也不完全相同；而对于一个简单的控制系统，也可能只有一个设备控制站。

2. 模块统计表

由系统硬件配置图就可得知系统所需各种模块数量。为了便于了解整个系统硬件设备状况和硬件设备投资计算，应给出模块统计表。模块统计表应包括模块名称、模块类型、模块订货号、所需模块个数等内容。

3. I/O 硬件接口图

I/O 硬件接口图是系统设计的一部分，它反映的是可编程序控制器输入/输出模块与现场设备的连接。实际上也是 PLC 控制系统外部接线的一部分。图中的各种表示符号在整个系统中应完全统一；图中同时也应给出具有相应意义的注释以便于理解。

4. I/O 地址表

在系统设计中还要把输入/输出列成表，给出相应的地址和名称，以备软件编程和系统调试时使用，这种表称为 I/O 地址表，也叫输入/输出表，实际上反映了 PLC 系统中输入端子与外部输入信号、输出端子与外部负载之间的对应关系。

10.3　可编程序控制器系统软件设计

一个由可编程序控制器构成的控制系统，包括硬件系统和软件系统两部分。其系统控制功能的强弱、控制效果的好坏是由硬件和软件系统共同决定的。软件系统设计的主要工作就是用户控制程序的设计。

10.3.1　系统软件设计的内容

用户应用程序设计是指根据系统硬件结构和工艺要求，在软件系统规格书的基础上，使用相应编程语言，对实际应用程序的编制和相应文件的形成过程。可编程序控制器程序设计的基本内容一般包括参数表的定义、程序框图绘制、程序的编制和程序说明书编写等内容。

1. 参数表的定义

参数表定义就是按一定的格式对系统各接口参数进行规定和整理，为编制程序作准备。参数表的定义包括对输入信号表、输出信号表、中间标志表和存储单元表的定义。参数表的定义格式和内容根据个人的习惯和系统的情况不尽相同，但所包含的内容基本相同。总的原则就是便于使用，尽可能详细。

一般情况下，输入/输出信号表要明显地标出模块的位置、信号端子号或线号、输入/输出地址号、信号别名、信号名称和信号的有效状态等；中间标志表的定义要包括信号地址、信号别名、信号名称、信号处理和信号的有效状态等；存储单元表中要含有信号地址和信号名称。信号的顺序一般按信号地址由小到大排列，实际中没有使用的信号也不要漏掉，这样做的好处在于便于编程和调试时查找。

2. 程序框图的绘制

程序框图是指依据工艺流程而绘制的控制过程方框图。程序框图包括两种：程序结构框图和控制功能框图。程序结构框图是一台可编程序控制器的全部应用程序中各功能单元在内存中的先后顺序的过程，使用中可以根据此结构框图去了解所有控制功能在整个程序中的位置。控制功能框图是描述某一种控制功能在程序中的具体实现方法及控制信号流程。设计者根据控制功能框图编制实际控制程序，使用者根据控制功能框图可以详细阅读程序清单。

3. 程序的编制

程序的编制是程序设计最主要且最重要的阶段，是控制功能的具体实现过程。编制程序就是通过编程器或安装在计算机上的编程软件用编程语言对控制功能框图的程序实现。选择合适的语言形式，了解其指令系统，再按照程序框图规定的顺序和功能进行精心编制，然后还要测试所编制的程序是否符合工艺要求。反复运行调试，并调整硬件系统和软件系统，直至达到系统的工艺要求。

4. 程序说明书的编写

程序说明书是对整个程序内容的注释性的综合说明，主要是让使用者了解程序的基本结构和某些问题的处理方法，以及程序阅读方法和使用中应注意的事项，此外，还应包括程序中使用的注释符号、文字缩写等的含义说明和程序的测试情况。

10.3.2 程序设计方法

程序设计主要依据是控制系统的软件设计规格书、电气设备操作说明书和实际生产工艺要求。图 10 - 6 所示为程序设计的一般步骤框图。

一般用户应用程序设计可分为经验设计法、逻辑设计法和利用状态流程图设计法等。

1. 经验设计法

利用前面章节中介绍过的各种典型控制环节和基本控制电路，依靠经验直接用 PLC 设计电气控制系统来满足生产机械和工艺过程的控制要求。

用经验设计法设计 PLC 电气控制系统，必须详细了解被控对象的控制要求。由于该方法的基础是利用经验，所以设计的结果往往不很规范，经常需要多次反复修改和完善才能符合设计要求。要求设计者有丰富的经验、掌握并熟悉大量控制系统实例和各种典型环节。

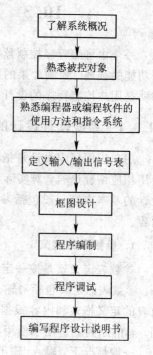

图 10 - 6　程序设计步骤框图

经验设计法大致按以下内容设计 PLC 程序：分析控制要求、选择控制原则；设计主令元件和检测元件，确定输入/输出信号；设计执行元件的控制程序；检查修改和完善程序。在设计执行元件的控制程序时，一般首先根据控制要求将生产机械的运行分成各自独立的简单运动，分别设计这些简单运动的基本控制程序；然后根据制约关系，选择联锁触点，设计联锁程序；接着根据运动状态选择控制原则，设计主令开关、检测元件及继电器等；最后还要考虑设置必要的保护措施。

2. 逻辑设计法

逻辑设计法的基本含义是以逻辑组合的方法和形式设计电气控制系统。这种设计方法既有严密可循的规律性，明确可行的设计步骤，又具有简便、直观和十分规范的特点。

逻辑设计法的理论技术是逻辑代数，而电控线路从本质上说是一种逻辑线路，它符合逻辑运算的各种基本规律。

继电器—接触器控制系统的本质是逻辑线路。PLC 虽然是一种新型的工业控制设备，但在某种意义上可以把 PLC 看作是"与""或""非"三种逻辑线路的组合体。PLC 的梯形图程序的基本形式也是与、或、非的逻辑组合，它们的工作方式及其规律也完全符合逻辑运算的基本规律。

逻辑代数的三种基本运算"与""或""非"都有着非常明确的物理意义，逻辑函数表达式的线路结构与 PLC 语句表程序完全一样。

因此，根据上述关系，可以将继电器—接触器控制系统的本质是逻辑线路与 PLC 的梯形图程序、逻辑代数的三种基本运算与 PLC 语句表程序对应起来，进行直接转化，得到相应的 PLC 程序。

多变量的逻辑函数"与"运算和梯形图表达式如图 10 - 7 所示。

$$f_{Y1} = \prod_{i=1}^{n} Xi = X1 \cdot X2 \cdot \cdots \cdot Xn$$

多变量的逻辑函数"或"运算和梯形图表达式如图 10 - 8 所示。

$$f_{M1} = \sum_{i=1}^{n} = X1 + X2 + \cdots + Xn$$

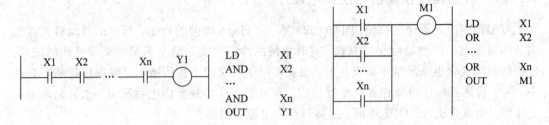

图 10 - 7　"与"运算　　　　　　　　　　　　图 10 - 8　"或"运算

"或"/"与"运算如图 10 - 9 所示。

$$f_{Y1} = (M1 + M2) \cdot M3 \cdot \overline{M4}$$

"与"/"或"运算如图 10 - 10 所示。

$$f_{M2} = X1 \cdot M0 + X2 \cdot M1$$

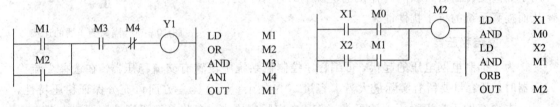

图 10 - 9　"或"/"与"运算　　　　　　　　　图 10 - 10　"与"/"或"运算

3．状态流程图法

如前所述，状态流程图又叫状态转移图，它是完整地描述控制系统的工作过程、功能和特性的一种图形，是分析和设计电气控制系统程序的重要工具。

利用状态流程图进行程序设计时可以按以下步骤进行。一是按照机械运动或工艺过程的工作内容、步骤、顺序和控制要求画出状态流程图。二是在画出的状态流程图上以 PLC 输入点或其他元件定义状态转换条件。当转换条件的实际内容不止一个时，每个具体内容定义一个 PLC 元件编号，并以逻辑组合形式表现为有效转换条件。三是按照机械或工艺提供的电气执行元件功能表，在状态流程图上对每个状态和动作命令配画上实现该状态或动作命令的控制功能的电气执行元件，并以对应的 PLC 输出点的编号定义这些电气执行元件。

很多 PLC 生产厂家都专门设计了用于编制步进顺序控制程序的指令。三菱 FX_{2N} 系列 PLC 的步进指令 STL/RET 和配置的大量状态器（S）就可用于步进顺序控制程序的设计，具体内容请参阅第 8 章的内容。

10.4 可编程序控制器系统供电设计及接地设计

系统供电电源设计是指可编程序控制器 CPU 工作所需电源系统的设计。在实际控制系统中，接地是抑制干扰使控制系统可靠工作的主要方法。

10.4.1 可编程序控制器系统供电设计

可编程序控制器一般都使用市电(220 V，50 Hz)。电网的冲击、频率的波动将直接影响到实时控制系统的精度和可靠性；有时电网的冲击也将给整个系统带来毁灭性的破坏。电网的瞬间变化也是经常不断发生的，由此可产生一定的干扰传播到可编程序控制器系统中。为了提高系统的可靠性和抗干扰性能，在可编程序控制器供电系统中一般可采取隔离变压器、交流稳压器、UPS 电源、晶体管开关电源等措施。

1. 隔离变压器

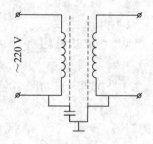

隔离变压器的初级和次级之间采用隔离屏蔽层，用漆包线或铜等非导磁材料绕成，但电气设备上不可短路，而后引出一个头接地。初、次级间的静电屏蔽层与初、次级间的零电位线相连，再用电容耦合接地，如图 10 - 11 所示。采用了隔离变压器后可以隔离掉供电电源中的各种干扰信号，从而提高系统的抗干扰性能。

图 10 - 11 隔离变压器的连接

2. 交流稳压器

为了抑制电网电压的起伏，可编程序控制器系统中设置有交流稳压器。在选择交流稳压器时，其容量要留有实际最大需求容量 30% 的余量。这样一方面可充分保证稳压特性，另一方面有助于交流稳压器的可靠工作。在实际应用中，有些可编程序控制器对电源电压的波动具有较强的适应性，此时也可不采用交流稳压器，降低系统的成本。

3. UPS 电源

在一些实时控制中，系统的突然断电会造成较严重的后果，此时就要在供电系统中加入 UPS 电源供电，可编程序控制器的应用软件可进行一定的断电处理。当突然断电后，可自动切换到 UPS 电源供电，并按工艺要求进行一定的处理，使生产设备处于安全状态。在选择 UPS 电源时也要注意所需的功率容量。

4. 晶体管开关电源

晶体管开关电源主要是指稳压电源中的调整管以开关形式工作，用调节脉冲宽度的办法调整直流电压。这种开关电源在电网或其他外加电源电压变化很大时，对其输出电压并没有多大影响，从而提高了系统的抗干扰能力。目前，各公司生产的 PLC 中电源模块采用的都是晶体管开关电源，所以在供电系统设计中可不必再考虑使用晶体管开关电源。典型系统的供电设计如图 10 - 12 所示。其中 L1 和 N 为交流 220 V 进线端子；PE 为系统的地，并与机壳相连。

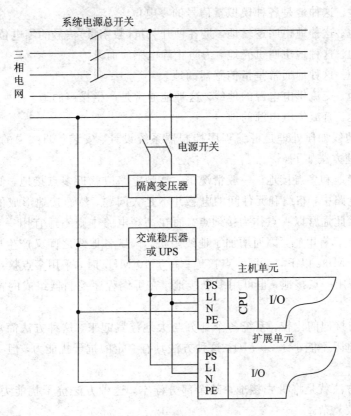

图 10 - 12　典型系统的供电设计

10.4.2　可编程序控制器系统接地设计

接地设计有两个基本目的：消除各电路电流流经公共地线阻抗所产生的噪声电压和避免磁场与电位差的影响，使其不形成地环路，如果接地方式不好就会形成环路，造成噪声耦合。

1．正确的接地方法

正确接地是重要而又复杂的问题，理想的情况是一个系统的所有接地点与大地之间阻抗为零，但这是难以做到的。在实际接地中总存在着连接阻抗和分散电容，所以如果地线不佳或接地点不当，都会影响接地质量。为保证接地质量，在一般接地过程中要求如下：

（1）接地电阻在要求的范围内。对于可编程序控制器组成的控制系统，接地电阻一般应小于 $4\ \Omega$。

（2）要保证足够的机械强度。

（3）要具有耐腐蚀及防腐处理。

（4）在整个工厂中，可编程序控制器组成的控制系统要单独设计接地。

2．各种不同接地的处理

除了正确进行接地设计、安装，还要正确地处理各种不同的接地。在可编程序控制器组成的控制系统中，大致有以下几种地线：

(1) 模拟地。这种地是各种模拟量信号的零电位。

(2) 数字地。这种地也叫逻辑地，是各种开关量（数字量）信号的零电位。

(3) 屏蔽地。这种地也叫机壳地，为防止静电感应而设。

(4) 信号地。这种地通常是指传感器的地。

(5) 交流地。交流供电电源的地线，这种地通常是产生噪声的地。

(6) 直流地。直流供电电源的地。

以上这些地线如何处理是可编程序控制器系统设计、安装、调试中的一个重要问题。不同情况的处理方法如下：

(1) 一点接地和多点接地。一般情况下，高频电路应就近多点接地，低频电路应一点接地。在低频电路中，布线和元件间的电感并不是大问题，然而接地形成的环路对电路的干扰影响大，因此通常以一点作为接地点。而在高频电路中则不适宜用一点接地，这是因为高频时地线上具有电感，因而增加了地线阻抗，调试各地线之间又产生电感耦合。一般来说，频率在 1 MHz 以下，可用一点接地；高于 10 MHz 时，采用多点接地；在 1 MHz～10 MHz 之间可用一点接地，也可用多点接地。在可编程序控制器组成的控制系统中一般采用一点接地。

(2) 浮地与接地的比较。系统各个部分与大地浮置起来，这种方法简单，但整个系统与大地的绝缘电阻不能小于 50 MΩ。这种方法具有一定的抗干扰能力，但一旦绝缘下降就会带来干扰。

还有一种方法就是将机壳接地，其余部分浮空，这种方法抗干扰能力强，安全可靠，但实现起来比较复杂。

作为可编程序控制器系统，采用接大地方法为佳。

(3) 交流地与信号地不能共用。由于在一般电源地线的两点间会有数毫伏，甚至几伏电压，对低电平信号电路来说，这是一个非常严重的干扰，因此必须加以隔离或防止。

(4) 屏蔽地。在控制系统中，为了减少信号中电容耦合噪声以便准确检测和控制，对信号采用屏蔽措施是十分必要的。根据屏蔽目的不同，屏蔽地的接法也不同。电场屏蔽解决分布电容问题，一般接大地；电场屏蔽主要避免雷达、电台，可接大地；磁气屏蔽以防磁铁、电机、变压器、线圈等的磁感应、磁耦合干扰，一般采用接大地。

(5) 模拟地。模拟地的接法十分重要，为了提高抗共模干扰能力，对于模拟信号可采用屏蔽浮地技术。对于具体的可编程序控制器，模拟量信号的处理要严格遵照操作手册执行。

10.5 可编程序控制器使用中的几个问题

10.5.1 节省输入/输出点的方法

在工程设计中，经常会遇到电控系统的输入信号太多，而 PLC 输入点不够用的问题。最简单的办法当然是增加硬件配置。但有些情况下，可以通过改进接线与编程相结合，减少所需 PLC 输入/输出点。

1. 减少所需 PLC 输入点数方法

（1）分组输入。自动运行部分程序和手动运行部分程序不会同时执行，把自动信号和手动信号叠加起来，按不同控制状态要求分组输入 PLC，如图 10－13 所示。

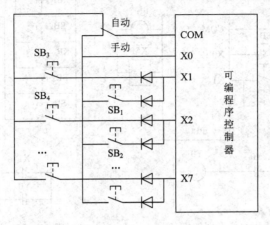

图 10－13　输入端分组

X0 用来输入自动/手动信号，供自动/手动运行切换之用。SB_3 和 SB_1 按钮虽然都使用 X1 输入端，但实际代表的逻辑意义不同。图中的二极管用来切断寄生信号，以避免错误的产生。这一个输入端就可分别反映两个输入信号的状态，节省了输入点数。

（2）对外部输入接线适当改进。图10－14 所示是一个以继电器—接触器控制电机多处启动、停止的电路。在转换成 PLC 控制系统时，外部接线有多种方法，对应的梯形图也不同，相应所需 PLC 的输入点数也不同。图 10－15～图 10－17 所示为对应图 10－14 所示电路的几种 PLC 接线和梯形图，从图中可以看出对外部接线进行改进可以节省 PLC 输入点数。其中图 10－17 中输入全部采用常开触点，其对应梯形图更适合人们的习惯，推荐在 PLC 应用中尽可能采用这种方式。

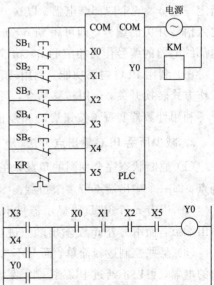

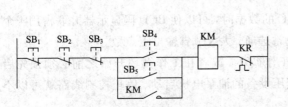

图 10－14　电机多处启停控制电路　　　　　图 10－15　硬接线与梯形图转换(1)

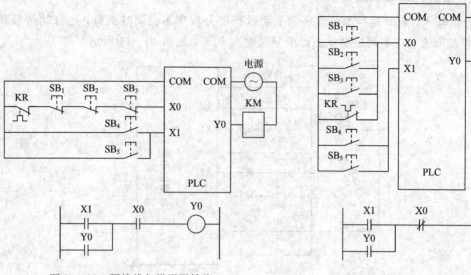

图 10 - 16　硬接线与梯形图转换(2)　　　　图 10 - 17　硬接线与梯形图转换(3)

(3) 矩阵式输入。当 PLC 有两个以上富余的输出端点时，可以将二极管开关矩阵的行、列引线分别接到 I/O 端点上。这样，当矩阵为 n 行 m 列时，可以得到 n×m 个输入信号供 PLC 组成的控制系统使用。

矩阵式输入方法如下：首先接成二极管开关矩阵。选择 PLC 输入点与输出点，作为二极管开关矩阵的行线和列线。将输入信号开关、二极管串联后两端分别接在某行线、某列线上。其次设计移位寄存器循环扫描输出程序，使移位寄存器位数与选定的输出点相等，并使各位与各输出点一一对应，在移位寄存器循环移位时，各输出点在相对应的移位寄存器各位状态输出驱动下会依次循环导通，当选用 100 ms 时钟脉冲作为移位输入脉冲时，每个输出点会依次各导通 100 ms。第三是用 n 个输入点与 m 个输出点的状态两两相"与"来指定一组 n×m 个内部继电器。以这 n×m 个内部继电器的编号分别代替对应的 n×m 个输入信号开关的编号，即可得到 n×m 个输入信号。最后是编制应用程序时即以 n×m 个内部继电器的编号作为相应的 n×m 个输入信号开关的地址号编入程序。

(4) 利用 PLC 内部功能。利用转移指令。在一个输入端上接一开关，作为自动、手动工作方式转换开关，运用转移指令，可将自动和手动操作加以区别。

利用计数器实现单按钮启动和停止。利用移位寄存器移位实现单按钮启动和停止等。

2. 减少所需 PLC 输出点方法

(1) 通断状态完全相同的负载，在 PLC 的输出端点功率允许情况下可并联于同一输出端点，即一个输出端点带多个负载。

(2) 当有 m 个 BCD 码显示器显示 PLC 的数据时，可以使 BCD 码显示器并联占用 4 个输出端点，而由另外 m 个输出端点进行轮番选通，大大节省输出点点数。

(3) 某些控制逻辑简单，而又不参与工作循环，或者在工作循环开始之前必须预先启动的电器，可以不通过 PLC 控制。例如液压设备的油泵电机启动、停止控制线路就可以不通过 PLC 控制。

10.5.2　PLC 控制系统设计中其他注意问题

1. 工作环境

可编程序控制器是专门为工业生产恶劣环境而设计的控制设备，因此，一般不必在设计时对工作环境作较多的考虑，但工作环境较为恶劣，电磁干扰较强，或设计使用不当，都可能使可编程序控制器不能正常工作，为此在设计时应考虑工作环境。

除了为特殊工作环境设计的可编程序控制器外，一般可编程序控制器工作的环境温度应在 0～55℃；空气的相对湿度应小于 85%，不结露；空气中的粉尘、有害气体不允许进入设备；同时，可编程序控制器应避免安装在有振动的场所，对振动源允许的条件应按照产品说明书的要求，安装减振橡胶垫或采取其他防振措施。对安装场所的温湿度控制，可采用空气调节器或其他控制温度和湿度的方法来满足产品所需工作环境的温湿度要求。对粉尘和气体的侵入，可设置空气净化装置或采取密封、通风等方法。

为了防止从 PLC 通风口掉入铁屑、导线头等杂物，可编程序控制器应安装在保护机柜内，控制柜通风口宜在侧面或下面，当安装条件受限制时，在安装接线时应在通风口覆盖保护膜，防止杂物掉入。

对电磁干扰较强、系统对可靠性要求又较高的应用场合，可编程序控制器的供电应与动力供电和控制电路的供电分开，必要时可采取带屏蔽层的隔离变压器供电、串联 LC 滤波电路、不间断 UPS 电源等。

对多个可编程序控制器组成的控制系统，宜采用同一电源供电。当各个可编程序控制器分散安装在不同的场所时，可采用不同的电源供电，但应保证机组之间信号的正确性。

可编程序控制器应远离强干扰源，如大功率晶闸管装置、高频焊机和大功率动力设备等。

2. 接地

可编程序控制器的良好接地是正常运行的前提，设计时，可编程序控制器的接地应与动力设备的接地分开。如不能分开时，应采用公用接地，接地点尽可能靠近可编程序控制器。接地线的线径应大于 10 mm²，接地电阻一般应小于 10 Ω。

具体接地方法可参见前面内容。

3. 接线

可编程序控制器的接线包括输入接线和输出接线。设计时应根据有关电气设备接线的标准和规定执行。

输入接线设计时的注意事项如下：

(1) 输入接线的长度不宜过长，一般不长于 30 m。当环境的电磁干扰小，线路压降不大时，可适当加长输入接线长度。

(2) 当输入线路的距离较长时，可采用中间继电器进行信号转换；当采用远程输入/输出单元时，线路距离不应超过 200 m；当采用现场总线连接时，线路距离可达 2000 m。

(3) 输入接线的公用端 COM 与输出触点的公用端 COM 不可接在一起。

(4) 输入/输出接线的电缆应分开设置，必要时可在现场分别设置接线箱。

(5) 为防止因误操作造成高压信号串入信号端，可在输入端设置熔丝设备或二极管等保护元件，必要时可设置输入信号隔离继电器。

（6）集成电路或晶体管设备的输入信号接线必须采用屏蔽电缆，屏蔽层的接地端应单端接地，接地点宜设置在可编程序控制器侧。

输出接线设计时的注意事项如下：

（1）输出接线分为独立输出和公用输出两类。公用输出是几组输出合用一个公用输出端，它的另一个输出端分别对应各自的输出。同一公用输出组的各组输出有相同的电压，因此设计时应按输出信号供电电压对输出信号进行分类。对输出接点连接在控制线路中间的场合，应注意公用输出端可能造成控制线路的部分短路，为此在设计时应防止这类错误的发生。

（2）输出负载的大小应根据实际负载情况而定。接入负载超过可编程序控制器允许限值时，应设计外接继电器或接触器过渡。接入负载小于最小允许值时，应设计阻容串联吸收电路（$0.1~\mu\mathrm{F}$，$50\sim100~\Omega$）。

（3）对交流噪声，可在负载线圈两端并联 RC 吸收电路，RC 吸收电路应尽可能靠近负载侧；对直流噪声，可在负载线圈两端并联二极管，同样也应尽可能靠近负载侧。

（4）交流输出和直流输出的电缆应分别敷设，输出电缆应远离动力电缆、高压电缆和高压设备。

（5）为防止外部负载短路造成高压串到输出端，有条件时应设置保险丝管或二极管等保护措施。

（6）从安全角度讲，设置由硬件直接驱动的紧急停车系统是十分必要的。通常在重要设备的输出线串联连接紧急停车的急停按钮，保证在按下急停按钮后能把重要设备停止进行保护。

（7）集成电路或晶体管设备的输出信号接线也应采用屏蔽电缆，屏蔽层的接地端宜在可编程序控制器侧。

（8）对于有公用输出端的可编程序控制器，应根据输出电压等级分别连接。不同电压等级的公用端不宜连接在一起。

4. 操作设备

小型可编程序控制器系统的人机界面有按钮面板、触摸屏和便携式操作监视器。

按钮面板用于固定的机电设备操作，通常安装在机组上，它具有系统操作面板所有功能，附加功能不需要可编程序控制器编程。触摸屏用于就地机组控制，其防护等级较高，可直接安装在机组上，可装载监控软件和编程数据，具有显示过程监控数据和操作过程变量、配方管理等功能。便携式操作监视器作为操作人员的人机接口，用于故障查找、系统调试等，具有监视可编程序控制器状态、启停可编程序控制器、强制输出和修改寄存器值等功能。

5. 降低可编程序控制器系统硬件费用的措施

在可编程序控制器系统的应用开发过程中，常常发生投资费用不足的问题。为此，设计时除了选用性能价格比高的可编程序控制器外，对组成可编程序控制器系统的其他硬件也应尽可能降低其费用。通常，降低硬件费用的措施包括减少系统占用的输入/输出点数（如前所述）和用低档机实现通常用高档机才能实现的功能等。

低档机指价格较低、功能较少的小型或超小型可编程序控制器。高档机指具有控制功能强、价格较高的中型或大型可编程序控制器。在控制要求不高、运行速度较低的应用场合，用低档机实现通常用高档机才能实现的功能，可减少设备的投资费用。

用低档机实现通常用高档机才能实现的功能时，可采用的措施如下：

（1）采用两位式开关控制替代模拟量的连续控制。例如在液位控制中，有多种控制方案，当控制要求不高时，可采用开关控制替代模拟量的连续控制。有时也采用多组位式控制替代模拟量的连续控制。

（2）通过内部或外部的转换电路，将模拟量转换为开关量，并采用模糊控制方法实现模拟量的控制。

（3）采用小型或超小型可编程序控制器提供的高速计数器功能对脉冲信号进行计数，替代脉冲量输入模块。

（4）采用扩展接口，将可编程序控制器扩展，增加输入/输出点数，满足过程控制中输入/输出点数不足的要求。

习　题

10-1　试述 PLC 控制系统设计的基本原则。

10-2　PLC 应用系统设计包括哪些内容？

10-3　PLC 选型应考虑哪些方面？

10-4　PLC 的软件设计分为哪几个步骤？

10-5　用 PLC 控制一台电动机，要求如下：按下启动按钮后，运行 6 s，停止 2 s，重复执行 8 次后停止。试设计其 PLC 输入/输出接线图和梯形图，并写出相应的指令表程序。

10-6　有四台电动机，采用 PLC 控制，要求如下：按 M1～M4 的顺序启动，即前级电动机不启动，后级电动机不能启动。前级电动机停止时，后级电动机也停止，如 M2 停止时，M3～M4 也停止。试设计其 PLC 输入/输出接线图和梯形图，并写出相应的指令表程序。

10-7　设计一个彩灯自动循环控制电路。用输出继电器 Y0～Y7 分别控制第 1 盏灯至第 8 盏灯，按第 1 盏灯至第 8 盏灯的顺序点亮，后一盏灯闪亮后前一盏灯熄灭，如此反复循环。只有断开电源开关彩灯才熄灭。试设计其 PLC 输入/输出接线图和梯形图，并写出相应的指令表程序。

10-8　电动葫芦起升机构的动负荷实验，控制要求如下：① 可手动上升、下降；② 自动运行时，上升 12 s→停 18 s→下降 12 s→停 18 s，反复运行 1 h，然后发出声光报警信号，并停止运行。试设计满足要求的 PLC 输入/输出接线图和梯形图。

第 11 章　FX₃ᵤ系列可编程序控制器

　　FX₃ᵤ系列可编程序控制器外形尺寸与 FX₂ₙ系列相同，仅比 FX₂ₙ系列薄 1 mm。FX₃ᵤ系列可编程序控制器支持高速处理、网络通信、CC-Link 通信、模拟量控制及高级定位控制，可满足各种工作场合的需求。FX₃ᵤ系列可编程序控制器使用了 FX₂ₙ系列的大部分扩展模块、扩展单元和特殊功能模块，FX₃ᵤ系列可编程序控制器在 FX₂ₙ系列应用指令的基础上增加了 83 条应用指令。

11.1　FX₃ᵤ系列可编程序控制器简介

11.1.1　FX₃ᵤ系列可编程序控制器基本单元的主要参数

　　FX₃ᵤ系列可编程序控制器基本单元的主要参数见表 11-1。

表 11-1　FX₃ᵤ系列可编程序控制器基本单元的主要参数

项　目	主要参数
电源	AC 电源型：AC 110～240 V；DC 电源型：DC 24 V
输入	DC 24 V，5～7 mA(无触点、漏型输入时：NPN 集电极开路晶体管输入；源型输入时：PNP 集电极开路晶体管输入)
输出	继电器输出型：2A/1 点、8A/4 点 COM、8A/8 点 COM，AC 250 V 晶体管输出型：0.5A/1 点、0.8A/4 点 COM、1.6A/8 点 COM，DC 5～30 V
输入/输出扩展	可连接 FX₂ₙ系列用的扩展设备
对应数据通信	RS-232、RS-485、RS-422
对应网络连接	N：N 网络、并联连接、计算机连接、CC-Link、CC-Link/LT、MELSEC-I/O 连接、AS-i 网络
程序内存	内置 64 000 步 RAM(电池支持) 选件：64 000 步内存存储盒(带程序传送功能/不带程序传送功能)、16 000 步闪存存储盒
时钟功能	内置定时时钟(有闰年修正功能)，月差±45 s/25℃
指令	基本指令 27 条、步进顺控指令 2 条、应用指令 209 条

续表

项　目	主　要　参　数
运算处理速度	基本指令 0.065 μs/指令、应用指令 0.642 至数百 μs/指令
高速处理	有输入/输出刷新指令、输入滤波调整指令、输入中断功能、定时中断功能、高速计数中断功能、脉冲捕捉功能
最大输入/输出点数	384 点(基本单元、扩展设备的 I/O 点数以及远程 I/O 点数的合计)
辅助继电器、定时器	辅助继电器：7680 点；定时器：512 点
计数器	16 位计数器：200 点；32 位计数器：35 点；高速用 32 位计数器：[1 相]100 kHz/6 点、10 kHz/2 点，[2 相]50 kHz/2 点(可设定 4 倍)；使用高速输入适配器时：[1 相]200 kHz、[2 相]100 kHz
数据寄存器	一般用到 8000 点、扩展寄存器 32 768 点、扩展文件寄存器(需安装存储盒)32 768 点、变址用 16 点

11.1.2　FX₃ᵤ系列可编程序控制器的系统构成

FX₃ᵤ系列可编程序控制器基本单元配以相应的扩展单元，即可构成各种控制系统，满足多种领域需求。

1. FX₃ᵤ系列可编程序控制器基本单元

FX₃ᵤ系列可编程序控制器基本单元的电源、输入/输出方式、连接方式的表示见表 11 - 2。

表 11 - 2　FX₃ᵤ系列可编程序控制器基本单元的电源、输入/输出方式、连接方式的表示

型号	电源	输入方式	输出方式	连接方式
R/ES	AC 电源	DC 24 V(漏型/源型)输入	继电器输出	
T/ES	AC 电源	DC24 V(漏型/源型)输入	晶体管(漏型)输出	
T/ESS	AC 电源	DC 24 V(漏型/源型)输入	晶体管(源型)输出	
S/ES	AC 电源	DC 24 V(漏型/源型)输入	晶闸管(SSR)输出	
R/DS	DC 电源	DC 24 V(漏型/源型)输入	继电器输出	端子排
T/DS	DC 电源	DC 24 V(漏型/源型)输入	晶体管(漏型)输出	
T/DSS	DC 电源	DC 24 V(漏型/源型)输入	晶体管(源型)输出	
R/DUI	AC 电源	AC 100 V 输入	继电器输出	

例如，型号 FX₃ᵤ- 48MT/ESS 表示的意义为基本单元、输入 24 点、输出 24 点、晶体管(源型)输出、工作电源为 AC 电源。

2. FX₃ᵤ系列可编程序控制器扩展部件

1）功能扩展板

FX₃ᵤ系列可编程序控制器的功能扩展板一览见表 11-3。

表 11-3　FX₃ᵤ系列可编程序控制器的功能扩展板一览表

项　目	型　号	功　能
功能扩展板	FX₃ᵤ-232-BD	RS-232C 通信用
	FX₃ᵤ-422-BD	RS-422 通信用（与基本单元中内置的连接外围设备用的连接口功能相同）
	FX₃ᵤ-485-BD	RS-483 通信用
	FX₃ᵤ-USB-BD	USB 通信用（编程用）
	FX₃ᵤ-8AV-BD	8 个模拟量旋钮用
连接板	FX₃ᵤ-CNV-BD	安装特殊适配器用的连接转换器

2）扩展模块

（1）输入/输出扩展模块。

① 输入扩展模块的型号、规格见表 11-4。

表 11-4　输入扩展模块

型　号	输入类型	点　数	连接方式
FX₂ₙ-8EX-ES/UL	DC 24 V 漏型/源型通用	8	端子排
FX₂ₙ-16EX-ES/UL	DC 24 V 漏型/源型通用	16	
FX₂ₙ-8EX	DC 24 V 漏型	8	
FX₂ₙ-16EX	DC 24 V 漏型	16	
FX₂ₙ-16EX-C	DC 24 V 漏型	16	连接器
FX₂ₙ-16EXL-C	DC 24 V 漏型	16	
FX₂ₙ-8EX-UA1/UL	AC 110V	8	端子排

② 输入/输出扩展模块的型号、规格见表 11-5。

表 11-5　输入/输出扩展模块

型　号	输入		输出		连接方式
	输入类型	点数	输出类型	点数	
FX₂ₙ-8ER-ES/UL	DC 24 V 漏型/源型通用	4(8)*	继电器	4(8)*	端子排
FX₂ₙ-8ER	DC 24 V 漏型	4(8)*	继电器	4(8)*	端子排

注：* 输入 4 点、输出 4 点作为空号被占用。

③ 输出扩展模块的型号、规格见表 11 - 6。

表 11 - 6　输出扩展模块

型　　号	输 入 类 型	点数	连接方式
FX_{2N} - 8EYR - ES/UL	—	8	
FX_{2N} - 8EYR - S - ES/UL		8	
FX_{2N} - 8EYR	继电器	8	
FX_{2N} - 16EYR - ES/UL		16	端子排
FX_{2N} - 16EYR		16	
FX_{2N} - 8EYT		8	
FX_{2N} - 8EYT - H	晶体管（漏型）输出	8	
FX_{2N} - 16EYT		16	
FX_{2N} - 16EYT - C		16	连接器
FX_{2N} - 16EYS	晶闸管（SSR）输出（漏型）	16	端子排
FX_{2N} - 8EYT - ESS/UL	晶体管（源型）输出	8	
FX_{2N} - 16EYT - ESS/UL		16	

（2）特殊功能模块。

① 模拟量输入/输出、控制模块的型号、规格见表 11 - 7。

表 11 - 7　模拟量输入/输出、控制模块

项　目	型　　号	通道数	输入/输出类型
模拟量输入（A - D 转换）	FX_{3U} - 4AD	4 通道	电压/电流输入
	FX_{2N} - 2AD	2 通道	电压/电流输入
	FX_{2N} - 4AD	4 通道	电压/电流输入
	FX_{2N} - 8AD	8 通道	电压/电流/温度（热电偶）输入
	FX_{2N} - 4AD - PT	4 通道	温度（热电阻）输入
	FX_{2N} - 4AD - TC	4 通道	温度（热电偶）输入
模拟量输出（D - A 转换）	FX_{3U} - 4DA	4 通道	电压/电流输出
	FX_{2N} - 2DA	2 通道	电压/电流输出
	FX_{2N} - 4DA	4 通道	电压/电流输出
模拟量输入/输出混合	FX_{0N} - 3A	2 入 1 出	电压/电流输入/输出
	FX_{2N} - 5A	4 入 1 出	电压/电流输入/输出
温度调节	FX_{3U} - 4LC	4 个回路	温度调节（热电阻/热电偶/低电压）输入
	FX_{2N} - 2LC	2 个回路	温度调节（热电阻/热电偶）输入

② 高速计数器、脉冲输出定位控制模块的型号、规格见表 11-8。

表 11-8 高速计数器、脉冲输出、定位控制模块

项目	型 号	功 能
高速计数器	FX$_{3U}$-2HC	2 通道 高速计数器
	FX$_{2N}$-1HC	1 通道 高速计数器
脉冲输出定位控制	FX$_{2N}$-1PG	单独控制 1 轴用的脉冲输出(100 kHz 晶体管输出)
	FX$_{2N}$-10PG	单独控制 1 轴用的脉冲输出(1 MHz 差动输出)
	FX$_{3U}$-20SSC-H	同时控制 2 轴(独立 2 轴、支持 SSCNET Ⅲ),支持直线插补和圆弧插补
	FX$_{2N}$-10GM	单独控制 1 轴用的脉冲输出(200 kHz 晶体管输出)
	FX$_{2N}$-20GM	同时控制 2 轴(独立 2 轴)用的脉冲输出(200 kHz 晶体管输出),支持直线插补和圆弧插补
	FX$_{2N}$-1RM-SET	1 轴 可编程凸轮开关

③ 网络/通信模块的型号、规格见表 11-9。

表 11-9 网络/通信模块

型 号	功 能
FX$_{2N}$-232IF	1 通道 RS-232 无协议通信用
FX$_{3U}$-ENET-L	以太网通信用
FX$_{2N}$-16CCL-M	CC-Link 用主站 允许连接的远程 I/O 站:7 个站;允许连接的远程设备站:8 个站
FX$_{3U}$-64CCL	CC-Link 接口(智能设备站)[占用 1~4 个站]
FX$_{2N}$-32CCL	CC-Link 接口(远程设备站)[占用 1~4 个站]
FX$_{2N}$-64CL-M	CC-Link/LT 用主站
FX$_{2N}$-16LNK-M	MELSEC I/O Link 用主站
FX$_{2N}$-32ASI-M	As-i 系统用主站

3)扩展单元

(1)输入/输出扩展单元。输入/输出扩展单元的型号、规格的表示方法与输入/输出扩展模块相同。输入/输出扩展单元的输入/输出合计点数为 32 点和 48 点两种。

(2)扩展电源单元。FX$_{3U}$系列中扩展电源单元的型号为 FX$_{3U}$-1PSU-5 V,输入电压为 AC 100~240 V,输出为 DC 5 V,1 A。

4)特殊适配器

特殊适配器的种类有模拟量功能、通信功能、高速输入/输出功能和 CF 卡功能等,其型号、规格见表 11-10。

表 11 - 10　特殊适配器

项目	型　号	功　能
模拟量功能	FX₃ᵤ - 4AD - ADP	4 通道 电压输入/电流输入
	FX₃ᵤ - 4DA - ADP	4 通道 电压输出/电流输出
	FX₃ᵤ - 3A - ADP	2 通道 电压输入/电流输入；1 通道 电压输出/电流输出
	FX₃ᵤ - 4AD - PT - ADP	4 通道 Pt100 温度传感器输入（-50～250℃）
	FX₃ᵤ - 4AD - PTW - ADP	4 通道 Pt100 温度传感器输入（-100～600℃）
	FX₃ᵤ - 4AD - PNK - ADP	4 通道 电阻温度传感器输入（Pt1000/Ni1000）
	FX₃ᵤ - 4AD - TC - ADP	4 通道 热电偶（K、J 型）温度传感器输入
通信功能	FX₃ᵤ - 232ADP - MB	RS - 232 通信（MODBUS 通信用）
	FX₃ᵤ - 485ADP - MB	RS - 485 通信（MODBUS 通信用）
	FX₃ᵤ - 232ADP	RS - 232 通信
	FX₃ᵤ - 485ADP	RS - 485 通信
高速输入/输出功能	FX₃ᵤ - 4HSX - ADP	4 通道 差动线性驱动输入（高速计数器用）
	FX₃ᵤ - 2HSX - ADP	2 通道 差动线性驱动输入（定位输出用）
CF 卡功能	FX₃ᵤ - CF - ADP	CF 卡特殊适配器

FX₃ᵤ系列特殊适配器的安装如图 11 - 1 所示。特殊适配器需使用功能扩展板安装在基本单元的左侧，不占 I/O 点数。

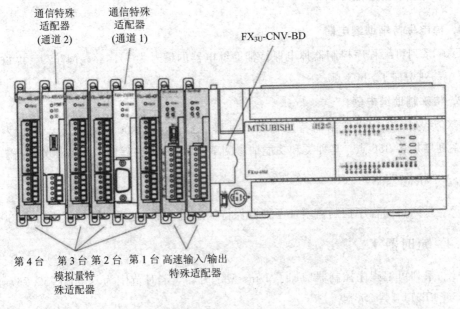

图 11 - 1　FX₃ᵤ系列特殊适配器的安装

一台 FX₃ᵤ系列可编程序控制器基本单元最多可扩展的特殊适配器数量如下：

（1）模拟量特殊适配器 4 台，编号从右至左依次为第 1 台、第 2 台、第 3 台、第 4 台。模拟量特殊适配器与基本单元的 D8260～D8299 自动交换数据。

（2）通信特殊适配器 2 台，编号从右至左依次为通道 1，通道 2，包括基本单元内置的 RS－422 编程口，最多三通道可同时使用。

（3）高速输入/输出特殊适配器各 2 台，可 4 轴定位（无插补），编号从右至左依次为第 1 台、第 2 台、第 3 台、第 4 台。高速输入/输出特殊适配器应比其他特殊适配器更靠近基本单元一侧。

5）外围设备及选件

外围设备包括人机界面（图形操作终端）、手持式编程器、连接计算机用的转换器等。选件包括存储盒、显示模块及附件等。

11.2　FX₃ᵤ系列可编程序控制器新增软元件

11.2.1　输入、输出继电器 X、Y

1. 输入继电器 X(X000～X367)

FX₃ᵤ系列可编程序控制器带扩展时输入最多 248 点，比 FX₂ₙ系列增加了 64 点。

2. 输出继电器 Y(Y000～Y367)

FX₃ᵤ系列可编程序控制器带扩展时输出最多 248 点，比 FX₂ₙ系列增加了 64 点。

输入继电器、输出继电器的编号为八进制编号。输入/输出合计为 256 点。

11.2.2　辅助继电器 M

1. 掉电保持辅助继电器

FX₃ᵤ系列可编程序控制器掉电保持辅助继电器的编号为 M1024～M7679，共 6656 点，比 FX₂ₙ系列增加了 4608 点。

2. 特殊辅助继电器

FX₃ᵤ系列可编程序控制器特殊辅助继电器的编号为 M8000～M8511，共 512 点，比 FX₂ₙ系列增加了 356 点，其种类和功能请参阅 FX₃ᵤ系列可编程序控制器相关手册。

11.2.3　状态器 S

FX₃ᵤ系列可编程序控制器增加了掉电保持状态器，编号为 S1000～S4095，共 3096 点。

11.2.4　定时器 T

FX₃ᵤ系列可编程序控制器增加了 1 ms 型定时器，定时范围为 0.001～32.767s，编号为 T256～T511，共 256 点。

11.2.5　数据寄存器、文件寄存器 D

FX₃ᵤ系列可编程序控制器增加了特殊数据寄存器，编号为 D8000～D8511，共 512 点，其种类和功能请参阅 FX₃ᵤ系列可编程序控制器相关手册。

11.2.6　扩展寄存器 R、扩展文件寄存器 ER

FX$_{3U}$系列可编程序控制器增加了扩展寄存器(R)和扩展文件寄存器(ER)。

扩展寄存器(R)是扩展数据寄存器(D)用的软元件,扩展寄存器(R)的内容也可以保存在扩展文件寄存器(ER)中。使用扩展文件寄存器(ER)时,需要加装存储器盒(EEPROM)。

扩展寄存器(R)和扩展文件寄存器(ER)的编号如下:

扩展寄存器 R(电池保持):R0~R32767,共 32 768 点。

扩展文件寄存器 ER:ER0~ER32767,共 32 768 点。

11.2.7　指针 P

FX$_{3U}$系列可编程序控制器增加了分支用指针,编号如下:

分支用:P0~P62、P64~P4095,共 4095 点。

跳转用:P63,1 点。

11.2.8　实数 E、字符串""

1. 实数 E

[E]是表示实数(浮点数数据)的符号,主要用于指定应用指令的操作数的数值。如 E1.234 或 E1.234+3。

实数的指定范围为 $-1.0 \times 2^{-128} \sim -1.0 \times 2^{-126}$、0、$1.0 \times 2^{-126} \sim 1.0 \times 2^{128}$。

在顺序控制程序中,实数可指定"普通表示"和"指数表示"两种。

(1) 普通表示:将设定的数值指定。例如,1234 就以 E12.1234 指定。

(2) 指数表示:设定的数值以(数值)$\times 10^n$ 指定。例如:2345 以 E2.345+3 指定。[+3]表示 10 的 3 次方。

2. 字符串""

字符串是顺序控制指令中直接指定字符串""的软元件。字符串中包括在应用指令的操作数中直接指定字符串的字符串常数和字符串数据。

1) 字符串常数"ABC"

字符串常数以""框起来的半角字符指定,如"ABCDE12345"指定。字符串中可以使用 JIS8 代码。字符串最多可以指定 32 个字符。

2) 字符串数据

字符串的数据,从指定软元件开始到以 NUL 代码(00H)结束为止以字节为单位被视为一个字符串。

在指定位数的位软元件中体现字符串数据的时候,由于指令长度为 16 位,所以包含指示字符串数据结束的 NUL 代码(00H)的数据也需要是 16 位。

11.3　FX$_{3U}$系列可编程序控制器新增应用指令

FX$_{3U}$系列可编程序控制器新增应用指令突出了数学运算、数据处理、变频器运行控

制、高速处理和定位控制等功能,并提高了指令应用的便捷性,具有如下特点:

(1) 在基本指令中,FX₃ᵤ系列可编程序控制器可使用对位软元件的变址寻址、字软元件的位指定等功能。

(2) 在应用指令中,可用数学运算、处理指令直接处理特殊模块/单元的数据,而不必使用 FROM/TO 指令;用一条数据块处理指令即可对连续的数据寄存器的数据进行加法、减法或比较运算。此外,增加了数据转换指令、强化了浮点数运算指令,简化了扩展文件寄存器的使用等,减少了程序的步数。

FX₃ᵤ系列可编程序控制器新增应用指令(仅适用于 FX₃ᵤ系列)见表 11 - 11。

表 11 - 11　FX₃ᵤ系列可编程序控制器新增应用指令

分类	编号 FNC	助记符	功　能	D 指令	P 指令	备注
外部设备 SER	87	RS2	串行数据传送 2	无	无	
数据 传送 2	102	ZPUSH	变址寄存器的成批保存	无	有	
	103	ZPOP	变址寄存器的恢复	无	有	
浮点数 运算	112	EMOV	二进制浮点数数据传送	有	有	
	116	ESTR	二进制浮点数→字符串的转换	有	有	
	117	EVAL	字符串→二进制浮点数的转换	有	有	
	124	EXP	二进制浮点数指数运算	有	有	
	125	LOGE	二进制浮点数自然对数运算	有	有	
	126	LOG10	二进制浮点数常用对数运算	有	有	
	128	ENEG	二进制浮点数符号翻转	有	有	
	133	ASIN	二进制浮点数 arcsin 运算	有	有	
	134	ACOS	二进制浮点数 arccos 运算	有	有	
	135	ATAN	二进制浮点数 arctan 运算	有	有	
	136	RAD	二进制浮点数角度→弧度的转换	有	有	
	137	DEG	二进制浮点数弧度→角度的转换	有	有	
数据 处理 2	140	WSUM	算出数据合计值	有	有	
	141	WTOB	字节单位的数据分离	无	有	
	142	BTOW	字节单位的数据结合	无	有	
	143	UNI	16 数据位的 4 位结合	无	有	
	144	DIS	16 数据位的 4 位分离	无	有	
	149	SORT2	数据排序 2	有	无	

续表一

分类	编号 FNC	助记符	功　　能	D 指令	P 指令	备注
定位控制	150	DSZR	带 DOG 搜索的原点回归	无	无	
	151	DVIT	中断定位	有	无	
	152	TBL	表格设定定位	有	无	
	155	ABS	读出 ABS 当前值	有	无	
	156	ZRN	原点回归	有	无	
	157	PLSV	可变速脉冲输出	有	无	
	158	DRVI	相对定位	有	无	
	159	DRVA	绝对定位	有	无	
时钟运算	164	HTOS	[时、分、秒]数据的秒转换	有	有	
	165	STOH	秒数据的[时、分、秒]转换	有	有	
	169	HOUR	计时表	有	无	
外部设备	176	RD3A	模拟量模块的读出	无	有	模拟量模块的读写
	177	WR3A	模拟量模块的写入	无	有	
其他指令	182	COMRD	读出软元件的注释数据	无	有	
	184	RND	产生随机数	无	有	
	186	DUTY	产生定时脉冲	无	无	
	188	CRC	CRC 运算	无	有	
	189	HCMOV	高速计数器传送	有	无	
数据块处理	192	BK+	数据块的加法运算	有	有	
	193	BK-	数据块的减法运算	有	有	
	194	BKCMP=	数据块的比较	有	有	
	195	BKCMP>	数据块的比较	有	有	
	196	BKCMP<	数据块的比较	有	有	
	197	BKCMP<>	数据块的比较	有	有	
	198	BKCMP<=	数据块的比较	有	有	
	199	BKCMP>=	数据块的比较	有	有	
字符串控制	200	STR	BIN→字符串的转换	有	有	
	201	VAL	字符串→BIN 的转换	有	有	
	202	$+	字符串的结合	无	有	
	203	LEN	检测出字符串的长度	无	有	
	204	RIGHT	从字符串的右侧开始取出	无	有	
	205	LEFT	从字符串的左侧开始取出	无	有	
	206	MIDR	从字符串中的任意位置取出	无	有	
	207	MIDW	字符串中的任意位置替换	无	有	
	208	INSTR	字符串的检索	无	有	
	209	$ MOV	字符串的传送	无	有	

分类	编号 FNC	助记符	功 能	D 指令	P 指令	备注
数据 处理 3	210	FDEL	数据表的数据删除	无	有	
	211	FINS	数据表的数据插入	无	有	
	212	POP	读取后入的数据[先入后出控制用]	无	有	
	213	SFR	16 位数据 n 位右移(带进位)	无	有	
	214	SFL	16 位数据 n 位左移(带进位)	无	有	
数据表 处理	256	LIMIT	上下限限位控制	有	有	
	257	BAND	死区控制	有	有	
	258	ZONE	区域控制	有	有	
	259	SCL	定坐标(不同点坐标数据)	有	有	
	260	DABIN	十进制 ASCII→BIN 的转换	有	有	
	261	BINDA	BIN→十进制 ASCII 的转换	有	有	
	269	SCL2	定坐标 2(X/Y 坐标数据)	有	有	
外部设备 通信	270	IVCK	变频器的运转监视	无	无	变频器 通信
	271	IVDR	变频器的运行控制	无	无	
	272	IVRD	读取变频器的参数	无	无	
	273	IVWR	写入变频器的参数	无	无	
	274	IVBWR	成批写入变频器的参数	无	无	
数据 传送 3	278	RBFM	BFM 分割读出	无	无	
	279	WBFM	BFM 分割写入	无	无	
高速 处理 2	280	HSCT	高速计数器表比较	有	无	
扩展文件 寄存器 控制	290	LOADR	读出扩展文件寄存器	无	无	
	291	SAVER	成批写入扩展文件寄存器	无	无	
	292	INITR	扩展寄存器的初始化	无	有	
	293	LOGR	登录到扩展寄存器	无	有	
	294	RWER	扩展文件寄存器的删除、写入	无	有	
	295	INITER	扩展文件寄存器的初始化	无	有	

11.4　FX$_{3U}$系列可编程序控制器的功能和应用

FX$_{3U}$系列可编程序控制器的功能和应用如下:

11.4.1　模拟量控制

FX 系列可编程序控制器都具有将信号进行 A‐D 转换、D‐A 转换、处理和控制的功能。

而 FX₃ᵤ系列可编程序控制器的基本单元与模拟量适配器之间可实现数据自动交换，所以通过简单编程即可实现对模拟量信号的处理和控制。

1 台 FX₃ᵤ系列可编程序控制器基本单元最多可扩展 4 台模拟量特殊适配器。

11.4.2　高速计数、脉冲输出及定位

FX 系列可编程序控制器的基本单元都具有内置高速计数及定位功能，基本单元可实现单速定位、中断单速定位、中断双速定位。FX₃ᵤ、FX₃ᵤ𝒸系列可编程序控制器的基本单元具有独立 3 轴定位功能，通过连接多台特殊扩展设备，可实现多轴控制。

FX 系列可编程序控制器的基本单元可实现最高 100 kHz(FX₁ₙ𝒸最高 10 kHz)、最多 2 轴的简易定位，实现定长进给及重复往返等定位功能。而 FX₃ᵤ、FX₃ᵤ𝒸系列可编程序控制器的基本单元可实现最高 100 kHz、最多 3 轴的简易定位(无插补功能)。如果连接高速输出适配器(差动输出)，可支持最高 200 kHz、最多 4 轴(连接 2 台时)的简易定位(无插补功能)，而且仅需使用表格定位指令 DTBL 编写简单的程序执行定位控制。

FX₃ᵤ、FX₃ᵤ𝒸系列可编程序控制器的基本单元连接 FX₂ₙ‐20GM 脉冲输出定位控制特殊功能模块，编写连续的直线插补、圆弧插补程序，就可实现连续路径的高精度运行功能。

FX₃ᵤ、FX₃ᵤ𝒸系列可编程序控制器的基本单元连接 FX₃ᵤ‐20SSC‐H(支持高速同步网络 SSCNET Ⅲ)定位控制特殊功能模块(FX₃ᵤ最多 8 台，FX₃ᵤ𝒸ᵤ最多 7 台)，则可实现高速、高精度的各种定位控制及直线插补、圆弧插补功能。

通过 FX Configurator‐FP(参数设定、监控、测试用软件)，在可编程序控制器侧即可方便地设定、处理、监控定位功能模块及 AC 伺服放大器的参数。

11.4.3　数据链接、通信功能

可编程序控制器之间以及与计算机之间，通过安装通信功能扩展板或通信特殊适配器，可执行数据链接或数据通信。FX₃ᵤ、FX₃ᵤ𝒸系列可编程序控制器扩展通信功能后，包括基本单元的内置编程口(连接编程工具、人机界面用)，可同时使用三个通信端口。采用 RS‐485 通信方式连接三菱变频器，使用变频器通信指令，FX₃ᵤ、FX₃ᵤ𝒸系列可编程序控制器只需内置功能即可最多同时对 8 台变频器进行运行监控、参数变更等操作，而 FX₂ₙ、FX₂ₙ𝒸系列可编程序控制器则需要其他选件配合才可以实现。

习　　题

11‐1　FX₃ᵤ系列可编程序控制器与 FX₂ₙ系列可编程序控制器相比，新增了哪些硬件、软件功能？

11‐2　在工厂自动化控制中，FX₃ᵤ系列可编程序控制器与 FX₂ₙ系列可编程序控制器相比，有何特点？

11-3　怎样安装特殊适配器？怎样设定编号？特殊适配器是否占用 I/O 点数？

11-4　FX~3U~系列可编程序控制器的高速计数、脉冲输出及定位功能可实现哪些控制？

　　　三菱 FX 系列特殊功能模块　　　　　　　　PLC 应用工程实例

附　　录

附表 1　应用指令一览表（按功能号顺序排列）

分类	功能号	助记符	功　　　能	D 指令	P 指令
程序流程	00	CJ	条件跳转	—	√
	01	CALL	子程序调用	—	√
	02	SRET	子程序返回	—	—
	03	IRET	中断返回	—	—
	04	EI	中断许可	—	—
	05	DI	中断禁止	—	—
	06	FEND	主程序结束	—	—
	07	WDT	监视定时器	—	√
	08	FOR	循环范围开始	—	—
	09	NEXT	循环范围结束	—	—
传送与比较	10	CMP	比较	√	√
	11	ZCP	区域比较	√	√
	12	MOV	传送	√	√
	13	SMOV	移位传送	—	√
	14	CML	取反传送	√	√
	15	BMOV	成批传送	—	√
	16	FMOV	多点传送	√	√
	17	XCH	交换	√	√
	18	BCD	BCD 交换	√	√
	19	BIN	BIN 交换	√	√
四则逻辑运算	20	ADD	BIN 加法	√	√
	21	SUB	BIN 减法	√	√
	22	MUL	BIN 乘法	√	√
	23	DIV	BIN 除法	√	√
	24	INC	BIN 加 1	√	√
	25	DEC	BIN 减 1	√	√
	26	WAND	逻辑与	√	√
	27	WOR	逻辑或	√	√
	28	WXOR	逻辑异或	√	√
	29	NEG	求补码	√	√

续表一

分类	功能号	助记符	功　　能	D 指令	P 指令
循环移位	30	ROR	循环右移	√	√
	31	ROL	循环左移	√	√
	32	RCR	带进位循环右移	√	√
	33	RCL	带进位循环左移	√	√
	34	SFTR	位右移	—	√
	35	SFTL	位左移	—	√
	36	WSFR	字右移	—	√
	37	WSFL	字左移	—	√
	38	SFWR	移位写入	—	√
	39	SFRD	移位读出	—	√
数据处理	40	ZRST	成批复位	—	√
	41	DECO	译码	—	√
	42	ENCO	编码	—	√
	43	SUM	求置 ON 位总和	√	√
	44	BON	ON 位判断	√	√
	45	MEAN	平均值	√	√
	46	ANS	报警器置位	—	—
	47	ANR	报警器复位	—	√
	48	SOR	BIN 开方运算	√	√
	49	FLT	BIN 整数→二进制浮点数转换	√	√
高速处理	50	REF	输入/输出刷新	—	√
	51	REFF	刷新和滤波时间调整	—	√
	52	MTR	矩阵输入	—	—
	53	HSCS	比较置位(高速计数器)	√	—
	54	HSCR	比较复位(高速计数器)	√	—
	55	HSZ	区间比较(高速计数器)	√	—
	56	SPD	脉冲密度	—	—
	57	PLSY	脉冲输出	√	—
	58	PWM	脉宽调制	—	—
	59	PLSR	带加速/减速的脉冲输出	√	—

分类	功能号	助记符	功　　能	D 指令	P 指令
方便指令	60	IST	状态初始化	—	—
	61	SER	数据检索	√	√
	62	ABSD	绝对值式凸轮控制	√	—
	63	INCD	增量式凸轮控制	—	—
	64	TTMR	示教定时器	—	—
	65	STMR	特殊定时器	—	—
	66	ALT	交替输出	—	—
	67	RAMP	斜坡输出	—	—
	68	ROTC	旋转工作台控制	—	—
	69	SORT	列表数据排序	—	—
外部设备 I/O	70	TKY	十键输入	√	—
	71	HKY	16 键输入	√	—
	72	DSW	数字开关	—	—
	73	SEGD	七段码译码	—	√
	74	SEGL	带锁存七段码显示	—	—
	75	ARWS	方向开关	—	—
	76	ASC	ASCII 码转换	—	—
	77	PR	ASCII 码打印输出	—	—
	78	FROM	读特殊功能模块	√	√
	79	TO	写特殊功能模块	√	√
外部设备 SER	80	RS	串行数据传送	—	—
	81	PRUN	八进制位传送	√	√
	82	ASCI	将十六进制数转换成 ASCII 码	—	√
	83	HEX	将 ASCII 码转换成十六进制数	—	√
	84	CCD	校验码	—	√
	85	VRRD	模拟量读出（电位器值读出）	—	√
	86	VRSC	电位器刻度	—	√
	87				
	88	PID	PID 运算	—	—
	89				

分类	功能号	助记符	功 能	D 指令	P 指令
浮点数	110	ECMP	二进制浮点数比较	√	√
	111	EZCP	二进制浮点数区间比较	√	√
	118	EBCD	二进制浮点数→十进制浮点数变换	√	√
	119	EBIN	十进制浮点数→二进制浮点数变换	√	√
	120	EADD	二进制浮点数加法	√	√
	121	ESUB	二进制浮点数减法	√	√
	122	EMUL	二进制浮点数乘法	√	√
	123	EDIV	二进制浮点数除法	√	√
	127	ESOR	二进制浮点数开方	√	√
	129	INT	二进制浮点数→二进制整数转换	√	√
	130	SIN	浮点数 SIN 运算	√	√
	131	COS	浮点数 COS 运算	√	√
	132	TAN	浮点数 TAN 运算	√	√
数据处理	147	SWAP	上下位变换	√	√
定位	155	ABS	ABS 当前值读取	√	—
	156	ZRN	原点回归	√	—
	157	PLSV	可变速脉冲输出	√	—
	158	DRVI	相对位置控制	√	—
	159	DRVA	绝对位置控制	√	—
时钟运算	160	TCMP	时钟数据比较	—	√
	161	TZCP	时钟数据区间比较	—	√
	162	TADD	时钟数据加法	—	√
	163	TSUB	时钟数据减法	—	√
	166	TRD	时钟数据读出	—	√
	167	TWR	时钟数据写入	—	√
	169	HOUR	计时表	√	—
格雷码	170	GRY	格雷码转换	√	√
	171	GBIN	格雷码逆转换	√	√

分类	功能号	助记符	功　能	D 指令	P 指令
触点比较	224	LD=	(S1)=(S2)	√	—
	225	LD>	(S1)>(S2)	√	—
	226	LD<	(S1)<(S2)	√	—
	228	LD<>	(S1)≠(S2)	√	—
	229	LD≤	(S1)≤(S2)	√	—
	230	LD≥	(S1)≥(S2)	√	—
	232	AND=	(S1)=(S2)	√	—
	233	AND<	(S1)>(S2)	√	—
	234	AND>	(S1)<(S2)	√	—
	236	AND<>	(S1)≠(S2)	√	—
	237	AND≤	(S1)≤(S2)	√	—
	238	AND≥	(S1)≥(S2)	√	—
	240	OR=	(S1)=(S2)	√	—
	241	OR>	(S1)>(S2)	√	—
	242	OR<	(S1)<(S2)	√	—
	244	OR<>	(S1)≠(S2)	√	—
	245	OR≤	(S1)≤(S2)	√	—
	246	OR≥	(S1)≥(S2)	√	—

附表 2　应用指令一览表（按指令字母顺序排列）

分类	助记符	功能号	功　能	D 指令	P 指令
A	ABS	155	ABS 当前值读取	√	—
	ABSD	62	绝对值式凸轮控制	√	—
	ADD	20	BIN 加法	√	√
	ALT	66	交替输出	—	—
	AND=	232	(S1)=(S2)	√	—
	AND<	233	(S1)>(S2)	√	—
	AND>	234	(S1)<(S2)	√	—
	AND<>	236	(S1)≠(S2)	√	—
	AND≤	237	(S1)≤(S2)	√	—
	AND≥	238	(S1)≥(S2)	√	—
	ANR	47	报警器置位	—	√
	ANS	46	报警器复位	—	—
	ARWS	75	方向开关	—	—
	ASC	76	ASCII 码转换	—	—
	ASCI	82	将十六进制数转换成 ASCII 码	—	√

分类	助记符	功能号	功　能	D 指令	P 指令
B	BCD	18	BCD 交换	√	√
	BIN	19	BIN 交换	√	√
	BMOV	15	成批传送	—	√
	BON	44	ON 位判断	√	√
C	CALL	01	子程序调用	—	√
	CCD	84	校验码	—	√
	CJ	00	条件跳转	—	√
	CML	14	取反传送	√	√
	CMP	10	比较	√	√
	COS	131	浮点数 COS 运算	√	√
D	DEC	25	BIN 减 1	√	√
	DECO	41	译码	—	√
	DI	05	中断禁止		
	DIV	23	BIN 除法	√	√
	DRVA	159	绝对位置控制	√	—
	DRVI	158	相对位置控制	√	—
	DSW	72	数字开关	—	—
E	EADD	120	二进制浮点数加法	√	√
	EBCD	118	二进制浮点数→十进制浮点数变换	√	√
	EBIN	119	十进制浮点数→二进制浮点数变换	√	√
	ECMP	110	二进制浮点数比较	√	√
	EDIV	123	二进制浮点数除法	√	√
	EI	04	中断许可	—	—
	EMUL	122	二进制浮点数乘法	√	√
	ENCO	42	编码	—	√
	ESOR	127	二进制浮点数开方	√	√
	ESUB	121	二进制浮点数减法	√	√
	EZCP	111	二进制浮点数区间比较	√	√
F	FEND	06	主程序结束	—	—
	FLT	49	BIN 整数→二进制浮点数转换	√	√
	FMOV	16	多点传送	√	√
	FOR	08	循环范围开始	—	—
	FROM	78	读特殊功能模块	√	√

续表二

分类	功能号	助记符	功　　能	D 指令	P 指令
G	GBIN	171	格雷码逆转换	√	√
	GRY	170	格雷码转换	√	√
H	HEX	83	将 ASCII 码转换成十六进制数	—	√
	HOUR	169	计时表	√	—
	HKY	71	16 键输入	√	—
	HSCR	54	比较复位(高速计数器)	√	—
	HSCS	53	比较置位(高速计数器)	√	—
	HSZ	55	区间比较(高速计数器)	√	—
I	INC	24	BIN 加 1	√	√
	INCD	63	增量式凸轮控制	—	—
	INT	129	二进制浮点数→二进制整数转换	√	√
	IRET	03	中断返回	—	—
	IST	60	状态初始化	—	—
L	LD=	224	(S1)=(S2)	√	—
	LD>	225	(S1)>(S2)	√	—
	LD<	226	(S1)<(S2)	√	—
	LD<>	228	(S1)≠(S2)	√	—
	LD≤	229	(S1)≤(S2)	√	—
	LD≥	230	(S1)≥(S2)	√	—
M	MEAN	45	平均值	√	√
	MOV	12	传送	√	√
	MTR	52	矩阵输入		
	MUL	22	BIN 乘法	√	√
N	NEG	29	求补码	√	√
	NEXT	09	循环范围结束		
O	OR=	240	(S1)=(S2)	√	—
	OR>	241	(S1)>(S2)	√	—
	OR<	242	(S1)<(S2)	√	—
	OR<>	244	(S1)≠(S2)	√	—
	OR≤	245	(S1)≤(S2)	√	—
	OR≥	246	(S1)≥(S2)	√	—

分类	功能号	助记符	功　　能	D 指令	P 指令
P	PID	88	PID 运算	—	—
	PLSY	57	脉冲输出	√	—
	PLSR	59	带加速/减速的脉冲输出	√	—
	PLSV	157	可变速脉冲输出	√	—
	PR	77	ASCII 码打印输出	—	—
	PRUN	81	八进制位传送	√	√
	PWM	58	脉宽调制	—	—
R	RAMP	67	斜坡输出	—	—
	RCL	33	带进位循环左移	√	√
	RCR	32	带进位循环右移	√	√
	REF	50	输入/输出刷新	—	√
	REFF	51	刷新和滤波时间调整	—	√
	ROL	31	循环左移	√	√
	ROR	30	循环右移	√	√
	ROTC	68	旋转工作台控制	—	—
	RS	80	串行数据传送	—	—
S	SEGD	73	七段码译码	—	√
	SEGL	74	带锁存七段码显示	—	—
	SER	61	数据检索	√	√
	SFRD	39	移位读出	—	√
	SFTL	35	位左移	—	√
	SFTR	34	位右移	—	√
	SFWR	38	移位写入	—	√
	SIN	130	浮点数 SIN 运算	√	√
	SMOV	13	移位传送	—	√
	SORT	69	列表数据排序	—	—
	SPD	56	脉冲密度	—	—
	SOR	48	BIN 开方运算	√	√
	SRET	02	子程序返回	—	—
	STMR	65	特殊定时器	—	—
	SUB	21	BIN 减法	√	√
	SUM	43	求置 ON 位总和	√	√
	SWAP	147	上下位变换	√	√

分类	功能号	助记符	功　　能	D 指令	P 指令
T	TADD	162	时钟数据加法	—	√
	TAN	132	浮点数 TAN 运算	√	√
	TCMP	160	时钟数据比较	—	√
	TKY	70	10 键输入	√	—
	TO	79	写特殊功能模块	√	√
	TRD	166	时钟数据读出	—	√
	TSUB	163	时钟数据减法	—	√
	TTMR	64	示教定时器	—	—
	TWR	167	时钟数据写入	—	√
	TZCP	161	时钟数据区间比较	—	√
V	VRRD	85	模拟量读出（电位器值读出）	—	√
	VRSC	86	电位器刻度	—	√
W	WAND	26	逻辑与	√	√
	WDT	07	监视定时器	—	√
	WOR	27	逻辑或	√	√
	WSFL	37	字左移	—	√
	WSFR	36	字右移	—	√
	WXOR	28	逻辑异或	√	√
X	XCH	17	交换	√	√
Z	ZCP	11	区域比较	√	√
	ZRN	156	原点回归	√	—
	ZRST	40	成批复位	—	√

参 考 文 献

[1] 宋德玉. 可编程序控制器原理及应用系统设计技术. 北京：冶金工业出版社，2001.

[2] 王兆义. 小型可编程序控制器实用技术. 北京：机械工业出版社，1997.

[3] 陈在平，赵相宾. 可编程序控制器技术与应用系统设计. 北京：机械工业出版社，2003.

[4] 邓则名，邝穗芳，等. 电器与可编程序控制器应用技术. 北京：机械工业出版社，1998.

[5] 钟肇新. 可编程序控制器原理及应用. 广州：华南理工大学出版社，2003.

[6] 胡学林，宋宏，等. 电气控制与 PLC. 北京：冶金工业出版社，1997.

[7] 魏志清. 可编程序控制器应用技术. 北京：电子工业出版社，1995.

[8] 顾战松，陈铁年. 可编程序控制器原理与应用. 北京：国防工业出版社，1996.

[9] 李景学，金广业. 可编程序控制器应用系统设计方法. 北京：电子工业出版社，1995.

[10] 余雷声，方宗达，等. 电气控制与 PLC 应用. 北京：机械工业出版社，1996.

[11] 张云生，等. 可编程序控制器实用技术. 北京：中国铁道出版社，1997.

[12] 陈立定，等. 电气控制与可编程序控制器的原理及应用. 北京：机械工业出版社，2004.

[13] 齐占庆. 机床电气控制技术. 北京：机械工业出版社，2003.

[14] 刘明. 朱龙彪. 微机气动控制技术. 南京：南京大学出版社，1996.

[15] 三菱电机. 可编程序控制器应用 101 例，1994.

[16] 三菱电机. FX$_{2N}$系列可编程序控制器编程手册，2000.

[17] 三菱电机. FX 系列特殊功能模块用户手册，2001.

[18] 三菱电机. GOT－F900 系列图形操作终端操作手册，2002.

[19] 三菱电机. GOT－F900 系列图形操作终端硬件手册(接线篇)，2001.

[20] 三菱电机. FX$_{2N}$－10GM 和 20GM 硬件、编程手册，2001.

[21] 三菱电机. FX－20P－E 手持编程器操作手册，2001.

[22] 三菱电机. FX$_{2N}$－16CCL－M 和 FX$_{2N}$－32CCL CC－Link 主站模块和接口模块用户手册，2000.

[23] 三菱电机. FX$_{1S}$/FX$_{1N}$/FX$_{2N}$/FX$_{2NC}$系列编程手册，2001.

[24] 三菱电机. FX$_{2N}$－1RM－E－SET 用户手册，2001.

[25] 三菱电机. FX 通讯用户手册(RS－232C、RD－485)，2001.

[26] 徐海黎. 刘明. 朱龙彪. 基于 CC－Link 的并条生产系统的研究. 纺织学报，2002.5：57－58.

[27] 徐海黎. 变频器在 CC－Link 系统中的应用. 仪器仪表标准化与计量，2002.4：32－34.

[28] 张兴国，朱龙彪，刘明. PLC 在 NH 型捏合机控制系统改造中的应用. 自动化技术与应用，2004.11：33－36.

[29] 三菱电机. FX$_{3U}$系列微型可编程序控制器用户手册，2010.

[30] 熊幸明. 电气控制与 PLC. 2 版. 北京：机械工业出版社，2017.

[31] 张兴国. 可编程序控制器技术及应用. 北京：中国电力出版社，2006.

[32] 郁汉琪. 电气控制与可编程序控制器应用技术. 2 版. 南京：东南大学出版社，2009.